5판

식사
요법

저자소개

감수 모수미
서울대학교 농학 박사
현) 서울대학교 식품영양학과 명예교수

구재옥
서울대학교 식품영양학 박사
현) 한국방송통신대학교 생활과학과 명예교수

이연숙
일본 동경대학교 영양학 박사
현) 서울대학교 식품영양학과 명예교수

손숙미
미국 노스캐롤라이나대학교 영양학 박사
현) 가톨릭대학교 식품영양학과 명예교수

서정숙
서울대학교 농학 박사
현) 영남대학교 식품영양학과 명예교수

권종숙
미국 오하이오주립대학교 영양학 박사
현) 신구대학교 식품영양학과 교수

김원경
서울대학교 식품영양학 박사
현) 신구대학교 식품영양학과 교수

권미라
서울대학교 식품영양학 석사
현) 서울대학교병원 급식영양과 급식영양파트장

5판

식사
요법

초판 발행　2007년 9월 10일
개정판 발행 2012년 9월 5일
3판 발행　2017년 8월 28일
4판 발행　2021년 8월 31일
5판 발행　2024년 4월 5일

감　수 모수미
지은이 구재옥, 이연숙, 손숙미, 서정숙, 권종숙, 김원경, 권미라
펴낸이 류원식
펴낸곳 **교문사**

편집팀장 성혜진 | **책임진행** 전보배 | **디자인** 신나리 | **본문편집** 북이데아

주소 10881, 경기도 파주시 문발로 116
대표전화 031-955-6111 | **팩스** 031-955-0955
홈페이지 www.gyomoon.com | **이메일** genie@gyomoon.com
등록번호 1968.10.28. 제406-2006-000035호

ISBN 978-89-363-2576-3(93590)
정가 29,500원

DIET THERAPY

5판

식사
요법

모수미 감수

구재옥 · 이연숙 · 손숙미 · 서정숙 · 권종숙 · 김원경 · 권미라 지음

교문사

　질병을 치료하기 위해서는 의료, 영양관리, 간호의 세 가지 요소가 유기적으로 작용해야 한다. 그중 식사요법은 환자들의 영양관리를 통하여 질병의 치료와 회복을 증진하는 중요한 역할을 한다. 또한 최근에는 질병예방을 위한 식사관리가 강조되고 있는 추세이다.

　식사요법을 통한 영양관리는 환자의 체력을 강화하고 면역력을 증가시켜 질병치료뿐만 아니라 회복을 돕는다. 따라서 식사요법 교과목은 질병의 영양관리와 영양지도를 할 수 있도록 신체 각 기관과 조직의 생리와 기능, 질병에 따른 영양생리의 변화를 제시하고, 질환별 식사요법의 목표와 구체적 식사방안과 식단관리를 할 수 있는 이론과 내용을 포함하고 있어야 한다.

　본서는 생리학, 영양학, 임상영양학, 생활주기영양학, 식생활관리의 기초 위에 질환별 영양생리 변화와 특수성을 감안한 환자 영양관리를 주된 내용으로 구성하고 있다. 또한 질병의 원인, 증상, 영양생리의 변화와 영양상태를 파악하고, 이에 대응하는 식사요법의 계획 관리 및 영양지도를 할 수 있도록 구성하였다. 최근 질병의 원인과 치료방법 등이 새롭게 개발되면서, 변화된 내용의 영양관리와 방법 등을 새롭게 첨부하였고 새로운 국내외 자료들을 보완하여 개정하였다.

　1부에서는 식사요법의 개요와 환자의 영양상태 판정, 병원식과 영양지원방법, 식품교환표를 활용한 식단 작성 등에 대해 서술하였다.

　2부에서는 질환별 관련 기관의 작용, 병인, 증상, 구체적인 식사요법을 다루고 있다.

- 소화기 질환은 식도 및 위장 질환, 장 및 부속기관 질환으로 나누어 주요 질병을 다루었으며 우리나라에서 많이 발생하는 간 및 담도계 질환에 대한 내용을 담고 있다.
- 우리나라의 최대 사인 중 하나인 심혈관계 질환은 새로운 치료지침이 마련되어 고혈압, 이상지질혈증 등을 보완하였다.
- 또한 증가 추세에 있는 당뇨병, 비만과 저체중을 서술하였고, 신장 질환, 호흡기 질환에 대해 자료를 보완하였다.

- 골다공증과 최근 증가하고 있는 류마티스 등 골격계 질환과 식품 알레르기, 내분비계 질환, 선천성 대사질환 등을 보완하였다.
- 최근 우리나라에서 노인 인구 증가에 따른 파킨슨병과 같은 신경계 질환을 다루었다.
- 우리나라의 주요 사망원인인 암과 각종 질병으로 인한 수술과 화상 등도 포함하였다.

본서는 임상영양사의 가장 중요한 임무인 질환에 따른 식단작성 능력을 향상시키기 위해 좀 더 구체적인 식품교환법을 활용한 식단작성 방법과 당뇨병, 신장 질환과 체중감량식 등의 질환별 예시를 제공하였다.

영양학을 배우는 학생은 물론, 비전공자도 활용할 수 있도록 각종 사례와 식단을 제시하고 있으므로 환자의 치료와 건강증진, 가족의 건강관리와 더불어 지역사회를 위한 전문적 영양관리자로서의 능력을 높일 수 있기를 바란다. 또한 건강과 질병에 관련된 많은 정보들을 올바르게 판단할 수 있는 자료로 활용되기를 바란다.

식사요법을 지도해 주시고 감수해 주신 모수미 교수님께 감사를 드리고, 출간하는 데 도움을 주신 분들과 교문사에도 감사를 드린다.

2024년 4월
대표저자

차례

머리말 4

PART 1 식사요법의 개요

CHAPTER 1   식사요법의 이해 13

1. 식사요법의 의의 14
2. 영양관리과정 14
3. 영양불량관리 19
4. 병원영양사의 역할 37

CHAPTER 2   병원식 및 영양지원 43

1. 병원식의 종류 44
2. 영양지원 49
3. 식품교환표의 활용 61

실습 | 연식 실습 69

CHAPTER 3   식도·위장 질환   75

1. 소화기 상부의 구조와 기능   76
2. 식도 질환   80
3. 위장 질환   86

CHAPTER 4   장 질환   93

1. 소장·대장의 구조와 기능   94
2. 변비   97
3. 설사   104
4. 과민성장증후군   107
5. 염증성 장질환   108
6. 게실증·게실염   110
7. 셀리악병   112

CHAPTER 5   간·담도계·췌장 질환   115

1. 간의 구조와 기능   116
2. 간 질환   120
3. 담도계의 구조와 기능   131
4. 담도계 질환   132
5. 췌장의 구조와 기능   136
6. 췌장 질환   138

CHAPTER 6   심혈관계 질환   149

1. 심혈관계이 구조와 기능   150
2. 고혈압   152
3. 이상지질혈증   164
4. 동맥경화증   172
5. 뇌졸중   178
6. 심장 질환   180

실습│저나트륨식 실습   186

CHAPTER 7   신장 질환   193

1. 신장의 구조와 기능   194
2. 사구체신염   198
3. 신증후군   201
4. 급성 신손상   204
5. 만성 콩팥병   207
6. 투석과 신장이식   212
7. 신결석   218
8. 신장 질환자의 식품교환표 활용   223

실습│만성 콩팥병식 실습   226

CHAPTER 8   당뇨병   229

1. 분류   230
2. 증상 및 합병증   232
3. 발병 위험인자   232
4. 진단   235
5. 당뇨병의 영양소 대사   237
6. 식사요법   239

실습│당뇨식 실습   260

CHAPTER 9   비만·저체중   267

1. 비만의 원인   268
2. 비만의 판정   273
3. 비만의 식사요법   278
4. 행동수정요법   290
5. 비만의 운동요법   293
6. 저체중   297
7. 식사장애   300

실습│저에너지식 실습   306

CHAPTER 10 **호흡기 및 감염성 질환 311**

1. 호흡기의 구조와 기능 312

2. 감기 315

3. 폐렴 316

4. 폐결핵 317

5. 만성폐쇄성폐질환 319

6. 폐기종과 기관지 천식 322

CHAPTER 11 **빈혈 325**

1. 빈혈의 정의와 혈액 성분 326

2. 빈혈의 진단과 종류 328

3. 철 결핍성 빈혈 333

4. 거대적아구성 빈혈 338

CHAPTER 12 **골격계 질환 341**

1. 골격의 구조와 대사 342

2. 골다공증의 원인과 증상 345

3. 골다공증의 식사요법 353

4. 관절염 361

5. 통풍 367

CHAPTER 13 **식품 알레르기 371**

1. 식품 알레르기의 원인 372

2. 식품 알레르기 진단방법 377

3. 식품 알레르기 증상 379

4. 식사요법 380

5. 아토피성 피부염 384

CHAPTER 14 선천성 대사질환 387

1. 선천성 대사질환 388
2. 페닐케톤뇨증 388
3. 단풍당뇨증 393
4. 호모시스틴뇨증 396
5. 갈락토오스혈증 398

CHAPTER 15 내분비계 질환 403

1. 내분비계의 구성과 기능 404
2. 갑상선 질환 405
3. 부신피질호르몬 질환 410
4. 뇌하수체 질환 415

CHAPTER 16 신경계 질환 419

1. 신경계의 구조와 기능 420
2. 치매 422
3. 뇌전증 425
4. 다발성 경화증 429
5. 파킨슨병 431
6. 중증 근무력증 433
7. 다발성 신경염 433

CHAPTER 17 암 435

1. 원인 437
2. 암 환자에게 나타나는 영양문제 444
3. 암 환자의 식사요법 448

CHAPTER 18 수술과 화상 457

1. 수술이나 상처가 대사에 끼치는 영향 458
2. 수술 전의 영양 459
3. 수술 후의 영양 461
4. 수술 부위에 따른 영양관리 463
5. 화상 후의 식사요법 469

부록 475
참고문헌 494
찾아보기 496

1부

식사요법의
개요

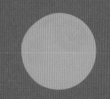

1 식사요법의 이해 | 2 병원식 및 영양지원

1장

식사요법의 이해

1 식사요법의 의의

2 영양관리과정

3 영양불량관리

4 병원영양사의 역할

1. 식사요법의 의의

식사요법의 목적은 질병치료를 위해 영양적인 측면의 회복은 물론 질병의 재발과 합병증을 예방하기 위해 적절한 영양관리를 계획하고 실천하는 데 있다.

환자의 질병치료와 회복을 위해서는 의학적 치료 및 간호뿐만 아니라 식사요법도 중요하다. 질병치료를 위해 의학적 처치와 투약에 주력하는 경우가 많지만, 경우에 따라서는 의학적 처치나 약물보다 영양이 더 중요시되는 예도 적지 않다. 따라서 효과적인 질병치료를 위해서는 의료, 영양, 간호의 세 영역이 서로 유기적으로 시행되는 것이 필요하다. 이때 식사요법은 각 질병에 대한 임상영양의 원리를 바탕으로 시행되어야 한다.

질병을 가진 환자들은 체내 생리와 대사가 변화되어 영양소의 필요량이 달라지므로 영양문제가 발생하기 쉽다. 신체기능이 악화되어 있는 환자가 식욕저하, 소화흡수불량 등으로 영양상태가 나빠지게 되면, 질병의 치료·회복에도 영향을 받는다. 입원한 급성질환자의 40~60%가 영양불량 상태이며, 영양상태가 양호했던 환자도 병원에 장기간 입원한 상태에서는 약물투여와 치료를 하는 과정에서 영양상태가 악화되기 쉽다. 영양불량은 면역기능 및 질병상태를 더 악화시킬 수 있다. 식사요법과 영양관리는 환자에게 적절한 영양을 공급하여 영양상태를 개선하고, 알맞은 영양환경을 제공하여 질병의 치료효과와 회복속도를 높여준다.

환자 영양관리는 의사·간호사·약사 등 의료진과 다학제적인(multidisciplinary) 활동에 의해 실행된다. 또한 환자 자신과 보호자의 이해와 적극적인 협조가 필요하다.

2. 영양관리과정

영양관리과정(Nutrition Care Process, NCP)은 영양문제를 파악하고 이를 토대로 영양관리를 효율적으로 제공하기 위한 체계적인 문제해결방법이다. 영양관리과정(NCP)은 ① 영양판정, ② 영양진단, ③ 영양중재, ④ 영양 모니터링 및 평가의 4단계로 구성되어 있으며, 영양검색이나 의료진에 의한 대상자 의뢰를 통해 시작된다. 그림 1-1은 영양관리과정 단계의 기본 개념을 설명하고 영양관리과정 속에서 각 단계

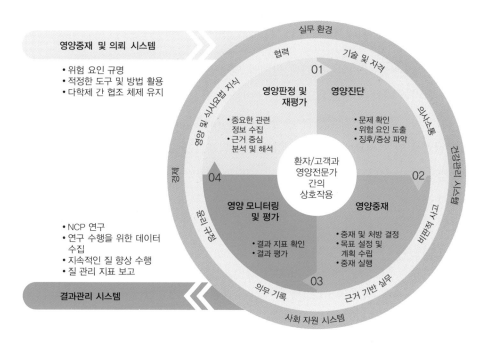

영양중재 및 의뢰 시스템
- 위험 요인 규명
- 적절한 도구 및 방법 활용
- 다학제 간 협조 체제 유지

- NCP 연구
- 연구 수행을 위한 데이터 수집
- 지속적인 질 향상 수행
- 질 관리 지표 보고

결과관리 시스템

실무 환경
협력 / 기술 및 지식
건강 및 식사요법 지식

영양판정 및 재평가
- 중요한 관련 정보 수집
- 근거 중심 분석 및 해석

영양진단
- 문제 확인
- 위험 요인 도출
- 징후/증상 파악

환자/고객과 영양전문가 간의 상호작용

영양 모니터링 및 평가
- 결과 지표 확인
- 결과 평가

영양중재
- 중재 및 처방 결정
- 목표 설정 및 계획 수립
- 중재 실행

의사소통
건강관리 시스템
근거 보강재
근거 기반 실무
사회 자원 시스템
의무 기록
윤리 규정
경제

01 / 02 / 03 / 04

그림 1-1 **영양관리과정 모형도**

출처: 한성림 외. 사례로 이해를 돕는 임상영양학. 교문사. 2021.

가 어떤 흐름으로 연결되는지 보여주고 있다.

1 영양검색

환자 영양관리과정은 영양검색(nutrition screening)에 의해 시작된다. 영양검색은 환자의 연령, 최근 식사섭취 상황, 체중 변화력, 급성기 질환 유무 등 환자의 영양상태에 영향을 미칠 수 있는 요인을 근거로 영양불량의 위험이 있는 대상자를 단시간 내에 분류하는 것을 말한다. 환자 영양상태에 영향을 미칠 수 있는 정보들은 환자와 가족 및 기타 주변인, 의무기록을 통해 수집된다. 영양관리과정(NCP)의 첫 단계는 영양판정이지만, 영양검색을 통해 전문적인 영양판정을 우선적으로 받아야 하는 영양불량위험 환자를 선별해 넘으로써 영양관리의 효율을 높일 수 있다.

② 영양판정

영양관리과정(NCP)의 첫 번째 단계인 영양판정은 영양문제에 영향을 미치는 요인과 관련된 다양한 정보를 수집하고, 이를 과학적 근거에 기초한 기준과 비교하여 수집한 자료를 평가·해석하는 과정이다. 영양판정은 영양문제 진단을 위한 과정으로 신뢰성 있는 자료에 근거한 영양진단을 위해서는 환자의 식사력, 신체계측, 각종 의학적 검사, 영양 관련 신체증상 및 병력과 관련된 영역의 정보 수집이 필요하다 (표 1-6).

③ 영양진단

영양관리과정(NCP)의 두 번째 단계인 영양진단은 영양판정과 영양중재를 연결하는 과정이다. 영양진단은 영양판정을 통해 수집된 자료의 평가를 통해 영양사가 독립적으로 해결할 수 있는 영양문제를 규명하여 명시하는 과정이다. 이는 의학적 진단과는 다르며, 영양진단문은 영양문제(problem, P)와 그 원인(etiology, E) 및 영양문제의 객관적 근거인 징후/증상(sign/symptome, S)의 3가지로 이루어진다. 영양문제는 ① 섭취 관련 문제, ② 임상 상태 관련 문제, ③ 행동·환경 관련 문제의 3가지 영역으로 구분할 수 있다.

④ 영양중재

영양중재는 영양관리과정(NCP)의 세 번째 단계로 영양진단 과정에서 확인된 환자의 영양문제를 해결하기 위한 활동이다. 영양중재는 영양문제에 근거한 목표와 계획을 세우는 단계와 그 계획에 근거하여 적절한 중재를 수행하는 단계를 포함한다. 이때 영양중재 목표와 계획은 실천 가능한 것이어야 하고 중재는 과학적 원리와 근거를 바탕으로 수행되어야 한다.

영양중재 시 질병치료를 받고 있는 환자에 대한 배려가 필요하다. 과학적 원리와 근거를 바탕으로 하되 개인적인 기호나 정서적 상황을 고려해야 한다. 특히 식사에 대한 수용도가 낮은 경우 치료식에 대한 간략한 설명과 함께 식사를 현지의 기호에 맞게 바꾸어 주면 식사 수용도를 증진시킬 수 있다(그림 1-2).

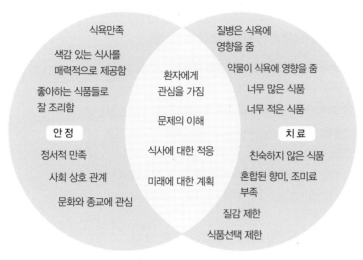

그림 1-2 환자의 식품 수용에 관련된 문제

5 영양 모니터링 및 평가

영양 모니터링 및 평가는 영양관리과정(NCP)의 마지막 단계로 영양중재가 계획대로 실행되어 수립한 목표가 달성되었는지 알아보는 과정이다. 영양중재 목표에 기반한 환자의 식사력, 신체계측 자료, 각종 의학적 검사 자료 및 영양 관련 신체검사

표 1-1 영양관리과정의 단계

단계	세부 내용
영양판정	1. 적절한 자료를 수집하고 확인한다. 2. 신뢰할 만한 참고치를 사용하여 수집한 자료를 평가한다. 3. 영양요구량을 계산한다.
영양진단	1. 영양판정 자료를 토대로 영양문제를 선정한다. 2. 영양문제의 원인을 파악한다. 3. 영양문제를 객관적으로 뒷받침하는 징후, 증상을 제시한다.
영양중재	1. 영양문제의 우선순위를 정한다. 2. 목표를 정하고 영양처방을 한다. 3. 영양중재를 수행한다.
영양 모니터링 및 평가	1. 자료를 수집한다. 2. 영양중재 목표와 비교한다. 3. 결과를 평가한다.

영양관리과정(NCP) 4단계 과정의 예시문

영양판정 → 영양진단 → 영양중재 → 영양 모니터링 및 평가

영양판정(영역: **식사력 / 신체계측 / 의학적 검사** / 영양 관련 신체증상 / **병력**)

- 체중력: 3개월간 8 kg 감소, 현재체중: 56 kg, 표준체중: 70 kg
- 병력: 고혈압, 천식, 전립선 수술, 항암치료 중
- 혈액검사: 혈당 정상(80 mg/dL), 콜레스테롤 정상(180 mg/dL)
- 영양소 섭취량: 1,200 kcal/day, 영양소필요량: 2,100 kcal/day

영양진단(영역: **섭취영역** / 임상영역 / 행동영역 / 환경영역)

다음과 같은 예시 형식으로 제시할 수 있음

예시 1)

- P: 경구섭취 부족
- E: 암에 대한 지식 부족으로 음식에 대한 불필요한 제한
- S: 1일 에너지 섭취량 필요추정량의 < 60%, 3개월간 체중 변화 −12.5%

예시 2)

- 환자는 경구섭취가 부족한데 이는 암치료에 대한 지식 부족으로 인한 불필요한 음식섭취 제한과 연관이 있으며, 그 근거는 1일 섭취 에너지가 필요추정량의 60% 미만이고, 최근 3달간 12% 이상의 체중감소가 나타난 것으로 확인할 수 있음

영양중재(영역: 식품 · 영양소 제공 / **영양교육 / 영양상담** / 영양관리 다분야 협의)

- 목표: 1일 에너지 1,800 kcal, 단백질 85 g, 체중 유지
- 중재 내용: 다음 내용에 대한 영양교육/영양상담 실시
  - 암과 식사요인과의 관계
  - 항암치료 시 적정 영양섭취 중요성 및 올바른 식사요법
  - 질환 치료에 대한 의지 격려

영양 모니터링 및 평가(영역: **식사력 / 신체계측** / 의학적 검사 / 영양 관련 신체증상)

- 2주 뒤 섭취량 및 체중 변화를 평가한 결과 1일 에너지 1,600 kcal, 단백질 70 g 섭취 중이며 더 이상의 체중감소는 나타나지 않음. 영양중재 목표를 일부 달성함
- 경구섭취량 증가를 위해 경구영양보충식(ONS) 섭취를 권고함

자료의 재평가를 통해 영양중재의 효과를 평가하고 필요시 영양진단을 수정하거나 영양중재 목표를 변경한다.

3. 영양불량관리

■1 영양불량관리의 의의

환자의 영양상태는 질병의 회복률, 합병증 이환율, 입원 기간 등은 물론 사망률에 영향을 주므로 환자의 영양상태를 평가하고 영양불량 환자에게 적절한 영양중재를 실시하는 일은 매우 중요하다. 의료 기관에서 영양불량 환자를 조기에 파악하여 적절한 영양지원을 실시하는 것은 환자의 영양상태 개선을 통해 질병 회복을 돕고 재원일수를 감소시킬 수 있으며, 나아가 의료비까지 절감할 수 있다.

영양불량관리란 환자를 대상으로 영양검색을 실시하고 영양불량위험이 높은 환자를 선별하여 영양상태 개선을 목적으로 영양관리를 실시하는 것이다. 영양불량관리는 영양검색(nutrition screening)으로부터 시작하는데 이는 영양선별 혹은 영양초기평가라는 명칭으로도 사용된다. 널리 활용되는 영양검색 도구를 표 1-2에 제시하였다.

표 1-2 영양검색 도구

NRS(Nutrition Risk Screening) 2002

	체중 · 섭취량 감소	질병	연령
1점	3개월 내 체중감소가 > 5% 또는 섭취량이 전주 필요량의 50~75%	골반 골절, 급성증상이 있는 만성질환 환자, 간경변증, 만성폐쇄성 폐질환, 투석, 당뇨, 암환자	≥ 70세
2점	2개월 내 체중감소가 > 5% 또는 BMI 18.5 ~20.50이면서 전반적인 신체상태 저하 또는 섭취량이 전주 필요량의 25~60%	주요 복부수술, 중증의 폐렴, 뇌졸중, 혈액암	
3점	1개월 내 체중감소가 > 5% 또는 BMI < 18.5 이면서 전반적인 신체상태 저하 또는 섭취량이 전주 필요량의 0~25%	두부 손상, 골수이식, APACHE > 10 의 중환자실 환자	

〈평가〉
총점 0점 = 위험 없음 ・ 총점 1~2점 = 영양불량 저위험
총점 3~4점 = 영양불량 중등도위험 ・ 총점 5점 이상 = 영양불량 고위험

MST(Malnutrition Screening Tool)

• 최근의 체중감소
• 없음 = 0
 확실하지 않음 = 2
 있음(1~5 kg 손실 = 1
  6~10 kg 손실 = 2
  11~15 kg 손실 = 3
  > 15 kg 손실 = 4)
	• 식욕부진으로 최근에 식사를 잘 못하는가?
	 아니요 = 0
	 예 = 1

〈평가〉
총점 ≥ 2: 영양불량위험　　　< 2: 영양상태 양호

MUST(Malnutrition Universal Screening Tool)

• BMI(kg/m^2)	• 체중감소	• 급성 질환으로 인한 섭취량 감소
BMI > 20 = 0	체중감소 < 5% = 0	(≥ 5일)
BMI 18.5~20 = 1	체중감소 5~10% = 1	없음 = 0
BMI < 18.5 = 2	체중감소 > 10% = 2	있음 = 2

〈평가〉
총점 0점: 영양불량 저위험　　　1점 = 영양불량 중등도위험　　　2점 = 영양불량 고위험

2 영양초기평가

의료기관에서는 현재 또는 잠재적인 영양불량위험을 가진 환자들을 조기에 선별해 영양불량관리를 실시하기 위해 모든 환자들에게 입원 후 24~48시간 이내에 영양검색을 실시하는데, 이를 영양초기평가라고 한다. 영양초기평가의 목적은 영양불량이거나 영양불량의 위험이 있는 환자를 빠르게 선별하여, 추가적인 영양판정이 필요한지를 결정하는 것이다. 과거에는 직접 의무기록을 검토하거나 입원환자 면담을 통해 선별검사지를 활용한 영양초기평가를 실시하였으나, 최근에는 컴퓨터를 활용한 알고리즘을 통하여 환자의 영양불량 위험도를 평가하고 이를 의료진에게 고지한다.

영양초기평가 도구를 구성하는 지표로 주로 사용되는 것은 생화학 검사 자료, 신체계측 평가, 식사형태, 식욕, 기타 급성기 질환 여부, 연령 등이다. 영양초기평가 도구로는 표 1-2에서 제시된 영양검색 도구 이외에도 의료기관별로 개발하여 사용하기도 하는데, 이때 타당도와 신뢰도 검증이 필요하다. 영양불량이 있는 환자에게 영양판정을 시작으로 영양관리를 수행하는 것을 영양불량위험환자관리라고 한다(그림 1-3).

표 1-3 영양초기평가 선별 기준의 예

항목	심한 영양불량(위험요인)	중정도 영양불량(위험요인)	양호
알부민(g/dL)	≤ 2.7	2.8~3.3	> 3.3
총임파구 수(total lymphocyte count)/(mm³)	< 800	800~1,500	> 1,500
혈청 콜레스테롤(mg/dL)	≥ 240	220~240	< 220
이상체중비(PIBW)	< 70 혹은 (≥ 130)	70~89 혹은 (110~129)	90~109
식품섭취량(%)	< 50	50~70	> 70

※ 위험요인이 2가지 이상인 경우 영양불량으로 판정
출처: 삼성서울병원.

표 1-4 영양초기평가 선별검사지 양식(예)

영양상태 선별검사지

생화학적 검사치

☐ 알부민 ≤ 2.9 g/dL   ☐ 알부민 < 3.5 g/dL

신체계측치

신장 _____ 입원 시 체중 _____ 평상시 체중 _____ 바람직한 체중 _____

BMI _____ % 이상체중 _____ % 체중손실률 _____

☐ < 80% 이상체중   ☐ 평상시 체중의 80~90%

☐ > 10% 체중감소   ☐ 5~10% 체중감소

식사상황

☐ TPN/PPN 또는 tube feeding   ☐ 식욕감소(< 1/2 식사량)

☐ 저작과 연하장애

☐ > 3일 금식, dextrose/유동식

영양과 관련된 문제들

☐ 영양불량   ☐ 패혈증   ☐ 영양 관련 진단/문제점

☐ 욕창성 궤양   ☐ AIDS   ☐ serum cholesterol ≥ 200 mg/dL

☐ 연하장애/신장식이/간장식이   ☐ random glucose ≥ 200 mg/dL

☐ BMI: 여성(≥ 27 kg/m^2), 남성(≥ 28 kg/m^2)

☐ 현재 더 이상의 영양판정 불필요

☐ 영양사에 의한 영양판정이 요구됨

☐ 치료 1단계   ☐ 치료 2단계   ☐ 치료 3단계

☐ cholesterol, glucose, BMI 항목에 해당 사항이 있을 때는 영양상담/교육/의사의 지시 등이 요구됨

최근의 식사요법 :

조사자 :   환자정보 :

날짜 :

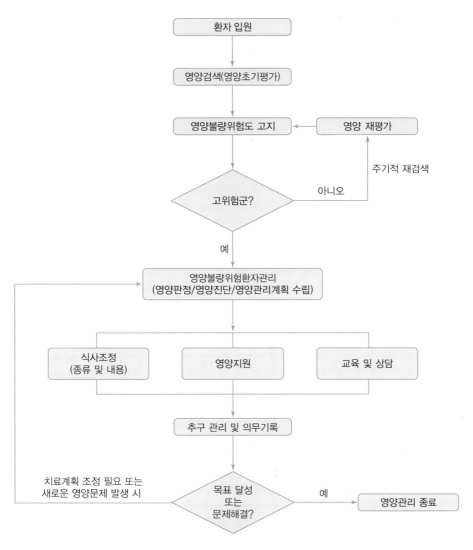

그림 1-3 **영양불량위험환자관리 흐름도**

표 1-5 영양불량위험환자관리 기록지 양식(예)

등록번호
이 름
병 실
진 료 과

○ ○ **병 원**
영 양 판 정

날 짜 _____ 성별/연령 _____ / _____ 혈압 _____ / _____
식사처방 _____
진 단 명 _____
약 물 _____

검사항목	결 과 /	검사항목	결 과 /	검사항목	결 과 /
Hb/ Hct		FPG/ PP2/HbAlc			
protein/albumin		blood sucrose test			
cholesterol/TC		Na/K			
HDL–C/ LDL–C		Cr/BUN			

신장_____cm 체중_____kg 표준체중_____kg %표준체중_____%
평소체중 kg_____   체중변화_____% (   ) 기타_____
BMI_____ TSF_____ MAC_____ MAMC_____
신체증후 :   □ 몹시 여윔/근육소모   □ 비만   □ 부종/복수   □ 기타
병원식 섭취상태 : □ 양호(>2/3)   □ 보통(1/3~2/3)   □ 불량(<1/3)
식사 시 문제점 : □ 구토   □ 메스꺼움   □ 연하장애   □ 저작곤란   □ 갈증
          : □ 변비   □ 설사   □ 식품 알레르기/불내증
영양교육(경험) _____ 현재 식사요법 _____
건강식품/민간요법 _____ 운 동 _____
음 주 _____ 흡 연 _____

영양평가

1. 영양상태 : □ 적절함   □ 불량함   □ 에너지 부족
                                              □ 단백질 부족
                                              □ 에너지–단백질 부족

2. 영양요구량 : 기초체중 (평소 / 표준 / 현재 / 조정) : _____ kg
          기초대사량 =
          에 너 지 =
          단 백 질 =

임상영양치료계획

□ 영양상담 및 교육(진행 중/완료)   □ 교육자료 제공 : _____
□ 의뢰서 요망(교육/management/재교육) _____
□ 식사변경 요망 : _____
□ calorie counts _____
□ 영양보충식품 제공 : _____
□ 기타 : _____

❸ 영양불량 판정

영양전문가는 영양초기평가에서 고위험군으로 선별된 환자에 대해 영양불량진단을 위한 영양판정을 수행한다. 이는 영양불량 환자에게 적용되는 영양관리과정(NCP)으로, 수집하는 자료는 영양관리과정(NCP)의 영양판정과 동일하다. 영양판정 자료 수집 영역과 관련 항목은 표 1-6과 같다.

표 1-6 영양판정 자료 수집 영역

자료 수집 영역	항목
과거력 정보	• 환자의 인적사항 • 가족 구성이나 경제적 상태(식품구매능력) • 주된 증상, 진단명, 병력, 치료계획 • 가족력 • 합병증 • 약물복용
식사 정보	• 식사나 영양섭취와 관련된 문제점 • 알레르기식품의 유무, 저작 및 연하능력 문제 여부, 구토, 설사, 변비 등 • 식욕, 최근 입맛의 변화 • 식품기호도, 식습관 조사 • 음주와 흡연 정보 • 병원식 섭취량 및 병원식 이외의 식품섭취량 • 외식 빈도, 건강보조식품 및 영양보충제 사용 여부 • 활동량이나 운동에 관한 정보 • 식사요법에 관한 교육 정도
신체계측 정보	• 신장 • 이상체중 비율, 평상시 체중에 대한 비율, 체중 변화율 • 피부두겹두께(삼두근, 견갑골하부), 부위별 피부두겹두께의 표준치와 비교 • 상완둘레 • 체중, 평상시 체중, 이상체중, 체중의 변화 • 상완근육면적, 상완근육면적의 표준치에 대한 비율
생화학적 정보	• 내장단백상태: 혈청 알부민, 혈청 트랜스페린, 프리알부민 • 체단백상태: 혈청 크레아티닌, 크레아티닌-신장지수(CHI) • 면역기능: 총임파구수(Total Lymphocyte Count, TLC) • 단백질 섭취평가: 24시간 요소질소(Urinary Urea Nitrogen, UUN)
영양 관련 신체증상 정보	• 활력징후: 혈압, 맥박, 호흡수, 체온 • 소화기 관련 증상: 오심, 구토, 복부팽만감, 복수, 식욕부진, 설사, 변비, 저작 및 연하 장애 등 • 신체 부위별 조사: 머리카락, 피부, 눈, 구강, 손톱 등의 형태 및 기능 등

영양판정의 정의

- 영양판정이란 대상자의 영양문제를 파악하는 종합적인 과정이다. 과거의 주된 영양문제는 영양부족(undernutrition)이었다. 1990년대 영양판정의 정의는 의학자료, 섭취자료, 신체증상 및 신체계측 자료와 병력을 고려하여 대상자의 영양상태(주로 영양부족 상태)를 종합적으로 평가하는 과정이었다. 이 시기에 개발된 대부분의 영양판정 도구들은 영양부족 상태를 평가하는 데 최적화된 도구이다.

- 그러나 영양문제가 영양부족뿐만 아니라 영양과잉에 의한 불균형한 영양문제까지 확대됨에 따라 2000년 초반에는 영양판정은 영양부족(undernutrition) 이외에 영양과잉 혹은 영양불균형(over or imbalanced nutrition) 상태를 포함하여 다양한 수준의 영양상태를 평가하는 것으로 정의되었다.

- 이후 영양관리과정 모형이 정립됨에 따라 이제 영양판정은 영양지표를 이용하여 영양상태뿐만 아니라 다양한 영양문제를 진단하는 종합적인 과정으로 정의된다.

(1) 과거력 정보

환자의 영양문제를 찾아내기 위해서는 환자 개인 및 질병과 관련한 영양불량위험 요인을 파악하는 것이 필요하다. 과거력 정보에는 환자의 연령, 교육 수준, 가족 구성원, 경제 수준 등의 인적 정보를 포함하여 현재 및 과거 병력, 가족력, 약물복용 등의 내용이 포함된다. 과거력 자료는 의무기록이나 환자 또는 보호자와의 면담을 통해 얻을 수 있다.

(2) 식사 정보

식사섭취에 관한 정보는 환자의 영양불량에 대한 가장 직접적인 자료를 제공한다. 24시간 회상법(24-hour recalls method), 식사기록법(diet record method), 식품교환표를 활용한 식사력조사법(dietary history method) 등을 통해 환자의 식사에 관한 정보를 파악할 수 있다. 식사섭취량 이외에 최근의 식사처방, 식품기호도, 식생활 패턴, 건강보조식품 및 영양보충제 사용 여부, 알레르기 식품의 유무, 음주와 흡연, 운동과 관련한 정보, 영양 관련 교육 경험 등도 함께 조사한다.

(3) 신체계측 정보

신체계측은 신체의 크기, 성장 상태, 체중 및 신체 구성을 측정하는 것이다. 신체계측은 장기간에 걸친 단백질과 에너지 영양섭취 상태 평가에 유용하다. 또 영양검색에 가장 많이 활용되는 지표이기도 하다. 신체계측 결과는 부정확한 측정, 체내 수화(hydration) 상태 변화에 영향을 받으므로 결과 해석 시 주의가 필요하다.

(4) 생화학적 검사 정보

생화학적 검사는 주로 혈액과 소변의 성분에 관한 검사이다. 혈액과 소변을 통한 생화학적 검사는 신체적 임상증상이 나타나지 않는 경우에도 환자의 영양상태를 알 수 있다. 그러나 그동안 단백질 영양상태 평가 지표로 주로 사용되어 왔던 알부민 등은 부종, 복수, 탈수 등 체내 수화 상태 변화가 있거나 염증, 상해 등 생리적 스트레스가 있는 급성기 질환 시 단백질 영양상태와 상관없이 수치가 감소되어 환자에게서는 더 이상 체내 단백질 영양상태 평가 지표로 이용되지 않는다.

(5) 영양 관련 신체증상 정보

영양상태는 신체기관의 임상증상에 의해 영향을 받고 동시에 신체기관에 영향을 미친다. 영양 관련 신체증상으로는 환자의 영양요구량에 영향을 미칠 수 있는 호흡수, 체온을 비롯한 활력 징후를 비롯하여 영양소 섭취나 흡수에 영향을 미칠 수 있는 오심, 식욕부진, 저작 및 연하장애, 복부팽만감, 설사 등과 영양불량 상태를 나타내는 머리카락, 피부, 구강 등 다양한 신체 징후를 포함한다.

4 영양불량 진단

(1) 주관적 종합평가

주관적 종합평가(Subjective Global Assessment, SGA)는 체중 변화, 식사섭취 상태, 위장 증상, 신체 기능, 질병상태 및 부종, 피하지방 손실 등 환자의 영양상태와 관련한 요인을 근거로 평가자가 주관적으로 영양상태를 평가하는 방법이다. 주관적 종합평가(SGA)는 신체계측, 생화학적 검사와 같은 객관적 지표들이 비영양적 요소에 의해 영향을 받는 문제를 해결하고자 개발된 방법이다. 이는 영양불량의 정의와

표 1-7 주관적 종합평가(SGA) 양식(예)

환 자 력

1. 체중 변화

　최대 체중 _____

　6개월 전 체중 _____

　최근 체중 _____

　% 체중 변화 = $\dfrac{6개월\ 전\ 체중 - 최근\ 체중}{6개월\ 전\ 체중} \times 100$

　지난 6개월간의 체중감소량 _____

　지난 6개월간의 체중감소비율 _____

　지난 2주간의 변화 _____ 증가 _____ 변화 없음 _____ 감소

2. 식사섭취 상황(평소 식사와 비교하여 기록)

　___ 변화 없음

　___ 변했음

　기간:

　형태: _____ 섭취량 증가 _____ 반고형식

　　　　 _____ 일반유동식 _____ IV or hypocaloric liquids

　　　　 _____ 굶음

3. 위장증상(2주 이상 지속된 경우만)

　___ 없음

　_____오심 _____구토 _____설사 _____식욕부진

4. 신체기능 능력

　___ 기능장애 없음 　___ 기능장애 있음

　기간: _____ 정상은 아니나 기능은 함

　형태: _____ 외래통원 _____ 병상에 누워만 있음

5. 질병에 따른 대사량 변화

　___ 스트레스 없음 ___ 낮은 스트레스 ___ 중 정도 스트레스 ___ 심한 스트레스

신체진단

(각 질문마다 정상이면 0, 약한 정도이면 +1, 중 정도이면 +2, 심하면 +3으로 기입)

　___ 피하지방 손실(어깨, 삼두근, 가슴, 손) ___ 근육소모

　___ 발목부종 ___ 복수

등급 판정

_____ A = 영양상태 양호

_____ B = 중 정도의 영양불량 또는 영양불량이 의심됨

_____ C = 심한 영양불량

진단기준이 확립되기 이전에 주로 사용하던 영양불량 진단 도구로 환자의 질환 상태로 객관적 지표가 영향을 받는 암, 신장 질환, 간 질환 환자의 영양상태를 평가하는 데 주로 이용되어 왔다. 주관적 종합평가지 예는 표 1-7과 같다.

(2) 영양불량 진단기준

환자의 영양상태는 영양소 섭취 수준뿐만 아니라 질환 상태에도 영향을 미친다. 영양불량 진단 시에는 영양불량의 원인과 함께 중증도도 파악한다.

① 영양불량 원인에 따른 영양불량 진단

미국과 유럽의 정맥영장영양학회에서는 성인의 영양불량 원인에 따라 영양불량을 사회/환경적 요인에 의한 영양불량과 급성질환 또는 외상 관련 영양불량으로 나누어 분류하고 그 진단기준을 표 1-8과 같이 제시하였다. 영양불량 진단 지표로 에너지 섭취, 체중감소율과 기간, 피하지방과 근육 손실, 수분 축적, 약력 감소의 6가지 항목을 평가하고 이 중 2가지 이상 해당하는 경우 영양불량으로 진단하고 중증도 여부는 각 지표가 해당되는 기준을 따른다(사례연구 1번 문항 참고).

표 1-8 영양불량 진단기준(미국정맥경장영양학회/미국영양사회 기준)

중증(severe) 영양불량					
임상적 특징	급성질환 관련 영양불량[2]		만성질환 관련 영양불량[3]		사회환경적 영양불량[4]	
에너지 섭취	5일 이상 < 50% of EER[1]		1개월 이상 < 75% of EER		1개월 이상 < 50% of EER	
체중감소	감소율(%)	기간	감소율(%)	기간	감소율(%)	기간
	> 2	1주	> 5	1개월	> 5	1개월
	> 5	1개월	> 7.5	3개월	> 7.5	3개월
	> 7.5	3개월	> 10	6개월	> 10	6개월
			> 20	1년	> 20	1년
피하지방 감소	중등도(moderate)		심한(severe)		심한(severe)	
근육 감소	중등도(moderate)		심한(severe)		심한(severe)	
수분 축적	중등도(moderate)~심한(severe)		심한(severe)		심한(severe)	
악력 감소	중환자실에서는 권장하지 않음		나이/성별에 따른 감소		나이/성별에 따른 감소	
중등도(nonsevere/moderate) 영양불량					
임상적 특징	급성질환 관련 영양불량[2]		만성질환 관련 영양불량[3]		사회 환경적 영양불량[4]	
에너지 섭취	7일 초과 < 75% of EER		1개월 이상 < 75% of EER		3개월 이상 < 75% of EER	
체중감소	감소율(%)	기간	감소율(%)	기간	감소율(%)	기간
	1~2	1주	5	1개월	5	1개월
	5	1개월	7.5	3개월	7.5	3개월
	7.5	3개월	10	6개월	10	6개월
			20	1년	20	1년
피하지방 감소	경한(mild)		경한(mild)		경한(mild)	
근육 감소	경한(mild)		경한(mild)		경한(mild)	
수분 축적	경한(mild)		경한(mild)		경한(mild)	
악력 감소	N/A[5]		N/A		N/A	

1) EER, Estimated Energy Requirement
2) 급성질환 관련 영양불량: 중증 감염, 화상, 외상, 뇌손상, 심한 급성 췌장염
3) 만성질환 관련 영양불량: 심혈관 질환, 만성 췌장염, 치매, 당뇨, 대사증후군, 비만, 염증성 장질환, 악성종양, 신경계 질환, 류마티스관절염, 장기이식, 만성 폐쇄성 폐질환
4) 사회 환경적 영양불량: 만성 기아, 신경성 식욕부진
5) N/A, Not Available

출처: Journal of the Academy of Nutrition and Dietetics 2012; 112(5): 730~738.

② GLIM

2018년 영양 관련 세계 주요 4대 학회에서는 성인 대상 영양불량 기준을 병인론적 (etiologic) 기준과 표현형(phenotype) 기준으로 분류한 GLIM(Global Leadership Initiative on Malnutrition)을 제시하였다. GLIM 기준에서는 병인론적 기준 1개 이상과 표현형 기준 1개 이상이 동시에 존재할 때 영양불량으로 진단한다. 병인론적 기준에 해당하는 지표는 식사량 감소, 소화·흡수 장애, 염증(inflamation)이 있으며, 표현형 기준에 해당하는 지표는 체중감소, 체질량지수, 근육량 감소가 있다. 표 1-9에 GLIM에 의한 영양불량 판정 기준을 제시하였다. 영양불량 중증도는 표현형 기준으로 판정한다.

표 1-9 **영양불량 진단기준(GLIM 기준)**

A. 병인론적 기준	식사량 감소	☐ 에너지 요구량의 50% 미만/1주 ☐ 2주 이상 섭취량 감소	
	소화·흡수장애[1]	☐ 만성 소화·흡수장애 상태	
	염증	☐ 급성질환/상해[2] ☐ 만성질환 관련[3]	
B. 표현형 기준		**중등도의 영양상태 불량**	**중증의 영양상태 불량**
	체중감소	☐ 5~10%/6개월 미만 ☐ 10~20%/6개월 이상	☐ > 10%/6개월 미만 ☐ > 20%/6개월 이상
	체질량지수[4] (kg/m^2)	☐ 17~18.5(70세 미만) ☐ 17.8~20(70세 이상)	☐ < 17(70세 미만) ☐ < 17.8(70세 이상)
	근육량 감소[5]	☐ 약간~중등도 감소	☐ 심한 감소

• 영양불량 진단 – 적어도 병인론적 기준 1개 이상 + 표현형 기준 1개 이상일 때
• 영양불량 중증도 – 표현형 기준으로 판정

1) 단장증후군, 췌장부전, 비만대사수술, 식도협착, 위마비, 장폐색, 연하장애, 오심, 구토, 변비, 만성 설사, 지방변 등
2) 중증 감염, 화상, 외상, 뇌손상, 기타 급성기 질환/외상 관련 질환
3) 악성종양, 만성 폐쇄성 폐질환, 울혈성 심부전, 만성 콩팥병 등
4) 한국인 기준으로 수정 제시함
5) DEXA, BIA, CT, MRI 결과 또는 상완위근육둘레(MAMC), 종아리둘레 측정

출처: 한성림 외. 사례로 이해를 돕는 임상영양학. 교문사. 2021.

표 1-10 영양불량 진단기준(MNA)

Mini Nutritional Assessment
MNA®

Nestlé
Nutrition Institute

이름: 성별: 나이: 키: cm   체중: kg   일자:

※ 해당 사항에 체크하십시오. 선별점수가 11점 미만이면 평가를 진행하십시오.

선별

A 지난 3개월 동안 밥맛이 없거나, 소화가 잘 안되거나, 씹고 삼키는 것이 어려워서 식사량이 줄었습니까?
0 = 많이 줄었다   1 = 어느 정도 줄었다
2 = 변화 없다 □

B 지난 3개월 동안 몸무게가 줄었습니까?
0 = 3kg 이상 감소   2 = 1~3kg 감소
1 = 모르겠다   3 = 변화 없다 □

C 거동 능력
0 = 외출 불가, 침대나 의자에서만 생활 가능
1 = 외출 불가, 집에서만 활동 가능
2 = 외출 가능, 활동 제약 없음 □

D 지난 3개월 동안 정신적 스트레스를 경험했거나 급성 질환을 앓았던 적이 있습니까?
0 = 예   2 = 아니요 □

E 신경 정신과적 문제
0 = 중증 치매나 우울증   1 = 경증 치매
2 = 없음 □

F 체질량지수(Body Mass Index) = kg 체중 / (m 높이)^2
0 = BMI <19   1 = 19 < BMI < 21
2 = 21 ≤ BMI < 23   3 = BMI ≥ 23 □

선별점수(총 14점) □□
12~14점   □   정상
8~11점   □   영양불량위험 있음
0~7점   □   영양불량

보다 심도 있는 평가를 위해, 질문 G-R로 계속 진행하십시오.

평가

G 혼자 살고 있습니까?(병원 또는 요양원 제외)
1 = 예   0 = 아니요 □

H 하루 3가지 이상의 처방약을 복용하십니까?
0 = 예   1 = 아니요 □

I 압박궤양(욕창) 또는 피부궤양
0 = 예   1 = 아니요 □

J 하루에 몇 회 식사를 하십니까?
0 = 1회   1 = 2회   2 = 3회 □

K 단백질식품섭취량
• 매일 1회 이상 유제품 (우유, 치즈, 요거트) 섭취   예□ 아니요□
• 주 2회 이상 콩류 또는 달걀 섭취   예□ 아니요□
• 매일 육류, 생선 또는 가금류 섭취   예□ 아니요□
0.0 = "예"가 0 또는 1개
0.5 = "예"가 2개
1.0 = "예"가 3개 □.□

L 하루에 2회 이상 과일류 또는 채소류를 섭취하십니까?
0 = 아니요   1 = 예 □

M 하루에 물과 음료(주스, 커피, 차, 우유 등)을 얼마나 섭취하십니까?
0.0 = 3컵 미만 0.5 = 3~5컵 1.0 = 5컵 이상 □.□

N 혼자서 식사할 수 있습니까?
0 = 다른 사람 도움 필요
1 = 혼자 식사 가능하나 도움 필요
2 = 혼자 식사 가능 □

O 본인의 영양상태에 대해 어떻게 생각하십니까?
0 = 좋지 않다   1 = 잘 모르겠다 2 = 문제 없다 □

P 본인의 건강상태는 비슷한 연령의 다른 사람들과 비교하여 어떻습니까?
0.0 = 좋지 않다   1.0 = 좋다
0.5 = 잘 모르겠다   2.0 = 자신이 더 좋다 □.□

Q 상완위둘레(mid-arm circumference, cm)
0.0 = MAC < 21
0.5 = 21 ≤ MAC < 22
1.0 = MAC > 22 □.□

R 종아리둘레(calf circumference, cm)
0 = CC < 31   1 = CC ≥ 31 □

평가(최대 총 16점) □□.□
선별점수 □□.□
총 평가점수(최대 총 30점) □□.□

영양불량지표 점수(malnutrition indicator score)
24~30점   □   정상
17~23.5점   □   영양불량위험 있음
< 17점   □   영양불량

출처: 1. Vellas B, Villars H, Abellan G, et al. Overview of the MNA® – Its History and Challenges. *J Nutr Health Aging*. 2006; 10: 456~465.
2. Rubenstein LZ, Harker JO, Salva A, Guigoz Y, Vellas B. Screening for Undernutrition in Geriatric Practice: Developing the Short-Form Mini Nutritional Assessment (MNA-SF). *J. Geront*. 2001; 56A: M366~377.
3. Guigoz Y. The Mini-Nutritional Assessment (MNA®) Review of the Literature – What does it tell us? *J Nutr Health Aging*. 2006; 10:466~487.
® Société des Produits Nestlé SA, Trademark Owners.   © Société des Produits Nestlé SA 1994, Revision 2009.
https://www.mna-elderly.com

③ 노인 영양불량 진단기준

노인은 영양불량에 더 취약하고 영양불량이 발생하는 원인도 다른 생애 주기와는 다소 다르다. 노인 영양불량 진단 도구로 많이 활용되는 것은 네슬레에서 개발한 MNA(Mini Nutirtiion Assessment)이다. MNA는 심도 있는 평가를 위해 독거 여부, 약물복용, 욕창, 식사횟수 및 단백질 식품, 과일/채소, 수분섭취량, 도움 없이 혼자 식사가 가능한지, 영양상태 자가 평가, 동년배와의 건강상태 자가 비교, 상완위 및 종아리둘레의 지표를 활용하여 영양불량을 평가한다. 표 1-10에 MNA에 의한 영양 불량 진단기준을 제시하였다.

⑤ 환자의 영양소 필요량 산정

환자의 영양소 필요량을 정확하게 산정하는 것은 영양판정 및 영양중재 계획을 수립하는 데 필수적인 요소이다. 식사 조사를 통해 수집된 환자의 영양소 섭취량을 영양소 필요량과 비교하여 섭취 상태를 평가할 수 있다.

환자의 영양소 필요량 산정 시에는 환자의 영양상태, 질병의 종류, 피부, 소변 또는 장관을 통한 영양소 손실량, 활동량, 약물과 영양소의 상호 작용 등을 고려한다.

(1) 에너지 필요량 산정

에너지는 생체 내 모든 활동의 필수 영양소이다. 에너지 공급은 체지방 및 단백질의 저장량을 적정한 수준 이상으로 유지하기 위해 필요하다. 에너지 필요량은 기초대사량(Basal Energy Expenditure, BEE), 활동대사량(energy for Physical Activity, PA)과 식사성 발열 효과(Thermic Effect of Food, TEF)로 구성된다. 환자의 에너지 필요량은 간접 열량계를 활용하거나 계산 공식을 이용하여 산정할 수 있다.

간접 열량계는 일정 시간 동안 산소 소비량과 이산화탄소 생산량을 측정하여 휴식 시 에너지 소비량을 산정하는 방법이다. 비교적 정확하게 에너지 소비량을 알 수 있으나 비용과 실용성 때문에 사용하는 데 제한이 있다.

계산 공식을 이용하는 경우에는 기초대사량을 구하고 활동계수와 상해계수를 적용하여 구하는 방법과 기준체중에 활동도를 반영하여 산정하는 방법이 있다.

① 기초대사량에 기준한 에너지 필요량 산정

기초대사량은 최소 12시간 동안 금식 상태로 안정된 환경에서 누워 있는 동안 소비한 산소량으로 측정한다. 기초대사량을 직접 측정할 수 없는 상황에서는 Harris Benedict 공식을 주로 이용해 왔고 비만 환자 등 일부에서는 Mifflin-St. Jeor 공식을 이용한다(표 1-11). 그러나 이들 공식은 중환자에게는 적용하지 않는다.

표 1-11 **기초대사량 계산식**

공식	내용
Harris Benedict 공식	• BEE(남) = 66.5 + 13.7 x W + 5.0 x H − 6.8 x A • BEE(여) = 655 + 9.6 x W + 1.8 x H − 4.7 x A
Mifflin-St. Jeor 공식	• BEE(남) = 10 x W + 6.25 x H − 5.0 x A + 5 • BEE(여) = 10 x W + 6.25 x H − 5.0 x A − 161

※ BEE: 기초대사량, W: 현재체중(kg), H: 키(cm), A: 나이(세)

Harris Benedict 공식이나 Mifflin-St. Jeor 공식에 의한 기초대사량이 산출되면 여기에 활동 정도와 질병상태를 고려하여 활동계수(activity factor)와 상해계수(injury factor)를 적용하여 계산한다. 일명 상해계수는 스트레스 지수라고도 한다(표 1-12).

표 1-12 **환자의 신체활동계수와 상해계수**

활동 정도	활동계수	임상적 상태	상해계수
누워만 있는 경우	1.0	수술	1.0 ~ 1.3
가벼운 활동	1.1 ~ 1.2	다발성 외상	1.4
중등도 활동	1.25 ~1.4	심한 감염	1.2 ~ 1.6
격렬한 활동	1.45 ~ 1.6	암	1.1 ~ 1.45

환자의 기초대사량이 구해지면 환자의 활동량과 부상 정도를 고려하여 다음과 같이 1일 에너지 필요량을 산출한다.

- 상해가 없는 경우:

  1일 필요 에너지(kcal) = BEE × 활동계수
- 상해가 있는 경우:

  1일 필요 에너지(kcal) = BEE × 활동계수 × 상해계수

② 활동도에 기준한 에너지 필요량 산정

현재의 활동도를 고려하여 다음과 같은 방법으로 에너지 필요량을 계산할 수 있다. 활동 정도에 따른 체중당 에너지 필요량은 표 1-13과 같다.

- 1일 필요 에너지(kcal)

  = 실제체중(kg) × 활동 정도에 따른 체중당 에너지 필요량(kcal)

표 1-13 **활동 정도에 따른 단위 체중당 에너지 필요량**

비만도	가벼운 활동 정도	중정도 활동 정도	심한 활동 정도
과체중/비만	20~25 kcal/kg	30 kcal/kg	35 kcal/kg
정상	30 kcal/kg	35 kcal/kg	40 kcal/kg
저체중	35 kcal/kg	40 kcal/kg	45 kcal/kg

(2) 단백질 필요량 산정

① 계수를 이용한 방법

외상, 스트레스, 대사 항진 등이 있는 환자는 단백질 필요량이 크게 증가된다. 발열, 패혈증, 수술, 외상 및 화상이 있는 경우 단백질의 이화율이 증가하므로 질소평형을 위해서는 충분한 양의 단백질을 공급해야 한다.

스트레스가 없는 건강한 성인의 1일 단백질 필요량은 한국인 영양소섭취기준에 준하여 0.91 g/kg으로 계산한다. 회복기 환자는 1.2~1.5 g/kg, 스트레스 환자는 1.5~2 g/kg, 기타 질환 환자는 질환의 식사관리 지침에 근거하여 단백질을 공급한다. 환자의 스트레스 정도에 따른 체중당 단백질 필요량은 표 1-14와 같다.

표 1-14 스트레스 정도에 따른 단백질 필요량

스트레스 정도	구 분	단백질 필요량(g/체중 kg/일)
없음	정상, 건강	0.9~1.0
경도, 중등도	감염, 골절, 수술	1.0~1.5
심함	화상, 다발성 골절, 심한 감염	1.5~2.0

② 질소평형에 의한 방법

질소평형에 의한 방법은 24시간의 요중 질소량을 이용하여 계산한다. 단백질 섭취량과 배설량을 측정하여 질소평형을 2~4로 유지하는 데 필요한 단백질량을 계산한다. 질소평형이 유지되는 상태에서 1일 단백질 필요량은 다음과 같다.

- 1일 단백질 필요량(g) = (24시간 요 질소량g + 3~4 g*) × 6.25

* 3~4g은 대변과 기타 경로를 통한 질소손실량

(3) 탄수화물과 지방 필요량

한국인 영양소섭취기준에서는 성인의 탄수화물 및 지방 에너지 섭취 비율을 각각 55~65%, 15~30%로 제시하였다.

케톤증(ketosis)을 예방하기 위해서는 탄수화물을 1일 50~100 g은 섭취해야 하며, 뇌에 포도당으로 충분한 에너지를 공급하기 위해서는 1일 100 g의 탄수화물 공급이 필요하다. 지방은 총지방량과 지방산의 비율이 중요하다.

2020 한국인 영양소섭취기준에서 제시한 주요 영양소의 에너지 적정 비율은 표 1-15와 같다.

표 1-15 주요 영양소의 에너지 적정 비율

영양소		1~2세	3~18세	19세 이상
탄수화물		55~60%	55~65%	55~65%
단백질		7~20%	7~20%	7~20%
지질	총지방	20~35%	15~30%	5~30%
	포화지방산	–	8% 미만	7% 미만
	트랜스지방산	–	1% 미만	1% 미만

(4) 비타민과 무기질 필요량

환자를 위한 비타민과 무기질 필요량은 한국인 영양소섭취기준을 따르며 질환에 따라서 필요량을 조정한다.

4. 병원영양사의 역할

2010년 제정된 「국민영양관리법」에 의거하여 2012년부터 임상영양사제도가 법제화되면서 국가 자격의 임상영양사가 배출되었다. 이와 더불어 임상영양서비스의 질적 향상을 위한 다양한 요구가 제기되고 있으며, 병원 임상영양사의 직무표준이 제시되었다. 여기서는 임상영양업무뿐만 아니라 급식업무를 포함한 병원영양사의 역할을 요약하였다.

▮1 환자 영양관리

병원영양사는 영양관리자로 영양치료를 수행하는 주된 역할을 한다. 환자의 영양상태와 식습관을 평가하고, 그에 따른 영양문제를 진단한 뒤 의사의 식사처방에 따른 적절한 영양관리를 계획·실행하여 그 효과를 평가한다.

환자 영양관리는 영양사와 의사·간호사·약사 및 기타 의료 전문가들이 다학제적(multidisciplinary) 팀으로 환자를 위해 활동할 때 효과를 높일 수 있다. 이들의 역할을 살펴보면 다음과 같다.

(1) 의사

의사는 환자의 치료계획을 수립하고 치료에 필요한 약물과 처치, 식사를 처방한다. 필요시 영양사에게 식사처방에 대한 의견을 구할 수 있으며, 영양사는 지속적인 환자 모니터링을 통해 식사처방의 변경에 관해 의사와 협의한다.

(2) 영양사

영양사는 입원한 환자를 대상으로 영양초기평가를 실시하고 영양불량으로 판별된 환자는 영양불량관리를 실시한다. 환자의 영양문제를 진단하고 영양문제에 기반한 식사처방을 의료진과 협의한다. 환자가 식사를 잘할 수 있도록 식품선택이나 섭취에 대한 치료식 설명을 실시한다. 입원환자의 영양관리계획을 수립하고 영양상담이나 영양지원 등 영양관리 업무를 실행·평가하는 환자 영양관리 전반을 담당한다.

(3) 간호사

간호사는 환자와 근접해 있으므로 환자의 식사섭취와 관련된 문제들을 영양사에게 알리고 협의한다.

(4) 기타 건강관리 전문가

약사, 사회복지사 등 영양관리와 관련한 기타 전문가는 환자의 영양문제 및 건강상태나 개인적 상황에 관한 정보를 팀 내에 공유한다.

② 환자 급식관리

병원영양사는 급식관리자로서 환자식의 식단작성, 특별식 관리, 조리, 배식 및 식품의 구매·저장 및 보관, 그리고 시설·기구 관리 등 제반 급식업무에 대해서 관계자에게 지도 또는 조언을 한다.

또한 수시로 환자의 식사섭취 상황과 기호, 잔반 등을 조사하여 급식 개선에 노력하며, 환자에게는 영양지도를 한다.

58세 여자 고씨는 키 160 cm, 평소 체중 50 kg로 최근 체중이 5 kg가량 감소하였고, 쉽게 피로하고 두통, 어지러움증이 자주 발생하여 검진 차 입원하였다. 최근 입맛이 없었던 것은 아니나 식사량은 다소 감소한 상태였다.

1 위 사례 환자의 영양불량 위험도를 표 1-2의 영양검색 도구를 활용하여 평가하고 그 의의에 대해 설명하시오.

검색 도구	평가 지표 및 결과	점수	평가 결과
NRS 2002	**체중 · 섭취량 감소**: 체중 평소 체중의 10% 감소. 현재 BMI 17.6 kg/m², 신체 상태 저하, 섭취량 감소	3점	총점: 3점 결과: 영양불량 중등도 위험
	질병: 해당 없음	0점	
	연령: < 70세	0점	
MST	**체중감소**: 5 kg 손실	1점	총점: 2점 결과: 영양불량 위험
	식욕부진: 식욕부진은 없으나 식사량 감소	1점	
MUST	**체질량지수(BMI)**: 17.6 kg/m²	2점	총점: 3점 결과: 영양불량 고위험
	체중감소: 10%	1점	
	급성기질환 부작용: 없음	0점	

영양불량 위험도를 평가하는 영양검색 도구는 주로 체중 변화, 섭취량, 질병 중증도, 연령 등을 평가 지표로 활용하고 있다. 평가 결과는 영양검색 도구에 활용하는 지표의 종류나 기준에 따라 다르게 나타날 수 있다. 영양검색 결과가 영양불량을 진단하는 결과는 아니며, 영양상태가 양호한 것으로 판별된 환자 중에도 영양불량 환자가 있을 수 있으므로, 의료기관에서는 주로 관리하는 환자의 특성에 맞게 영양검색 도구를 선정하고 주기적인 재평가가 필요하다. 영양불량위험이 있는 것으로 판별되면 영양사가 영양판정을 실시하여 영양불량 여부를 진단한다.

고씨는 영양초기평가 결과 영양불량 고위험군으로 고지되어 영양사에게 영양판정이 의뢰되었다. 영양사가 면담한 결과 육식이 좋지 않다는 이야기를 듣고 6개월 전 채식을 시작하였다. 아침, 점심 모두 커피와 곡물 샐러드를 섭취하였고, 저녁에는 쌀밥 반 공기에 국, 김치, 채소 반찬 3가지와 두부 한 접시를 섭취하였다. 간식으로 과일을 하루 2번 먹었다. 헤모글로빈은 8.5 g/dL, 총콜레스테롤 156 mg/dL, 혈압 90/78 mmHg로 나타났으며, 기타 염증

(inflammation)과 관련한 검사결과는 정상이었다. 고씨는 전반적으로 기운이 없어 보였다. 쇄골, 눈 주변 등에서 심한 지방손실이 발견되었고 부종은 발견되지 않았다. 입원 전 섭취량은 1,100 kcal 내외로 이는 영양소 필요량의 70% 미만으로 추정되었다.

2 위 사례 환자의 면담 결과를 토대로 표 1-8의 영양불량 진단기준을 이용하여 영양불량 여부를 진단하시오.

상기 사례에서는 면담 과정과 입원 초기 수집된 자료를 통해 표 1-8에 제시된 지표 중 섭취량 감소, 체중감소, 지방 손실을 확인할 수 있다. 염증(inflammation)과 관련한 소견은 보이지 않아 사회 환경적 영양불량에 해당하며 평가 결과는 아래와 같다.

지표	평가	중증도 해석	진단 결과
섭취량 감소	3개월 이상 요구량의 70% 미만	중등도 영양불량	중등도 영양불량
체중감소	10개월간 10%	중등도 영양불량	
지방 손실	심한 지방 손실	중증 영양불량	

3개의 지표 중 2개가 중등도 기준, 1개가 중증 기준에 해당하므로 위 사례는 **사회 환경적 요인에 의한 중등도 영양불량**이다.

3 위 사례 환자의 면담 결과를 토대로 표 1-9의 영양불량 진단기준을 이용하여 영양불량 여부를 진단하시오.

상기사례에서는 표 1-9에 제시된 병인론적 기준 지표 중 식사량 감소, 표현형 기준 지표에서는 체중감소, 체질량지수 자료를 확인할 수 있다. 평가 결과는 아래와 같다.

기준		평가	중증도 해석	진단 결과
병인론적 기준	식사량 감소	2주 이상 섭취량 감소		중등도의 영양불량
표현형 기준	체중감소	6개월 간 10% 감소	중등도 영양불량	
	체질량지수(BMI)	$17.6 \, kg/m^2$	중등도 영양불량	

병인론적 기준 1가지, 표현형 기준 2가지 기준에 해당하고, 표현형 기준 2가지 모두 중등도에 해당하므로 상기 사례는 **중등도의 영양불량**으로 평가된다.

2장

병원식 및 영양지원

1 병원식의 종류
2 영양지원
3 식품교환표의 활용

1. 병원식의 종류

병원식(hospital diet)이란 병원에 입원한 환자의 진단 결과에 따라 의사가 처방하는 식사이다. 병원식은 크게 일반식, 치료식 그리고 검사식으로 나누어진다.

일반식은 특정 영양소의 제한이나 변경이 필요하지 않은 환자에게 체내 각 기관이 정상적인 기능을 하도록 필요한 모든 영양소를 제공하는 식사이다. 일반식은 식사 형태에 따라 상식, 연식, 유동식 등으로 나눌 수 있다.

치료식은 환자의 질병에 수반되는 증상을 완화시키거나 혹은 질병을 치료하기 위해 에너지나 영양소 비율이 조정되거나 특정 영양소가 가감되는 식사를 말한다. 식사는 환자의 개별적인 질병상태를 고려한 영양요구량에 맞게 제공하며, 식단계획 시에는 각 해당 질환의 기본적인 식사지침을 우선 고려한다.

1 일반식

(1) 상식

상식(regular diet)은 치료식이 필요하지 않은 환자에게 제공되는 식사로 환자에게 적절한 영양을 공급함으로써 환자의 영양상태를 유지시키는 데 목적이 있다. 상식은 한국인 영양소섭취기준에 근거하여 모든 영양소들을 충분히 갖추고 있는 균형식의 형태로 제공된다. 즉, 식품의 종류와 성분, 질감 그리고 양에 있어서 제한을 받지 않는다. 제한된 환경에서 입원을 하게 되는 경우 입맛을 잃기 쉬우므로 식단을 작성할 때에는 다양한 식품과 조리법을 이용하도록 주의를 기울인다.

(2) 연식

연식(soft blend diet)은 유동식으로부터 상식으로 이행되는 중간식으로 이용되는 식사이다. 연식은 소화되기 쉽고 부드럽게 조리되며 고섬유소 식품 및 강한 향신료를 제한하고 결체조직이 적은 식품으로 구성된다. 주식의 형태가 죽이기 때문에 죽식이라고도 한다. 연식은 주로 구강장애가 있거나, 치아 상태가 좋지 않은 환자, 수술 후 회복기 환자, 소화기능이 저하된 환자 또는 식욕이 없는 환자에게 적용된다.

연식만으로는 충분한 영양소를 공급할 수 없으므로 장기간 섭취 시에는 별도의

표 2-1 연식의 허용 음식과 제한 음식

식품군	허용 음식	제한 음식
곡류	죽, 깨죽, 잣죽, 호박죽, 감자, 카스텔라, 토스트	고구마, 잡곡, 라면, 짜장면, 스파게티와 같이 기름이 많은 면요리, 냉면, 도넛, 파이, 케이크, 기름이 많은 과자류, 종피, 섬유가 많은 잡곡죽
어육류	결합조직이 적은 살코기, 기름이 적은 흰살 생선, 굴	결합조직이 많은 육류, 햄, 소시지, 기름이 많은 생선, 튀긴 어육류
달걀	달걀찜, 반숙 달걀, 스크램블드에그	달걀프라이, 오믈렛
두류	두부, 연두부, 두유	유부, 콩조림, 거르지 않은 비지
채소	당근, 시금치, 버섯, 숙주, 애호박 등 부드러운 익힌 채소	강미 채소, 고섬유소 채소, 건조 채소
유지류 및 견과류	버터, 마가린, 크림, 양념기름	모든 견과류
과일	과일 통조림, 익은 복숭아, 익은 바나나, 사과소스	건조 과일, 덜 익은 과일, 조직이 단단한 생과일
향신료	계핏가루, 약간의 후추	고춧가루, 겨자, 카레가루, 고추냉이

영양지원이 필요하다. 연식에서 허용되는 음식과 제한되는 음식의 종류는 표 2-1과 같다.

연식은 다음과 같은 두 가지로 분류할 수 있다.

① 보통 연식

수술 후나 위장장애 등이 있을 때 처방되는 식사로 식이섬유가 적은 곡류, 채소 및 과일, 결합조직 성분이 적은 육류와 어류, 지방이 적은 식품 등으로 구성되어 맛이 담백하고 소화가 잘되는 식사이다.

② 기질적 연식

내과적으로는 아무런 장애가 없으나 치과질환 등의 문제로 씹기가 곤란하거나 또는 신경이나 식도, 구강 및 인후장애 또는 수술로 인해 2차적으로 삼키기가 어려운 환자에게 주는 식사이다. 식사의 분량이나 성분은 상식과 거의 같으며, 씹거나 삼키기 쉬운 촉촉한 상태의 음식을 제공한다.

(3) 유동식

유동식은 수술이나 금식 후 일시적으로 소화기능이 떨어졌을 때 처방되는 식사이다. 그러나 유동식은 에너지를 비롯한 대부분의 영양소가 부족하기 쉬우므로 2~3일 정도의 단기간만 제공해야 한다. 유동식에는 맑은 유동식, 전유동식, 농축 유동식이 있으며, 유동식으로 장기간의 급식이 필요한 경우에는 농축 유동식을 처방하게 된다.

① 맑은 유동식

수술이 끝난 다음에 경구섭취가 가능해지면 하루 정도 환자에게 소량의 물이나 연한 보리차를 입을 적실 정도로 준다. 수술을 받지 않은 환자라도 질환의 중증도가 심하고 위장에서 소량의 고형·반고형 음식도 소화작용에 부담을 주는 경우에는 맑은 유동식을 준다. 맑은 유동식 제공의 목적은 수분을 공급하기 위해서이다. 맑은 유동식에서 허용되는 음식은 표 2–2와 같다.

표 2-2 **맑은 유동식의 허용 음식**

종류	허용 음식
물	끓여서 식힌 물, 얼음물
얼음	깨끗한 물로 만든 아이스큐브
차류	보리차, 옥수수차, 연한 홍차 또는 연한 녹차, 레모네이드(레몬차), 유자차
국	기름기가 없고 맑은 장국(콩나물국의 국물 등)
주스	맑은 사과주스, 찌꺼기가 없는 포도주스
설탕, 소금	(소량) 우유, 버터, 땅콩이 들어 있지 않은 박하사탕, 흑사탕

② 전유동식

맑은 유동식에서 연식으로 이행되는 중간식을 전유동식 또는 일반 유동식이라고 한다. 전유동식은 에너지가 낮고 수분이 많아 하루 세 번만 주는 경우에는 필요량을 다 섭취하기 어려우므로 1일 6회 정도 제공한다. 전유동식에서 줄 수 있는 음식은 표 2–3과 같다. 전유동식을 3~4일 이상 지속하는 경우에는 농축 유동식을 제공한다.

표 2-3 전유동식의 허용 음식

종류	허용 음식
곡류	미음(쌀미음, 조미음, 대추미음, 조제미음) 으깬 감자를 수프나 국 국물 또는 미음에 넣는 음식
육류	고깃국(국물만), 기름기 없는 탕류의 국물, 젤라틴 젤리, 젤리수프
어류	기름기 없는 어류로 만든 국 국물
난류	부드러운 커스터드, 푸딩, 부드러운 달걀찜
두류	두유, 두유 음료
우유류	우유, 바닐라 아이스크림, 과일 덩어리가 없는 요구르트
채소류	삶아서 으깬 순한 맛의 채소, 채소주스
과일류	과일주스, 과일넥타, 사과소스
유지류	수프용 버터 또는 마가린
당류	설탕, 꿀, 물엿, 시럽
음료	우유, 커피, 차, 코코아, 보리차, 유자차(알코올 성분, 생강차는 금한다)
향신료	계피에 한함(자극성이 있는 것은 일체 금한다)

③ 농축 유동식

농축 유동식은 구강이나 식도에 염증, 궤양 등이 있거나, 치아가 없을 때, 내과적인 이유 또는 기타 치료상의 이유로 장기간 유동식을 섭취해야 하는 환자에게 제공된다.

과거에는 농축 유동식에 일반 음식을 으깨거나, 믹서나 블렌더에 갈아 체에 걸러 제공하였으므로 이를 농축식, 믹서식, 블렌더식(blenderised diet)이라고도 하였다. 그러나 최근에는 상업용 영양액(commercial formula)의 일종인 경구영양보충식(Oral Nutrition Supplements, ONS)을 이용하여 환자의 영양요구량에 맞는 다양한 농축 유동식을 제공할 수 있게 되었다. 보통 1 kcal/cc 이상의 농도로 제공되며 환자의 영양필요량을 충분히 공급하기 위해서는 1일 6회 이상의 급식이 필요하다.

미음 형태의 식사 이외에도 비교적 부드러운 조직을 가지고 있고 씹을 필요가 거의 없는 반고형식 식품들이 농축 유동식에 제공될 수 있으며 이는 표 2-4와 같다.

표 2-4 **농축 유동식의 허용 음식**

종류	허용 음식
곡류	미음(쌀미음, 조미음, 조제미음), 쌀삼부죽, 덩어리 없는 호박죽, 으깬 감자를 수프나 국 국물 또는 미음에 넣어서 만든 것, 매시드포테이토
면류	칼국수죽
육류	이유식용 균질육, 기름기 없는 고깃국 국물, 젤라틴 젤리, 젤리수프, 닭고기의 부드러운 부위를 삶아서 간 것
어류	신선한 병어나 가자미로 만든 찜을 갈아서 만든 것, 기름기 없는 생선국 국물, 굴수프 국물
난류	반숙 달걀, 부드러운 달걀찜, 부드러운 커스터드
두류	두유, 두유 음료, 연두부, 된장국 국물
우유류	우유, 바닐라 아이스크림, 과일 덩어리가 없는 요구르트, 콘스타치 푸딩, 크림수프, 순한 맛의 연질치즈
채소류	채소주스, 삶아서 으깬 채소(시금치, 애호박, 단호박, 당근)
과일류	과일주스, 과일 넥타, 사과소스, 으깬 과일(바나나, 잘 익은 복숭아)
유지류	수프용 버터 또는 마가린
당류	설탕, 꿀, 물엿, 시럽
음료	우유, 커피, 차, 코코아, 보리차, 유자차, 꿀차
향신료	계피에 한함(자극성이 있는 것은 일체 금함)

2 치료식

치료식은 환자의 질병 상태에 수반되는 증상을 완화시키거나 질병으로 인한 대사 장애를 조절하기 위해 환자에게 제공되는 식사이다. 치료식은 환자의 질환 상태에 따른 증상이나 영양소 요구량 변화 및 소화 흡수 능력을 고려하여 제공한다. 치료식은 질환에 따라 특정 영양소를 가감하거나 혹은 점도 등을 조절한 형태로 환자에게 제공되며, 식사계획 시에는 각 해당 질환의 식사지침이 최우선으로 고려되어야 한다. 의료 기관에서 흔히 처방되는 치료식과 특징은 다음의 표 2-5와 같다.

이 외에도 저식이섬유식, 저잔사식, 저요오드식, 케톤식, 알레르기식, 글루텐 제한식 등이 있다.

표 2-5 의료 기관에서 흔히 처방되는 치료식과 특징

치료식명	적용 질환/증상	특징
당뇨식	당뇨병	개인별 에너지 처방 당뇨 식품교환표를 활용한 식사계획
신장질환식	만성 콩팥병	개인별 단백질(에너지) 처방 저염, 저칼륨, 단백질 조절, 수분 제한
간질환식	간염, 간경변증	개인 질환 상태에 따라 단백질, 염분 조절
저염식 (=저나트륨식)	신장질환, 간경변증 심혈관계질환	가공식품, 염장식품 제한, 염분 조절 질환에 따라 수분 제한이 필요한 경우 있음
이상지질혈증식	이상지질혈증	개인별 에너지 처방 콜레스테롤, 포화지방산 제한
저지방식	지방소화흡수불량	저지방식품 사용, 기름 많이 사용하는 조리법 제한 필요시 MCT 기름 사용
위절제후식	위절제, 식도절제후	1일 6~9회 섭취 연식 허용 반찬 제공, 식사와 함께 제공하는 수분 제한
연하보조식	저작기능 저하	씹기 좋게 다지거나 부드러운 식품으로 제공
연하장애식	연하장애	환자의 저작/연하장애 정도에 따라 제공하는 식사의 질감, 점도 조절

2. 영양지원

영양지원(nutrition support)은 질환이나 수술 등으로 인하여 일상적인 식사섭취로 영양상태 유지 및 회복이 어려운 환자를 대상으로 임상 경과의 호전을 목적으로 경장 혹은 정맥으로 필요한 영양소의 전부 혹은 일부를 제공하는 의학적 치료 행위이다.

영양지원은 공급 경로에 따라 경장영양과 정맥영양으로 나누어진다. 경구섭취가 부족한 경우에는 농축 유동식 형태의 경구영양 유동식을 보충하는 것을 고려해 볼 수 있다. 섭취량이 극히 저조하거나 경관급식이 필요한 경우에는 경장영양을, 위장관이 정상적인 기능을 수행할 수 없는 경우에는 정맥영양을 고려한다(그림 2-1).

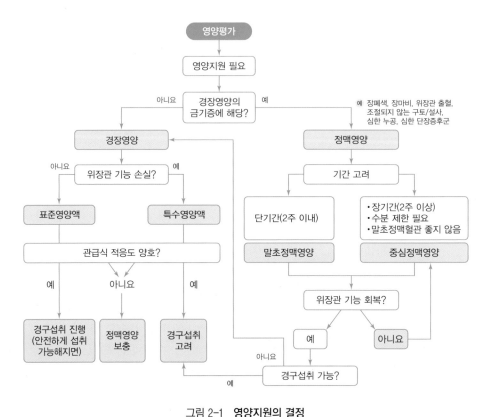

그림 2-1 **영양지원의 결정**

출처: ASPEN, The ASPEN Adult Nutrition Support Core Curriculum, 2nd Ed, 2012.

1 경장영양

경장영양(enteral nutrition)은 경구섭취만으로 영양요구량을 충족시킬 수 없을 때 유동식 형태의 영양액(formula)을 관을 통해 공급하는 것을 말한다. 경구영양 섭취가 가장 우선적인 방법이지만 화상, 외상, 패혈증, 스트레스 등으로 환자의 영양 요구량이 증가하여 경구로는 충분한 영양을 공급할 수 없거나, 환자의 의식이 명확 하지 않거나 혼수가 있는 경우, 연하장애 및 식도협착이 있는 경우에는 급식관을 이 용한 경관유동식이 처방된다. 특히 경장영양은 정맥영양과 비교하여 다음과 같은 장점 때문에 위장관 기능이 가능한 경우 정맥영양에 우선하여 이용되고 있다.

경장영양의 적응증(indication) 및 금기증(contraindication)은 표 2-6과 같다.

경장영양의 장점

- 영양소의 대사효율성이 높다.
- 면역학적으로 유리하다.
- 비용이 경제적이다.
- 장점막의 정상적인 기능 유지에 도움이 된다.
- 경장영양 자체가 체내 이화반응의 속도를 완화시킨다.
- 정맥영양 시에 초래되는 합병증을 줄일 수 있다.

표 2-6 경장영양의 적응증 및 금기증

적응증	금기증
위장관 기능은 정상이나 충분한 경구섭취가 어려운 경우	**환자 상태가 불안정한 경우**
• 대사항진(hypermetabolism): 대수술, 패혈증, 외상, 화상, 장기이식, 후천성면역결핍증(AIDS)	• 혈압유지가 잘되지 않거나 승압제 용량이 지속적으로 상승하고 있는 경우
• 신경계 질환: 뇌혈관 질환, 뇌신경질환, 연하장애 등	**위장관 기능이 충분하지 않은 경우**
• 위장관 질환	• 단장증후군: 남은 장의 흡수력이 불충분한 경우
– 단장증후군: 남은 장의 흡수력이 충분한 경우	• 장폐색
– 장누공(fistula): 배출량 500 mL/일 미만	• 심한 위장관 출혈, 심한 설사, 심한 구토
– 염증성 장질환, 췌장염, 식도폐색	• 장누공: 배출량 500 mL/일 이상
• 종양 질환: 항암화학요법, 방사선요법 치료 시	
• 신경성 질환: 신경성 식욕부진, 심한 우울증	**경장영양이 임상예후 호전에 도움이 되지 않는 경우**
• 기관계부전: 폐, 간, 신장, 심장 등의 기능부전	• 적극적 영양지원이 요구되지 않는 말기 질환자

(1) 경장영양 공급경로

경장영양액을 공급하는 경로는 환자의 질병상태나 제반 증상 및 급식 기간에 따라 결정된다(그림 2-2). 공급경로는 비장관(nasogastric tube), 경피적내시경위조루술(Percutaneous Endoscopic Gastrostomy, PEG), 경피적내시경공장조루술(Percutaneous Endoscopic Jejunostomy, PEJ) 또는 수술로 이루어지는 위조루술(gastrostomy), 공장조루술(jejunostomy) 등의 방법이 있다(그림 2-3). 경장영양 공급경로에 따른 적응증과 장점 및 단점은 표 2-7과 같다.

병원식 및 영양지원

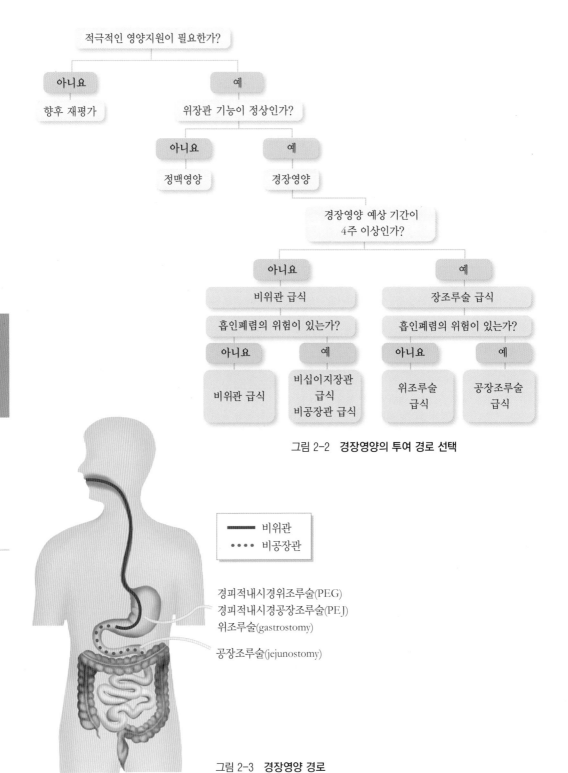

적극적인 영양지원이 필요한가?

아니요
향후 재평가

예
위장관 기능이 정상인가?

아니요
정맥영양

예
경장영양

경장영양 예상 기간이
4주 이상인가?

아니요
비위관 급식
흡인폐렴의 위험이 있는가?

아니요
비위관 급식

예
비십이지장관
급식
비공장관 급식

예
장조루술 급식
흡인폐렴의 위험이 있는가?

아니요
위조루술
급식

예
공장조루술
급식

그림 2-2 **경장영양의 투여 경로 선택**

비위관
비공장관

경피적내시경위조루술(PEG)
경피적내시경공장조루술(PEJ)
위조루술(gastrostomy)

공장조루술(jejunostomy)

그림 2-3 **경장영양 경로**

표 2-7 **경장영양 공급경로에 따른 적응증 및 장단점**

공급경로	적응증	장점	단점
비위관	• 위장관 기능과 구역 반사가 정상인 환자	• 투입이 용이함 • 볼루스 주입* 가능	• 흡인 위험이 높음 • 비위관: 인후두궤양 발생 가능
위조루관	• 식도역류 위험이 적은 환자	• 위조루관은 관지름이 커서 관막힘 우려가 적음	• 위조루관: 관 주위 관리 필요
비공장관	• 흡인 위험이 높은 환자 • 위무력증 환자	• 흡인위험 감소 • 수술 후나 외상 직후 조기 영양공급 가능	• 주입속도에 따라 위장관 부작용 발생
공장조루관	• 식도역류 환자		• 공장조루관: 관주위 관리 필요, 관지름이 작아 관막힐 우려 큼

* 볼루스 주입: 경장영양액의 주입 방법 참고

(2) 경장영양액의 종류

경장영양액 성분들은 경장영양액에 대한 환자의 수용도나 질환 상태에 영향을 미칠 수 있다. 특히 영양액의 삼투압, 신용질부하, 에너지 밀도, 잔사량 등은 경장영양에 대한 환자의 수용도에 영향을 미치는 주요한 특성이다. 따라서 환자의 소화흡수능력 및 질병상태 또는 장기 이상 유무, 관의 위치 및 종류, 비용문제 등을 고려하여 영양액을 결정해야 한다.

경장영양액은 표준영양액, 질환별 영양액, 가수분해 영양액 등으로 분류된다. 제품마다 에너지 밀도, 3대 영양소의 성분 및 조성, 식이섬유 함유량, 삼투압 등이 다르므로 이들을 고려하여 환자에게 적절한 영양액을 선택한다(표 2–8).

경장영양액의 성분

경장영양액의 에너지 밀도는 1 kcal/mL이고 농축영양액은 1.5~2 kcal/mL이며, 영양소의 비율은 영양액에 따라 다양하다. 탄수화물은 총에너지의 40~80%, 단백질은 6~25%, 지방은 15~35%이고, 비타민과 무기질 함량도 환자의 질환에 따라 다양하다.

탄수화물 급원

가장 보편적인 탄수화물 급원은 말토덱스트린이며 대부분 제품에는 유당이 제외된다.

지방 급원

옥수수유, 대두유 등의 식물성 기름이 주로 사용되는데, 대부분이 장쇄중성지방으로 되어 있으며 필수지방산을 공급하고 맛을 증진시킨다. 지방 소화가 어려운 환자의 경우 MCT(중쇄지방)을 포함한다.

단백질 급원

환자의 상태에 따라 가수분해 정도에 의해 세 가지로 분류하여 공급한다. 단백질이 가수분해되지 않고 원래 형태를 유지하고 있는 원형단백질인 카제인염이나 대두단백추출물 등의 중합성 용액(polymeric formula)으로 공급하거나 부분 가수분해 단백질인 작은 펩타이드 용액, 그리고 단백질이 완전히 가수분해된 유리 아미노산의 형태로 공급한다. 가수분해가 많이 될수록 삼투압은 300~600 mOsmol 이상으로 증가한다.

비타민과 무기질 급원

비타민과 무기질은 권장량을 100%를 충족시키도록 구성한다.

식이섬유

가장 흔히 사용되는 식이섬유는 불용성 식이섬유인 대두 다당류이다.

수분

용액의 수분함량에 따라서 에너지 밀도가 결정되는데, 2 kcal/mL 용액은 70%의 수분을 함유하고 있다.

표 2-8 경장영양액의 종류

종류	내용
표준영양액 (standard formula)	• 정상적인 소화, 흡수기능을 지닌 환자에게 제공되는 영양액으로 필요한 에너지 및 영양소의 대부분을 제공할 수 있다. • 대부분 유당이 제외되어 있으며, 등장성(300 mOsm/kg H_2O 내외)이다. • 제품에 따라 식이섬유가 없거나 강화되어 있는 것이 있다. • 제품에 따라 에너지 밀도가 1.2~1.5 kcal/mL인 농축형이 있다. 농축형의 경우 영양액의 삼투압이 증가한다.
가수분해 영양액 (hydrolyzed formula)	• 위장관 기능이 완전하지 못하거나 대장의 잔사량을 최소화해야 할 때 적합하다. • 단백질 급원은 단쇄펩타이드(short chain peptides) 또는 유리아미노산이고 탄수화물은 포도당과 덱스트린류, 지방은 중쇄중성지방과 소량의 필수지방산으로 구성되어 있다.
질환별 영양액 (special formula)	• 대사이상, 장기 부전 및 특정 영양소의 조정이 필요한 경우를 위한 제품이다. • 당뇨영양액은 탄수화물 비율을 낮추고 식이섬유를 강화한 제품이다. • 신장 질환 영양액은 전해질을 낮추고 필수아미노산과 에너지를 높인 제품이다. • 고단백 영양액은 단백질 손실이 큰 화상이나 누공, 외상, 패혈증 환자에게 적용되며 단백질 함량을 총에너지의 20% 이상 제공한다. • 중환자용 영양액으로 면역증진 영양소인 아르기닌, ω−3 지방산, 글루타민 등을 함유하고 있는 영양액이 있어 환자 상태에 따라 이용할 수 있다. • 기타 폐질환 영양액, 소아 영양액 등이 있다.
영양보충 급원 (modula)	• 한 가지 이상의 영양소로 구성된 것으로 기존 영양액의 성분이나 에너지의 농도를 조정하기 위하여 기존의 영양액에 추가로 사용한다. • 액상이나 가루 형태의 탄수화물보충제, 지방보충제, 단백질보충제 등이 이용된다.

(3) 경장영양액의 주입

① 주입 방법

경장영양액을 주입하는 방법으로는 볼루스 주입, 간헐적 주입, 지속적 주입, 주기적 주입법이 있다. **볼루스 주입**(bolus feeding)은 위장 기능이 정상이고 흡인의 위험이 적은 환자를 대상으로 주사기를 이용하여 1회 200~400 mL를 30분 이내에 주입하는 방법이다. **간헐적 주입**(intermittent feeding)은 피딩백(feeding bag)이나 펌프를 이용하여 1회에 200~300 mL를 30~60분에 걸쳐 주입하는 방법이다. **지속적 주입**(continous feeding)은 피딩백(feeding bag)이나 펌프를 이용하여 10~40 mL/hr의 속도로 시작하여 12~24시간에 걸쳐 천천히 주입하는 것으로 흡인의 위험이 커 경장영양액을 소장으로 공급하는 환자에게 사용하는 방법이다(표 2-9).

표 2-9 경장영양액의 주입방법

종류	방법	장점	단점
볼루스 주입 (bolus feeding)	• 위장 기능이 정상인 환자, 이동이 자유로운 환자, 재택 환자, 회복기 환자 • 주사기를 이용하여 중력의 힘으로 위로 주입 • 200~400 mL를 단시간 내(30분 미만) 주입 • 하루 6~8회 주입	• 주입이 용이 • 시간 소요가 적음 • 펌프가 필요 없어 경제적	• 흡인 • 위장관 부작용(설사, 복부팽만, 구토) 위험 높음
간헐적 주입 (intermittent feeding)	• 일반 환자, 재택 환자, 회복기 환자 • 주입 용기를 이용하여 중력의 힘이나 주입 펌프로 주입 • 200~300 mL를 30~60분에 걸쳐 주입	• 볼루스 주입에 비해 합병증 적음 • 지속적 주입에 비해 자유로운 활동 가능	• 지속적 주입에 비해 흡인과 위장관 부작용 위험 높음
지속적 주입 (continuous feeding)	• 중환자 혹은 소장으로 공급하는 환자 • 주입 펌프나 중력의 힘을 이용하여 주입 • 10~40 mL/시간 속도로 시작하여 12~24시간에 거쳐서 천천히 주입	• 흡인 위험 낮음 • 위장관 부작용 위험 낮음	• 행동의 제약 • 장비 사용으로 인한 고비용
주기적 주입 (cyclic feeding)	• 밤 시간의 8~16시간 동안 펌프를 사용하여 일정 속도로 주입	• 낮시간 동안 자유로운 활동과 경구 섭취 가능	• 수면시간 동안 위장관이 쉬지 못함

투여 경로 및 관의 크기에 따라 사용할 수 있는 영양액의 종류 및 농도, 주입 속도 등이 결정된다.

② 주입속도

처음 급식 시에는 환자가 금식을 한 기간을 함께 고려하여 1회 주입량 및 주입 속도 등을 결정한다.

지속적 주입이나 주기적 주입 시 10~40 mL/hr로 시작하여 매 8~24시간마다 10~20 mL/hr씩 증량하도록 한다. 간헐적 주입 시에는 100~120 mL/hr 정도로 시작하여 매 4시간마다 60 mL/hr씩 증량한다.

③ 주입 시 주의 사항

● 관세척

관세척의 주요 목적은 관막힘 방지와 수분 공급이다. 영양액이나 약물 주입 전후로 30~50 mL 정도의 물로 씻어내어 관의 막힘을 방지한다.

● 주입자세

흡인을 예방하기 위해 영양액이 주입되는 동안과 주입 후 30분 정도는 상체를 30~45° 정도 반드시 올린다.

경장영양 시의 주의사항

- 개방형 영양액은 8시간 이상 걸어 두지 않는다.
- 실온이나 체온 정도의 온도로 영양액을 주입한다.
- 영양액 주입 전후에 30~50 mL의 물로 관을 세척한다.
- 영양액 주입 시와 주입 후 30~60분 정도는 침대 높이를 30~45° 정도 높게 한다.
- 영양액 투여 시 주스나 약을 혼합하지 않는다.
- 환자에게 제공된 후 상온에서 4시간 이상 방치된 영양액은 폐기한다(개봉하지 않은 캔으로 제공 시에는 제외).

⑪ 합병증 및 모니터링

경장영양의 가장 흔한 합병증은 설사이다. 경장영양의 합병증은 표 2–10과 같다.

경장영양으로 인한 합병증을 예방하기 위해서는 적절한 모니터링이 필수적이다. 경장영양의 모니터링은 위장관 적응도, 수분상태 평가, 영양상태 평가 및 생화학적 검사 등으로 이루어진다. 특히 체중과 체중 변화는 환자의 영양상태 및 수분상태를 나타내는 주요 지표로 최소한 주 2~3회 측정하도록 한다. 이 외에 부종, 탈수 여부, 경장영양액 주입 시 복부 불편감, 배변횟수나 양상 등을 주의 깊게 모니터링한다. 생화학적 검사로 알부민, 혈색소 농도, 혈당, 전해질, 혈중 요소질소 및 크레아티닌, 인, 마그네슘 등을 정기적으로 모니터링하여 대사적 합병증 여부를 확인한다. 모니터링 주기는 환자의 상태에 따라 달라지며, 모니터링 방법은 표 2–11과 같다.

표 2-10 경장영양의 주요 합병증

구분		원인	관리 방법
위장관 합병증	메스꺼움/구토	위배출 지연(질환, 약물 관련), 빠른 주입속도, 영양액 온도, 영양액 삼투압, 영양액 지방함량 등	약물 점검, 위장운동 촉진제 사용, 영양액 조성(지방함량, 삼투압) 조정, 주입속도 조절, 영양액 온도 조절
	복부팽만	위배출 지연, 장폐색, 변비, 복수, 빠른 주입속도, 영양액 온도, 주입 온도, 식이섬유 함유량	복부팽만 원인 확인(필요시 복부 x-ray), 약물(위장운동 촉진제) 사용, 영양액 조성(식이섬유) 조정, 주입 속도 조절, 영양액 온도 조절
	설사	약물, 감염, 빠른 주입속도, 고삼투압성 영양액 공급, 영양액 성분(지방, 유당), 청결환 관리 부재	투여 약물 점검, 장내 세균감염 확인, 영양액 변경(등장성, 식이섬유 함유), 주입 시 위생관리 지침 준수
	변비	탈수, 위장관 운동 저하, 식이섬유 및 수분섭취 부족	충분한 수분 및 식이섬유 공급
	흡인	위배출 지연, 구토, 주입관 위치 이탈, 부적절한 주입자세, 의식 저하 등	위잔여량(gastric residuals) 확인, 소장급식 주입하는 동안과 주입 후 상체 올리기
기계적 합병증	관막힘	불충분한 관세척, 잦은 위잔여량 측정, 부적절한 약물 투여 등	영양액이나 약물 주입 전후 충분한 관세척
	재급식증후군	장기간 영양공급 중단 후 급속한 영양공급	영양공급 시작 시 소량으로 시작하여 목표량에 서서히 도달
대사적 합병증	고혈당	당뇨병, 대사적 스트레스	인슐린이나 경구혈당강하제 투여 당뇨용 영양액 사용
	탈수	체액 과다손실, 수분섭취 부족, 농축 영양액 사용	매일 체중 및 섭취량/배설량 모니터링 혈청 전해질, BUN/Cr 등 모니터링

표 2-11 경장영양의 모니터링

모니터링 항목	횟수	
	초기	안정기/장기환자
• 체중 • 수분섭취 · 배설량 • 위장관 기능	매일	매일
혈당	매일	• 당뇨병 환자: 매일 • 당뇨병 환자 아닌 경우: 주 2~3회/6개월마다
• 혈청 전해질 • 혈청 요소질소(BUN), 크레아티닌 • 혈청 칼슘, 인, 마그네슘	매일	주 2~3회/6개월마다
간 기능 검사	주 1회	주 1회/6개월마다

❷ 정맥영양

정맥영양(parenteral nutrition)은 위장관을 통해 영양소를 공급할 수 없는 환자들에게 정맥을 이용하여 영양을 공급하는 방법으로 공급경로에 따라 중심정맥영양(Central Parenteral Nutrition, CPN)과 말초정맥영양(Peripheral Parenteral Nutrition, PPN)으로 구분된다(그림 2-4). 투여 경로의 선택은 에너지 요구량 및 치료 예상 기간, 환자의 상태 및 수분 요구량 등에 의해서 결정된다(그림 2-1).

중심정맥영양은 치료 기간이 2주 이상 예상되며 수분 제한이 필요하거나 에너지 요구량이 많을 때 처방되며 영양상태 개선을 목적으로 사용된다. 중심정맥은 혈류 속도가 빨라 중심정맥 영양액이 빨리 희석되므로 용액 삼투압이 1,200 mOsm/L 이상인 고영양수액(intravenous hyperalimentetion, IVH)을 사용할 수 있다.

말초정맥영양은 시술이 용이하고 합병증의 발병이 다소 적으나 주로 7~10일 이하의 단기간 영양지원에 사용된다.

정맥영양은 영양소가 소화관을 통해 소화·흡수되는 생리적인 영양공급 방법이 아니므로 위장관이 기능을 하면 가능한 소량이라도 경장영양을 하고 부족한 부분

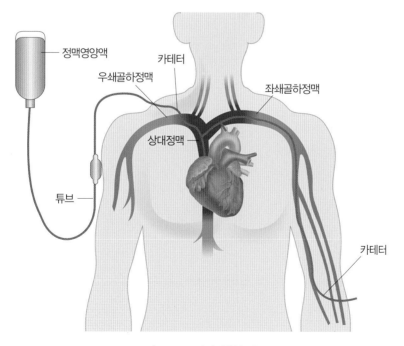

정맥영양액

카테터

우쇄골하정맥

좌쇄골하정맥

상대정맥

튜브

카테터

그림 2-4 중심정맥영양 경로

표 2-12 정맥영양의 적응증 및 금기증

적응증	금기증
위장관 기능 저하 등으로 경장영양이 불충분하거나 불가능한 경우 • 심한 위장관 출현, 심한 설사, 심한 구토, 방사선 치료에 의한 장염 • 단장증후군 • 장마비, 장폐색 • 장누공: 배출량 500 mL/일 이상 • 다량의 항암화학요법, 방사선요법을 받는 환자와 골수 이식 환자	• 혈압유지가 잘 되지 않거나 승압제 용량이 지속적으로 상승하고 있는 경우 • 위장관기능이 정상인 경우 • 정맥영양 사용 예상 기간이 5~7일 미만인 경우 • 적극적 영양지원이 요구되지 않는 말기 질환자 • 대사적으로 불안정한 경우 주의가 필요함

을 정맥영양을 통해 보충한다. 정맥영양의 적응증 및 금기증은 표 2-12와 같다.

(1) 정맥영양액의 구성

① 단백질

정맥영양의 단백질은 주로 아미노산 형태로 제공된다. 단백질은 1 g당 4 kcal의 에너지를 내며, 공급된 단백질의 체내 이용을 최대화하기 위해서는 충분한 에너지 공급이 우선되어야 한다.

② 탄수화물

정맥영양액 내의 탄수화물 급원은 주로 덱스트로오즈이다. 탄수화물은 에너지의 주요 급원이며 70 kg인 성인의 경우 1일 100 g 내외의 탄수화물이 필요하다. 탄수화물 과다공급 시 고혈당, 지방간, 담즙분비 정체, 이산화탄소 과다생성에 의한 호흡부전 등이 유발될 수 있으므로 과량 공급되지 않도록 주의한다.

③ 지질

지방유화액은 필수지방산 공급 및 효율적인 에너지 공급원으로 사용된다. 총에너지의 25~30% 정도를 지질에서 공급하도록 한다. 혈중 중성지방 수치가 400 mg/dL 이상인 경우에는 지방유화액을 투여하지 않으며, 유화제로 달걀 인지질이 함유되어 있으므로 달걀 알레르기가 있는 환자는 주의한다.

④ 비타민 및 무기질

복합비타민제에는 엽산, 비타민 B_{12}, 비오틴이 함유되어 있지 않으므로 별도의 보

(a) two in one   (b) three in one

그림 2-5 **정맥영양액 예시**

충이 필요하다. 장기간 정맥영양 시에는 비타민 K, 철이 결핍될 수 있으므로 별도 보충을 고려한다.

(2) 정맥영양액의 형태

정맥영양액은 포도당, 아미노산, 지방유액의 제공 형태에 따라 투인원(two in one) 정맥영양액과 쓰리인원(three in one) 정맥영양액으로 나눈다. 투인원(two in one) 정맥영양액은 포도당과 아미노산 수액만을 포함하며 지방유액은 별도로 공급이 필요하다[그림 2-5(a)]. 쓰리인원(three in one) 정맥영양액은 포도당, 아미노산, 지방유액을 한 번에 공급할 수 있는 형태로 TNA(Total Nutrition Admixture)라고도 불린다[그림 2-5(b)].

3. 식품교환표의 활용

1 식품교환표

식품교환표란 우리가 일상에서 섭취하고 있는 식품들을 영양소의 구성이 비슷한 것끼리 묶은 표로, 각 식품군별로 평균 에너지, 탄수화물, 단백질, 지방의 함량이 명시되어 있어서 식품성분표를 이용하지 않고 복잡한 계산 없이도 영양소 함량을 개

표 2-13 식품군별 기준 영양소 및 대표 식품

식품		에너지 (kcal)	탄수화물 (g)	단백질 (g)	지방 (g)	1교환단위 식품 종류와 중량
곡류군		100	23	2	–	밥 70 g(1/3공기), 죽 140 g(2/3공기), 삶은 국수 90 g, 감자 140 g, 고구마 70 g, 떡 50 g, 식빵 35 g(1쪽)
어육류군	저지방	50	–	8	2	살코기 40 g(탁구공 크기), 가자미/동태/삼치/조기 50 g(小 1토막), 멸치 15 g, 굴 70 g(1/3컵), 새우(중하) 50 g(3마리)
	중지방	75	–	8	5	소고기(등심) 40 g(탁구공 크기), 갈치/고등어/꽁치 50 g(小 1토막), 달걀 55 g(1개), 검정콩 20 g(2큰술), 두부 80 g
	고지방	100	–	8	8	갈비/삼겹살 40 g, 생선통조림 50 g, 치즈 30 g(1.5장), 프랑크소시지 40 g
채소군		20	3	2	–	푸른잎채소 70 g(익혀서 1/3컵), 애호박/오이/콩나물/무 70 g, 도라지 40 g, 버섯 50 g, 김 2 g(1장), 배추김치 50 g
지방군		45	–	–	5	견과류(땅콩/아몬드/잣/호두) 8 g, 버터 5 g, 마요네즈 8 g, 드레싱 15 g, 식물성기름 5 g(1ts)
우유군	일반우유	125	10	6	7	두유 200 mL(1컵), 우유 200 mL(1컵), 전지분유 25 g(1/4컵)
	저지방 우유	80	10	6	2	저지방우유 200 mL(1컵), 떠먹는 요구르트 100 mL(1/2컵)
과일군		50	12	–	–	단감/바나나/포도 80 g, 귤/배/사과/참외 100 g, 딸기/수박 150 g, 방울토마토 200 g, 토마토 250 g

략적으로 알 수 있다. 식품교환표는 영양소 함량(에너지, 탄수화물, 단백질, 지방)을 조정해야 하는 식단의 계획, 식사력 조사, 영양교육 시 이용되고 있다.

우리나라의 식품교환표는 대한당뇨병학회, 대한영양사협회, 한국영양학회가 공동으로 1981년에 미국의 식품교환법을 우리의 식품 사정에 맞게 제정하였고, 그 후 2010년 개정을 거쳐 2023년에 재개정되었다. 식품교환표의 각 식품군별 1교환단위당 기준 영양소 및 대표 식품은 표 2-13과 같다.

(1) 곡류군

곡류군은 1교환단위당 탄수화물 23 g, 단백질 2 g, 에너지 100 kcal를 포함하고 있다. 곡류군 대표 식품의 1교환단위당 분량은 밥류 70 g(1/3공기), 면류(건조) 30 g, 면류(삶은 것) 90 g, 감자 140 g, 고구마 70 g, 떡류 50 g, 빵류 35 g이다. 이 외에도 곡류군 주요 식품의 1교환단위당 분량은 부록에 표로 제시하였다.

(2) 어육류군

어육류군은 종류에 따라, 육류는 부위에 따라 각각 지방 함량에 차이가 있어 저지방, 중지방, 고지방의 세 가지 종류로 구분한다.

어육류군 대표 식품의 1교환단위당 분량은 고기류 40 g, 생선류 50 g, 알류 55 g, 건어물 15 g, 치즈 30 g이다. 저지방, 중지방, 고지방 어육류군에 속하는 주요 식품의 1교환단위당 분량은 부록에 표로 제시하였다.

(3) 채소군

채소군은 1교환단위당 탄수화물 3 g, 단백질 2 g, 에너지 20 kcal를 포함한다. 채소군 대표 식품의 1교환단위당 분량은 채소류 70 g(뿌리채소 40 g, 건채소 7 g, 채소주스 50 g), 해조류 70 g(김 2 g), 버섯류 50 g, 김치류 50 g, 피클·장아찌류 20 g이다. 채소군 주요 식품의 1교환단위당 분량은 부록에 표로 제시하였다.

(4) 지방군

지방군은 1교환단위당 지방 5 g, 에너지 45 kcal를 포함한다. 지방군 대표 식품의 1교환단위당 분량은 견과류 8 g, 드레싱류 15 g, 식물성 기름류 5 g이다. 지방군 주요 식품의 1교환단위당 분량은 부록에 표로 제시하였다.

(5) 우유군

우유군은 지방의 함량에 따라 저지방우유군과 일반우유군으로 나뉜다.

저지방우유군은 1교환단위당 탄수화물 10 g, 단백질 6 g, 지방 2 g, 에너지 80 kcal를 일반우유군은 1교환단위당 탄수화물 10 g, 단백질 6 g, 지방 7 g, 에너지 125 kcal를 포함한다. 우유군 대표 식품의 1교환단위당 분량은 우유류 200 mL, 요구르트류 100 mL, 분유류 25 g이다. 우유군에 속하는 식품의 1교환단위당 분량은 부록에 표로 제시하였다.

(6) 과일군

과일군 1교환단위는 탄수화물 12 g, 에너지 50 kcal를 포함하며 대표 식품의 1교환단위당 분량은 생과일류 50~250 g, 건과일 15 g, 통조림류 70 g, 주스류 100 mL이다. 과일군 주요 식품의 1교환단위당 분량은 부록에 표로 제시하였다.

2 식품교환표를 이용한 1일 식단작성

식품교환표를 활용하면 대상자의 영양기준량에 맞는 식단을 작성할 수 있다.

(1) 영양기준량의 결정

대상자의 성별, 연령, 활동량, 질병 등을 고려하여 영양기준량을 설정한다. 체중이 52.5 kg이며 중등 활동에 종사하는 우리나라 19~29세 성인 여성의 에너지 섭취기준 2,000 kcal를 예시로 식단을 작성해 보자.

(2) 영양소 비율의 결정

대상자의 식사력, 질병상태 등을 고려하여 3대 영양소의 비율과 양을 결정한다.

2,000 kcal를 탄수화물 : 단백질 : 지방 = 60 : 15 : 25의 비율로 급식하는 경우
- 탄수화물: $2,000 \times 0.6 \div 4 = 300$ (g)
- 단백질:　　$2,000 \times 0.15 \div 4 = 75$ (g)
- 지방:　　　$2,000 \times 0.25 \div 9 = 56$ (g)

(3) 각 식품군의 교환단위수 결정

에너지 2,000 kcal, 탄수화물 300 g, 단백질 75 g, 지방 56 g으로 교환단위수를 정하는 과정은 다음과 같다.

① 채소군, 우유군, 과일군의 교환수를 산정한다

채소군 7교환, 우유군 2교환, 과일군 2교환수를 산정한다(표 2-14).

표 2-14 채소군, 우유군, 과일군의 교환수 정하기

식품군		식품교환수	탄수화물(g)	단백질(g)	지방(g)	에너지(kcal)
곡류군						
어육류군	저지방					
	중지방					
채소군		7	21	14		140
지방군						
일반우유군		2	20	12	14	250
과일군		2	24			100
계			65	26	14	490

② 곡류군 교환수를 산정한다

1일 탄수화물 300 g에서 채소군, 우유군, 과일군에서 섭취하는 탄수화물 65 g을 뺀 235 g을 곡류군 1교환단위 탄수화물 함량 23 g으로 나누어 곡류군 교환수를 산정한다(표 2-15).

$$(300 - 65) \div 23 \fallingdotseq 10교환$$

표 2-15 곡류군 교환수 정하기

식품군		식품교환수	탄수화물(g)	단백질(g)	지방(g)	에너지(kcal)
곡류군		10	230	20		1,000
어육류군	저지방					
	중지방					
채소군		7	21	14		140
지방군						
일반우유군		2	20	12	14	250
과일군		2	24			100
계			295	46	14	1,490

③ 어육류군 교환수를 산정하여 저지방, 중지방, 고지방으로 배분한다

1일 섭취해야 할 단백질 75 g에서 곡류군, 채소군, 우유군, 과일군에서 섭취하는 46 g을 제외한 29 g을 어육류군 1교환단위당 단백질 함량 8 g으로 나누어 어육류군 교환수를 산정한다. 이를 저지방 1교환, 중지방 3교환으로 배분한다(표 2-16).

$$(75 - 46) \div 8 \fallingdotseq 4교환$$

표 2-16 어육류군 교환수 정하기

식품군		식품교환수	탄수화물(g)	단백질(g)	지방(g)	에너지(kcal)
곡류군		10	230	20		1,000
어육류군	저지방	1		8	2	50
	중지방	3		24	15	225
채소군		7	21	14		140
지방군						
일반우유군		2	20	12	14	250
과일군		2	24			100
계			295	78	31	1,765

④ 지방군 교환수를 산정한다

1일 섭취해야 할 지방 56g에서 곡류군, 채소군, 우유군, 과일군, 어육류군에서 섭취하는 31g을 제외한 25g을 지방군 1교환단위당 지방량인 5g으로 나누어 지방군 교환수를 산정한다(표 2-17).

$$(56 - 31) \div 5 \fallingdotseq 5교환$$

표 2-17 지방군 교환수 정하기

식품군		식품교환수	탄수화물(g)	단백질(g)	지방(g)	에너지(kcal)
곡류군		10	230	20		1,000
어육류군	저지방	1		8	2	50
	중지방	3		24	15	225
채소군		7	21	14		140
지방군		5			25	225
일반우유군		2	20	12	14	250
과일군		2	24			100
계			295	78	56	1,990

(4) 식사별 교환단위수 배분

결정된 섭취교환수를 세끼와 간식으로 배분한다(표 2-18).

표 2-18 끼니별 교환단위수

식품군 끼니	곡류군	어육류군		채소군	지방군	과일군	우유군
		저지방	중지방				
아침	3	1		2	1		
간식						1	1
점심	3		1	2.5	2		
간식	1					1	
저녁	3		2	2.5	2		
간식							1
계	10	1	3	7	5	2	2

(5) 식품선택

각 식품군별로 식품을 선택하여 1교환단위량을 확인한다.

(6) 실제 섭취량 정하기

섭취해야 할 교환수와 1교환단위량을 곱하여 실제 섭취량을 정한다.

(7) 식단작성하기

표 2-18의 끼니별 식단배분에 따라 끼니 식단의 주재료명 교환량을 정하여 1일 식단을 작성한다. 그 예는 표 2-19와 같다.

표 2-19 1일 식단작성　　　　　　　　　　　　　　　　　　　(목표 에너지: 2,000 kcal)

구분	음식명	주재료명	교환단위	식품군	에너지(kcal)
아침	잡곡밥	백미	2	곡류군	200
		현미	0.5	곡류군	50
		보리	0.5	곡류군	50
	미역국	미역	0.5	채소군	10
		참기름	0.5	지방군	22.5
	병어무조림	병어	1	어육류군(저)	50
		무우	0.5	채소군	10
	취나물	취나물	0.5	채소군	10
		들기름	0.5	지방군	22.5
	오이생채	오이	0.5	채소군	10
아침 간식	두유	두유	1	우유군	125
	수박	수박	1	과일군	50
계					610

계속

구분	음식명	주재료명	교환단위	식품군	에너지(kcal)
점심	쌀밥	백미	3	곡류군	300
	시금치된장국	시금치	0.5	채소군	10
	두부탕수육	두부	1	어육류군(중)	75
		식용유	1.5	지방군	67.5
	도라지생채	도라지	0.7	채소군	14
	애호박볶음	애호박	0.5	채소군	10
		당근	0.3	채소군	6
		식용유	0.5	지방군	22.5
	배추김치	배추김치	0.5	채소군	10
계					515
간식	옥수수	옥수수	1	곡류군	100
	요구르트	요구르트	1	우유군	125
계					225
저녁	팥밥	백미	2.5	곡류군	250
		팥	0.5	곡류군	50
	콩나물국	콩나물	0.5	채소군	10
	갈치지짐	갈치	2	어육류군(중)	150
		식용유	0.5	지방군	22.5
	양상추샐러드	양상추	0.7	채소군	14
		당근	0.3	채소군	6
		사우전드아일랜드소스	1	지방군	45
	가지볶음	가지	0.5	채소군	10
		식용유	0.5	지방군	22.5
	깍두기	깍두기	0.5	채소군	10
저녁 간식	방울토마토	방울토마토	1	과일군	50
계					650
총계					1,970

1 연식 식단의 예

(1) 1일 영양소 구성하기

에너지(kcal)	탄수화물(g)	단백질(g)	지질(g)
1,800	270	90	40

(2) 1일 식품군별 교환단위수 결정

식품군	곡류군	어육류군		채소군	지방군	우유군	과일군
		저지방	중지방				
교환단위수	9	4	2	6	2	2	2

(3) 끼니별 교환단위수의 배분

끼니	곡류군	어육류군			채소군	지방군	우유군	과일군
		저지방	중지방	고지방				
아침	2	1.5	0.5	–	2	0.5	–	–
간식	2	–	–	–	–	–	1	–
점심	2	2	–	–	1.5	1	–	–
간식	0.5	–	–	–	1	–	–	1
저녁	2.5	0.5	1.5	–	1.5	0.5	–	–
간식	–	–	–	–	–	–	1	1
계	9	4	2	–	6	2	2	2

(4) 식품교환표를 이용하여 식품선택

구분	음식	재료 및 분량(g)	곡류군	어육류군 저	어육류군 중	채소군	지방군	우유군	과일군
아침	흰죽	쌀 60	2	–	–	–	–	–	–
	두부된장찌개	두부 40 달래 35 된장 12 국멸치 7.5	–	0.5	0.5	0.5	–	–	–
	가자미찜	가자미 50	–	1	–	–	–	–	–
	애호박나물	애호박 70 참기름 2.5	–	–	–	1	0.5	–	–
	나박김치	나박김치 35	–	–	–	0.5	–	–	–
간식	카스텔라	카스텔라 70	2	–	–	–	–	–	–
	우유	우유 200	–	–	–	–	–	1	–
점심	영계닭죽	쌀 60 닭고기 40	2	1	–	–	–	–	–
	조기구이	조기 50 식용유 2.5	–	1	–	–	0.5	–	–
	가지나물	가지 70 참기름 2.5	–	–	–	1	0.5	–	–
	나박김치	나박김치 35	–	–	–	0.5	–	–	–
	으깬감자 · 단호박	감자 70 단호박 40	0.5	–	–	1	–	–	–
간식	포도주스	포도주스 100	–	–	–	–	–	–	1
	잣죽	쌀 60 잣 4	2	–	–	–	0.5	–	–
저녁	아욱국	아욱 35 애호박 35 멸치 7.5 된장 10	–	0.5	–	0.5 0.5	–	–	–
	달걀두부찜	달걀 55 두부 40	–	–	1 0.5	–	–	–	–
	감자 · 당근조림	감자 70 당근 35	0.5	–	–	–	0.5	–	–
간식	두유	두유 200	–	–	–	–	–	1	–
	사과소스	사과 100	–	–	–	–	–	–	1

② 연식 조리의 예

(1) 연식과 유동식에 사용하는 죽과 미음

종류		용량비율	100g 중의 영양가				
		전죽 : 미음	수분(g)	에너지(kcal)	탄수화물(g)	단백질(g)	지질(g)
유동식	미음	0 : 10	93.5	27	6.0	0.4	0
연식	전죽	10 : 0	85.0	62	13.5	1.2	0.1

(2) 흰죽

재료	중량(g)	만드는 법
쌀	100	① 쌀은 씻은 후 1시간 정도 불린다.
물	700	② 쌀의 7배 정도의 물을 붓고 중간 불에서 끓인다.
		③ 죽이 끓기 시작하면 약한 불에서 쌀이 퍼질 때까지 끓인다.
소금	약간	④ 불을 끈 후 5분 정도 뚜껑을 덮고 둔다.

(3) 미음

재료	중량(g)	만드는 법
쌀	90	① 쌀은 씻은 후 1시간 정도 불린다.
물	900	② 쌀을 넣고 10배 정도의 물을 붓고 중간 불에서 끓인다.
		③ 미음이 끓기 시작하면 약한 불에서 쌀이 퍼질 때까지 끓인다.
소금	약간	④ 미음을 체에 거르고 약간의 소금으로 간을 맞춘다.

③ 실습 평가 및 고찰

- 조리된 식단을 조별로 전시하고 교수가 평가한다.
- 조리된 식단을 각자 시식한 후 자기 평가한다.
- 실습 내용에 대하여 조별 토의를 한다.
- 실습 노트를 작성한다.

④ 개별 과제

- 1,600 kcal 연식의 식품 구성과 식단을 작성하시오.

2부

질환별
식사요법

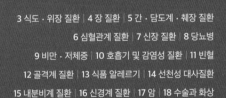

3 식도 · 위장 질환 | 4 장 질환 | 5 간 · 담도계 · 췌장 질환

6 심혈관계 질환 | 7 신장 질환 | 8 당뇨병

9 비만 · 저체중 | 10 호흡기 및 감염성 질환 | 11 빈혈

12 골격계 질환 | 13 식품 알레르기 | 14 선천성 대사질환

15 내분비계 질환 | 16 신경계 질환 | 17 암 | 18 수술과 화상

3장

식도·위장 질환

1 소화기 상부의 구조와 기능

2 식도 질환

3 위장 질환

1. 소화기 상부의 구조와 기능

소화기계(digestive system)는 구강에서 항문에 이르는, 즉 구강(입) → 인두 → 식도 → 위 → 소장(십이지장-공장-회장) → 대장(맹장-결장-직장) → 항문에 이르는 일련의 소화관과 소화액을 생성, 분비하여 소화작용을 돕는 타액선, 췌장, 간, 담낭 등의 부속 소화기관으로 구성되어 있다(그림 3-1).

소화기관의 주요 기능으로는 소화, 소화액의 분비, 소화관의 운동, 영양소의 흡수 등 네 가지 작용을 들 수 있다.

소화기관은 체외로부터 섭취한 음식물을 체내에서 이용하는 데 중요한 역할을 하고 있으므로 이 중 어느 하나의 기관이 장애를 일으켜도 영양성분의 소화, 흡수뿐만 아니라 대사과정을 정상으로 유지하기 어렵다.

▌1 구강 · 식도의 구조와 기능

(1) 구강 · 식도의 구조

입의 내부를 구강이라고 하며, 구강은 혀와 32개의 치아로 구성되어 있다. 혀에는 무수한 유두가 있으며, 그 속에 존재하는 미뢰세포에 의해서 음식물의 맛 성분을 감지할 수 있다. 구강의 소화부속선으로 타액선(이하선, 악하선, 설하선)이 있다. 식도 (esophagus)는 약 25 cm가량의 관이며, 윗부분은 인두에 연결되고 기관과 심장 뒤쪽을 내려가 횡격막을 관통하여 위에 연결된다.

(2) 구강 내의 소화작용

구강 내 소화는 치아의 저작운동(씹기), 인두의 연하운동(삼키기), 식도의 연동운동 등의 기계적 소화작용과 타액의 화학적 소화작용에 의해서 일어난다.

타액은 타액선에서 분비되는 중성(pH 6.8)의 소화액으로 탄수화물의 소화효소인 프티알린(ptyalin, α-amylase), 전해질, 점액을 함유하고 있으며, 1일 분비량은 1.0~1.5 L가량 된다. 또한 타액은 구강이 건조를 막고, 건조한 음식물의 저작, 연하를 용이하게 하고 또 프티알린에 의한 전분 소화를 시작한다.

식도는 입으로 들어 온 음식물을 위로 보내기 위해 강한 연동운동을 일으킨다.

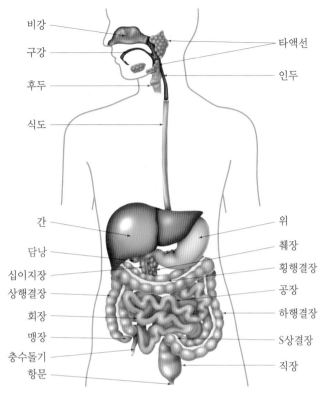

비강

구강

후두

식도

타액선

인두

간

담낭

십이지장

상행결장

회장

맹장

충수돌기

항문

위

췌장

횡행결장

공장

하행결장

S상결장

직장

그림 3-1 소화기관

식도점막은 민감하여 산성 위액, 알칼리성 장액 등에 의해 손상되기 쉬우며, 특히 음식물의 정체 시간이 길거나 역류한 위액에 접촉되기 쉬운 부위인 협착부에서 식도염, 식도암의 발생빈도가 높다.

2 위의 구조와 기능

(1) 위의 구조

위(stomach)는 횡격막 바로 아래 왼쪽 편에 위치한 주머니 모양의 소화관으로, 크게 분문부, 위체부, 유문부 등으로 구성되어 있다(그림 3-2). 위는 분문으로부터 식도에 연결되어 있고, 아래쪽의 유문으로부터 십이지장에 연결되어 있으며, 이들 연결 부위에는 하부식도괄약근과 유문괄약근이 각각 존재한다.

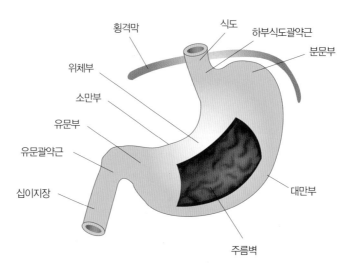

그림 3-2 **위의 구조**

위 내벽은 주름벽으로 되어 있으며, 위점막에는 다수의 위선이 존재한다. 위의 상부에 존재하는 위저선에는 주로 소화효소를 생성하는 주세포와 염산을 생성하는 벽세포가 많이 분포되어 있으며, 분문선과 유문선에는 주로 알칼리성 점액을 분비하는 부세포가 많이 분포되어 있다. 위의 형태와 용량은 개인차가 크지만 대체로 J자 형이 많고, 성인기에 1,200~1,400 mL 정도이다.

(2) 위의 소화작용

위의 기능은 첫째로 음식물을 일시적으로 체류(약 1 L)시키면서 위액과 잘 혼합하여 유미즙(반유동식, chyme)을 만들어 십이지장에 소량씩 이송시키는 것이다. 위의 내용물은 연동운동에 의해 위벽에서 분비되는 위액과 혼합되어 반유동체인 산성 유미즙 상태가 된다. 위의 내용물이 유문부 쪽으로 밀어 내보내지면 유문부의 내압이 높아지며, 유문괄약근이 이완되고 위의 내용물이 조금씩 십이지장으로 배출된다.

① 위액 분비

위액은 위점막이 위선에서 분비되는 무색, 투명한 산성의 액체이다. 1일 분비량은 1.5~2.5 L이며 위산(gastric acid, HCl)과 단백질 소화효소인 펩신(pepsin), 항악성빈혈 인자인 내적인자(intrinsic factor), 무기물질, 점액 등이 함유되어 있다.

위산은 산도가 pH 1.5~2.0으로 음식물의 강력한 살균작용, 단백질 변성, 펩시노겐(pepsinogen)의 활성화 등 위 내 소화작용에서 매우 중요한 역할을 한다.

위액 가운데 가장 중요한 소화효소는 펩신이며, 주세포 내에서는 불활성형의 펩시노겐으로 존재하지만, 위액으로 분비되면 위산(HCl)의 작용 또는 기존의 펩신에 의해서 활성화되어 펩시노겐이 펩신이 된다. 펩신은 위 안에서 pH 1.5~3.2의 범위에서 단백질을 프로테오즈(proteose)와 펩톤(peptone)으로 가수분해한다.

② 위운동

위운동에는 공복수축, 연동운동 및 위 배출운동(위 비우기) 등이 있다. 공복수축운동은 음식물을 섭취하지 않았을 때 일어나는 위 내 근육의 수축운동이다.

식사 후 구강에서 저작된 음식물이 위에 채워지면 공복기 수축이 사라지고 연동운동이 일어나는데, 이때 음식물은 유문 쪽으로 이동된다. 위에서는 물, 알코올, 아스피린 등이 소량 흡수되며, 대부분의 영양소는 소장에서 흡수된다.

(3) 위액의 분비 및 위운동의 조절

위액의 분비와 위운동은 신경자극, 호르몬 자극 및 물리적 자극에 의해 조절된다. 미각, 후각, 시각 등의 부교감신경(미주신경) 자극에 의하여 위액의 분비와 위의 운동이 촉진되는 반면, 교감신경 자극에 의해서 이것들은 저해된다. 위액 분비와 위운동을 촉진시키는 대표적 호르몬으로는 위의 점막(G-cell)에서 분비되는 가스트린(gastrin)을 들 수 있다.

위액 분비와 위의 운동을 억제하는 요소로는 교감신경자극과 엔테로가스트론(enterogastrone)을 들 수 있다. 정신적 긴장감, 불안감, 스트레스는 교감신경을 자극하여 미주신경 억제작용을 하므로 위액 분비와 위운동이 억제된다. 십이지장에 지방과 위산을 함유한 소화내용물이 들어오면 십이지장 점막에서 엔테로가스트론(enterogastrone) 호르몬이 분비되어 위액의 분비가 억제되고 위운동도 저하된다.

2. 식도 질환

1 연하장애

연하장애(dysphagia)란 음식물이 구강, 인두, 식도 및 위 내로 이동하는 연하과정에 장애가 생긴 것이다. 즉, 저작운동 또는 연하운동이 억제되어 음식물을 씹거나 삼키기가 어렵고 불편한 상태를 말한다.

(1) 원인

연하장애 원인에는 기계적인 것과 마비적인 것이 있다. 기계적인 원인은 식도의 외과적 수술, 종양, 폐쇄 혹은 식도암, 분문암, 식도염 등이 있다. 마비적 연하장애 원인에는 뇌졸중, 머리손상, 뇌종양, 신경계 질환 등에 의해서 연하중추가 손상되어 일어난다.

(2) 증상

연하장애 증상으로는 침을 흘리거나 식사 도중에 음식물을 입에 물고 있거나 음식물을 삼킨 후 기침을 하거나, 목안에 덩어리가 있는 느낌이 있고, 흡인이나 폐렴이 나타날 위험이 높아진다. 만성적으로는 후각 및 미각의 저하, 식욕부진과 체중감소가 발생할 수 있다.

(3) 식사요법

연하장애 환자는 경구섭취 부족, 체중감소, 탈수 등이 일어나기 쉽다. 식사요법의 목표는 사레가 들지 않고 안전하게 음식을 삼키도록 하여 영양결핍증과 탈수, 체중 감소를 막는 것이다. 환자에 따라 연하장애의 원인과 특징이 다르므로 개별화된 식사처방을 가지고 단계별 식사관리가 필요하다. 예를 들어, 식도 부위에 폐쇄가 있는 환자의 경우에는 유동식 형태로 식사를 제공하지만, 신경계 이상으로 연하장애가 발생한 환자에게는 유동식은 폐로 흡입될 위험이 있으므로 식사의 점도나 질감을 조절하여 제공한다.

① 충분한 에너지 섭취

에너지 섭취 부족으로 체중감소가 발생하지 않도록 충분한 에너지를 제공한다. 1회 섭취량이 부족한 경우 에너지 밀도가 높은 음식을 간식으로 이용한다. 경구섭취가 불충분한 경우에는 경장영양을 고려한다.

② 질감 및 점도 조절

환자의 저작 및 삼킴 능력에 따라 유동식, 갈음식, 다짐식, 일반식 형태로 제공한다. 마비에 의한 연하장애가 있는 경우 환자의 저작 및 삼킴 능력에 맞게 음식의 질감과 점도를 조절하여 제공한다. 이 경우 묽은 음식보다 된 음식이 삼키기 쉽기 때문에 국, 유동식, 음료는 점도증진제를 이용하여 점도를 조절하여 제공한다. 국제 연하장애식표준화체계(International Dysphagia Diet Standardization Initiative,

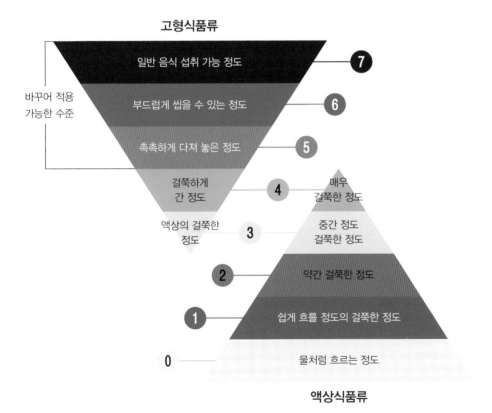

그림 3-3 **연하장애식 표준 단계**

출처: 식품의약품안전처. 저작 및 연하곤란자를 위한 조리법 안내. 2019.

표 3-1 연하장애식 표준 단계별 특징 및 음식 종류의 예

단계	형태	점도	특징	음식 종류 예시
7		일반식	• 일반 음식섭취 가능	• 부드럽고 소화되기 쉬운 일반식
6	고형식	부드러운	• 부드럽게 씹을 수 있음 • 젓가락으로 뜰 수 있으며 삼키기 전 저작 필요	• 진밥, 두부, 찐 감자, 찐 고구마, 완자전 • 작은 건더기를 포함한 카레나 스튜류, 마파두부, 푹 익힌 생선찜, 조림
5		다지거나 간	• 촉촉하게 다져놓은 정도 • 숟가락으로 뜰 수 있으며 혓바닥으로 눌러 씹을 수 있음	• 흰죽, 전복죽(전복은 곱게 갈아서), 채소죽 • 덜 익은 바나나
4	고형식 또는 액상	푸딩, 퓌레	• 매우 걸쭉함 • 숟가락이나 포크 사용 필요하며 컵이나 빨대로 마실 수 없음	• 달걀찜, 연두부, 푸딩 • 건더기 없는 호상요구르트 • 감자 으깸, 고구마 으깸 • 된호박죽, 팥죽(질감이 일정해야 함, 새알심 제외), 껍질 제거 녹두죽 • 잘 익은 부드러운 바나나
3		꿀	• 중간 정도 걸쭉함 • 컵으로 마실 수 있고 입에서 큰 노력 없이 삼킬 수 있음	• 꿀, 과일 시럽, 된 미음 • 묽은 호박죽, 타락죽, 묽은 잣죽 • 진한 소스류, 수프류
2	액상	진한 과즙	• 약간 걸쭉함 • 숟가락에서 흘러내림	• 진한 생과즙(껍질, 씨 제거) • 미음, 곡물 음료(고운 곡물만 가능) • 밀크셰이크, 묽은 수프류
1		맑은 과즙	• 쉽게 흘러내림 • 물보다 점도가 약간 있음	• 맑은 생과즙(착즙), 숭늉, 맑은 미음, 맑은 육수 • 액상요구르트
0		물	• 물같이 흐름	• 물, 차, 인스턴트 맑은 주스

출처: 식품의약품안전처. 저작 및 연하곤란자를 위한 조리법 안내. 2019.

IDDSI)에서는 음식의 질감과 점도를 0~7 수준으로 구분하여 환자의 상태에 따라 제공할 수 있도록 제시하였다(그림 3-3).

연하장애식 표준 단계별 특징 및 음식의 예를 표 3-1에 제시하였다.

③ 부드러운 식품 재료 선택

모든 식품은 결합조직이나 섬유질이 적은 것을 선택한다. 조직과 형태가 저작과정 동안 잘 으깨질 수 있도록 조리한다. 다만, 입안에서 부서질 수 있는 크래커나 가루

표 3-2 연하장애 시 주의식품과 권장식품

구분	주의해야 할 식품	권장할 수 있는 식품
곡류군	• 거친 잡곡류, 떡류, 딱딱한 빵(바게트 등), 크래커, 긴 면발(면은 짧게 잘라서 먹도록 함)	• 으깬 감자, 부드러운 빵(커스터드 등)
어육류군	• 질긴 육류, 튀긴 고기	• 부드러운 육류 및 생선(찜류)
채소군	• 질긴 채소(고사리, 미역줄기 등)	• 부드러운 채소(숙채류)
지방군	• 견과류	−
우유군	• 액상 유제품*	• 요플레(플레인만 해당) • 호상 유제품
과일군	• 껍질 과일, 말린 과일(말린 과일, 건포도 등) • 물기가 많은 과일(방울토마토, 수박 등)	• 부드러운 생과일(바나나 등) • 통조림 과일, 과일푸딩
기타	• 입천장에 달라붙는 음식(찹쌀떡, 땅콩버터 등) • 맑은 액상 음식*(물, 주스, 우유, 홍차, 커피, 콜라, 사이다 등) • 고춧가루, 후추와 같이 기침을 유발할 수 있는 식품 • 가루 형태와 같이 입안에서 쉽게 흩어지는 식품을 포함한 음식(가루로 된 약물 포함)	• 끈끈하지 않으며 점막에 달라붙지 않는 음식 • 되직한 액상음식 • 적당한 점도가 있어 약간 걸쭉하고 부드러운 음식 • 갈고 다져서 밀도가 균일한 음식

* 우유나 기타 맑은 액상음식 등은 개인의 삼킴 능력에 맞춰 점도 조절
출처: 식품의약품안전처. 삼키기 어려운 어르신을 위한 식품섭취 안내서. 2016.

형태의 음식, 잡곡류는 피한다. 잘 씹히지 않는 딱딱한 빵이나 견과류 등은 제한한다. 채소는 질긴 부위를 제거하고 무르게 익혀 준비한다. 찹쌀떡, 땅콩버터, 엿 등 입천장에 달라붙는 음식도 피하며 고춧가루, 후추, 겨자 등 자극이 강한 조미료는 피한다. 연하장애 시 주의식품과 권장식품은 표 3-2와 같다.

④ 식사 시의 자세와 식사요령

연하장애 환자는 식사자세와 식사도구 사용에 세심한 주의가 필요하다. 환자가 의자에 앉아 식사를 할 경우에는 엉덩이를 의자와 90° 각도가 되게 하여 허리를 쭉 펴고 똑바로 앉게 한다. 환자는 식사 후 15~30분 동안 앉아 있는 자세를 유지한다. 이는 기도로의 흡인 및 폐렴의 위험을 감소시켜 준다. 만약 환자가 침대에 누워 있을 경우에는 침대 윗부분을 올리고 베개로 등 뒤를 받쳐 주어 등을 펴고 곧게 앉을 수 있도록 한다.

식사도구로는 젓가락보다는 작고 평평한 순가락을 사용한다. 밥은 물이나 국에 말

표 3-3 연하장애 단계별 식단 예시

기준 식단		기준 점도: 푸딩	기준 점도: 꿀, 시럽	기준 점도: 토마토주스
음식	재료 및 분량(g)			
흰죽	쌀 60	점도 맞추어	점도 맞추어	점도 맞추어
무채국	무 70 달걀 1/2개 쪽파 5 참기름 2.5	기준 점도로 조절 (건더기는 다져서)	기준 점도로 조절 (건더기는 다져서)	기준 점도로 조절
임연수어 양념구이	임연수어 75	기준 식단 그대로	기준 식단 그대로	기준 식단 그대로
오이볶음	오이 50 식용유 2.5	다져서	다져서	작게 썰어서
백김치	백김치 50	제공 불가	건더기 다져서 (국물 점도 조절)	건더기 작게 썰어 (국물 점도 조절)
간식		바나나 저며서	플레인 요구르트	사과 얇게 저며서

※ 푸딩 점도: 중증의 연하장애에 적용
  꿀, 시럽 점도: 중등도의 연하장애에 적용
  토마토주스 점도: 경증의 연하장애에 적용

아서 먹지 말고 음식을 삼킬 때는 턱을 아래로 당겨 고개를 앞으로 숙이고 머리를 뒤로 젖히지 않도록 한다. 식사는 조금씩 여러 번에 나누어 천천히 섭취하며 여러 번 삼키고, 입안에 음식물이 남아 있는 경우 다 삼킨 후 다시 먹도록 한다. 식사 도중에는 말을 하지 않는다. 기침을 하는 경우 기침이 멈출 때까지 식사를 중지한다.

2 역류성 식도염

식도염은 식도점막이 헐거나 상처가 생겨 염증을 일으키고, 음식물을 섭취할 때마다 통증이 동반되는 질환이다. 식도염은 박테리아의 감염이나 물리, 화학적 손상에 의해서 발생한다. 식도염 중에서도 위액이나 십이지장액이 역류하는 위식도 역류(gastroesophageal reflux)로 식도점막이 손상되어 염증을 일으키는 경우가 가장 많은데, 이를 역류성 식도염(gastroesophageal reflux disease, GERD)이라고 한다.

역류성 식도염은 위액이나 십이지장액 중에 함유되어 있는 위산, 펩신, 트립신, 담즙산염 등이 식도점막을 공격함으로써 염증을 일으키게 된다. 식도점막은 위점막에 비해 이들 공격인자들에 대해서 저항력이 약해서 만성적으로 자극을 받게 되면 식도점막이 손상되어 출혈과 염증을 일으키고, 더 나아가서는 궤양으로 진전되고 식도 내강이 좁아져 식도협착과 연하장애를 초래할 수 있다.

(1) 원인

역류성 식도염은 알코올, 자극적인 조미료 등 자극이 강한 음식을 만성적으로 섭취하거나 과음을 하는 경우 또는 토하는 일이 반복되거나 위액 또는 장액이 식도에 역류되어 식도점막을 자극하고 손상을 일으켜 유발된다. 흡연 시에도 타액과 함께 니코틴이 식도에 유입되므로 비흡연자보다 흡연자의 경우는 역류성 식도염 이환율이 높다.

식사 이외의 원인으로는 하부식도괄약근의 기능장애, 노화에 의한 하부식도괄약근의 근력 저하, 구토증, 복압상승, 경관급식용 튜브 사용, 일부 약물사용 등을 들 수 있다.

(2) 증상

역류성 식도염의 대표적 증상은 속쓰림이며, 식후 30~60분 후에 일어난다. 또 음식물이 좁은 식도를 통과하면서 식도손상 부위와 접촉하므로, 식사 때마다 심한 통증과 삼키기 힘든 불쾌감을 느끼게 된다. 식도점막이 헐었을 때의 증세는 앞가슴의 뒤쪽에서 통증을 느끼고, 상처가 심할 경우에는 경련을 일으키면서 가슴이 조이며 통증이 있고, 등이 뻐근해지는 것을 느낀다.

(3) 식사요법

식사요법은 식도점막 자극의 최소화, 위산분비 억제, 하부식도괄약근의 근력 강화, 위액의 역류 억제 등을 목표로 하며 재발되지 않도록 주의한다.

① 부드럽고 소화가 잘되며 자극이 적은 음식을 제공한다. 질긴 음식, 가스발생 식품(마늘, 양파, 탄산음료 등), 매운 음식 등 자극적인 음식은 피한다. 알코올, 초콜릿, 카페인, 강한 향신료도 제한한다. 감귤류, 토마토나 튀김 등 고지방식품은 개인에 따라 증상을 악화시킬 수 있으므로 개인의 증상에 맞추어 제한한다.

② 과식을 피하고 조금씩 자주 먹으며, 식사는 천천히 한다.

③ 하부식도괄약근을 강화하기 위해서 단백질을 충분히 공급한다. 니코틴은 식도

괄약근의 압력을 저하시키므로 금연한다.

④ 위액이 식도로 역류하는 것을 막기 위해서는 식후에 바로 눕지 않으며, 식후 30분 정도는 앉아서 휴식을 취한다. 잠자기 전 3시간 전에 음식을 먹도록 한다. 비만은 복압을 증가시켜 위식도 역류의 위험인자가 될 수 있으므로 과체중인 경우 체중조절을 한다.

3. 위장 질환

1 위염

위염은 위점막에 염증이 생긴 것으로 크게 급성 위염과 만성 위염으로 나눌 수 있다. 급성 위염(acute gastritis)은 소화기 질환 중에서 가장 많이 발생하는 질환으로, 세균이나 바이러스의 감염, 자극성 물질의 화학적 자극, 폭음, 폭식이나 약물 복용, 극심한 스트레스, 흡연, 식중독, 부적절한 식사 등으로 위벽에 갑자기 염증이 생겨 점막에 충혈, 부종이 일어난다. 병의 원인을 찾아 치료와 식사요법을 잘하면 1주일 정도에 회복된다.

만성 위염(chronic gastritis)은 위의 점막에 생긴 염증이 장기화되는 위의 질환이다. 만성 위염에는 염증이 점막조직의 표층부에 염증이 생기는 표층성 위염과 위점막이 얇아지고, 위분비선이 위축되는 위축성 위염이 있다. 표층성 위염에는 위산분비가 많은 반면, 위축성 위염에는 위산분비가 저하되는 경우가 많으며, 더욱 진행되면 무산증이 될 수도 있다. 위축성 위염은 고령자에게 많아 노화현상과 관련이 있다.

(1) 원인

① 급성 위염

잘못된 식사 또는 자극적인 물질에 의한 위점막의 화학적·기계적 자극으로 인해 위벽에 갑자기 염증이 발생할 수 있다. 특히 영양상태가 불량하거나 위장의 기능이 약화되어 위점막의 감수성이 예민해셨을 때 유발되기 쉽다.

식사를 거르거나 불규칙적인 식사, 과식, 과음 등은 위점막을 자극할 수 있다. 잔치음식이나 특별한 음식을 과식하거나 너무 급히 먹었을 때, 자극성이 강한 식품 및 난소화성 음식, 바로 튀겨낸 뜨거운 음식, 뜨거운 죽이나 국물 또는 음료 등을 급히 먹었을 때, 식사 후 쉬지 않고 바로 일을 시작했을 때 급성 위염에 걸리기 쉽다. 특히 안주도 없이 과음했을 때, 그리고 진한 커피음료를 계속 마셨을 때, 과다한 흡연 등에 의해 위염이 유발되기 쉽다. 또 식중독이나, 특정 알레르기성 식품에 의한 알레르기 반응에 의해서도 급성 위염이 유발된다.

식사요인 이외에 진통제, 항생제, 해열제, 부신피질호르몬, 철분제제 등의 약물에 의해 위에 염증이 생길 수도 있다. 따라서 약물을 복용할 때에는 올바른 복용 방법을 지켜야 한다.

② 만성 위염

급성 위염이 악화되어 만성화되는 경우도 있으나, 반드시 그렇지는 않다. 만성 위염의 발병 원인은 급성 위염의 원인과는 다르며, 원인이 불분명한 경우가 많다. 만성 위염의 원인으로 만성적인 위장 및 간 질환, 위수술, 세균감염, 특히 헬리코박터파일로리균에 의한 감염, 위장의 노화 등을 들 수 있다.

(2) 증상

① 급성 위염

급성 위염의 주요 증세로는 명치가 아프거나 구역질, 구토, 트림, 하품, 속쓰림이 있고, 위 부위에 통증과 압박감을 느낀다. 특히 걸어 다니거나, 몸을 구부렸을 때 통증이 더 심하며, 발열, 설사 등의 급성 증세를 나타내기도 한다.

② 만성 위염

만성 위염은 위점막에 염증이 생겨 위산분비가 항진 또는 감소되는 상태에 있기 때문에 음식물의 자극에 대해 매우 예민하다. 증상으로는 식욕부진, 메스꺼움, 복부팽만감, 피로 등을 느끼며, 오래되면 체중감소 또는 철 및 비타민 B_{12} 흡수불량으로 빈혈을 일으킨다. 대체로 소화성 궤양과 유사하며, 식사요법도 이에 준한다.

(3) 식사요법

① 급성 위염

급성 위염 환자의 경우 안정이 중요하므로 충분한 휴식과 수면을 취한다. 환자가

토하거나 설사를 하며 통증이 있을 때에는 금식을 하며 수분과 전해질을 공급한다. 통증이 가라앉으면, 보리차, 맑은 사과 주스, 끓여서 식힌 물, 콩나물 삶은 국물 등 맑은 유동식을 제공한다. 이후 증세가 더 호전되면 전유동식, 연식, 일반식으로 이행하며 소화가 잘되고 자극이 적은 음식을 섭취하도록 한다.

급성 위염은 환자 상태를 고려하여 단계적으로 식사요법을 잘하면 회복이 빠르다. 회복기에 식사제한을 너무 장기간 계속하지 않도록 한다.

② 만성 위염

● 과산성 위염

과산성 위염 또는 표층성 위염은 위점막에 염증이 생겨 위산분비가 항진상태에 있기 때문에 음식물의 자극에 대해 매우 예민하다. 또 치료기간이 길기 때문에 환자는 자연히 편식하기 쉽고 영양결핍이 되기 쉽다. 과산성 위염은 그 증상이 소화성 궤양과 유사하므로 식사요법도 이에 준한다. 자극성이 강한 조미료·커피·술은 제한한다. 산미가 강한 음식, 사이다·콜라 등의 기포성 음료는 개인에 따라 수용도가 다르므로 개인별 증상에 맞추어 섭취를 조절한다. 위 부담을 적게 하기 위해서는 규칙적인 식생활과 좋은 식습관의 실천이 중요하다. 소화되기 쉬운 음식을 천천히, 충분히 씹어 먹도록 하며, 매일 정해진 식사시간에 즐거운 분위기에서 식사를 하도록 한다.

● 무산성 위염

무산성 위염 또는 위축성 위염은 위벽세포의 위축으로 만성적으로 위액 분비가 저하되거나 위산이 극히 감소되며, 무산증 및 감산증이라고도 한다. 위의 노화와 관련이 깊으며 노인에게 많다. 무산성 위염의 경우에는 위산 부족으로 인한 단백질의 소화장애, 음식물의 살균작용 부족, 위 내적인자의 결핍, 무기질의 흡수저하 등의 문제가 발생할 수 있다.

단백질은 주로 위산에 의해서 변성되어 소화작용을 받는데, 위산 결핍인 경우에는 단백질 변성과 단백질 분해효소인 펩신의 활성도 약화되어 소량의 단백질만이 소화작용을 받게 된다. 또 음식으로부터 들어온 세균은 위산의 작용으로 살균되나, 위산분비가 없거나 부족한 경우에는 살균작용이 불충분하여 그대로 장으로 들어가므로 장 내에서 부패, 발효의 주원인이 되고 설사를 일으키는 경우도 있다.

위벽세포의 위축으로 위 내적인자의 생성이 부족하여 비타민 B$_{12}$의 흡수불량을 초래하며, 나아가서는 악성빈혈을 일으킬 수 있다. 위산이 적으면 칼슘, 철 등의 무기질의 용해가 어려워 이들의 소화·흡수가 저해된다.

무산성 위염 환자에게는 식욕과 위액 분비를 촉진시킬 수 있도록 파, 마늘, 생강 등의 양념을 적당히 이용한다. 부드럽게 조리된 연한 살코기, 흰살 생선, 달걀, 두부 등의 단백질을 소화능력에 맞추어서 준다. 위산분비가 감소되면 철의 흡수가 나빠져 빈혈에 걸리기 쉽다. 빈혈을 막기 위해 철이 많은 식품을 충분히 공급한다.

② 위·십이지장궤양

위·십이지장궤양은 위·십이지장의 점막조직이 손상된 상태로, 위궤양은 유문 부위에서, 십이지장궤양은 유문 아래의 십이지장 시작 부위에서 발생하는 궤양이며, 이를 통칭하여 소화성 궤양이라고도 한다.

소화관의 점막조직은 여러 가지 효소와 산, 알칼리, 전해질, 소화액, 약물 및 신경자극 등의 끊임없는 공격에 대해서 점막의 혈류, 점액, 호르몬 등으로 방어하고 있으며, 이들 공격인자와 방어인자 간의 균형에 의해서 정상을 유지하고 있다. 위액에는 위산과 단백질 분해효소인 펩신이 함유되어 있어서 점막조직의 방어기능에 결함이 있을 때에는 자기 소화작용을 받아 점막세포가 파괴되고 위궤양을 일으키게 된다. 십이지장궤양은 과다한 위산분비, 빠른 위배출시간, 십이지장의 산 중화 능력 감소, 중탄산염의 분비부족 등에 의해 발생한다.

궤양의 정도는 점막조직의 점막층뿐만 아니라 점막하층이나 근육층까지 확대되기도 하며, 궤양의 주변 조직은 거의 염증을 동반한다. 위궤양과 십이지장궤양은 병의 원인과 증상이 거의 같고 식사요법도 그 원리가 같다.

(1) 원인

위·십이지장궤양의 정확한 원인은 아직 밝혀지지 않았으나, 헬리코박터파일로리균(helicobacter pylori) 감염, 정신적 스트레스, 식사요인, 약물, 기타 여러 가지 원인들이 복합적으로 관련되어 있다.

① 헬리코박터파일로리균 감염

국내의 경우 십이지장궤양 환자의 90~95%, 위궤양 환자의 60~80%에서 헬리코박터균이 발견되며, 헬리코박터균을 제균하면 소화성 궤양의 재발률이 현저히 감소된다. 헬리코박터파일로리는 나선형 모양의 박테리아로서 주로 유문 부위에 살면서 요소를 분해하는 효소인 우레아제를 분비하여 암모니아를 생성한다. 이렇게 생성된 암모니아는 위산을 중화하여 헬리코박터파일로리가 살기 좋은 환경을 만들고 독성 물질을 분비하여 위점막을 손상시키는 것으로 알려져 있다. 감염 경로로는 이 균에 오염된 음식 또는 위생이 불완전한 물이나 우물물, 보균자와의 키스 등 구강을 통한 경로가 유력하다. 환경뿐 아니라 구강위생을 철저히 하는 것이 예방의 지름길이다.

② 정신적 스트레스

생활환경 및 직무에 있어서 심한 스트레스 상태와 불안한 정신생활이 계속되면 소화성 궤양의 이환율이 높아진다. 지속적인 스트레스로 정신적인 긴장 상태에 있게 되면, 뇌하수체가 자극을 받아 부신피질자극호르몬(ACTH)과 부신피질호르몬의 분비가 촉진된다. 부신피질호르몬은 위벽의 점막 세포를 자극하여 위산분비를 증가시키며 이것이 소화성 궤양의 발생과 악화의 원인이 될 수 있다. 소화성 궤양을 발병시키는 원인으로 가장 흔한 것이 스트레스라고 알려져 있다. 스트레스의 원인이 제거되면 소화성 궤양이 회복되는 경우가 많으므로 소화성 궤양의 예방과 치료를 위해서 스트레스를 감소시키는 생활환경 개선이 매우 중요하다.

③ 식사요인

위산분비를 촉진시키는 자극성이 강한 음식을 즐기는 습관, 불규칙적인 식사시간 등은 소화성 궤양을 유발하는 요인이 될 수 있다. 진한 커피를 크림이나 우유를 타지 않고 습관적으로 많이 마시거나, 알코올 음료를 지속적으로 과음하는 경우, 위산분비와 위의 점막을 자극하여 위·십이지장궤양을 유발하기 쉽다.

④ 약물복용

항생제, 해열제, 진통제 등의 약제를 만성적으로 복용했을 때 또는 공복 시에 복용하거나 잘못된 방법으로 복용했을 때 소화성 궤양을 일으킬 수 있다. 이 밖에 비스테로이드성 항염증 약물을 장기간 복용한 만성 관절 류마티스 환자에게서 위·십이지장궤양이 발생되는 경우가 있다.

⑤ 과도한 흡연

과도한 흡연은 위벽을 자극해서 궤양 발생 요인이 된다. 위의 염증, 특히 만성 위염이 오래되어서 위점막이 약해지면 위궤양으로 악화되기 쉽다.

(2) 증상

주요 자각 증상으로는 속쓰림, 상복부나 흉골 아래쪽에 통증, 트림, 구토 등이 있다. 통증은 보통 식후 30분부터 3시간가량 지속된다. 이것은 음식물에 의해 위의 운동과 위액 분비가 일어나 위벽 손상 부위가 자극을 받아서 통증을 일으키기 때문이다. 궤양은 발생 부위에 따라 증상이 다르다. 위의 분문부에 궤양이 있으면 식후 1시간 내에 통증이 오는 경우가 많고, 십이지장이나 그 주변에 궤양이 생기면 식후 2시간 이후, 즉 공복 시에 통증이 오기 쉽다. 공복 시나 야간에는 바늘로 쑤시는 것과 같은 기아통(hunger pang)을 느끼게 된다.

기타 증상으로는 식욕감퇴, 체중감소, 빈혈, 구토, 검은 변(melena)이 있으며, 심한 경우 출혈 또는 천공이 발생되기도 한다. 대출혈이 생기는 경우 응급치료가 필요하다. 소화성 궤양에는 통증을 느끼지 못하는 무증후성 궤양도 있다.

(3) 식사요법

위·십이지장궤양의 치료는 궤양의 원인 제거, 증상 완화와 합병증 예방을 목표로 한다. 정신적 안정을 취하면서 약물치료를 실시하고 식사요법을 통해 증상을 호전시키도록 한다.

위·십이지장궤양 치료로 복용하는 약물 중 제산제 등은 변비를 유발할 수 있다. 제산제를 복용하는 경우 변비 예방을 위해 식이섬유를 충분히 섭취한다. 소화성 궤양 환자는 궤양으로 인한 복통, 구토 등으로 식사섭취량이 부족하여 체중감소와 영양불량이 나타나기 쉽다. 소화성 궤양의 치료와 상처 회복을 위해 에너지와 단백질을 충분히 공급한다.

출혈이 있는 경우 경우에는 금식을 하면서 수분 및 전해질을 공급한다. 급성기 증상이 호전되면 유동식, 연식, 일반식으로 식사를 이행한다.

과도한 음주는 점막 손상을 유발할 수 있으므로 제한한다. 커피와 카페인은 산분비를 자극하고 하부식도괄약근압을 감소시킬 수 있으므로 주의가 필요하다. 자극적인 양념이나 매운 음식을 다량 지속적으로 섭취 시 산분비를 증가시키고 위에 염증을 유발하고 위장관 투과성을 변화시킬 수 있으므로 과량 섭취는 제한한다. 이 외에 위·십이지장궤양을 악화하는 특정한 식품이 있는지에 대해서는 근거가 부족한 편이다. 식품의 산도는 구강이나 식도에 병변이 있는 환자를 제외하면 치료에 영향을 주지 않는다. 그러나 환자에 따라 신 음식이나 탄산음료 등 섭취 시 속쓰림을 악화시킬 수 있으므로 이들 식품은 개인의 수응도에 따라 조절한다.

③ 위하수

위하수는 위의 위치가 배꼽 부위 아래까지 길게 내려와 있는 경우를 말한다. 위의 구조나 위치는 사람의 체질과 체격 또는 식습관에 따라 다르기 때문에 위하수자체를 병이라고 할 수는 없다.

(1) 증상

위가 아래로 길게 위치함으로써 위의 기능이 저하된다. 위의 긴장과 위의 운동이약해져서 소화능력이 떨어질 뿐만 아니라 위의 내용물을 장으로 내보내는 힘도 약해진다. 이로 말미암아 약간이라도 음식의 섭취량이 많아지면 위가 더부룩하고 거북해진다. 위하수의 자각 증상이 있는 환자는 혈액순환이 좋지 못해 얼굴이 창백하고 손발이 차가우며 허약하다. 또한 식욕이 없으며 깊은 잠을 이루지 못하고 변비가 심한 경우도 있다.

(2) 식사요법

위하수의 식사요법은 소화가 잘되며 위 안에 장시간 머물지 않는 식품, 식사량이소량이면서 소화가 잘되는 것, 식사횟수를 조정하여 위에 부담을 주지 않는 것, 식욕을 촉진시킬 수 있는 것 등을 기본으로 한다. 하루 세끼 이외에 중간식으로 영양과 에너지를 배분해서 위의 부담을 덜게 한다.

4장

장 질환

1 소장·대장의 구조와 기능

2 변비

3 설사

4 과민성장증후군

5 염증성 장질환

6 게실증·게실염

7 셀리악병

1. 소장·대장의 구조와 기능

▌1 소장

(1) 소장의 구조

소장은 위에 연결된, 약 6~7 m의 긴 관 모양의 장기로, 십이지장, 공장, 회장의 세 부위로 구성된다(그림 3-1). 십이지장은 약 25 cm의 C자형이며, 유문에서 약 10 cm 떨어진 곳에 총담관과 췌관이 합류하여 십이지장에 연결된다. 이 연결 부위에 오디 괄약근이 있다(그림 5-1). 공장은 십이지장에 이어 소장의 2/5를 차지하며 회장은 나머지 3/5을 차지한다. 소화관벽의 일반적 구조는 안쪽 관공 내로부터 점막층, 점막하조직, 근육층, 장막층으로 되어 있다. 점막층 내강 쪽 표면에 미세융모로 덮여 있는 주름진 융모가 있어 흡수표면적이 매우 크다(그림 4-1).

(2) 소장의 운동과 소화작용

소장운동에는 소장 내용물(음식물)을 분쇄, 혼합, 교반하는 분절운동과 소장 내용물을 대장 및 항문 쪽으로 이동시키는 연동운동이 있다. 소장운동은 소장 내용물을 담즙, 췌액, 장액 등 소화액과 혼합하여 이동시키며, 영양소의 소화 및 흡수 작용을 원활하게 하는 역할을 한다.

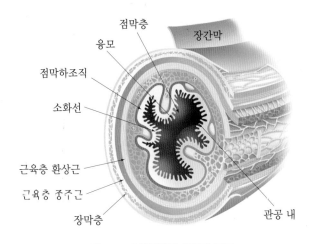

그림 4-1 **소화관벽의 일반적 구조**

소화관의 일반 구조

- **점막층**

  가장 안쪽 면으로 점막 상피세포는 소화액과 점액을 분비하는 외분비세포와 호르몬을 분비하는 내분비세포로 구성되어 있다.

- **점막하조직**

  점막과 근육층을 연결하는 결체조직으로 되어 있고 장관에 분포되어 있는 혈관, 림프 및 신경을 지지해 주는 역할을 하며 신경총이 분포되어 있다.

- **근육층**

  평활근이 두 층으로 배열되어 있으며, 내층은 환상근, 외층은 종주근으로 구성되어 있다. 이들은 소화관의 운동에 관여하는데, 내층근의 수축운동에 따라 장관의 직경이, 외층근의 수축운동에 따라 장관의 길이가 변화되며 조절된다.

- **장막층**

  장관의 가장 바깥쪽 부분이다.

십이지장으로 분비된 췌액과 담즙 그리고 장액 등 소화액 중에 포함되어 있는 각종 효소들과 전해질 물질이 소장 내용물과 복잡한 상호 작용을 하며 섭취한 영양소의 대부분이 소장에서 소화·흡수된다. 췌액에는 단백질을 분해시키는 효소인 트립신, 키모트립신, 펩티데이스, 지방을 분해하는 효소인 라이페이스, 탄수화물을 분해시키는 효소인 아밀레이스 등이 포함되어 있다. 담즙은 지방을 유화시키고 라이페이스의 작용을 촉진함으로써 지방의 소화와 지방산의 흡수를 돕는다(표 4-1). 소장에서의 소화작용은 소화기계에서 분비되는 관련 호르몬에 의해서 조절된다(표 4-2).

표 4-1 위장관에서의 영양소 소화

소화액	분비 기관	작용
중탄산염	췌장, 소장	위산(유미즙)의 중화
펩신	위	단백질 → 프로테오스, 펩톤
트립신, 키모트립신	췌장	펩톤 → 펩티드
카르복시펩티데이스	췌장	펩티드 → 더 작은 펩티드, 아미노산
아미노펩티데이스	소장	
디펩티데이스	소장	디펩티드 → 아미노산
아밀레이스	췌장	전분, 글리코겐 → 맥아당, 덱스트린
말테이스		맥아당 → 포도당 + 포도당
락테이스	소장	유당 → 포도당 + 갈락토오스
수크레이스		서당 → 포도당 + 과당
담즙	간	지방의 유화
라이페이스	위, 췌장	중성지질 → 지방산, 모노글리세라이드

표 4-2 소화 관련 주요 호르몬

호르몬	분비 기관	분비자극	작용
가스트린	위	• 위확장 • 단백질 • 미주신경자극	• 촉진: 위산분비, 위운동
세크레틴	소장	• 유미즙의 낮은 산도 • 펩타이드	• 촉진: 중탄산염 분비, 담낭 수축 • 억제: 위산분비, 위운동, 위배출
콜레시스토키닌	소장	• 지방, 단백질	• 촉진: 췌장효소 분비, 담낭 수축 • 억제: 위산분비, 위운동, 위배출

2 대장

(1) 대장의 구조

대장은 소장에 연결된 소화관으로 길이가 1.6~2.0 m이며 맹장, 결장, 직장의 세 부분으로 구성된다(그림 3-1).

맹장은 회장에 연결되며 대장 중 가장 두껍고 충수돌기가 나와 있다. 결장은 상행결장, 횡행결장, 하행결장, S상결장으로 구분된다. 직장은 대장의 마지막 부위로 길이는 15~20 cm이며, 항문에 연결된다. 항문은 평활근으로 되어 있는 내괄약근과 횡문근으로 되어 있는 외괄약근으로 구성되어 있다.

(2) 대장의 운동과 소화작용

대장은 소화·흡수되지 않은 음식물(소화물) 찌꺼기를 배출하는 역할을 한다. 대장운동에는 대장 내용물을 혼합하는 분절운동과 직장에 내용물을 이송하는 연동운동이 있다. 내용물이 직장에 다다르면 직장의 내압이 증가하고 배변중추가 작용하여 반사적으로 항문 괄약근이 이완하고(배변반사), 배변이 일어난다.

소장에서 소화되지 못한 탄수화물과 단백질 등 영양소들은 대장 내의 세균에 의해 분해가 일어난다. 소장에서 흡수되고 남은 수분과 소량의 염류와 포도당이 대장에서 흡수된다. 따라서 분변은 장내에서, 소화·흡수되지 못한 성분들, 소화관벽에서 떨어져 나온 점막세포, 장 점막 분비물, 장내 세균 등으로 구성되어 배설된다.

2. 변비

변비(constipation)는 대장 내에 내용물이 정체되어 통과가 지연되어 대변이 2~3일 이내에 배출되지 않는 경우로 수분이 부족한 변을 배설하는 증상을 말한다. 대개 대변은 식사 후 1~3일 내에 배설이 되는데, 어떤 이유로 결장 또는 직장에 내용물이 장시간 머물게 되면 그동안에 수분이 너무 많이 흡수되어 굳은 대변이 되며 배변이 어려워진다. 변비는 기능성 변비와 기질성 변비로 분류된다(표 4-3).

표 4-3 변비의 분류

기능성 변비	기질성 변비
• 급성 변비 − 환경변화 − 정신적 스트레스 • 만성 변비 − 이완성 변비(습관성 변비) − 경련성 변비(과민성 변비) − 직장형 변비	• 장의 통과장애 : 장폐색, 장종양(결장암 등) 장결핵, 결장게실염 • 대장의 형태 이상 • 직장·항문의 기질적 질환: 치질, 직장암

기능성 변비는 일상생활습관에서 기인하는 경우가 많으므로 생활습관의 변화와 식사요법이 필요하다. 기질성 변비는 대장 내에 어떤 특정 질환 또는 형태 변화로 변비가 생기므로 증후성 변비라고도 한다. 기능성 변비는 원인에 따라 이완성 변비와 경련성 변비로 분류한다.

1 이완성 변비

(1) 원인

이완성 변비는 장관을 지배하는 신경의 기능장애에 의한 것으로, 결장 또는 직장의 긴장저하와 운동부족으로 대장 내용물의 이동이 비정상적으로 지연된 경우를 말하는데, 이완성 변비의 원인은 다음과 같다.

① 부적절한 식사

식이섬유나 수분을 부족하게 섭취하는 것은 이완성 변비의 원인이 될 수 있다.

식이섬유는 장내 소화작용을 잘 받지 못하므로 불소화물의 잔사물이 되는 동시에 보수성을 지니고 있어 장의 연동운동을 촉진하며, 변의 통과를 원활하게 돕는다. 식이섬유가 많이 함유되어 있는 음식을 먹던 식생활에서 식이섬유를 적게 섭취하는 식생활로 바뀌었을 때 변비가 유발되기 쉽다. 부적절한 수분섭취도 변비의 원인이 된다. 식이섬유는 장을 통과할 때 물을 흡수하는 성질이 있으므로 식이섬유를 많이 섭취할 때 충분한 양의 수분섭취가 중요하다.

또 식사량의 감소도 변비의 원인이 된다. 아침 결식을 하는 아동과 근로자 또는 체중감량을 위해 다이어트를 하는 청소년이나 여성에서 변비가 많이 나타난다. 이는 직장에 내용물이 너무 적어 직장벽의 압력이 낮아 배변반사가 일어나지 않기 때문이다.

② 운동부족

일반적으로 운동량이 부족한 직종에 종사하는 근로자 중에 변비 환자가 많다. 고령자나 오랫동안 병상에 누워 있는 환자들도 운동량이 부족해져서 변비 증세가 나타난다. 운동량이 부족하면 장운동도 부족해져 장근육이 이완되고, 장의 내용물을 배출하는 힘이 약해지기 때문이다.

③ 나쁜 배변습관

변의를 느꼈을 때, 배변을 오래 참거나 자주 참으면 배변반사가 둔해지고, 변비를 초래하게 된다. 직장인들이 출근시간에 쫓겨서 배변이 급한데도 불구하고 배변을 하지 못할 때 변비가 되기 쉽다. 규칙적인 배변습관이 변비를 예방할 수 있다.

④ 약물복용

마약성 진통제, 제산제, 항경련제, 항우울제, 무기질 보충제(철, 칼슘) 등을 복용할 때 변비가 발생할 수 있다.

⑤ 기타

다발성 경화증이나 파킨슨병과 같은 신경 및 근육계 질환이나 갑상선 기능 저하증, 당뇨병과 같은 내분비장애도 변비의 원인이 될 수 있다.

(2) 증상

변비가 심해지면 복부에 팽만감과 압박감을 느끼게 되고, 힘을 주어 배변하려면 굳고 건조한 대변 때문에 큰 고통을 느낀다. 또 장내에 생긴 중독물질이 흡수되어 두통, 식욕감퇴, 구역질, 신경과민, 피로감, 불면 등이 유발될 수 있다. 변비가 장기간 지속되면 출혈, 통증을 동반하고, 치질로 발전될 수 있다.

(3) 식사요법

이완성 변비의 치료를 위해서는 원인이 되는 생활습관을 개선하면서 식이섬유를 많이 함유하고 있는 전곡류, 두류, 채소, 과일류 및 해조류 등의 식품을 이용하며, 수분을 충분히 섭취한다.

이완성 변비의 식사요법에서 유의할 것은 식이섬유를 갑자기 과량 섭취하게 되면 오히려 복통, 가스, 복부팽만 등 위장장애를 일으킬 수 있고, 다른 영양소의 흡수를 저해할 수 있으므로 식이섬유 섭취는 소량씩 점진적으로 증가시켜 소화에 무리가 없도록 해야 한다. 식이섬유를 많이 함유한 상용식품을 표 4-4에 제시하였다.

표 4-4 **식이섬유를 많이 함유한 상용식품** (g/100 g: 식품 100 g당 총식이섬유 g)

구분	식품
곡류	현미(3.8) 압맥(9.6) 옥수수(13.6) 혼합잡곡(6.9) 오트밀(18.8) 통밀식빵(8.6)
감자류	고구마(3.8) 토란(3.3) 마(3.8)
두류	팥(12.2) 대두(34.5) 강낭콩(24.3) 녹두(8.2) 말린 완두콩(6.8) 비지(8.0) 검은콩(26.0) 동부(17.4) 빈대떡(26.0)
종실류	밤(4.6) 호두(15.2) 들깨(28.0) 참깨(17.2) 땅콩(7.4)
채소류	고사리(5.1) 풋고추(5.6) 고추잎(6.9) 갓김치(4.0) 총각김치(4.4) 파김치(3.7) 들깻잎(4.5) 냉이(7.6) 더덕(5.2) 도라지(4.7) 마늘종(4.1) 양배추(8.1) 비름나물(3.7) 쑥(4.9) 씀바귀(6.6) 아욱(4.1) 취나물(11.3) 콩나물(4.3) 시금치(3.6) 호박잎(3.3) 적상추(3.9) 토란대(4.4)
과실류	포도(4.2) 아보카도(5.3) 배(3.3) 복분자(8.3) 건자두(5.6) 곶감(4.4) 금귤(4.0) 대추(9.8) 키위(3.6) 모과(8.9)
버섯류	생표고(8.3) 양송이(2.1) 느타리(3.4) 팽이버섯(4.5)
해조류	김(33.6) 미역줄기(5.1) 다시마(27.6) 파래(4.6) 매생이(4.1)

출처: 농촌진흥청 국립농업과학원. 국가표준식품성분표 제9개정판. 2017.

① 주식

변비 환자들은 주식으로 흰 밥 대신 잡곡밥을 선택하도록 한다. 잡곡에 두류, 즉 대두, 팥, 녹두, 강낭콩, 완두콩을 넣은 혼합 잡곡밥을 선택하고, 빵류에서도 흰 빵보다 통밀빵 또는 보리빵, 호밀빵, 옥수수빵 등을 선택한다. 이 밖에 채소밥, 과실밥, 감자밥, 고구마밥, 콩밥, 김밥, 오트밀 등을 줄 수 있다.

② 감자류

감자와 고구마는 수용성 다당류인 펙틴 성분을 많이 함유하고 있으므로, 장내용물의 양을 증가시켜 배변작용을 돕는다. 곤약은 난소화성 수용성 식이섬유인 글루코만난을 함유하고 있는데, 글루코만난은 소화효소에 의해서 소화되지 않으며, 점성이 커서 장내용물의 양을 증가시키고, 장의 연동운동을 활발하게 해주므로 변비에 좋다.

③ 채소류

채소에는 식이섬유가 많이 들어 있으므로 김치, 나물, 샐러드, 볶음, 피클, 초절임 등 다양한 조리법으로 많이 이용한다. 반면 쑥이나 산나물, 도토리와 같은 구황식물 중에는 탄닌을 많이 함유한 식품이 있으므로 조리과정에서 데친 다음에 충분히 물에 담가 탄닌 성분을 제거하도록 한다. 탄닌은 장내에서 수렴작용을 하므로 변비를 일으키기 쉽다.

④ 해조류

김, 미역, 다시마 등의 해조류에 포함된 난소화성 다당류인 알긴산은 수용성이고 보수성이 강하여 장의 연동운동을 촉진한다. 한천에는 아가로즈와 아가로펙틴이란 난소화성 다당류가 다량 들어 있어서 보수성이 높고, 젤 형성이 잘되므로 변비에 많이 이용된다.

⑤ 과일류

과일에는 펙틴 등의 식이섬유와 유기산을 많이 함유하고 있어, 장 점막을 적당히 자극하여 장의 연동운동을 활발하게 해주고 변의를 쉽게 일으키게 하므로 변비해소에 효과가 있다. 과일은 신선한 과일을 껍질째 주는 것이 더 효과적이다. 서양자두(prune)에는 이사틴(dihydroxyphenyl isatin)이란 성분이 들어 있어서 변비에 약리적 역할을 하여 배변을 촉진시킨다. 현재 서양자두는 주스와 건자두 제품으로 시판되고 있다. 신선한 완숙 파파야는 과육이 매우 부드럽고 섬유가 연하며 파파인(papain)이란 단백질 분해효소가 들어 있어 소화작용을 촉진시킬 뿐만 아니라 변비 개선에도 도움을 준다. 반면, 포도 껍질과 바나나, 감, 모과에는 탄닌 성분이 함유되어 있으므로 이들 과일이나 음료는 제한한다.

⑥ 우유 및 유제품

우유 및 유제품에 들어 있는 유당은 장내 세균에 의해 유산을 만들며, 유산은 연동운동을 촉진시킨다. 발효유인 요구르트, 아이스크림, 치즈 등도 변비에 좋다.

⑦ 수분

변비에는 충분량의 수분섭취가 필요하다. 수분의 섭취량은 하루에 6~8컵이 적당하다. 이완성 변비 환자는 수용성 식이섬유를 함유한 기능성 식품의 음료를 이용할 수 있다.

⑧ 종실류와 견과류

참깨, 땅콩, 들깨, 잣, 은행, 밤, 호두, 잣, 해바라기씨, 아몬드 등 종실류 및 견과류

표 4-5 이완성 변비 식단 예시

구분	식단		
아침	보리밥 미역국 달걀프라이 호박나물 도라지생채 김치	밤밥 무다시마국 두부부침 부추전 우엉조림 김치	양송이크림수프 샌드위치 채소 · 햄샐러드 복숭아 호상요구르트
점심	오곡밥 콩나물국 동태살전 시금치나물 가지볶음 김치	완두콩밥 배추국 생선튀김 고사리나물 브로콜리초회 열무김치	비빔밥 두부된장국 오이소박이
저녁	버섯밥 감자국 불고기 쑥갓나물 녹두전 깍두기	현미밥 동태찌개 완자전 두릅나물 오이생채 김치	콩밥 근대국 닭간장조림 상추겉절이 다시마튀각 김치

에는 식이섬유와 지방 함량이 많으므로 변비에 좋다. 그러나 호두의 껍질과 땅콩 껍질, 밤 껍질 등 일부 견과류의 껍질에는 탄닌 함량이 많으므로 섭취 시에는 껍질을 완전히 제거해야 한다.

2 경련성 변비

경련성 변비(spastic constipation)는 이완성 변비와는 달리 비정상적으로 대장 조직이 과민 반응을 보이며, 결장 또는 직장벽의 근층이 경련성 수축을 일으킴으로써 내용물의 통과가 어려워져 생기는 변비이다.

(1) 원인

경련성 변비는 정신적·심리적 요인이 많이 관여하며 자율신경계의 장애로 장운동이 비정상으로 항진하여 일종의 과민성 대장 증상을 나타내는 점이 특징이다.

(2) 증상

식사 후 하복부에 통증을 느끼는 증상이 있으며, 변의가 강하게 일어나는 데에 비해서 배변량은 적으며, 대변이 염소 똥과 같이 굳고 작은 덩어리가 되거나 연필처럼 가늘고 굳은 형태로 배출된다. 때로는 변에 점액이 붙어 나오는 경우도 있다.

(3) 식사요법

예민해진 대장의 연동운동을 가능한 한 감소시켜야 하므로 이완성 변비의 식사요법과는 반대로 식이섬유 섭취를 제한하며, 저섬유소식으로 장점막을 심하게 자극하는 것을 피하고 장운동의 항진을 억제시켜야 한다. 그러나 식이섬유를 식사에서 너무 줄이면 장내용물의 양이 부족해서 배변 작용이 둔해진다. 따라서 수용성 식이섬유가 풍부한 식품을 사용하거나 식이섬유 함량이 적은 식품을 부드럽게 조리를 한다. 채소는 부드러운 것을 선택하며, 과일은 주스나 넥타로 섭취한다. 자극성이 강한 조미료인 고춧가루, 고추냉이(와사비), 겨자, 카레 등은 가능한 한 조리에 사용하지 않도록 하고, 음료 중 커피, 콜라, 홍차, 녹차 등은 피한다. 경련성 변비에 권장하는 음식은 표 4-6과 같다.

표 4-6 **경련성 변비에 권장하는 음식**

구분	식품
주식	흰밥, 감자밥, 국수, 옥수수빵 및 통밀빵, 보리빵 등으로 만든 토스트
육류	영계백숙, 찜, 약산적, 내장국
생선	흰살 생선(가자미, 조기, 도미, 갈치, 병어, 광어)으로 만든 찜, 구이, 조림, 국
우유 및 유제품	크림치즈, 가공치즈, 크림수프, 푸딩, 커스터드, 아이스크림, 우유(데워서 마시는 것이 좋음)
두류	두부국, 두부조림, 콩국, 콩국수, 순두부, 두유
채소류	숙주나물, 무나물, 호박나물, 쑥갓나물, 가지나물, 오이볶음, 양상추, 양배추찜
과일	사과소스, 사과주스, 복숭아넥타, 잘 익은 복숭아, 산미가 강하지 않은 과실주스 및 넥타
달걀	달걀찜, 완숙 및 반숙 달걀, 오믈렛, 스크램블드에그
기름	버터, 마가린, 크림을 적당량 조리에 사용함. 식물성 기름은 나물에 사용하되 튀긴 음식은 가능한 한 피하도록 함

표 4-7 **식이섬유 및 잔사량 조절식**

구분	식이섬유 양	작용	비고
고섬유소식	25~50 g/일	• 변 용량 증가, 장 내압 감소, 장 통과시간 감소 • 식후 혈당 상승 지연, 담즙산과 결합하여 콜레스테롤 분비 증가	만성 변비
저섬유소식	10~15 g/일	• 장 자극 억제, 대변량 감소	급성기위장관 질환, 경련성 변비
저잔사식	8~10 g/일 (우유, 육류의 결체조직도 제한)	• 장 휴식을 위한 대변 용량 최소화 • 장기간 적용 시 비타민, 무기질보충제 필요	장수술 전후, 염증성 장질환

3. 설사

설사(diarrhea)란 여러 가지 원인에 의해 대변 중 수분함량이 증가되어 변의 조형이 불가능하여, 액체 또는 액체에 가까운 대변이 빈번하게 배설되는 것이다.

◻1 원인

과식, 과다한 지방식, 난소화성 식품, 과민성 식품 섭취, 저작 부족, 소화액의 분비 감소 등의 식사성 원인과 바이러스, 세균, 기생충 등의 감염, 약물복용에 따른 부작용 등의 원인에 의해서 섭취한 음식물이 소화되지 않고 대변으로 배설되어 설사가 발생한다. 설사는 발생 기전에 따라 삼투성 설사, 분비성 설사, 삼출성 설사, 운동성 설사로 분류할 수 있다.

(1) 삼투성 설사

소장에서 영양소 등이 흡수되지 못해 장내 삼투압이 높아져 수분이 장으로 이동하게 되면서 발생한다. 유당불내증, 당알코올 과다섭취, 고삼투압성 약물복용, 덤핑증후군 시에 일어난다.

(2) 분비성 설사

세균성 독소, 담즙산 과다분비 등에 의해 소장 상피세포에서 장관 내로 수분과 전해질이 과도하게 분비되면서 발생한다.

(3) 삼출성 설사

염증성 장질환이나 병원균 감염으로 손상된 장점막에서 혈액, 혈액 성분, 점액 등이 유출되면서 장에 전해질과 수분 저류가 일어나면서 발생한다.

(4) 운동성 설사

위장관 수술, 약물 등에 의해 장운동성이 변화하여 장내 수분 및 전해질 흡수 이상이 일어나면서 발생한다.

2 식사요법

설사는 질병이라기보다는 하나의 증후군이기 때문에 설사의 치료는 원인을 제거하는 것이 가장 중요하다. 즉, 특정 식품에 의한 설사는 그 식품을 먹지 않아야 하며, 감염으로 인한 설사는 약물치료를 병행하고, 약물복용이 원인일 때에는 약을 바꾸거나 복용방법을 바꾸어야 한다.

급성 설사의 경우 2주 이내에 회복되지만, 설사가 한 달 이상 지속되는 만성 설사의 경우는 탈수, 체중감소와 영양불량 상태를 일으킬 수 있다. 특히 영유아는 단기간의 설사에서도 체중감소와 영양불량 상태 및 탈수상태로 진행되기 쉽기 때문에 식사요법이 더욱 중요하다.

(1) 급성 설사

급성 설사 초기에는 수분과 전해질을 공급하고 설사 증상을 완화하는 데 중점을 둔다. 설사 횟수가 줄어들기 시작하면 유동식, 연식, 회복식을 거쳐 일반식으로 이행한다. 이때 과식하지 않도록 주의한다.

(2) 만성 설사

한 달 이상 지속되는 만성적인 설사의 경우 환자가 식사에 대하여 불안감을 가지거나 신경이 예민해져 영양불량을 더욱 가중시키게 되므로 우선 설사에 대한 불안감을 없애는 것이 중요하다.

소화관에 물리적·화학적·기계적 자극을 주지 않고 필요한 에너지, 단백질, 비타민 등을 제공할 수는 균형적인 고영양식을 식사요법의 기본으로 한다. 따라서 소화가 잘되고 자극성이 없는 저섬유소식(low fiber diet), 저잔사식(low residue diet)을 적용한다.

① 주식으로 도정이 덜된 곡류나 잡곡은 제한하고 도정된 곡류와 빵을 이용한다. 진밥, 죽, 국수, 토스트 등이 적당하며 라면은 금한다.
② 어유류는 결합 조직이 적고 지방이 적은 부위의 육류, 지방이 적은 흰살 생선, 난류를 부드럽게 조리하여 섭취한다.
③ 과일이나 채소류는 껍질과 씨를 제거하며, 생채요리는 피한다. 과일은 잘 익은 것을 선택하고 통조림 과일을 이용한다. 해조류, 견과류, 콩류의 섭취를 제한한다.
④ 우유 및 유제품을 단독으로 마시는 것은 제한하지만, 수프 등 다른 식품과 함께 조리하여 섭취하도록 한다.
⑤ 튀김요리, 강한 향신료와 조미료의 사용을 제한한다. 이 외에도 차가운 음료는 설사를 촉진하므로 더운 음료를 택하며, 섭취량이 부족할 겨우 하루 세끼의 식사 이외에 간식으로 보충한다.

만성 설사 식단 예를 표 4-8에 제시하였다.

표 4-8 만성 설사 식단의 예

아침	늦은 아침	점심	오후	저녁	밤참
• 흰죽 • 딩근조림 • 달걀찜 • 연두부조림 • 오렌지주스	• 토스트 • 젤리 • 유자차	• 호박죽 • 시금치나물 • 가자미찜 • 포도주스	• 크래커 • 사과소스	• 아욱죽 • 병어조림 • 호박나물 • 당근주스	• 복숭아넥타

4. 과민성장증후군

과민성장증후군(Irritable Bowel Syndrome, IBS)은 대장 운동이 비정상적으로 항진되어 복부 불편감, 복통, 반복적인 변비와 설사가 만성적으로 나타난다.

1 원인

과민성장증후군의 원인은 아직 밝혀지지 않았으나, 내장 과민성, 장내 미생물의 변화, 유전적 소인 및 사회적 스트레스, 식품불내증 등이 복합적으로 작용한다.

2 증상

대표적인 증상으로는 복통과 장내 가스로 인한 복부 팽만감 등이 나타나며 증상에 따라 변비형, 설사형, 혼합형(변비와 설사가 번갈아 나타남) 등으로 나눌 수 있다. 과민성장증후군은 생명을 위협하는 질환은 아니지만 일상생활에 영향을 끼쳐 삶의 질을 저하시킬 수 있다.

3 식사요법

과민성장증후군 식사요법의 목표는 증상의 치료 또는 완화에 중점을 두며, 불필요한 식사제한으로 인한 영양불량 유발을 예방하는 것이다.

적절한 영양상태를 유지할 수 있도록 충분한 에너지를 공급하며 섭취 시 증상을 악화시키는 식품을 제한한다. 개인에 따라 증상을 유발하는 식품이 다르게 나타나나, 우유 및 유제품, 고지방 식품, 알코올, 카페인, 가스 형성 식품 등에 의해 증상이 악화될 수 있다. 급성 설사가 있는 경우 식이섬유를 제한하나 완화되면 수용석 식이섬유 섭취를 늘리도록 한다. 유당, 과당, 발효성 올리고당(프락토올리고당, 갈락토올리고당), 폴리올 또는 당알코올 섭취를 제한하는 저포드맵(Fermentable Oligosaccharides, Disaccharides, Monosaccharides And Polyols, FODMAPs) 식사가 과민성장증후군 환자의 증상 관리에 도움이 될 수 있다.

5. 염증성 장질환

염증성 장질환(Inflammatory Bowel Disease, IBD)은 소장이나 대장에 만성적인 염증이 생겨 반복적으로 통증과 설사가 생기는 질환으로 궤양성 대장염(ulcerative colitis)과 크론병(Crohn's disease)이 여기에 속한다.

1 원인

염증성 장질환의 발병 원인은 아직 밝혀지지 않았지만 유전적 소인을 가진 사람에게 환경적 요인(스트레스, 감염, 식사성 요인, 장내 미생물균총)이 작용하여 자가면역 반응으로 장점막이 파괴되어 생기는 것으로 여겨진다.

2 증상

염증성 장질환은 증상기와 무증상기가 반복적으로 나타나며, 공통적으로 나타나

표 4-9 궤양성 대장염과 크론병의 비교

분류	궤양성 대장염	크론병
발생률	• 20~40세에 주로 많이 발병 • 크론병보다 발생 빈도가 높음	• 15~25세에 주로 많이 발병
발병 부위	• 직장을 포함한 대장(연속적) • 점막 표면에 주로 발생	• 소화기관 전체. 회장 말단과 결장에서 주로 많이 발생(비연속적) • 점막 깊숙이 발생
임상 증상 및 징후	• 경련성 하복부 통증, 구토, 고열, 빈혈 • 혈변성 설사, 점액질 변 • 전신 허약감, 체중 감소	• 궤양성 대장염과 비슷(복통, 구토, 고열, 빈혈) • 만성 설사, 혈변, 점액질 변 • 식욕 저하, 전신 허약감, 체중 감소
합병증	• 말초 부위 관절염, 강직성 척추염 • 협착과 누공은 드묾 • 대장암 발생 빈도 증가	• 영양불량, 청소년의 경우 성장 저하 • 장관 협착, 폐색, 복부 누공 및 농양 • 관절염, 골다공증, 담석, 신장 결석, 포도막염 • 소장암이나 대장암 발생 빈도 증가
진행 및 예후	• 병변이 국소에 한정된 경우 수술 불필요. 병변이 광범위한 경우 환자의 30% 정도가 수술 필요	• 70% 정도의 환자가 수술 필요

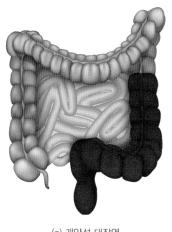
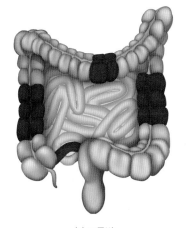

(a) 궤양성 대장염   (b) 크론병

그림 4-2 **궤양성 대장염과 크론병**

는 증상으로는 설사, 피로감, 복통, 발열, 혈변, 식욕부진, 체중 감소 등이 있다. 궤양성 대장염과 크론병의 차이는 염증이 생기는 부위와 임상 양상이 다르다(표 4-9). 궤양성 대장염은 대장 점막층에 국한된 질환으로 염증이 직장에서 시작되어 직장 상부로 연속적으로 진행된다. 크론병은 주로 회장과 결장에서 발생하지만 소화기관 어디에서나 발생할 수 있고 비연속적으로 분포하며 협착이나 누공 등의 합병증이 흔하다(그림 4-2).

3 식사요법

염증성 장질환은 영양소의 소화와 흡수에 영향을 미쳐 에너지, 단백질 및 기타 영양소 필요량을 증가시킨다. 염증성 장질환의 식사요법은 증상을 완화시키고 영양상태를 개선하는 것을 목표로 한다. 설사, 혈변, 복통 등 증상이 있을 때에는 장 부위의 자극을 최소화하기 위해 저잔사식, 저섬유소식으로 소량씩 자주 공급한다.

(1) 급성기

설사, 혈변, 복통이 심한 급성기에는 약물치료와 함께 경관급식이나 정맥영양을 실시한다. 식사가 가능해지면 저잔사식, 식이섬유가 적은 미음이나 죽을 제공하고 증상이 호전되면 식이섬유 섭취를 서서히 증가시킨다.

장을 자극하는 유당, 과당, 당알코올, 가스형성 식품, 자극성 양념이나 카페인 함유 식품 등은 제한한다. 지방변증이 있으면 식사에서 지방을 줄인다. 환자 개인의 상태에 따라 식사에 새로운 종류의 식품을 추가해 가면서 일반식으로 진행한다.

설사하는 환자에게는 수분과 전해질의 보충이 필요하며, 부분적인 폐색이나 협착이 있는 경우 식이섬유를 제한한다. 충분한 에너지와 단백질 섭취를 위해 경구영양 보충식을 이용할 수 있다.

(2) 회복기

소화기 증상이 완화된 회복기에는 염증 치료와 영양상태 개선을 위해 고에너지, 고단백 식사를 제공한다. 탈수와 변비 예방을 위해 수분을 충분히 제공한다. 부드러운 채소나 과일류를 제공하고 식사량이 적은 경우 비타민, 무기질 보충제 사용을 고려한다. 설파살라진(sulfasalazine)을 복용하는 경우 엽산대사를 방해하므로 보충이 필요하다. 크론병에서 수산이 많은 식품은 신결석의 위험을 높일 수 있으므로 코코아, 딸기, 견과류, 시금치, 콩류 및 비타민 C의 과잉 섭취는 주의가 필요하다.

6. 게실증 · 게실염

게실증(diverticulosis)은 소장이나 대장의 약해진 장벽에 외부로 돌출된 꽈리 모양의 주머니가 생긴 것을 말한다. 게실에 박테리아가 들어가서 염증을 유발하면 게실염(diverticulitis)이라고 한다(그림 4-3).

1 원인

저섬유소식, 변비 등으로 지속적인 결장 내압력 상승해 장벽의 약한 부분이 밀려나 게실이 발생하게 된다(그림 4-3). 나이가 증가함에 따라 게실증 발생빈도가 증가한다.

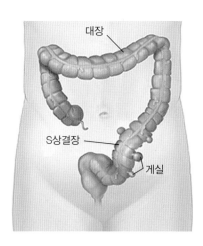
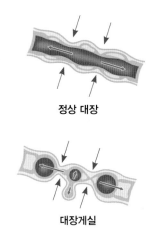

정상 대장

대장게실

그림 4-3 **게실증의 발생 원리**

2 증상

게실증은 증상이 없으나 게실에 염증이 생겨 게실염이 발생하면 복부팽만, 하복부통증, 발열, 장관 내 출혈, 식욕부진, 오심 및 구토 등이 나타난다. 심해지면 누공, 폐색, 천공, 복막염 등이 발생할 수 있다.

3 식사요법

급성 통증과 합병증이 있는 경우 항생제 치료와 더불어 장의 휴식을 위해 정맥영양을 시행한다. 증상이 완화되어 식사를 할 수 있게 되면 유동식부터 시작하여 저잔사식으로 이행하고 식이섬유를 점진적으로 공급한다. 게실염은 예방이 중요하다. 게실염 예방을 위해 식이섬유와 수분을 충분히 섭취하는 것이 권장된다. 식이섬유 섭취를 갑자기 늘리면 가스가 차서 복부팽만 등의 부작용이 나타나므로 식사 내 식이섬유 양은 천천히 늘리도록 한다. 적절한 운동도 변비를 예방하여 게실증 예방에 도움이 된다.

7. 셀리악병

셀리악병(celiac disease)은 글루텐 단백질에 대한 비정상적인 면역 반응으로 장관 점막이 손상되어 소장융모가 짧아지거나 없어지면서 영양소 흡수장애가 생기는 질병이다.

1 원인

셀리악병의 원인은 정확하지 않으나 밀, 귀리, 오트밀, 보리 등에 함유된 글루텐 성분에 체내 면역이 비정상적으로 반응하여 장 점막세포에 염증이 생겨 장내 융모가 손상된다. 그 결과 소장 점막이 평평해져 소장 표면적이 줄어들면서 소화액의 분비와 흡수면적이 줄어들게 된다. 유전적인 소인 이외에 수술, 임신 및 출산, 바이러스 감염 등에 의해 발병한다.

2 증상

셀리악병의 전형적인 증상으로는 설사, 복통, 복부팽만감, 가스 생성, 지방변증 등이 있다. 단백질, 지질, 탄수화물, 칼슘, 철, 지용성 비타민 등의 흡수불량으로 인해 체중감소, 골다공증, 빈혈, 불임 등이 나타난다.

3 식사요법

평생 동안 글루텐 제한식을 한다. 밀, 호밀, 보리, 엿기름 등을 포함한 식품이나 음식을 모두 제한해야 한다(표 4-10). 대체 곡류로 쌀, 옥수수, 감자, 콩, 기장, 메밀 등을 사용한다. 고에너지, 고단백식으로 회복을 돕고 환자의 상태에 따라 철, 엽산, 칼슘, 비타민 D를 보충한다.

표 4-10 **글루텐 제한식의 제한식품**

구분	글루텐 함유식품
곡류	빵, 시리얼, 국수, 라면, 수제비, 만두, 파스타, 마카로니, 메밀국수[1], 떡볶이[2], 수프, 밀, 호밀, 보리
어육류	햄버거, 돈가스, 탕수육, 소시지, 핫도그, 크로켓, 어묵
간식류	푸딩, 아이스크림이나 셔벗(글루텐 안정제를 사용한 경우), 한과류, 케이크, 피자
음료 및 주류	맥주, 보리음료, 보리차, 식혜, 미숫가루, 밀막걸리
양념류	시판 간장, 된장, 고추장, 케첩, 머스터드소스, 시럽, 조청
기타	영성체 과자, 전, 부침류, 튀김류, 캐러멜 색소, 엿기름

1) 메밀은 글루텐 함량이 적으나 시판 메밀국수에는 밀가루가 포함될 수 있음
2) 일부 떡볶이 떡에 밀가루가 포함될 수 있고 고추장소스에도 밀가루가 포함될 수 있음

5장

간·담도계·췌장 질환

1 간의 구조와 기능

2 간 질환

3 담도계의 구조와 기능

4 담도계 질환

5 췌장의 구조와 기능

6 췌장 질환

1. 간의 구조와 기능

1 간의 구조

간은 인체의 내장기관 중 가장 큰 장기로, 복강 내 횡격막 바로 아래 오른쪽 상부에 위치한다(그림 3-1, 그림 5-1). 간의 중량은 성인 남자의 경우 1~1.5 kg이며 우엽과 좌엽으로 구성되어 있고 우엽이 전체의 3/4을 차지한다. 중앙 하부에는 간문이 있고, 그곳으로 문맥, 간동맥, 간관, 림프관이 출입하고 있으며, 간문 후방에 간정맥이 나와 있다.

간의 순환계를 보면 간동맥과 문맥으로부터 혈액을 공급받는데, 간동맥으로부터 간 기능의 원동력이 되는 산소를 공급받게 된다. 문맥은 위, 장, 췌장, 비장 등 복강 내 여러 기관으로부터 나오는 정맥이 모인 혈관으로서 소화관으로부터 흡수된 영양소를 간으로 운반하는 혈관이다.

간은 간의 구조와 기능의 단위가 되는 간소엽으로 이루어져 있다. 즉, 간은 무수한 간소엽으로 구성되어 있으며, 조직학적으로 볼 때 간소엽은 간세포들, 모세혈관 및 모세담관이 중심정맥을 중심으로 방사상으로 모인 것이다. 시누소이드(sinusoid)는 방사상 모양을 이루는 가는 모세혈관으로 시누소이드 사이에 간세포가 일렬로 위치해 있다.

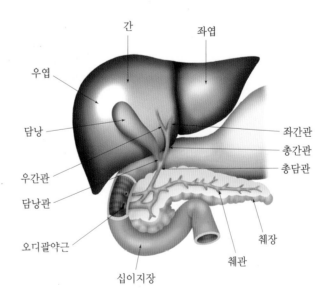

그림 5-1 **간과 담도·췌장계의 구조**

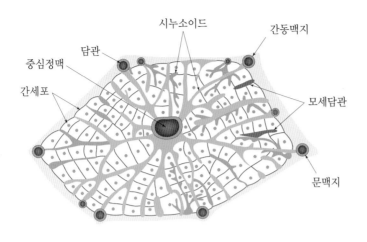

시누소이드

간동맥지

담관

중심정맥

간세포

모세담관

문맥지

그림 5-2 **간조직의 기본 구조**

2 간의 기능

간은 재생능력을 가지고 있으며, 전체 간의 10~20% 정도만 정상적으로 기능해도 생명을 유지할 수 있다. 간은 탄수화물, 지질, 단백질 등의 합성, 분해, 저장뿐만 아니라 무기질과 비타민의 저장과 활성화, 중간 대사산물의 재이용과 분해작용도 수행하는 등 체내 대사작용에 필수적 기능을 담당하고 있다. 또 담즙을 생성하고 체내 독성물질을 해독하며 체내 방어 역할도 담당하고 있고, 체내 내부 환경의 항상성 유지에 있어서도 중추적 역할을 수행하고 있다.

(1) 탄수화물 대사

간은 글리코겐의 합성, 저장, 분해, 및 당신생과 탄수화물 중간 대사산물의 합성 등을 통해 탄수화물 대사 및 혈당 조절에 있어서 중요한 기능을 수행하고 있다.

(2) 단백질 대사

간의 체단백질의 저장, 혈청 단백질 합성, 혈액응고인자의 합성, 아미노산 대사, 비필수아미노산의 합성, 함황아미노산의 대사, 요소합성 등 주요 대사작용을 수행하고 있으며, 간은 이러한 단백실 대사에 필요한 모든 효소들을 함유하고 있다. 간에서는 알부민, 글로불린, 트랜스페린, 세룰로플라스민, 지단백질 등 혈청 단백질과 피브리노겐, 프로트롬빈 등 혈액응고인자 및 여러 종류의 효소 단백질을 합성한다.

간은 탈아미노 반응과 아미노 전이반응을 통해 아미노산을 분해 또는 상호 전환하거나 비필수아미노산을 합성하며, 에너지와 포도당 생성에 이용되는 기질로 전환시키기도 한다. 또 아미노산 대사의 결과로 생성된 암모니아를 무독성의 요소로 전환하여 소변으로 배설하도록 한다. 간에 장애가 생겨 간 기능이 저하된 상태에서 단백질 섭취가 조정되지 않으면 혈중에 암모니아가 축적되어 간성 혼수를 나타내는 것이다.

(3) 지질 대사

간은 지방 합성, 인지질과 콜레스테롤 합성, 지단백 합성, 지방산 대사, 담즙산 합성 등이 일어나는 곳이다. 혈중 지질의 수송형태인 지단백은 단백질과 중성지방, 인지질 및 콜레스테롤 등의 물질로 구성되어 있으며 대부분 간에서 합성된다. 간은 탄수화물의 중간대사과정에서 지방을 합성하기도 하는데, 과잉의 탄수화물을 중성지방으로 합성한다. 식사 또는 지방조직에서 방출된 지방산은 주로 간에서 산화과정에 의해 아세틸−CoA로 전환되어 에너지로 이용되는데, 아세틸−CoA로부터 케톤체가 생성된다. 정상적인 간에서는 항지방간성 인자인 콜린, 메티오닌, 레시틴(lecithine) 등에 의해 일정량의 지방을 유지하지만, 간 기능에 장애가 생기면 지방대사의 균형이 깨지고 간에 지방이 축적되기 쉽다.

(4) 비타민과 무기질 대사

간은 각종 비타민과 무기질의 대사, 활성화, 수송뿐 아니라 저장에 관여한다. 특히 비타민 A와 D를 비롯한 모든 지용성 비타민, 아연(Zn), 철(Fe), 구리(Cu), 마그네슘(Mg), 티아민·리보플라빈·비타민 C·비타민 B_{12} 등이 간에 저장된다. 또 비타민 A, 아연 또는 철의 수송에 관련된 단백질이 합성된다. 간은 비타민 D를 활성형 비타민 D_3로, 카로틴을 비타민 A로, 비타민 K를 프로트롬빈으로, 엽산을 활성형으로 전환시키는 기능을 가지고 있다. 간은 적혈구 생성에 필수요소인 철 및 구리의 대부분을 체내에서 필요할 때까지 각각 페리틴 또는 세룰로플라스민의 형태로 저장한다. 따라서 간 기능이 저하되면 비타민이나 무기질의 결핍 증상이 나타날 수 있다.

(5) 담즙 생성

간세포는 1일에 500~1,000 mL의 담즙을 만들고, 담낭에 저장한다. 담즙의 주성분인 담즙산은 콜레스테롤로부터 생성되는 콜산(cholic acid)이 모체가 되어 간에서 합성된다.

(6) 해독작용

간은 체내에서 생성된 여러 가지 유해 물질과 외부에서 들어온 유독물질(약물 포함)을 산화, 환원, 분해, 합성 등의 과정을 통해 독성이 적은 물질로 바꾸거나 배설하기 쉬운 수용성 물질로 만든다.

(7) 면역작용

간은 혈액 중의 바이러스나 이물질들을 시누소이드의 모세혈관벽에 존재하는 쿠퍼세포(Kupffer cells)의 식세포작용(phagocytosis)에 의해서 제거하는 역할을 수행한다. 또 면역글로불린 합성이나 면역체 형성 등에 관여한다.

이상과 같이 간은 여러 영양소와 화학물질의 대사과정에서 핵심적인 역할을 한다. 만약 간에 급성 또는 만성적인 장애가 생길 경우, 영양소의 대사뿐 아니라 약물과 알코올의 해독작용이 원활하게 이루어지지 않으므로 영양불량 상태가 초래되거나 유독물질이 체내에 남게 되어 여러 가지 기능장애와 증상이 나타난다.

3 간 기능 검사

간 질환을 진단하는 데 여러 가지 생화학적 측정치를 이용하여 간 질환의 여부와 간 기능을 측정한다. 즉, 간에서 대사되는 성분과 효소활성을 측정하거나, 간 질환과 관련된 특수한 성분을 측정함으로써 간 기능의 변화를 알 수 있다.

일반적으로 알려진 간 기능 검사로는 ① 혈중 효소활성 측정(알라닌 아미노트랜스퍼라아제: SGPT ; ALT와 아스퍼레이트 아미노트랜스퍼라아제: SGOT ; AST를 측정하여 이들 효소들의 활성이 높으면 간 기능 저하), ② 혈청단백질 농도 측정(알부민, 글로불린, 항체들 ; 알부민 농도가 낮고, 면역글로불린 농도가 높아서 A/G이 낮으면 간 기능 저하), ③ 빌리루빈 대사와 간 배설능력 검사(혈청 빌리루빈 농도가 높으면 간 기능 저하), ④ 바이러스 간염에 대한 특수 검사(각종 면역인자) 등을 들 수 있다.

2. 간 질환

간 질환에는 급성 및 만성 간염, 지방간, 간경변증, 간암 등이 있다. 유전적인 간 질환으로는 윌슨씨병(Willson's disease), 혈색소증(hemochromatosis), 알파-항트립신 결핍증(α-antitrypsin deficiency) 등이 있다. 이 외에도 심장병에 의해 간에 울혈이 생기거나, 패혈증 등에 의해 간장애가 일어나는 경우 또는 위, 장, 담관 등에 장애가 일어나 간이 장애를 받는 경우 등이 있다. 따라서 각종 간 질환의 원인과 증상, 특성에 따른 간세포의 활성 변화와 간 기능장애를 잘 이해하며, 그에 적절한 영양관리가 필요하다.

간 질환의 영양관리 목표

- 영양불량 상태의 해소와 좋은 영양상태 유지
- 간 질환의 진행과 간세포의 손상 방지
- 간세포의 재생과 간 기능의 정상화 촉진
- 간 기능 저하로 인한 대사물질 축적 예방 및 경감

간 질환의 식사관리 원칙

- 충분한 에너지 섭취
- 간 질환에 따른 단백질 섭취 조절
- 충분한 비타민과 무기질 섭취
- 부종과 복수 발생 시 나트륨과 수분 제한
- 금주

1 급성 간염

(1) 원인

급성 바이러스성 간염으로는 A형, B형, C형, D형, E형 등이 있으며, A형 바이러스 간염(Hepatitis A, HAV)과 B형 바이러스 간염(HBV)이 가장 잘 알려져 있다.

A형 간염은 환자의 배설물, 오염된 음식물(생채소, 어패류), 식기, 음료수를 통해 경구로 감염되며, 유행성 간염이라고도 한다.

B형 간염은 혈액, 정액, 타액, 모유 등에 의해서 감염된다. 급성 B형 간염은 대부분 회복되고 항체가 형성되어 반영구적인 면역상태가 되지만, 약 5~10%에서 만성화된다. 만성 B형 간염의 약 20%는 간경변으로 진행되며 이 중 일부는 간암으로 발전된다.

C형 간염(HCV)은 의료기구의 불충분한 소독, 오염된 주삿바늘, 수혈, 상처 등을 통하여 전파될 수 있으며 입이나 눈, 성적 접촉에 의해 감염된다.

D형 간염(HDV)은 B형 바이러스의 생존과 증식에 의존하며, B형 간염과 동시에 감염되거나 중복해서 감염될 수 있다. 주로 감염된 혈액을 통해 감염된다.

E형 간염(HEV)은 분변 또는 경구의 경로를 통해 전파된다. 오염된 물이나 음식이 감염의 근원이며, 만성화되는 일은 드물다.

약물에 의한 중독성 간염은 결핵치료제, 항생제, 진통해열제, 정신안정제, 당뇨병 치료제, 각종 호르몬제 등의 의약과 화학약품, 그리고 독버섯, 유독 조개, 변질된 쌀 등의 식품에 의해서 발병될 수 있으며, 증상은 바이러스성 간염과 비슷하다.

(2) 증상

급성 바이러스성 간염의 일반적인 증상으로는 식욕부진이 가장 흔하며, 구역질, 구토, 우측 상부의 복부통증, 진한 색의 소변, 황달 등이 4단계로 나타난다. 첫 번째 단계는 초기로서, 환자의 25%가 발열, 관절통, 관절염, 발진, 혈관부종 등을 나타낸다. 두 번째 단계는 황달 전기이며 불쾌감, 피로, 근육통, 식욕부진, 구역질, 구토, 상복부통증, 현기증, 미각장애, 부분적인 언어장애 등이 일어난다. 세 번째 단계는 황달기이며 황달과 갈색뇨가 나타나는데, 황달은 안구와 얼굴에 먼저 나타난다. 마지막으로 회복기로 황달과 다른 증상들이 가라앉기 시작한다.

(3) 식사요법

급성 간염의 치료원칙은 안정과 식사요법이다. 급성 간염의 영양관리 기본 방침은 충분한 에너지와 영양소의 공급을 통해서 환자의 영양상태를 개선하고, 간을 적극적으로 보호하는 것뿐만 아니라 손상된 간조직을 속히 재생하여 정상적인 간 기능을 유지하게 하는 데 있다.

급성 간염의 경우, 간 글리코겐의 저장 및 당신생이 감소되기 때문에 저혈당증이 흔하게 나타난다. 그러므로 간세포의 저항력 강화와 혈당 유지를 위해 탄수화물을 충분히 섭취해야 한다. 이것은 간에 글리코겐의 양을 증가시켜서 체단백질이 에너지로 소비되는 것을 막기 위해서도 중요하다. 그러나 과량의 단순당질 섭취는 식욕을 억제하기 쉬우므로 주의한다. 파괴된 간세포를 신속하게 회복시키려면 양질의 단백질을 충분히 섭취해야 한다.

급성 간염 환자의 식사요법 기본은 고에너지, 고단백식이다. 에너지 35~40 kcal/kg, 단백질 1.5~2.0 g/kg, 탄수화물 350~400 g/일 정도 공급이 권장된다. 구토, 메스꺼움, 위장장애가 있는 경우 지방을 소량 급여하여 환자의 소화능력에 대한 부담을 덜도록 하며, 지방급원으로는 유화지방을 선택한다. 이들 증상이 사라지면 지방을 제한할 필요는 없다.

간 질환에서는 비타민의 합성과 무기질의 저장량이 감소되므로 비타민과 무기질을 많이 함유한 식사, 특히 비타민 B 복합체와 비타민 C를 충분히 공급한다. 술은 금한다.

급성 간염의 초기에 가장 문제가 되는 것은 식욕이 없고 구토 또는 구역질로 인해 식사를 충분히 하지 못하여 나타나는 영양불량이다. 환자 개인적인 증상에 따라 시판되고 있는 경구영양보충식(ONS)을 이용할 수 있다.

2 만성 간염

(1) 원인

만성 간염이란 간염이 적어도 6개월 이상이 경과되어도 회복되지 않고, 간의 여러 가지 검사결과가 비정상적인 수치를 나타내며, 간 기능장애가 비정상적으로 지속되어 완선히 회복되시 않는 경우를 말한다. B형 간염, C형 간염, 자가면역성 간염이 만성 간염의 주요 원인이지만, 구리 대사장애인 윌슨씨병, 철 과다 침착으로 인한 혈색소중, 알파-항트립신 결핍증, 영양불량, 약물복용 또는 알코올의 과잉 섭취 등 독성에 의해 발생하기도 한다.

(2) 증상

만성 간염은 급성 간염과는 달라서 거의 황달 증상을 보이지 않고, 오히려 뚜렷한 증상이 없는 경우가 많다. 자각 증상이라 할지라도 전신의 권태감, 피로감, 구토, 식욕부진, 헛배부름 등이어서 특별한 질환으로 느끼지 못하는 경우가 많다. 만성 간염의 경우 간경변증으로 진행될 수 있으므로 주기적인 검사와 진료가 중요하다.

(3) 식사요법

만성 간염 시에도 충분한 에너지가 필요하지만, 총섭취량을 늘리는 경우 비만으로 인한 지방간 등이 문제가 될 수 있으므로 주의가 필요하다. 에너지는 적정체중을 유지하는 정도로 공급한다. 간세포의 재상을 돕고 지방간을 예방하기 위해 단백

표 5-1 **만성 간염 환자의 하루 식사구성 예**

식품군		식품교환수	에너지(kcal)	탄수화물(g)	단백질(g)	지방(g)
곡류군		13	1,300	299	26	−
어·육류군	저지방군	4	200	−	32	8
	중지방군	4	300	−	32	20
채소군		9	180	27	18	−
지방군		3	135	−	−	15
우유군(일반)		2	250	20	12	14
과일군		$2\frac{1}{2}$	125	30	−	−
계			2,490	376	120	57

아침 간식	아침	점심	간식	저녁
두유	밥, 시금칫국, 두부김치, 김구이, 갈치구이, 나박김치	밥, 육개장, 불고기, 가지나물, 미나리나물, 배추김치	과일주스	밥, 콩나물국, 적우럭구이, 양배추생채, 고기깻잎전, 깍두기

※ 영양소 구성: 에너지 2,500 kcal, 탄수화물 380 g, 단백질 120 g, 지방 55 g

질은 1일 1.0~1.5 g/kg을 제공한다. 지방은 지용성 비타민 및 필수지방산의 공급원이므로 제한할 필요는 없다. 간염 시 비타민 대사이상 및 저장 능력 저하로 필요량이 증가하므로 비타민과 무기질이 풍부한 신선한 채소와 과일을 충분히 공급한다. 필요한 경우 비타민 보충제를 이용한다.

만성 간염 환자를 위한 고에너지, 고단백질 식사의 하루 식품교환수와 식사구성 예는 표 5-1과 같다.

❸ 지방간

지방산과 중성지방, 인지질, 콜레스테롤 및 콜레스테롤 에스테르 등은 간 중량의 5% 정도를 차지한다. 간에서의 지방 합성과 혈액 내로 방출되는 지방량의 불균형으로 간조직에 지질량이 5%를 초과한 경우를 지방간(fatty liver)이라 한다(그림 5-3). 지방간은 그 원인에 따라 알코올 지방간질환과 비알코올 지방간질환으로 분류된다. 적절히 치료하지 않는 경우 간경변증으로 진행될 수 있으므로 원인에 따른 치료와 관리가 필요하다.

(1) 원인

알코올 지방간질환의 원인은 장기간의 알코올 섭취이다. 지속적인 음주는 영양결핍을 초래하고 간세포에 중성지방을 침윤시켜 간을 비대하게 만들고 알코올의 대사산물인 아세트알데히드는 간세포 손상을 촉진시킨다. 알코올 섭취가 지속되면 다음 간염을 지나 간경변증으로 진행될 수 있다.

비알코올 지방간질환은 지방간을 유발할 수 있는 알코올 섭취나 약물의 복용 등이 없음에도 간 내 지방이 침착되는 질환이다. 에너지 과다 섭취(주로 탄수화물 과다 섭취)에 의한 중성지방 합성 증가, 지방산 산화 감소 및 간세포에서 조직으로 방출되는 중성지방 감소가 원인이 된다. 정상체중인 사람보다 비만한 사람에서 그 유병률이 더 높으며, 기아, 당뇨, 지질 대사이상, 단백질-에너지 영양불량 등으로도 나타날 수 있다.

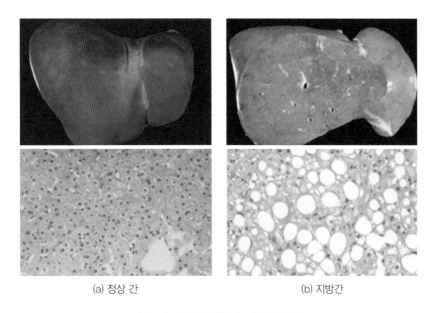

(a) 정상 간   (b) 지방간

그림 5-3 정상 간세포와 지방간 간세포

출처: 질병관리청 국가건강정보포털.

(2) 증상

지방간은 자각 증상이 없고 간 비대가 가장 일반적인 증상이다. 간혹 피로감, 상복부 불편감 등이 발생할 수 있다.

(3) 식사요법

① 알코올 지방간질환

금주가 가장 우선적으로 시행되어야 한다. 질소평형 유지를 위혜 충분한 에너지와 단백질을 공급하며 필요시 비타민, 무기질을 보충하도록 한다.

② 비알코올 지방간질환

환자가 과체중인 경우 체중조절을 실시한다. 에너지는 체중감량이 일어날 수 있도록 제공한다. 다만, 급격한 체중감량은 간의 염증성 괴사 및 섬유화를 악화시킬 수 있으므로 주의가 필요하다. 영양불량이 지방간의 원인인 경우에는 충분한 에너지를 제공한다.

단백질은 영양소섭취기준을 충족하는 양을 제공한다. 탄수화물은 1일 에너지의

60%가 넘지 않도록 하며 단순당질 섭취는 제한하고 식이섬유가 풍부한 식품을 이용한다. 지방은 총에너지의 20~25% 정도로 제공하고 이상지질혈증이 있다면 포화지방산 섭취를 제한한다. 폭식, 불규칙한 식습관도 지방간의 원인이 될 수 있으므로 바람직한 식습관을 형성하여 유지하는 것이 필요하다.

비알코올 지방간질환 환자에게 운동은 체중조절뿐 아니라 인슐린 저항성 및 내장지방 축적을 개선하여 치료에 도움이 될 수 있으므로 규칙적인 운동을 권장한다.

4 간경변증

간경변증(cirrhosis)은 간의 염증이 오래 지속됨에 따라 간세포가 퇴화하고, 섬유성 결합조직이 증식하면서 간에 광범위한 섬유화가 일어나면서 간 기능 부전이 나타나는 것이다. 간경변증은 그 경중에 따라 간조직이 회복될 수도 있으나, 회복이 어려운 경우도 있다.

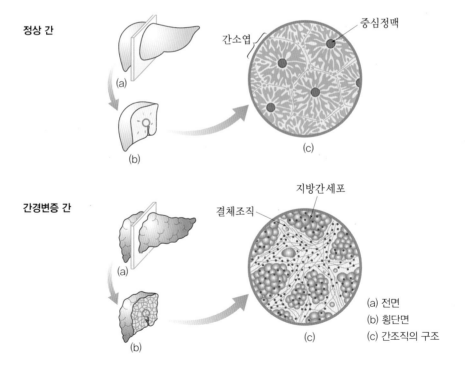

정상 간

중심정맥

간소엽

(a)

(b)

(c)

간경변증 간

지방간세포

결체조직

(a)

(b)

(c)

(a) 전면
(b) 횡단면
(c) 간조직의 구조

그림 5-4 정상 간과 간경변증 간의 비교

(1) 원인

간경변증은 급성 바이러스성 간염이 완치되지 않고 만성화된 경우, 환자가 자각 증세를 느끼지 못한 사이에 만성 간염을 거쳐서 간경변이 발생한 경우, 만성적인 과음, 대사 질환, 자기 면역 결핍, 약물 중독, 기생충 감염, 매독 중독, 영양불량 등 여러 가지 원인으로 유발된다. 가장 일반적인 원인으로는 바이러스성 간경변증과 알코올 간경변증을 들 수 있다.

알코올 간경변증은 알코올 대사과정에서 생성되는 중간대사물인 아세트알데히드가 미토콘드리아의 막구조와 기능을 손상시키면서 시작된다. 알코올 간경변증은 알코올 지방간이 적절히 치료되지 않을 경우 알코올 간염을 거쳐 알코올 간경변증에 이르게 된다.

영양불량에 의한 간경변증은 주로 단백질 섭취부족과 항지방간성 인자로 필수아미노산 메티오닌 및 콜린의 섭취 부족에 기인하는 것으로 알려져 있다.

간 질환의 진행 예는 그림 5-5에 제시한 바와 같다.

(2) 증상

간경변증 초기에는 전신권태감, 식욕저하, 소화불량, 복부팽만감, 지방변 등을 들 수 있으나, 특이한 자각 증상이 없는 경우도 있다. 또 단단해진 간조직이 느껴지기 시작하며, 심해지면 황달, 문맥고혈압, 식도정맥류, 복수, 부종, 출혈 경향, 간성혼수를 초래한다.

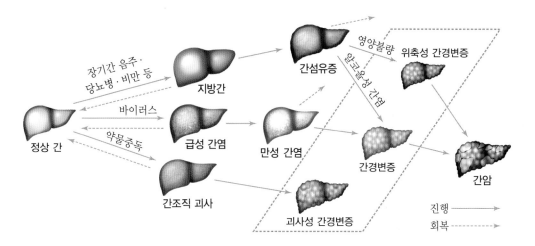

그림 5-5 간 질환의 진행 예

(3) 식사요법

식사요법의 기본 방침은 적극적인 영양공급을 통해 영양불량을 개선하고 단백질의 이화를 막아 조직 재생을 촉진시키는 것이다. 안정된 간경변증 환자의 경우 부종이나 복수가 없는 상태의 체중(건체중, dry weight)을 기준으로 30~35 kcal/kg의 에너지를 공급한다. 간의 기능을 보호하고 단백질 절약 작용을 위해 탄수화물은 하루 300~400 g을 제공한다. 간경변증 환자에서 인슐린 저항성 증가로 고혈당이 나타날 수 있으므로 주의가 필요하다. 동시에 간경변증 환자는 간 내 글리코겐 합성과 저장 능력이 모두 저하되어 있어 공복이 길어지는 야간에 저혈당이 발생하기 쉬우므로 아침 저혈당이 나타나는 경우 식사계획 시 취침 전 간식을 제공한다.

체단백 분해를 최소화하고 간세포 재생을 돕기 위해 단백질은 1일 1.0~1.5 g/kg 제공한다. 간경변증 환자의 경우, 지나친 단백질 섭취로 인한 간성 혼수가 발생하지

문맥고혈압과 식도정맥류

간경변증이 진행되면 혈액이 간으로 들어가지 못하고 간을 통과하는 혈관의 압력이 높아지면서 문맥고혈압이 발생한다. 이때 많은 혈액이 위와 식도 주변의 혈관으로 몰리면서 식도정맥류가 발생하게 된다. 식도정맥류가 심해지면 꽈리처럼 부풀고 꼬여 있는 혈관 중 약한 곳이 파열되면서 출혈이 일어나 피를 토하거나 검은 혈변이 나온다. 간경변증 환자는 혈액 응고가 지연되므로 혈액 응고가 원활하지 않아 지혈이 어렵고 심한 경우 사망할 수 있다.

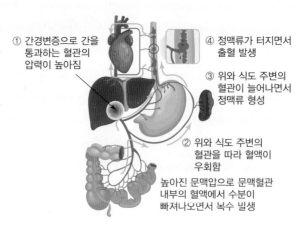

출처: 질병관리청 국가건강정보포털.

않도록 주의가 필요하다. 지방흡수불량이 있지 않으면 지방은 제한하지 않으나 지방으로부터 섭취하는 에너지는 총에너지의 30%가 넘지 않도록 한다. 지방변이나 황달이 있는 경우 저지방식을 제공한다. 간 내 저장량 감소 및 흡수불량으로 비타민과 무기질 보충이 필요할 수 있다.

간경변증 환자에게 부종이나 복수가 생겼을 경우에는 나트륨 섭취를 1일 2,000 mg 이내로 제한한다. 나트륨을 제한할 때는 소금뿐만 아니라 간장, 된장, 고추장, 소스, 토마토케첩, 샐러드드레싱 등에 들어 있는 나트륨의 양도 고려해야 한다. 알코올 음료는 금한다.

간경변증 환자의 경우 식욕부진, 복수 등으로 한 끼 식사를 충분히 섭취하지 못할 수 있으므로 소량씩 자주 섭취하도록 하고 간식을 적절히 이용한다. 필요시 경구영양보충식을 이용할 수 있다.

식도정맥류가 있을 경우 혈관이 약해서 출혈 가능성이 높으므로 섬유질이 많고 거친 잡곡류나 채소류의 섭취를 제한하고 부드러운 음식으로 식사를 구성한다.

간경변증 환자를 위한 하루 식단구성 예는 표 5-2에 제시하였다.

표 5-2 간경변증 환자의 하루 식사구성 예

식품군		식품교환수	에너지(kcal)	탄수화물(g)	단백질(g)	지방(g)
곡류군		11	1,100	253	22	–
어·육류군	저지방군	2	100	–	16	4
	중지방군	2	150	–	16	10
채소군		7	140	21	14	–
지방군		3	135	–	–	15
우유군(일반)		1	125	10	6	7
과일군		4	200	48	–	–
계			1,950	332	74	36

아침 간식	아침	점심	간식	저녁
두유	밥, 아욱국, 두부지짐, 김구이, 호박볶음	밥, 동태뭇국, 불고기, 가지나물, 과일통조림, 배추김치	샐러드, 두유	밥, 소고깃국, 생선지짐, 시금치나물, 버섯볶음, 김치

※ 영양소 구성: 에너지 2,000 kcal, 탄수화물 340 g, 단백질 70 g, 지방 40 g

5 간성뇌증

간성뇌증(hepatic encephalopathy)은 간 기능이 심각하게 저하되어 중추신경계 기능이상이 발생한 경우를 말하며 간성 혼수(hepatic coma)라고도 한다.

(1) 원인

간성뇌증의 원인은 정확히 밝혀져 있지 않지만 간 기능 저하로 혈중 내 암모니아가 축적되는 것이 주된 원인으로 알려져 있다. 혈중 암모니아 수치가 혈액뇌장벽(Blood Brain Barrier, BBB)의 역치를 넘어 암모니아가 뇌로 유입되면 뇌조직을 손상시켜 간성뇌증을 유발한다. 소화기 출혈이나, 장내 박테리아에 의한 암모니아 생성, 고단백식, 변비, 신장 질환에 의해 혈중 암모니아 농도가 상승될 수 있다.

간경변증의 경우 곁가지 아미노산(Branched Chain Amino Acid, BCAA)의 소비 증가로 혈액 내 농도가 감소하고 상대적으로 방향족 아미노산(Aromatic Amino Acid, AAA)이 증가한다. 이로 인해 방향족 아미노산(AAA)이 곁가지 아미노산(BCAA)보다 뇌로 더 많이 유입되면 신경 억제 증상이 나타날 수 있다.

(2) 증상

간성뇌증 초기 증상은 성격 변화, 기억력 감소, 집중력 저하, 불안, 과수면 등이 나타나고 간성뇌증이 진행되면 의식 저하와 더불어 착란, 혼수가 발생하며 경우에 따라서는 사망에 이르게 된다.

(3) 식사요법

식사요법의 목표는 영양상태를 유지하면서 부종과 복수를 조절하고 간성뇌증을 최대한 완화시키는 데 있다. 충분한 에너지를 공급하고 간성뇌증이 심한 경우 암모니아 생성을 최소화하기 위해 1일 단백질 섭취를 0.5~0.75 g/kg로 제한할 수 있으나, 지나친 단백질 제한은 근육단백질의 분해를 초래할 수 있으므로 주의가 필요하다. 우유와 식물성 단백질(콩, 두부)은 육류보다 곁가지 아미노산(BCAA)은 많고 방향족 아미노산(AAA)은 적으므로 간성뇌증 환자 식사에 활용한다. 간성뇌증 환자를 위한 하루 식단구성 예는 표 5-3에 제시하였다.

표 5-3　간성뇌증 환자의 하루 식사구성 예

식품군		식품교환수	에너지(kcal)	탄수화물(g)	단백질(g)	지방(g)
곡류군		10	1,000	230	20	–
어·육류군	저지방군	0.5	25	–	4	1
	중지방군	0.5	37.5	–	4	2.5
채소군		5	100	15	10	–
지방군		5	225	–	–	25
우유군(일반)		0.5	62.5	5	3	3.5
과일군		5	250	60	–	–
계			1,700	310	41	32

아침 간식	아침	점심	간식	저녁	간식
오렌지주스	밥, 감잣국, 숙주나물, 호박볶음	밥, 불고기, 김구이, 과일통조림	들깨차	밥, 쇠고깃국, 생선지짐, 시금치나물, 버섯볶음, 김치	귤, 두유 1/2컵

※ 영양소 구성: 에너지 1,700 kcal, 탄수화물 310 g, 단백질 40 g, 지방 30 g

3. 담도계의 구조와 기능

담도계는 담낭과 담관(bile duct)을 총칭하는 것이다. 담낭은 그림 5-1에서 보는 바와 같이 간우엽 아래쪽에 위치한 간 부속기관으로 길이가 약 9 cm, 용량 40~70 mL 정도 크기의 서양배 모양을 하고 있다. 담관은 담즙을 간으로부터 십이지장으로 운반하는 관으로, 십이지장의 상부에 연결된다. 이 연결부에는 오디괄약근이 존재하고 있어 담즙이 십이지장으로 배출되는 것을 조절한다. 즉, 간에서 생성된 담즙은 담낭으로 들어가서 농축·저장되고, 필요에 따라 총담관을 통해 십이지장에 배출된다.

담즙의 분비에는 콜레시스토키닌(Cholecystokinin, CCK)이 관여하는데, 이 호르몬은 담낭의 수축과 오디괄약근의 이완을 촉진시키는 물질로서, 고지방식을 섭취하거나 십이지장 부위에 지방이 존재하면 그 분비가 촉진된다.

간세포에 의해 생성된 간담즙은 엷은 황갈색의 투명한 액체이며, 담낭에서 5~10배로 농축된 담낭담즙은 녹갈색의 점조성의 액체이다. 담즙은 약알칼리성(pH 7.8)으로 90% 이상의 수분을 함유하고 있으며 주성분으로 담즙산염, 담즙색소(빌리루빈:

헤모글로빈 분해산물), 콜레스테롤을 함유하고 있다. 그 외 무기염, 지방산, 인지질, 점액 등을 소량 함유하고 있다.

담즙산은 간에서 콜레스테롤로부터 직접 합성되며, 담즙산염으로 존재한다. 담즙을 통해 십이지장으로 배출된 담즙산의 대부분은 소장에서 재흡수되어 간으로 되돌아간다(장–간 순환). 소장 내에서 담즙산은 그 물리·화학적 특성에 따라 지방의 유화, 지방분해효소 작용 및 미셀 형성을 촉진함으로써 지방의 소화·흡수를 돕는다. 담즙은 지방의 소화·흡수의 증진 작용 이외에도 지용성 비타민, 특히 비타민 K의 흡수, 소장운동의 촉진, 소장 상부에서의 비정상적인 세균번식 억제, 담즙색소와 같은 노폐물 및 기타 생체 이물질 등의 배설, 콜레스테롤 용해 작용 등의 역할을 한다. 담즙에는 소화효소가 포함되어 있지 않다.

4. 담도계 질환

1 담낭염

(1) 원인

담낭염(cholecystitis)은 담낭 또는 담관 내에 염증이 생긴 것으로, 담석이 존재하는 경우도 있고 존재하지 않는 경우도 있다. 또 무균성인 것도 있고 세균감염에 의한 것도 있다. 감염을 일으키는 세균에는 여러 가지 종류가 있지만 제일 많은 것은 대장균인데, 장 내의 대장균이 십이지장의 담관 유두부까지 역류되어 감염되는 경우가 대부분이다.

(2) 증상

담낭염에는 급성 담낭염과 만성 담낭염이 있으며, 담석이 존재하는 경우가 많다. 담석이 없는 급성 담낭염은 패혈증, 쇼크, 화상, 암 등과 같이 심각한 질병에 걸린 환사에게서 자수 일어난다. 환자의 90% 이상이 담석과 관련이 있으며, 이미 담석이 형성되어 담낭염을 일으키는 경우도 있고, 담낭염으로 인해 담낭점막의 담즙 농축 과정에서 담즙 성분의 조성이 변동되어 담석이 형성되는 경우도 있다.

급성 담낭염은 갑자기 고열이 나고 위 오른쪽 상복부의 복통이 심하며, 그 부분을 누르면 강한 통증을 느끼고, 때로는 구토와 오한이 나기도 한다. 만성 담낭염은 가끔 발열 또는 미열이 있고, 지속적 또는 간헐적으로 통증이 오며, 일반적으로 복부의 불쾌감, 팽만감, 둔통 등을 느낀다. 담관염은 발열과 복통의 상태가 담낭염과 비슷하지만, 복통의 부위가 담낭염의 경우보다 중앙에 위치하며 황달이 나타나기 쉽다. 치료방법으로는 유효한 화학요법과 항생물질요법 등 내과적 치료에 의존하며, 일부 수술을 필요로 하는 경우도 있다.

2 담석증

담석증(cholelithiasis)이란 담낭 및 담관 내에 담즙 성분의 결석이 형성된 것을 말하는데, 결석 발생 부위에 따라 담낭 내에 있는 결석은 담낭담석이라고 하고, 담관 내에 있는 결석은 담관담석이라고 한다. 담석(gallstones)은 그 주성분에 따라 콜레스테롤 결석, 빌리루빈 결석, 혼합 결석 등으로 분류되며 형태, 크기, 색, 수가 각양각색이다. 담석은 큰 담석 한 개만 존재하는 경우도 있고, 작은 모래알만 한 담석이 수십 개 존재하는 경우도 있다. 일반적으로 담낭담석은 콜레스테롤계가 많고, 담관담석은 빌리루빈계가 많다.

(1) 원인

담석 발생의 전신적 요인으로는 콜레스테롤과 담즙색소의 대사이상을 들 수 있으며, 담도계 요인으로는 담낭 내에 농축된 담즙의 울체, 담도계의 염증, 담즙의 화학성 분비의 변동 등을 들 수 있다. 콜레스테롤은 물에는 불용성이나 담즙 내에서는 담즙산염 등의 담즙 성분에 의해 가용화되어 있다. 그러나 담낭의 기능이상, 간의 대사이상, 감염, 지방식이 섭취 등의 이유로 담즙 성분 간의 상대적 농도가 달라져(담즙산의 저하와 콜레스테롤의 증가) 그때까지 담즙 내에 용해되어 있던 콜레스테롤 또는 담즙색소가 침전하여 결정화되고, 담낭 또는 담관 내에서 큰 결정으로 성장하여 결석을 형성한다.

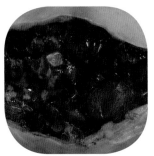

(a) 콜레스테롤 결석　　　　(b) 빌리루빈계 결석　　　　(c) 콜레스테롤계 혼합결석

그림 5-6　담석의 종류

출처: https://springfieldwellnesscentre.com/gallbladder-removal-surgery-in-chennai-cholecystectomy

(2) 증상

담석증의 주요 증세는 담석증 발작이다. 이는 갑자기 심한 통증이 상복부에서 일어나고 오한, 발열, 구토 등이 일어나기도 한다. 처음에는 상복부 전체에 통증을 느끼지만 차츰 진정되면 오른쪽 상복부에 국한하게 되며, 다음 날에 발열 또는 황달이 나타나기도 한다. 복통은 흥분, 과로, 음주, 특히 지방식을 섭취했을 때 담석이 담낭, 담낭관, 총담관 사이를 이동하면서 일어난다. 담석이 이동하여 담낭 내에 들어가거나 십이지장으로 배출되면 통증은 없어진다.

이 외에 상복부 불쾌감, 팽만감, 둔통을 느끼는 경우도 있고, 전혀 자각 증세가 없이 지내는 경우도 있다. 일반적으로 담석이 담낭 내에 존재할 때에는 통증과 황달이 나타나지 않고, 담낭관 내에 존재할 때에는 강한 통증은 있으나 황달은 나타나지 않으며, 담석이 총담관 내에 존재할 때에는 황달과 통증이 나타난다.

3 담낭염과 담석증의 식사요법

담낭염과 담석증 환자의 식사요법은 담즙분비와 및 담낭운동을 줄이는 것을 목표로 한다.

담석증 발작 또는 담낭염의 급성 증세가 있을 때에는 금식하며 정맥영양으로 영양을 공급하고 이후 증상이 완화되면 담낭수축에 영향을 미치지 않는 탄수화물 위주의 전유동식으로부터 차츰 저에너지 연식, 일반식으로 진행한다. 자극적인 음식,

가스를 많이 발생시키는 음식 등은 피한다. 가스를 발생시키는 채소류로는 콩류·양파·파·무·김치·열무·오이·옥수수 등이 있다.

또한 식사 중 지방을 제한한다. 특히 포화지방산은 담낭의 수축을 촉진시키며 통증을 유발할 가능성이 높고, 혈중 콜레스테롤을 높일 수 있으므로 제한한다. 증상이 심한 경우 지방은 1일 20~30 g 이하로 제공한다. 그러나 통증이 없는 경우에는 지방을 크게 제한할 필요가 없다.

단백질은 저지방 단백질 식품인 흰살 생선, 어묵(찐), 탈지분유, 두부, 달걀 흰자 등으로 제공한다. 지방이 많은 부위의 육류 및 생선, 닭껍질, 베이컨, 소시지 등은 제한한다.

과식하지 않으며 규칙적인 식사를 한다. 환자가 비만인 경우에는 체중조절이 필요하다. 담낭염 및 담석증 환자의 일반식 식단구성 예를 표 5-4에 제시하였다.

표 5-4 회복기 담낭염 및 담석증 환자의 식단구성 예

식품군		식품교환수	에너지(kcal)	탄수화물(g)	단백질(g)	지방(g)
곡류군		9	900	207	18	–
어·육류군	저지방군	5	250	–	40	10
채소군		7	140	21	14	–
지방군		3	135	–	–	15
우유군(일반)		1	125	10	6	7
과일군		2	100	24	–	–
계		–	1,650	262	78	32

아침	점심	간식	저녁
토스트, 크림수프, 채소 샐러드(+닭가슴살)	밥, 채소 된장국, 생선찜, 감자조림, 나물, 백김치	우유, 바나나	밥, 북어채국, 장조림, 버섯볶음, 도투리묵무침, 브로콜리초회

※ 영양소 구성: 에너지 1,600~1,700 kcal, 탄수화물 260 g, 단백질 80 g, 지방 35 g 이하

5. 췌장의 구조와 기능

1 췌장의 구조

췌장(pancreas)은 복강 내 가장 깊숙한 곳에 위치하고 있으며, 위의 뒤쪽에 좌우로 걸쳐 있는 길이 약 15 cm, 중량 60 g 정도의 약간 붉은색을 띤 회백색의 부드러운 실질기관이다. 췌장은 다수의 소엽으로 구성되어 있으며 췌관은 총담관과 합류하여 오디괄약근을 통해 십이지장으로 통하며 췌액의 외분비 경로가 되고 있다(그림 5-7).

췌장조직은 외분비 조직(exocrine tissue)과 내분비 조직(endocrine tissue)으로 구성되어 있는데, 각각 췌액과 호르몬을 분비한다. 외분비 조직에는 소화효소를 합성하는 선 세포와 물과 중탄산염 등을 분비하는 췌관 상피세포가 있다. 한편 내분비 조직에는 랑게르한스섬(islets of Langerhans)이라고 불리는 세포집단이 있는데, 그 수는 약 100만에 달하며, 글루카곤(glucagon)을 분비하는 알파세포(α-cell, 전 세포의 20% 차지), 인슐린(insulin)을 분비하는 베타세포(β-cell, 전 세포의 60% 차지), 소마토스타틴(somatostatin)을 분비하는 델타세포(δ-cell, 전 세포의 10% 차지)로 구성되어 있다.

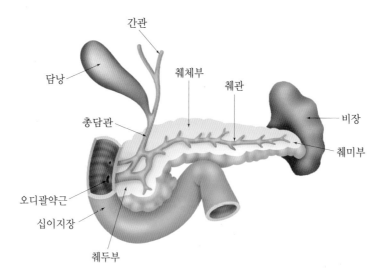

그림 5-7 **췌장의 구조 및 주변 기관**

2 췌장의 기능

(1) 췌장의 외분비 기능과 췌액의 성분

췌장의 외분비선에서 췌관을 통해 십이지장에 분비된 췌액은 무색 투명한 알칼리성(pH 8.0~8.3) 소화액으로, 3대 영양소를 소화시키는 각종 효소와 위에서 장으로 이동해 온 산성 유미즙(chyme)을 중화시키고 소장 내 각종 효소의 활성을 위하여 최적 pH를 유지시키는 중탄산염(NaHCO₃)을 함유하고 있다. 췌액은 소화효소로 탄수화물을 당류로 분해시키는 효소인 아밀레이스, 단백질을 펩티드나 아미노산으로 분해시키는 효소들인 트립신, 키모트립신, 카르복시펩티데이스 등의 불활성형을 함유하고 있으며, 핵산을 분해시키는 효소인 리보뉴클레이스, 디옥시리보뉴클레이스, 지방분해효소들인 라이페이스, 콜레스테롤에스터레이스, 포스포라이페이스 등을 함유하고 있다(표 4-1).

췌액의 1일 분비량은 1~2 L에 달하며, 그 분비량은 섭취한 음식물의 양과 종류 등에 의해 변동된다. 췌액의 분비는 소장점막에서 분비되는 소화관 호르몬인 세크레틴(secretin)과 콜레시스토키닌(cholecystokinin, CCK)에 의해 조절된다. 위산이나 산성 유미즙이 십이지장으로 유입되면 소장 점막세포에 의해서 세크레틴이 분비된다. 세크레틴은 췌장세포에 작용하여 중탄산염이 풍부한 췌액의 분비를 촉진시킨다. 대부분의 장내 소화효소는 중성과 약알칼리성일 때 활성을 유지하게 되므로 알칼리성 췌액의 분비는 장 내 효소활성을 위해 매우 중요하다. 한편 지방 및 단백질의 소화산물이 십이지장에 유입되면 소장의 점막세포에서 콜레시스토키닌을 분비한다. 이 호르몬은 소화효소가 풍부한 췌액을 분비하도록 하며, 담낭의 수축과 오디 괄약근의 이완을 통해 담즙의 배출을 촉진시키기도 한다(표 4-2).

그러므로 췌장에 질병이 생겨 췌액의 분비를 억제하기 위해서는 위산의 분비를 감소시키며, 음식물의 양과 질을 조정하여 소화관 호르몬의 분비를 억제하는 식사를 계획해야 한다.

(2) 췌장의 내분비 기능

췌장의 내분비 조직인 랑게르한스섬에서는 탄수화물 대사 조절에 중요한 역할을 하는 호르몬을 분비한다. β-세포에서 합성되는 인슐린은 혈당을 낮추는 역할을 하며, α-세포에서 합성되는 글루카곤은 혈당치를 높이는 역할을 함으로써 서로 밀접한 상호 작용 속에서 탄수화물 대사가 조절되고 있다.

6. 췌장 질환

■ 급성 췌장염

급성 췌장염(acute pancreatitis)은 췌장에 염증이 생겨 췌액의 외분비 기능이 저해됨에 따라 췌장세포에서 생성된 각종 소화효소가 활성화되어 췌장조직 자체가 자가소화작용을 받게 되는 질환이다. 정상 시에는 단백질 분해효소인 트립신이 췌장세포 내에서 불활성형으로 분비되어 십이지장에서 활성화되는데, 여러 가지 원인으로 트립신이 십이지장이 아닌 췌장세포 내 또는 췌관 내에서 활성화되어 췌장조직의 파괴현상이 일어나는 것이다.

(1) 원인

급성 췌장염의 원인으로는 담석증, 담낭염 등 담낭 질환의 합병, 상습적 과음, 지방성 음식의 과식, 복부수술 및 복부의 심한 외상 등을 들 수 있으며 원인 불명의 것도 있다. 담석이 원인일 경우에는 담즙이 췌장으로 역류되어 췌장염을 일으킨다.

급성 췌장염은 병원균성 염증이 아니고 췌장조직의 선 세포 및 췌관의 변성과 파괴에 의해 발생하는 것으로 췌장 내 효소가 활성화되어 혈액 중에 유출되며 심장, 신장, 간 등 다른 장기의 기능장애를 일으키기도 한다.

(2) 증상

급성 췌장염의 증상으로는 갑자기 상복부에 심한 통증이 일어나며 중증일 경우에는 발열, 설사, 오심, 구토, 복수, 신장애가 일어난다. 경우에 따라서 당뇨병이 나타나기도 하고 쇼크가 일어나기도 한다. 복통과 동시에 백혈구 증가, 혈청 아밀레이스 및 요중 아밀레이스 증가, 신장애, 혈중 요소질소의 증가가 현저하다. 중증일수록 소장이 마비되고 가스가 차며 복부팽만이 일어난다.

(3) 식사요법

급성 췌장염의 진행기에는 음식을 섭취하면 췌액의 분비가 촉진되어 질병이 더욱 악화된다. 이 시기에는 신경이나 소화관 호르몬에 의해서 췌장조직이 자극을 받지 않도록 금식하고 정맥영양을 통해 수분과 영양을 공급한다. 증상이 가라앉으면 경구로 수분을 조금씩 공급하도록 한다.

초기에는 소화액 및 소화관 호르몬의 분비를 자극하지 않는 탄수화물 위주의 유동식을 소량씩 공급한다. 통증이 가라앉으면 무자극 전유동식을 소량씩 주는데, 처음에는 쌀미음, 녹말미음 등으로 시작한다. 이후 통증이 없어지면 무자극 연식으로 바꾸며 단백질을 서서히 증가시킨다. 지방은 소화·흡수가 잘되는 유화지방을 이용한 저지방식으로 공급한다. 급성 췌장염의 전유동식 구성과 식단의 예를 각각 표 5-5, 5-6에 제시하였다.

급성 췌장염 회복기에는 식욕과 소화능력에 따라 탄수화물과 단백질을 충분히

표 5-5 급성 췌장염 전유동식 구성의 예

식품	중량(g)	에너지(kcal)	단백질(g)	지방(g)	탄수화물(g)	참고
미음	450	115	2.1	0.3	25	쌀 7% 미음
감자류	50	40	0.7	0.1	9	–
녹말	18	50	–	–	15	–
과즙	200	86	1.2	0.4	20	–
설탕	30	120	–	–	30	–
꿀 또는 물엿	20	64	–	–	16	–
채소수프	300	–	–	–	–	–
계	1,068	475	4.0	0.8	115	–

표 5-6 급성 췌장염 전유동식 식단의 예

아침	10시	점심	오후 3시	저녁	밤참
• 미음 • 채소수프	• 과즙	• 미음 • 감자 으깬 것	• 녹말미음 • 과즙	• 미음 • 채소수프	• 유자차와 꿀

※ 영양소 구성: 에너지 475 kcal, 단백질 4 g, 지방 1 g 이하, 탄수화물 115 g

급성 췌장염 식사원칙

- 에너지는 주로 탄수화물로 공급
- 지방 제한, 단백질은 서서히 증량
- 식사는 소량씩 자주 제공
- 금주

표 5-7 급성 췌장염 회복기 연식 식품 구성의 예

식품	중량(g)	에너지(kcal)	단백질(g)	지방(g)	탄수화물(g)	참고
전죽	900	559	10.2	1.5	122	쌀 17% 죽
두부류	200	104	9.4	5.4	2	연두부
어류	50	51	7.3	2.2	–	동태 소 1토막
난류	25	38	3.0	2.5	–	–
우유	100	32	3.0	0.1	5	탈지우유
감자류	100	80	1.5	0.2	19	–
채소류	300	87	5.1	0.6	16	–
과실류	200	86	1.2	0.4	20	–
바나나	100	87	1.1	0.1	23	–
유지류	10	90	–	10	–	–
설탕	20	120	–	–	30	–
꿀 또는 엿	20	64	–	–	16	–
계	2,025	1,398	41.8	23.0	253	–

표 5-8 급성 췌장염 회복기 환자의 연식 식단의 예

아침	10시	점심	오후 3시	저녁	밤참
• 전죽 • 생선국 • 나물	• 우유 • 바나나	• 전죽 • 두부채소국 • 나물	• 사과소스	• 전죽 • 달걀찜 • 감자조림	• 유자차와 꿀

※ 영양소 구성: 에너지 1,400 kcal, 단백질 42 g, 지방 23 g 이하, 탄수화물 250 g

공급한다. 이때 다량의 음식을 공급하면 위와 장운동이 항진되고 췌장의 분비 기능이 촉진되므로 식사량은 서서히 늘려나간다. 특히 식사 내의 단백질과 지방으로 인한 자극은 소화관 호르몬인 세크레틴과 콜레시스토키닌의 분비를 촉진시켜 췌액과 소화효소의 분비를 촉진시킴으로써 췌장조직의 자가소화를 촉진시키게 된다. 따라서 회복기에도 탄수화물 중심의 저지방식을 제공한다. 단백질은 췌장조직의 회복을 위해 충분히 제공하되 식욕과 소화능력에 따라 제공량을 조절한다.

급성 췌장염 회복기 연식의 식품 구성과 식단의 예는 표 5-7, 5-8에 제시하였다. 연식은 필요한 에너지를 충분히 제공할 수 없으므로 가능한 한 빨리 일반식으로 이양해서 고에너지, 고단백질식을 제공한다.

② 만성 췌장염

만성 췌장염(chronic pancreatitis)은 췌장조직 또는 췌관 상피조직에 섬유질 증가, 지방 침착, 석회화 등이 일어남으로써 췌장의 분비 기능 저하와 췌액의 변성이 생기며, 그로 인하여 만성적인 소화장애와 체중감소가 일어난다. 급성 췌장염에서 이행한 경우 및 처음부터 만성형으로 일어나는 경우와 다른 질병의 합병증으로 일어나는 경우가 있다.

(1) 원인

발병의 주요 원인 중 하나로 상습적인 과음을 들 수 있으며, 담낭염, 담관결석, 담석증 등의 담낭 질환, 십이지장염, 간염, 당뇨병이 원인이 되기도 하지만 원인이 확실치 않은 경우가 많다.

(2) 증상

만성 췌장염은 특징적인 자각 증상이 별로 없으나 급성 췌장염과 마찬가지로 복통, 구토, 식욕부진이 일어나기도 한다. 일반적으로 원인 불명의 소화장애, 체중감소, 빈혈 등의 영양장애가 일어난다. 이러한 영양 장애는 외분비 기능 저하로 인한 소화효소 및 알칼리(중탄산염) 분비 부족 때문에 영양소의 소화·흡수가 저하되는 것에서 기인한다.

(3) 식사요법

만성 췌장염의 식사요법의 목표는 추가적인 췌장손상을 막고 통증감소와 지방변증 치료 및 영양불량을 개선하는 것이다. 만성 췌장염의 영양기준은 급성 췌장염의 회복기에 준하며 탄수화물과 단백질을 충분히 공급하고 지방은 소화·흡수가 잘되는 저지방식으로 공급한다.

표 5-9 만성 췌장염 식품 구성의 예

식품	중량(g)	에너지(kcal)	단백질(g)	지방(g)	탄수화물(g)	참고
밥	630	920	16.7	2	200	–
식빵	35	98	3.2	1.7	17	–
두부	100	52	4.7	2.7	2	연두부
육류	100	132	20.7	4.8	–	닭살코기
어류	100	102	14.6	4.4	–	–
우유류	100	89	5.2	3.2	8	호상요구르트(플레인)
감자류	300	80	1.5	0.2	19	–
채소류	350	100	11.7	1.4	17	–
과실류	200	86	1.2	0.4	20	–
난류	55	75	6.0	5.1	–	–
설탕	20	80	–	–	20	–
유지류	10	90	–	10	–	–
꿀 또는 물엿	20	64	–	–	16	–
계	2,020	1,968	85.5	35.9	319	–

표 5-10 만성 췌장염 환자 식단의 예

아침	간식	점심	저녁	밤참
• 흰밥 • 두부채소국 • 달걀찜 • 나물	• 과일 • 요구르트 • 식빵	• 밥 • 생선국 • 나물 • 샐러드	• 흰밥 • 맑은 채소국 • 닭찜 • 생채	• 감자

※ 영양소 구성: 에너지 1,950 kcal, 단백질 85 g, 지방 35 g 내외, 탄수화물 320 g

소화가 잘되는 식품을 선택하여 부드럽게 조리하고, 단백질은 지방이 적고 부드러운 부위의 육류, 흰살 생선, 닭가슴살, 달걀, 요구르트 등으로 공급한다. 튀김요리, 버터와 크림을 많이 이용한 음식과 과자 등 고지방 식품을 제한한다. 당뇨병이 합병증인 경우 당뇨병 식사요법에 준한다. 만성 췌장염 식품 구성과 식단의 예는 표 5-9, 5-10과 같다.

사례연구 1	간 질환 환자

59세 남자 이 씨는 현재 키 163.8 cm, 체중 52.2 kg으로 20년 전 B형 간염이 생긴 이후 간 질환이 진행되어 1년 전 간경화로 진단받았다. 최근에 복부팽만감이 심해지고 하지 부종이 발생하였으며, 검사결과 복수가 있는 것으로 밝혀졌다. 혈중 요소질소 농도는 상승되어 있었고, 저알부민혈증 소견이 있었으며 알칼리포스파타아제 및 GOT, GPT, 칼륨 수치가 상승되어 있었고, 혈중 소디움 농도는 정상 이하였다. 이 씨는 입원 후 복수 조절을 위해 이뇨제를 사용하고 있었다. 평소 국, 찌개 등 짜고 얼큰한 음식과 김치, 염장식품을 선호하고 간식으로 떡, 빵 등을 소량씩 먹었으며 과일을 선호하는 편으로 간에 좋다는 미나리즙을 1일 1컵씩 마시고 있다.

1 환자의 식사관리에서 중점적으로 관리해야 할 영양소에 대해 설명하시오.

현재체중이 표준체중(59 kg)의 88% 상태이며, 복수 등을 감안할 때 실제체중은 이보다 더 낮을 것으로 추정되어 우선은 충분한 에너지 공급을 통한 적절한 체중 유지가 필요하다. 또한 현재 혈중 요소질소 농도가 상승되어 있고, 부종 및 복수가 있으며, 혈중 칼륨 농도가 정상치 이상임을 고려할 때 단백질, 염분 및 칼륨 섭취의 조절이 필요하다.

2 환자가 저알부민혈증을 보임에도 불구하고 단백질 섭취조절이 필요한 이유를 설명하시오.

간 질환 환자는 간 기능 저하로 인한 저알부민혈증을 동반하는 경우가 많고, 복수로 인해 저알부민혈증이 더욱 악화되는 경우가 많기 때문에 간 질환 환자의 저알부민혈증은 단순한 단백질 영양결핍으로만 생각할 수 없다. 또 환자의 혈중 요소질소 농도가 증가되어 있음을 고려할 때 이로 인한 간성 혼수의 위험이 있으므로 고단백질 섭취에 대한 주의가 필요하다.

3 간 질환 관리를 위해 환자가 개선해야 할 식습관은 무엇인가?

김치 및 염장식품은 염분 섭취가 늘어나면서 복수를 악화시킬 수 있다. 또한 국, 찌개를 선호하는 식습관도 염분 섭취가 많아질 수 있기 때문에 염분 섭취를 제한하기 위해서는 국, 찌개 및 김치, 염장식품의 섭취를 제한하는 것이 필요하다.

현재 칼륨 수치가 높으므로 칼륨이 많이 들어 있는 채소와 과일의 섭취량 조절도 필요하다. 특히 미나리즙과 같은 채소즙에는 칼륨함량이 높으므로 칼륨 수치가 높은 간 질환 환자에게는 섭취를 제한한다.

21세 남자 문 씨는 현재 키 175 cm, 체중 68 kg으로 1년 전 췌장염으로 진단받고 치료를 받고 있다. 최근에 복부 통증, 설사 등의 증상이 있었으며 내원 1일 전부터는 흑변이 발생하여 응급실을 통해 입원을 했다. 혈액 검사 결과 혈중 요소질소가 13 mg/dL, 크레아티닌이 0.9 mg/dL, 콜레스테롤이 120 mg/dL, 총단백질이 6.0 g/dL, 알부민이 4.0 g/ dL, 헤모글로빈이 9.8 g/dL, 헤마토크릿이 30.3%였다. 평소 삼겹살, 햄 등 고지방음식을 선호하며 주스, 음료수 등은 500~600 mL/일, 스낵류 1봉지/일을 간식으로 섭취해 왔던 반면 생선, 나물반찬은 잘 먹지 않았다.

1 췌장염 환자의 식사관리 원칙을 설명하시오.

1) 급성기에는 금식을 한다. 필요한 경우 비경구적인 영양요법 실시를 고려한다.

2) 식사 시에는 소화액 및 소화관 호르몬의 분비 자극이 적은 식품을 선택한다.

3) 기름이 적은 음식을 선택하며 회복기에는 충분한 단백질을 공급한다.

4) 식후 복통이 있는 경우 식사는 조금씩 자주 먹도록 한다.

2 입원 이후 환자의 식사 진행 상황에 대한 계획을 세워 보시오.

혈중 요소질소 농도는 크게 증가하지 않았지만 최근에 흑변, 복통, 설사 등이 있었으므로 현재 환자의 병세가 급성기인지 여부를 먼저 확인한 후, 급성기인 경우 당분간 금식을 하고 비경구적인 영양요법을 실시한다.

급성기가 지나 회복기에 접어들면 우선 유동식을 공급한다. 이때 유동식은 췌장에 상대적으로 부담이 적은 탄수화물을 주된 영양원으로 하도록 계획한다. 환자의 영양상태를 평가하여 영양상태가 불량한 경우 유동식을 제공하는 동안 비경구적인 영양요법을 병행한다.

유동식을 제공한 후 1~2일 관찰하여 식사에 잘 적응을 한다면 연식을 소량씩 제공한다. 이때 식사 내 단백질은 서서히 증가시키며 지방은 제한한다. 필요한 경우 MCT oil을 이용하는 것을 고려한다. 식품의 선택은 기름이 적고 부드러운 것으로 하며, 연식의 경우 일반식에 비해 에너지 섭취가 적어질 수 있으므로 에너지를 보충할 수 있는 간식을 계획한다.

연식을 먹으면서 환자의 상태가 더 회복이 되면 단백질을 보다 충분히 주면서 자극이 적은 일반식을 계획하여 제공한다.

3 환자의 식습관 중 조정이 필요한 부분을 지적하고 그 이유에 대해 설명해 보시오.

1) 삼겹살, 햄, 스낵류와 같은 고지방 식품을 섭취하는 습관을 조정하는 것이 필요하다.

　　→ 지방이 많은 식품은 췌장에서 지방 소화와 관련된 소화효소의 분비를 자극함으로써 췌장에 부
　　　담을 줄 수 있다.

2) 주스, 음료의 섭취를 줄인다.

　　→ 주스와 음료 등에는 단순당질이 많이 들어 있고, 탄산음료와 같은 경우 소화기관을 자극할 수
　　　있다.

3) 생선, 나물반찬을 잘 갖추어 먹는다.

　　→ 기름기가 적은 생선은 췌장에 부담을 적게 주면서 양질의 단백질을 공급할 수 있는 좋은 급원
　　　이다. 또한 나물은 다양한 비타민의 급원이므로 충분히 섭취할 필요가 있다. 다만, 급성기에서
　　　회복되는 단계에서는 섬유소를 지나치게 많이 먹으면 오히려 소화관을 자극할 수 있으므로 가
　　　능하면 부드러운 채소를 소화가 잘되는 형태로 조리하여 섭취하도록 한다.

6장

심혈관계 질환

1 심혈관계의 구조와 기능

2 고혈압

3 이상지질혈증

4 동맥경화증

5 뇌졸중

6 심장 질환

1. 심혈관계의 구조와 기능

■ 심혈관계의 구조

심혈관계는 심장과 동맥, 정맥과 모세혈관으로 구성된다(그림 6-1). 심장은 흉곽 속에 있으며 중량은 300 g 정도이다. 심장의 내강은 우심방, 우심실, 좌심방, 좌심실로 구성되어 있다. 심방과 심실 사이를 방실이라고 하는데, 방실에는 혈액 흐름의 역류를 막는 판막이 있어서 혈액이 심방에서 심실 쪽으로만 흐르게 한다. 심장의 수축운동으로 심실의 혈액이 동맥으로 보내진다. 혈액이 흐르는 관인 동맥과 정맥은 모세혈관으로 연결되는데, 모세혈관에서는 기체교환과 함께 영양물질과 노폐물의 교환이 일어난다.

심장은 특수 근육인 동방결절의 신호를 시작으로 방실결절과 푸르키네 섬유로 이어지며 스스로 박동을 한다. 심장의 펌프작용으로 혈액은 혈관을 통해 전신으로 보내진다.

■ 심혈관계의 기능

심장은 펌프작용을 통해서 신체의 각 부위로 혈액을 수송하는 역할을 하는데, 신체 내 상황에 따라 혈액량을 조절하여 적절한 양의 혈액을 각 기관으로 보낸다.

심장순환은 좌심실 → 대동맥 → 대정맥 → 우심방으로 순환되는 체순환계와 우심실 → 폐동맥 → 폐정맥 → 좌심방으로 이어지는 폐순환계로 이루어진다. 심장으로부터 나온 혈액은 동맥을 지나 모세혈관을 거쳐 정맥을 통해 다시 심장으로 들어가는 순환을 지속하는데 이 순환을 체순환이라 한다. 대사과정에서 생긴 이산화탄소는 조직에서 정맥을 통해 심장으로 운반된 후 폐를 거쳐 배출되고, 공기 중의 산소는 폐로 들어와 혈관을 통해서 심장으로 운반되는데 이 순환을 폐순환이라고 한다. 폐순환을 거쳐 풍부한 산소를 함유하게 된 혈액은 동맥을 통해 신체의 각 조직으로 운반된다. 심장은 끊임없이 수축과 이완을 계속하면서 혈액을 펌프질하여 일생 순환을 계속하도록 한다.

수축과 이완을 되풀이하는 심장의 펌프작용에는 많은 에너지가 필요하며 심근수

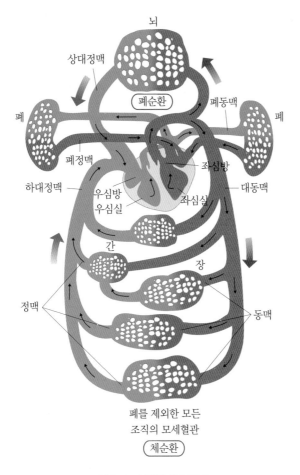

뇌

상대정맥

폐순환

폐동맥

폐   폐

폐정맥

하대정맥   좌심방

우심방

우심실   대동맥

좌심실

간

정맥   장

동맥

폐를 제외한 모든
조직의 모세혈관

체순환

그림 6-1   심혈관계의 구조

축의 에너지는 포도당, 지방산, 아미노산, 케톤산 등으로부터 생성되므로 심장조직
도 충분한 산소와 영양소를 필요로 한다. 심장병에 걸리면 심장 대사는 물론 전신
의 대사에 이상이 생긴다. 심장근육에 산소와 영양소를 공급하는 관상동맥의 정상
적인 기능 여부가 심장의 건강에 중요하며, 동맥경화, 고혈압, 심혈관계 질환 등은 관
상동맥의 이상과 관련이 있다.

2. 고혈압

1 혈압과 혈압조절

혈압(blood pressure)은 심장이 혈액을 동맥으로 밀어내는 펌프작용으로 생성되며, 동맥 내의 압력, 즉 동맥 혈압을 의미한다. 일반적으로 심장의 펌프작용이 충분해야만 혈액을 동맥, 소동맥, 모세혈관까지 보낼 수 있고, 모세혈관에서 각종 영양소와 물질의 교환이 일어나게 되어 생명이 유지될 수 있다.

(1) 혈압

심장은 심실이 수축할 때(수축기) 많은 혈액을 대동맥으로 밀어내게 되므로 동맥 내의 압력이 매우 높아지는데, 이때의 혈압을 수축기 혈압(systolic blood pressure) 또는 최고 혈압이라고 한다. 심장이 이완할 때는(이완기) 동맥 내의 압력이 낮아지게 되며, 이때의 혈압을 이완기 혈압(diastolic blood pressure) 또는 최저 혈압이라고 한다. 최고와 최저 혈압의 차이를 맥압이라고 한다.

(2) 혈압 조절

혈압은 심박출량과 말초혈관 저항의 영향을 받는다. 심박출량이 많아지면 동맥혈관에 흐르는 혈액의 양이 많아져 혈관 내부의 압력, 즉 혈압이 높아지게 된다.

소동맥 등 말초혈관의 구경이 작아지거나 수축하면 혈액이 좁아진 혈관을 통하여 잘 빠져나가지 못하고 말초혈관 저항이 커지게 된다. 그러면 동맥에 혈액이 고이게 되어 동맥 내의 혈압이 높아진다. 혈압은 심박출량과 혈관에서의 저항조절을 통해 이루어지게 되며, 우리 몸에는 이러한 조절작용을 담당하는 두 가지 기전이 존재한다.

① 교감신경계와 부교감신경계의 조절

신경을 거쳐서 일어나는 혈압조절은 강력하며 신속하게 일어난다. 혈압이 변하면 혈관의 수용체가 이를 감지히여 뇌의 연수에 신호를 보내며 연수에서 뻗어져 나온 자율신경을 통해 혈압을 조절하게 된다.

혈압이 떨어지면 심장으로 뻗어 있는 교감신경으로 자극이 전달되어 심장박동수와 심실의 수축력이 높아져서 심박출량이 증가하고 혈압이 높아진다. 혈관으로 뻗어 있는 교감신경도 자극되어 혈관이 수축하면서 저항이 커져 혈압이 높아진다.

② 신장과 레닌-안지오텐신 기능

혈압은 신장에서 분비되는 레닌과 안지오텐신, 부신피질에서 분비되는 알도스테론에 의해서 체액의 양을 조절하여 유지된다. 출혈이나 탈수 등은 체액량을 감소시켜 혈압을 떨어뜨린다. 이 경우 레닌-안지오텐신 시스템이 작동하여 부신피질에서 알도스테론이 분비되어 나트륨과 수분의 배설을 감소시켜 혈압을 높인다(그림 6-2). 대동맥의 경화나 협착으로 인해 신장으로 오는 혈액량이 줄어들면 신장은 레닌을 분비하게 되고, 레닌은 안지오텐시노겐을 활성화하여 혈장에서 안지오텐신의 합성을 증가시킨다. 안지오텐신은 혈관을 수축하여 혈압을 상승시키고, 부신피질에서 알도스테론을 분비시켜 신장에서 나트륨의 재흡수가 증가하도록 한다. 그 결과 삼투

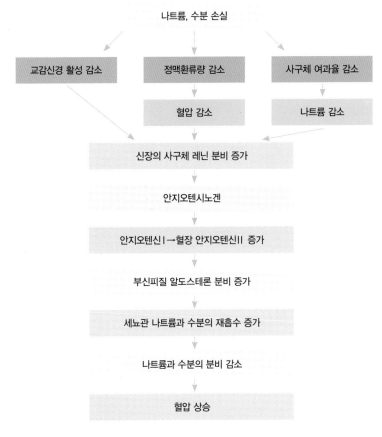

그림 6-2 **신장의 혈압 조절**

압이 높아져 수분이 재흡수되어 혈액량을 늘림으로써 혈압을 높인다. 수혈로 인해 혈액의 양이 많아져 혈압이 높아지면 신장에서 물의 배설량이 증가하여 혈액의 양을 줄임으로써 혈압을 낮춘다.

② 고혈압의 진단

혈압은 혈액을 밀어주는 힘으로 생명 유지를 위해 매우 중요하며, 혈압이 적절하게 유지되어야 온몸으로의 혈액순환이 이루어진다. 성인의 정상 혈압은 수축기와 이완기 혈압이 120/80 mmHg 미만인 경우이며, 고혈압은 수축기 혈압이 140 mmHg 이상 또는 이완기 혈압이 90 mmHg 이상인 경우이다.

대한고혈압학회 고혈압 진료지침에서 제시한 혈압의 분류는 표 6-1과 같다. 혈압은 수축기 혈압과 이완기 혈압의 수준에 따라 정상혈압, 주의혈압, 고혈압 전단계, 고혈압 1, 2기, 수축기 단독고혈압 등으로 분류하였다.

표 6-1 혈압의 분류

혈압 분류		수축기혈압(mmHg)		이완기혈압(mmHg)
정상혈압*		<120	그리고	<80
주의혈압		120~129	그리고	<80
고혈압 전단계		130~139	또는	80~89
고혈압	1기	140~159	또는	90~99
	2기	≥160	또는	≥100
수축기단독고혈압		≥140	그리고	<90

* 심뇌혈관 질환의 발생 위험이 가장 낮은 최적혈압.
출처: 대한고혈압학회. 고혈압 진료지침. 2022.

③ 고혈압의 원인

고혈압의 원인은 유전적 요인, 연령과 성, 체격, 신경성 요인, 내분비 요인, 식사 요인 등으로 나눌 수 있다.

(1) 유전적 요인

부모와 자녀 간의 혈압의 상관관계와 일란성 쌍생아 혈압의 높은 상관관계를 통하여 혈압의 유전성이 밝혀졌다. 혈압의 결정 요인 중 1/3~1/2이 유전적 요인이라고 보고되었다.

(2) 연령과 성, 체격

연령증가에 따른 혈압상승은 노화현상으로 설명하기도 한다. 10대까지는 남녀의 혈압이 거의 차이가 없으나 이후 40~50대까지는 남자의 혈압이 높으며, 60대 이후에는 여자의 혈압이 더 높은 경향을 보인다.

INTERSALT 연구결과에 의하면 같은 신장에서 체중이 10 kg 증가하면 수축기 혈압이 3.3 mmHg, 이완기 혈압이 2.2 mmHg 증가한다고 한다. 특히 비만한 사람은 이완기 혈압이 높은 경우가 많다.

(3) 신경성 요인

심적 고통이나 스트레스를 계속 받게 되면 교감신경계가 자극되면서 혈압이 상승하게 된다. 교감신경이 항진하면 심장박동수와 심근수축력이 증가하여 혈관을 수축하는 효과를 나타내어 혈압이 상승한다.

(4) 내분비 이상

부신종양 등으로 인해 부신수질에서 에피네프린(epinephrine), 노르에피네프린(norepinephrine)이 많이 분비되면 혈관이 수축하고 심장박동이 증가하여 혈압이 상승한다. 부신피질에서 알도스테론이 과잉분비되면 혈액의 양이 많아지면서 혈압이 상승한다.

염증이나 동맥경화 등으로 인하여 신장으로 가는 혈관이 좁아지면 신장으로 들어가는 혈액의 양이 감소하면서 출혈 때와 같은 기전에 의하여 레닌-안지오텐신-알도스테론의 작용으로 혈압이 상승한다.

(5) 나트륨 과다섭취

나트륨을 과다섭취하면 체액의 삼투압이 증가하면서 세포외액량이 늘어나고, 갈증을 느끼게 되어 물을 많이 섭취하게 되므로 혈액의 양이 많아진다. 우리나라 고혈압 환자의 경우 나트륨에 대한 감수성이 높은 사람의 비율이 1/3~1/2로 많으므로 나트륨의 섭취가 혈압에 많은 영향을 주고 있는 것으로 보인다. 1일 나트륨 섭취량이 5.85 g 증가하면 수축기 혈압은 5 mmHg 증가하고, 이완기 혈압은 2 mmHg 정도 증가한다는 보고가 있다. 한편 나트륨을 거의 따로 섭취하지 않고 자연식품으로만 섭취하는 남태평양의 뉴기니아, 솔로몬제도의 주민들은 고혈압 발생이 거의 없다고 알려져 있다.

(6) 칼륨, 칼슘, 마그네슘, 포화지방산

칼륨은 나트륨과 길항작용을 한다. 칼륨 섭취량이 적으면 혈압이 상승하고 칼륨이 풍부한 식사를 하면 혈압이 저하된다. 따라서 섭취하는 K/Na의 비를 1로 유지하는 것이 좋다. 칼슘의 섭취는 혈압과 음의 상관관계를 보여 칼슘을 권장량 미만으로 섭취하면 혈압이 높아지며, 마그네슘도 적게 섭취하면 혈압이 높아진다고 보고되었다. 지질이나 포화지방산의 과다섭취는 비만이나 동맥경화를 유발하게 되어 간접적으로 혈압을 높인다. 그러므로 고혈압 환자에게 특정 영양소 섭취의 증가나 감소를 강조하는 것보다는 균형 있는 식사 패턴을 가지도록 하는 것이 중요하다.

이러한 면에서 대시 다이어트(Dietary Approaches to Stop Hypertension, DASH)는 포화지방산과 나트륨 섭취를 줄이고 칼륨, 칼슘, 마그네슘, 식이섬유의 섭취량을 늘려 혈압을 낮추는 효과를 나타내는 식사이다.

(7) 알코올 및 기타

알코올을 하루에 45 g 이상 섭취하면 혈압이 3 mmHg 정도 상승하게 된다는 보고가 있다. 지속적인 음주는 혈압을 높이게 된다. 납, 수은, 카드뮴 등의 중금속은 혈압을 상승시키며, 에스트로겐과 프로게스테론이 함유되어 있는 피임약도 혈압을 상승시킨다.

(8) 운동

활동량이 저하되면 고혈압의 발병률이 30~50% 정도 높아진다는 보고가 있다. 규칙적인 운동은 혈압을 낮추고 비만도를 낮추기 때문에 나타나는 현상으로 해석된다. 특히 유산소 운동이 혈압을 감소시키는 것으로 나타났다.

4 고혈압 증상

고혈압은 동맥벽에 상처를 입혀 동맥경화를 촉진시키며, 특히 동맥벽의 거친 표면은 혈전을 잘 유발시켜 혈관을 막히게 한다. 동맥경화는 혈관의 구경을 좁게 하여 혈액의 흐름을 나쁘게 하므로 고혈압을 촉진한다.

① 두통, 현기증, 이명

뇌동맥 혈압이 높아지면 머리가 무겁고 두통이 잘 생기며 현기증, 이명(귀울림)을 느끼게 된다.

② 뇌졸중

고혈압이 심해지면 뇌졸중(stroke)이 되어 혼수에 이를 수도 있다.

③ 눈 실명

눈의 망막에 있는 동맥에 동맥경화가 일어나면 협착으로 인해 망막에 산소공급이 어려워져 실명하기 쉽다.

④ 신장손상

신장에 있는 동맥의 동맥경화로 인해 신장으로 충분한 혈액을 보내지 못하거나 고혈압으로 사구체 모세혈관에 손상이 생기는 경우 신장이 손상을 입게 된다.

⑤ 심부전

고혈압이 되면 높은 압력에 대항하여 좌심실이 혈액을 더 강하게 펌프하게 되므로 좌심실이 비대해진다. 그러나 관상동맥으로부터의 충분한 혈액이 공급되지 않아 심실이 상대적인 빈혈을 겪게 되면 심실이 약해져서 심부전이 된다. 또한 관상동맥의 높은 혈압 때문에 관상동맥의 벽이 늘어나 동맥류가 생기며 잘 파열된다.

5 고혈압의 식사 및 생활요법

고혈압 환자의 단계와 당뇨병, 심뇌혈관 질환, 만성 콩팥병 등 위험도에 따라 식사 및 생활요법과 약물치료를 다르게 해야 한다(표 6-2).

고혈압 치료를 위한 식사 및 생활요법은 표 6-3과 같다.

표 6-2 **고혈압의 진단 및 치료지침**

위험도 ＼ 혈압(mmHg)	고혈압 전단계 (130~139/80~89)	1기 고혈압 (140~159/90~99)	2기 고혈압 (≥160/100)
동반 위험인자 0개	생활요법	생활요법[1] 또는 약물치료	약물치료와 생활요법
동반 위험인자 1~2개	생활요법	약물치료와 생활요법	약물치료와 생활요법
동반 위험인자 3개 이상, 당뇨병과 동반 위험인자 1개 이상, 무증상 장기손상	생활요법	약물치료와 생활요법	약물치료와 생활요법
심뇌혈관 질환, 만성 콩팥병	약물치료[2]와 생활요법	약물치료와 생활요법	약물치료와 생활요법

1) 생활요법의 기간은 수 주에서 3개월 이내로 실시한다.
2) 단백뇨 또는 동반 질환에 의해 약물치료가 시작된 상태
10년간 심뇌혈관 질환 발생률: ▮ <5%, ▮ 저위험군(5~10%) ▮ 중위험군(10~15%) ▮ 고위험군(>15%)
출처: 대한고혈압학회. 고혈압 진료지침. 2022.

표 6-3 **고혈압의 식사 및 생활요법**

생활요법	혈압 감소 (수축기/확장기 혈압, mmHg)	권고사항
소금 섭취 제한	−5.1/−2.7	하루 소금 6 g 이하
체중감량	−1.1/−0.9	매 체중 1 kg 감소
절주	−3.9/−2.4	하루 2잔 이하
운동	−4.9/−3.7	하루 30~50분씩 일주일에 5일 이상
식사 조절	−11.4/−5.5	채식 위주의 건강한 식습관*

* 건강한 식습관: 칼로리와 동물성 지방의 섭취를 줄이고 채소, 과일, 생선류, 견과류, 유제품의 섭취를 증가시키는 식사요법
출처: 대한고혈압학회. 고혈압 진료지침. 2022.

(1) 체중조절

비만인이 고혈압인 경우가 많다. 역학조사 결과 체중과 혈압은 양의 상관관계가 있으며, 나이가 많아지면서 상승되는 혈압도 체중의 증가와 관련이 있다. 비만은 혈중 지질을 상승시키고 동맥경화를 일으키기 쉬우며, 혈압을 더욱 상승시키는 등 악순환의 원인이 된다.

체중감량은 대부분의 고혈압 환자에서 혈압 감소효과를 보이며, 과체중을 정상체중으로 줄였을 때 혈압이 정상화되는 경우도 있다. 과체중 고혈압 환자의 체중감소는 혈압 감소 및 심박동수 감소와 함께 혈중 콜레스테롤과 혈당이 감소하는 효과

를 덤으로 얻을 수 있었다.

체중조절을 위한 식사요법으로는 에너지 감량과 함께 운동요법을 병행한다. 운동과 식사요법을 병행하면 혈압 감소 효과가 증가한다. 체중감량은 혈압조절 약물의 양을 줄일 수 있으므로 약제치료와 병행 시 더욱 효과적이다.

(2) 나트륨 제한

우리나라 국민의 식성은 국, 찌개, 김치, 밑반찬을 선호하며, 김치(배추김치, 물김치, 깍두기 포함), 찌개, 국, 멸치볶음, 고등어조림, 조개젓 등이 고혈압 환자들이 섭취하는 나트륨 섭취량의 약 50%를 차지한다.

나트륨 섭취량을 줄였을 때 혈압 감소 효과가 잘 나타나는 사람은 소금 감수성 고혈압 환자, 노인, 중증 고혈압 환자이며, 나트륨 섭취를 평소 1일 섭취량의 1/3(약 6 g)로 제한할 경우 수축기 혈압이 4.9 mmHg, 이완기 혈압이 2.6 mmHg 감소하는 것으로 보고되었다. 고혈압 환자의 나트륨 섭취량은 한국인 영양소섭취기준에서 제시한 만성질환 위험 감소 섭취량인 1일 2.3 g(소금으로 6 g) 정도로 제한해야 한다.

환자 중 이뇨제가 잘 듣지 않거나 콩팥병으로 인해 이뇨제를 쓸 수 없는 폐부종을 나타내는 심부전 환자에게는 나트륨 제한에 더욱 신경 써야 한다. 나트륨 함량이 적은 음식 재료를 쓰고, 가공식품, 음료, 조미료, 식탁에서 소금 사용을 제한한다(표 6-4). 소금은 조리 시에만 소량 사용한다.

나트륨 함량이 적은 재료를 선택하기 위해서는 조리된 식품에 함유되어 있는 나트륨에 대해서 알아야 한다. 나트륨 주요 급원식품과 소금 함유량은 표 6-5와 같다.

● 나트륨 다량 함유식품 제한: 식품 중에서 동물성 식품은 자연적으로 들어 있

표 6-4 소금 1 g(나트륨 400 mg)에 해당하는 식품의 양

식품명	중량(g)	눈어림치	식품명	중량(g)	눈어림치
소금	1	1/3작은술	고추장	10	1/2큰술
진간장	5	1작은술	토마토케첩	30	2큰술
우스터소스	10	2큰술	마가린, 버터	30	2½큰술
된장	10	1/2큰술	마요네즈	80	6큰술

* 시판제품마다 함량이 다를 수 있으므로 확인 필요

표 6-5 급원식품의 1회 제공량당 소금 함유량

분류	식품명	1회 제공량(g)	소금 함유량(g)	분류	식품명	1회 제공량(g)	소금 함유량(g)
면류	짬뽕	980	9.80	일품요리류	카레라이스	565	4.52
	칼국수	1,045	8.78		비빔밥	480	4.08
	물냉면	930	8.09		김치볶음밥	310	2.79
	짜장면	615	5.72		김밥	235	2.19
	국수	870	3.74		돈가스	185	1.85
국·찌개류	된장찌개	300	4.41	패스트푸드류	불고기버거	140	1.60
	냉이된장국	305	3.97		피자	185	1.79
	김치찌개	350	3.96	가공식품류	봉지라면	150	6.40
	순두부찌개	445	3.87		컵라면	114	5.80
	소고기미역국	340	3.06		즉석짜장	200	3.00
반찬류	배추김치	65	1.63		낙지덮밥	340	2.80
	고등어구이	50	1.40		즉석카레	200	2.50
	갈치조림	65	1.17		크림빵	223	2.06
	시금치나물	40	1.12		새우깡	90	1.58
	멸치볶음	30	1.11		꼬깔콘	47	0.68

출처: 싱겁게먹기센터(www.saltdown.com)

는 나트륨 함량이 비교적 높다. 채소 중에 셀러리·시금치·근대·갓·해초·당근 등은 나트륨 함량이 높은 식품이다.

● 가공식품 제한: 식품 가공 시 소금 첨가와 함께 다른 급원으로 MSG(monosodium glutamate), 나트륨벤조산(Na benzoate)은 맛을 내는 데 쓰이며, 중조, 베이킹파우더 등은 빵, 과자, 카스텔라, 케이크, 도넛 등에 쓰인다. 밀가루의 나트륨 함량은 매우 낮으나 빵 1개당 약 120 mg이 들어 있으며, 쌀에는 나트륨이 거의 없으나 인절미나 떡 종류에는 100 g당 약 290 mg의 나트륨이 포함되어 있다. 이 외에 육류 가공품에는 나트륨나이트라이트, 나트륨나이트레이트 등의 방부제가 첨가되며, 아이스크림과 초콜릿에는 나트륨알긴산 등이 첨가된다.

● 가공식품 중에서는 저염 버터, 저염 치즈, 저염 빵 등을 이용한다.

질환별 식사요법

저염식지침

- 외식을 자주 하지 않는다.
- 국, 찌개를 적게 섭취하고 국물은 먹지 않는다.
- 김치, 특히 묵은지는 적게 섭취한다.
- 패스트푸드, 가공식품, 젓갈류, 자반생선, 마른반찬이나 안주 등은 피한다.
- 신선한 과일과 채소를 섭취한다.
- 저지방 우유나 유제품을 충분히 섭취한다.
- 영양표시에서 나트륨 함량을 확인한다.
- 짠맛 외의 다양한 맛을 강조(매운맛이나 신맛을 강조)한다.
- 차가울수록 짠맛이 강하게 느껴지므로 음식의 온도를 적절히 유지한다.

식품의 나트륨(Na) 표시량을 소금(NaCl)으로 환산하면

$$2,000 \, mg(Na) \rightarrow 2 \, g \times 2.5 = 5 \, g(NaCl)$$

저혈압

저혈압은 수축기 혈압이 90 mmHg 미만이고 이완기 혈압이 60 mmHg 미만인 상태를 말한다. 저혈압의 원인은 심장쇠약, 암, 영양부족, 내분비계 질환 등이 있다. 증상은 무기력, 피로, 어지럼, 두통, 불면, 사지냉증 등이 나타난다. 에너지와 단백질을 충분히 공급하는 균형식을 규칙적으로 하는 것이 중요하다. 정상체중 유지와 운동이나 스트레스 해소 등으로 식욕을 증진시키고 영양공급을 증가시켜야 한다.

- 짠맛을 내기 위해 소금대용품인 염화칼륨(KCl), 염화칼슘(CaCl₂)을 사용할 수 있으며, 소금과 염화칼슘을 반반씩 섞은 제품을 쓰기도 한다. 염화칼슘은 짠맛을 내나 약간 씁쓸한 맛이 있다. 콩팥병증의 경우 염화칼륨 사용은 고칼륨혈증을 유발하여 위험할 수 있으니 주의해야 한다.

표 6-6 주요 식품의 K/Na비

식품	K/Na	식품	K/Na	식품	K/Na
곰보빵	0.4	상추	12	두유	1.2
카스텔라	0.1	풋고추	3.7	오렌지주스	25.5
샌드위치	0.1	찐감자	27	포도주스	40.3
팥빵	0.3	찐고구마	27	귤	2.7
햄버거	0.2	삶은 밤	2.9	딸기	31.3
백설기	0.4	땅콩	6.5	바나나	18.2
깻잎	29	옥수수	12.7	사과	10.6

출처: 한국인 영양권장량 식품분석표.

(3) 칼륨 섭취

칼륨은 소변으로 나트륨 배설을 촉진하고 이뇨제의 보조 역할을 하여 혈압 감소에 도움을 준다.

나트륨 섭취량이 많으면 칼륨을 많이 섭취해도 감압효과가 별로 없으므로 나트륨 함량이 적고 칼륨함량이 많은 것을 선택한다. 일반적으로 채소, 과일은 K/Na의 비가 높다. 감자·고구마 등은 K/Na의 비가 27이며, 과즙 K/Na비는 오렌지주스 25.5이고 포도주스는 40.3으로 가장 높다. 과일 중 딸기·바나나의 K/Na비가 높으며, 대두·팥 등의 K/Na비도 높다. 어육류는 칼륨이 적고 나트륨이 많아 K/Na의 비가 5 이하인 것이 많다.

(4) 알코올 섭취 제한

매일 3잔 이상의 알코올 섭취는 수축기 혈압을 3 mmHg 증가시키는 것으로 보고되었다. 고혈압 환자는 1일 음주량을 알코올 기준으로 30 g(맥주 600 cc, 와인 240 cc, 소주 120 cc, 위스키 60 cc), 즉 2잔 정도로 제한해야 한다. 여자는 남자에 비해 알코올의 혈압 상승효과에 더욱 민감하므로 하루에 1잔 정도로 제한해야 한다.

(5) 식이섬유, 칼륨, 마그네슘, 칼슘

고혈압 환자는 변비와 혈중 콜레스테롤이 높은 경우가 많다. 신선한 채소와 과일, 잡곡, 콩류, 해조류에 풍부한 식이섬유는 혈중 콜레스테롤을 낮추어 고혈압 환자들

대시 다이어트(Dietary Approaches to Stop Hypertension, DASH)

- 고혈압의 예방 및 치료를 위해 미국국립보건원에서 개발한 식사요법
- 특정 영양소의 제한이나 첨가가 아닌 식사형태 변화를 통해 혈압을 감소시키기 위함
- 지질과 포화지방산 섭취량을 줄이고 칼륨, 칼슘, 마그네슘, 식이섬유, 단백질 섭취 증가
- 과일과 채소, 생선의 섭취를 권장하고 기름기 많은 육류 섭취는 줄이기

권장	주의
• 채소와 과일(하루 4~5회) • 통곡물, 식이섬유(하루 7~8회) • 저지방유제품(하루 2~3회), 칼슘, 마그네슘 • 단백질이 많고 지방이 적은 생선, 가금류(하루 2회)	포화지방 콜레스테롤 소금 단순당

대시 다이어트의 구성

분류	내용
곡류	• 통곡물, 잡곡 등 전분과 식이섬유를 포함한 복합 탄수화물 충분히 섭취
육류 및 생선	• 붉은색고기는 적게 먹고, 껍질을 제거한 닭고기와 생선류 섭취
채소와 과일	• 신선한 채소와 과일을 충분히 섭취
유제품	• 저지방 또는 무지방제품 중 설탕이 첨가되지 않은 우유, 유제품 섭취
견과류	• 소금이 첨가되지 않은 견과류 선택
지방과 당류	• 마요네즈, 버터 등 지방은 적게 섭취 • 설탕, 사탕, 꿀, 젤리 등 단순당이 함유된 과자나 음료수 제한

DASH diet 구성

출처: 식품의약품안전처. 건강관리자용 신중년(50~60세) 맞춤형 식사관리 안내서. 2021.

에게서 많이 나타나는 이상지질혈증을 개선하여 동맥경화 예방에 도움이 된다. 식이섬유 섭취는 변비를 예방하여 배변 시 혈압의 상승을 예방할 수 있다.

한편, 식이섬유가 풍부한 식품은 칼륨, 마그네슘, 칼슘 등이 동시에 풍부하다. 과일, 채소, 저지방유제품, 전곡류, 저지방 살코기, 견과류를 섭취를 강조하여 식이섬유와 칼륨, 마그네슘, 칼슘 섭취량을 늘리는 데 초점을 둔 대시 다이어트는 이들 영양소 상호 작용을 통해 혈압조절에 도움을 주는 식사이다.

(6) 운동 및 생활습관 개선

적절한 운동은 긴장을 완화하고 말초혈관을 확장하여 혈압을 저하한다. 고혈압 환자는 하루에 30~45분 정도 빠르게 걷기 같은 유산소 운동을 하면 효과가 있다. 고강도 운동은 운동 중에 혈압이 상승하므로 좋지 않다. 특히 추운 날 말초혈관이 수축된 상태에서 운동하는 것은 혈압상승이 일어나므로 위험할 수 있다. 과로나 불면을 피하고 취미 운동을 통해 정신적인 스트레스나 육체적 스트레스를 줄이는 것이 혈압저하에 도움이 된다. 고혈압 환자가 운동 시 수분이 부족하면 혈액의 점성이 증가하여 혈액순환이 나빠지고 혈전이 유발되기 쉽다. 혈압조절을 위해 이뇨제를 복용하고 있는 경우에는 수분섭취에 더욱 유의해야 한다.

3. 이상지질혈증

이상지질혈증은 혈액의 콜레스테롤 혹은 중성지방이 비정상적으로 증가한 상태를 말하며, 혈액 중 콜레스테롤과 중성지방의 증가는 동맥경화증의 발병을 유발하는 요인이다.

1 지단백과 이상지질혈증

혈장의 대부분은 수분이므로 콜레스테롤이나 중성지방이 녹아 운반되기가 힘들다. 그러므로 혈액의 콜레스테롤이나 중성지방은 단백질과 결합된 지단백질로 존재한다. 지단백질은 카일로마이크론(chylomicron), 극저밀도 지단백(VLDL), 저밀도 지

표 6-7 지단백의 종류와 성분 (단위: %)

지단백	지방	인지질	콜레스테롤	단백질	급원	운반 조직
카일로마이크론	83	7	8	2	장점막 (식이지방)	지방조직과 간
VLDL (극저밀도 지단백)	50	18	22	9	간과 장점막 (체내 합성지방)	근육과 지방조직
LDL (저밀도 지단백)	11	22	46	21	식이와 체내 합성 콜레스테롤	간을 제외한 세포
HDL (고밀도 지단백)	8	22	20	50	말단 조직세포의 과잉 콜레스테롤	간

단백(LDL), 고밀도 지단백(HDL)으로 분류되며, 각 지단백질의 성분과 생성 급원 및 운반조직은 표 6-7과 같다. 혈액 이상지질혈증의 진단은 콜레스테롤과 중성지방 농도를 재거나 지단백질 분석을 통하여 이루어진다.

(1) 혈중 지단백질에 의한 분류

이상지질혈증 중에서 VLDL이 비정상적으로 증가한 경우에는 혈중 중성지방이 높게 나타나고, 혈중 콜레스테롤은 정상이거나 약간 높다. VLDL과 LDL이 같이 증가한 경우에는 혈중 콜레스테롤과 중성지방이 함께 높아지고, LDL이 비정상적으로 증가하는 경우에는 혈중 콜레스테롤만 높고 혈중 중성지방은 큰 변화가 나타나지 않는다(표 6-8).

표 6-8 지단백질과 혈청지질과의 관계

증가하는 지단백질	증가하는 혈청지질		동맥경화증 유발 정도	유도조건	식사요법
	콜레스테롤	중성지방			
LDL	↑↑	−	+	고에너지식이 고포화지방식이	비만이면 에너지 제한 동물성 지방 제한 식이섬유·해초 권장
LDL VLDL	↑↑	↑↑	+	고에너지식이 고탄수화물식이 고포화지방식이	비만이면 에너지 제한 단순당 제한 식물성 기름 권장
VLDL		↑↑	+	고에너지식이 고탄수화물식이 고지방식이	에너지·지방· 탄수화물·알코올 제한

표 6-9 한국인의 이상지질혈증* 진단기준 (단위: mg/dL)

총콜레스테롤		LDL 콜레스테롤		중성지방		HDL 콜레스테롤	
위험도	진단기준	위험도	진단기준	위험도	진단기준	위험도	진단기준
높음	≥240	매우 높음	≥190	매우 높음	≥500	낮음	<40
경계	200~239	높음	160~189	높음	200~499	높음	≥60
적정	<200	경계	130~159	경계	150~199		
		정상	100~129	적정	<150		
		적정	<100				

* 총콜레스테롤 ≥240이거나 LDL 콜레스테롤 ≥160, 중성지방 ≥200, 또는 HDL 콜레스테롤 <40인 경우 한 가지 이상에 해당될 때로 정의함

출처: 한국지질동맥경화학회 진료지침위원회. 이상지질혈증진료지침 5판. 2022.

(2) 혈중 지질 종류에 의한 분류

한국인의 콜레스테롤과 중성지방에 의한 이상지질혈증의 진단기준은 표 6-9와 같다.

② 이상지질혈증의 원인

이상지질혈증은 혈중 콜레스테롤 증가와 중성지방 증가로 나눌 수 있으며, 흡연, 고혈압, 저HDL-콜레스테롤, 연령, 가족력 등을 들 수 있다(표 6-10).

고콜레스테롤혈증과 고중성지방혈증의 주요 위험 원인은 표 6-11과 같다.

표 6-10 이상지질혈증의 주요 위험인자*

LDL콜레스테롤 증가
중성지방 증가
흡연
고혈압
수축기혈압 140 mmHg 이상 또는 이완기 혈압 90 mmHg 이상 또는 항고혈압제 복용
저HDL 콜레스테롤(<40 mg/dL)
연령
남자 45세 이상, 여자 55세 이상
관상동맥질환 조기 발병의 가족력
부모, 형제 중 관상동맥 질환이 발병한 경우

* 고HDL 콜레스테롤(60 mg/dL 이상)은 보호인자로 간주하여 총위험인자 수에서 하나를 감하게 된다.

표 6-11 이상지질혈증의 주원인인 콜레스테롤과 중성지방 증가 요인

혈청 콜레스테롤 증가	혈청 중성지방 증가
• 포화지방의 과량 섭취 • 갑상선 기능 저하증 • 신증후군 • 만성 간질환 (주로 1차성 답즙성 경변증) • 담즙울채 • 이상 글로불린혈증 • 쿠싱증후군 • 탄수화물코르티코이드 투여 • 경구피임제 복용 • 신경성 식욕부진 • 급성 간헐성 포르피리아	• 탄수화물의 과량 섭취 • 과도한 음주(하루에 30 g 이상) • 비만, 임신, 당뇨 • 갑상선 기능 저하증 • 만성 콩팥병, 췌장염 • 신경성 대식증, 쿠싱증후군 • 탄수화물코르티코이드 투여 • 뇌하수체 기능저하증 • 글리코겐 축적 질환 • 이뇨제 복용 • 에스트로겐제제 복용

3 이상지질혈증의 식사요법

고중성지방혈증이나 고콜레스테롤혈증 등 이상지질혈증의 식사요법 기본과 실제 관리는 한국인의 영양소 섭취기준을 근거로 하여 실시한다. 이상지질혈증의 식사요법 원칙은 표 6–12와 같다.

표 6-12 이상지질혈증의 식사요법

영양소	내용
탄수화물	• 탄수화물은 적정 수준으로(1일 섭취에너지의 65% 이내) • 당류는 1일 섭취에너지의 10~20% 이내 • 식이섬유는 1일 25 g 이상
지질	• 지방은 적정 수준으로(1일 섭취에너지의 30% 이내) • 포화지방산은 1일 섭취에너지의 7% 이내 • 포화지방산을 줄이고 단일 또는 다가불포화지방산 섭취로 대체 • 트랜스지방산은 최대한 적게 • 고콜레스테롤혈증인 경우 콜레스테롤 섭취는 1일 300 mg 이내
알코올	• 1~2잔 이내
기타	• 주식은 통곡물이나 잡곡으로 섭취 • 채소는 충분히 섭취 • 콩류와 생선을 섭취하고, 적색육과 가공육 섭취를 줄임 • 과일은 주스 대신 생과일로 섭취

출처: 한국지질동맥경화학회 진료지침위원회. 이상지질혈증진료지침 5판. 2022.

순환관계 질환

167

(1) 이상체중 유지

비만한 사람의 경우 혈중 지질 농도가 높고, 특히 복부 비만의 경우 동맥경화의 발생 위험이 높다. 에너지 섭취를 줄이면 간의 콜레스테롤 합성이 저하되면서 LDL-콜레스테롤과 혈청 중성지방이 감소한다.

비만이나 과체중의 경우에는 에너지 섭취 제한과 함께 운동을 실시한다. 에너지는 세끼 식사와 오후 간식에 적절히 배분하고 저녁 식사 후에 간식을 다량 섭취하는 것을 삼간다. 특히 외식이나 모임 등에서 과식하지 않도록 한다. 에너지 필요량은 신장을 기준으로 한 표준체중을 산출하여 표준체중 1kg당 25~30kcal를 권장한다.

(2) 탄수화물 섭취 감소와 식이섬유 섭취 증가

고중성지방혈증의 경우에는 섭취 에너지에서 특히 탄수화물을 제한해야 한다.

간은 에너지로 사용하고 남은 탄수화물로부터 중성지방을 합성하여 혈액으로 내보내게 되므로 탄수화물의 주요 급원인 밥, 떡, 국수, 빵의 과다섭취와 단순당이 많은 청량음료, 케이크, 과자류, 사탕, 잼, 젤리, 아이스크림 등을 다량 섭취했을 때 혈중 중성지방이 높아지게 된다.

탄수화물은 1일 섭취 에너지의 65% 이내로, 당류 섭취는 에너지의 10~20% 이하로 권고한다. 특히 단순당 섭취는 총에너지의 10%를 넘지 않도록 가당음료 등의 섭취를 제한하도록 권한다.

수용성 식이섬유는 혈중 콜레스테롤과 중성지방 수치를 낮추므로 식이섬유는 1일 25g 이상을 섭취하도록 권장한다. 수용성 식이섬유는 담즙, 콜레스테롤과 흡착하여 대변으로 배설시키는 역할을 한다. 담즙산은 콜레스테롤의 중요한 배설 매개체이다. 펙틴, 구아검, 글루코만난, 갈락토만난 등의 수용성 식이섬유가 풍부한 콩, 과일, 해조류 등을 충분히 섭취하는 것이 좋다.

(3) 지질과 포화지방산, 트랜스지방산 감소

지질, 특히 포화지방산의 섭취를 줄이면 혈청 콜레스테롤과 LDL-콜레스테롤 수치가 감소한다. 지질의 섭취비율은 총에너지의 15~30%를 유지하도록 하고, 포화지방산은 1일 섭취 에너지의 7% 이내가 되도록 권한다. 육류는 지방 부분을 제거하고 닭고기는 껍질과 지방 부분을 제거하도록 한다. 포화지방산은 동물성식품에 많은 지방인데, 팜유와 코코넛유는 식물성이지만 포화지방산이 많다. 우유나 유제품은 포화지방산이 많으나 칼슘과 비타민 등 우리 몸에 꼭 필요한 영양소가 많으므로 저지방우유를 선택한다. 우유, 버터, 달걀을 넣어 만든 케이크나 빵에도 포화지방산이 많으므로 조심해야 한다. 햄버거나 피자 같은 패스트푸드는 총지방량이 높고 포화지방산 함량이 높은 식품이다.

인공적으로 수소를 첨가하여 경화유를 만드는 과정에서 생성되는 트랜스지방산은 LDL-콜레스테롤 수치는 상승시키고 HDL-콜레스테롤 수치는 낮추므로 에너지의 1% 미만으로 섭취하도록 권장한다. 우리나라는 영양표시에 트랜스지방산 함량표시가 의무화되어 있으나 가공식품의 트랜스지방산 함량이 0.2 g 미만의 경우 0으로 표시되므로, 가공식품을 많이 먹는 경우 생각보다 많은 함량을 섭취할 수도 있으니 주의해야 한다.

(4) 다가불포화지방산과 단일불포화지방산의 증가

다가불포화지방산 중 들기름과 생선 기름에 풍부한 오메가-3계 지방산은 VLDL의 합성은 감소시키고 지단백질분해효소의 활성을 증가시켜 VLDL의 분해를 촉진하여 혈중 중성지방 수치를 낮춘다.

옥수수기름과 같은 상용 식용유에 풍부한 오메가-6계 지방산은 혈중 총콜레스테롤 수치를 낮추는 효과가 있는데, LDL-콜레스테롤과 HDL-콜레스테롤 농도를 함께 낮추며 과잉 섭취 시 혈전 생성이 증가하므로 1일 섭취 에너지의 10% 이내로 섭취하도록 권한다.

올리브유의 주성분인 단일불포화지방산은 LDL-콜레스테롤과 혈중 중성지방 수치를 낮춘다.

(5) 콜레스테롤 제한

고콜레스테롤혈증의 경우에는 콜레스테롤 섭취를 1일 300 mg 이내로 하도록 권한다. 콜레스테롤은 달걀 노른자, 간, 어란, 내장, 육류, 뱀장어, 오징어, 문어, 낙지, 새우, 조개류, 버터 등에 많다. 그러나 새우, 조개류 같은 해산물은 1회 섭취량이 많지 않을 뿐 아니라 아미노산인 타우린과 오메가-3 지방산이 풍부하여 건강한 경우에는 섭취해도 무방하다. 달걀 흰자에는 콜레스테롤이 거의 없다. 뱀장어나 장어

표 6-13 **불포화지방산의 종류와 급원**

종류		급원
단일불포화지방산	올레인산	올리브유, 카놀라유
다가불포화 지방산(ω-6계)	리놀레산	대두유, 면실유, 해바라기유, 옥수수유, 포도씨유, 호두유
	γ-리놀렌산	달맞이꽃 종자유
	아라키돈산	생선, 달걀, 육류
다가불포화 지방산(ω-3계)	α-리놀렌산	카놀라유, 대두유, 들기름, 푸른잎채소(쇠비름, 아욱, 냉이, 쑥, 미나리, 케일)
	EPA, DHA	등푸른생선(고등어, 꽁치, 청어, 방어, 임연수, 참치 등)

등은 지방과 콜레스테롤 함량이 높은 편이다.

(6) 알코올 섭취 제한과 금연

알코올은 에너지가 높고 간에서 중성지방을 합성하게 되므로 술을 매일 마시거나 폭음하면 체중 증가와 함께 혈중 중성지방이 높아지게 된다. 따라서 중성지방이 높은 사람은 절주가 원칙이다. 1일 소량의 알코올 섭취(남자: 2잔 이하, 여자: 1잔 이하)는 HDL-콜레스테롤을 높이는 효과는 보고되어 있지만, 알코올 섭취는 혈중 중성지방을 높이므로 과음하지 않도록 해야 한다.

흡연은 고혈압과 이상지질혈증의 위험 요소이므로 금연하는 것이 좋다.

(7) 나트륨 제한

이상지질혈증 환자는 혈압이나 심혈관계질환의 위험이 높으므로 나트륨 섭취를 줄이기 위해서 소금 사용량을 제한하는 것이 좋다. 한국인은 보통 1일 15~20 g의 소금을 섭취하고 있는데, 1일 6 g 정도로 줄이는 것을 권한다. 모든 음식을 되도록 싱겁게 조리하고 소금이 많이 들어 있는 젓갈, 장아찌, 각종 가공식품(인스턴트식품), 베이킹파우더, 화학조미료 등은 사용을 삼간다.

(8) 식물성 스테롤, 플라보노이드, 식물성 황화합물 증가

식물성 스테롤은 콜레스테롤 흡수를 방해한다. 식물성 스테롤은 아보카도, 콩, 올리브유, 옥수수 등에 많다. 카테킨과 안토시아닌을 포함하는 각종 플라보노이드는 과일, 채소, 견과류에 풍부하며, 차, 양파, 콩, 와인 등에 많다. 플라보노이드는 LDL 산화를 방지하고 혈액응고를 방해하여 혈청지질 개선과 심혈관 질환 예방에 도움을 준다. 마늘이나 양파에 풍부한 알릴 황화합물은 간에서 콜레스테롤 합성을 방해하여 혈중 콜레스테롤을 저하한다.

콩류의 이소플라본과 식이섬유는 콜레스테롤을 낮추는 효과가 있다. 콩 그 자체로는 많이 먹기가 힘들므로 두부나 두유 등으로 다양하게 먹도록 한다.

식물성 식품에 풍부한 항산화 영양소인 비타민 C, 비타민 E, β−카로틴의 섭취를 충분히 하여 혈관 건강을 유지하는 것을 권장한다.

표 6-14 **식품선택 요령**

식품군	권장식품	주의식품
어육류/콩류	• 생선 • 콩 두부 • 기름기 적은 살코기 • 껍질을 벗긴 가금류	• 간 고기, 갈비, 육류의 내장 • 가금류 껍질, 튀긴 닭 • 고지방 육가공품(스팸, 소시지, 베이컨 등) • 생선/해산물의 알, 내장
알류	• 달걀	
유제품	• 탈지유, 탈지분유, 저(무)지방우유 및 그 제품 • 저지방치즈	• 전유, 연유 및 그 제품 • 치즈, 크림치즈 • 아이스크림 • 커피크림
지방	• 불포화지방산: 옥수수유, 올리브유, 대두유, 들기름, 해바라기유 • 저지방/무지방 샐러드드레싱 • 견과류: 땅콩, 호두 등	• 버터, 돼지기름, 쇼트닝, 베이컨기름, 소기름 • 치즈, 전유로 만든 샐러드드레싱 • 단단한 마가린
곡류	• 잡곡, 통밀	• 버터가 주성분인 빵, 케이크, 고지방 크래커, 비스킷, 칩, 버터팝콘 등 • 파이, 케이크, 도넛, 고지방 과자
국	• 조리 후 지방을 제거한 국	• 기름이 많은 국, 크림수프
채소/과일	• 신선한 채소, 해조류, 과일	• 튀기거나 버터, 치즈, 크림, 소스가 첨가된 채소/과일
기타	• 견과류, 땅콩, 호두 등	• 초콜릿/단 음식 • 코코넛기름, 야자유를 사용한 제품

출처: 한국지질동맥경화학회 진료지침위원회. 이상지질혈증진료지침 5판. 2022.

(9) 운동과 생활습관 관리

스트레스는 교감신경을 과도하게 자극하여 부신수질에서 에피네프린, 노르에피네프린 같은 이화 호르몬을 분비하게 한다. 간에서 지방산이나 다른 물질로부터 콜레스테롤이 합성되면, 혈중 콜레스테롤이 상승하게 된다. 리듬 있고 규칙적인 생활은 일상적인 스트레스를 해소하고, 심신의 안정을 유지하는 데 도움이 되며, 심신 이완 운동, 명상 등도 스트레스를 조절하는 데 도움이 된다. 운동은 에너지 소비를 높이고 간의 콜레스테롤 합성을 저하하며, HDL-콜레스테롤을 상승시킨다. 체내의 지방을 연소시킬 수 있도록 산소 소비를 높이는 유산소 운동인 빨리 걷기, 조깅, 마라톤, 수영, 에어로빅댄스 등의 운동을 권장한다. 빨리 걷기 60분, 가벼운 달리기 약 30분 정도는 약 200 kcal를 소비한다.

4. 동맥경화증

■ 동맥경화증과 심혈관계 질환

동맥경화증은 혈액의 콜레스테롤과 중성지방이 말초동맥벽의 내막에 쌓여 동맥벽이 두꺼워지고 동맥의 구경이 점점 좁아지면서 동맥벽의 탄력이 없어지고 혈액의 흐

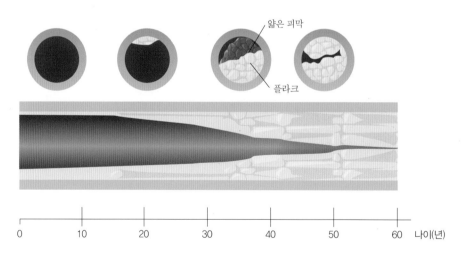

그림 6-3　동맥혈관의 구조와 동맥경화의 진행

름이 나빠져 혈액순환에 장애가 생기는 것을 말한다.

(1) 동맥경화증과 고혈압

동맥이 좁아지면 혈류의 흐름이 나빠지면서 심장은 혈액을 조직에 공급하기 위해 더 큰 압력으로 혈액을 혈관으로 내보내야 한다. 이러한 과정으로 인해 혈관에 높은 압력이 형성되어 고혈압이 되며 고혈압은 동맥 혈관벽에 상처를 내게 되고 상처 부위에 지방질이나 플라크 또는 혈소판이 쌓이게 된다. 따라서 동맥경화증과 고혈압은 함께 발생하기 쉬우며, 고혈압이 발생할 경우 심장혈관 질환이나 뇌혈관 질환의 위험성이 커지게 된다.

(2) 죽상동맥경화와 심혈관계 질환

혈액 중에 콜레스테롤 같은 지질이 증가하여 이것이 동맥벽의 내막 표면에 쌓이게 되면 혈관 안쪽에 걸쭉한 덩어리가 만들어지게 되는데 이것을 죽상동맥경화증이라고 한다. 죽상동맥경화는 대동맥, 관상동맥, 뇌저동맥 등의 비교적 굵은 혈관에서 일어난다.

심장에 혈액을 공급하는 관상동맥이 동맥경화로 인해 좁아지면 관상동맥성 심장 질환(Coronary Heart Disease, CHD)이 발생하게 되며, 환자가 힘든 일을 하면 심장근육이 수축할 때 충분한 산소를 공급받지 못하여 심장 부근에 통증을 느끼는 협심증이 온다. 심장근육이 충분한 산소를 공급받지 못하여 괴사하면 심근경색증이 일어나며, 좁아진 관상동맥이 혈전에 의해 완전히 막혔을 때는 심장마비가 일어나기 쉽다.

뇌에 있는 동맥에 죽상동맥경화가 일어나면 뇌혈관이 좁아지고 막히게 되는 뇌경색이 발생한다. 또한 다리의 동맥에 발생하면 다리의 조직이 충분한 산소를 공급받지 못하여 괴저를 일으키게 된다.

② 동맥경화증 원인

동맥경화증 발생의 가장 중요한 인자는 혈관의 노화이며 유전적인 요인이 관여하고 있다. 동맥경화의 3대 위험 요소는 고혈압, 이상지질혈증, 흡연이며 당뇨병과 비만은 동맥경화 발생을 촉진한다.

동맥경화증의 위험요인은 표 6-15와 같다.

표 6-15 동맥경화증의 위험 요인

1. 흡연
2. 고혈압(> 140/90 mmHg 또는 고혈압 치료를 받고 있는 경우)
3. 저HDL 콜레스테롤(< 40 mg/dL)
4. 관상동맥 질환의 가족력(부모, 형제자매 중 관상동맥 질환이 남성 55세 미만, 여성 65세 미만에서 발병한 경우)
5. 연령(남성 45세 이상, 여성 55세 이상)

3 동맥경화증의 식사요법

동맥경화증의 식사요법 원칙은 이상지질혈증의 식사요법과 비슷하다.

(1) 양질의 단백질 섭취

동맥경화의 예방이나 치료를 위해 육류 등의 단백질 식품을 피하고, 밥, 국수 등의 탄수화물 식품에 편중된 식사를 주로 하게 되면 단백질 부족으로 혈관이 약해질 수 있다. 따라서 튼튼한 혈관을 가지기 위해서는 양질의 단백질을 충분히 섭취해야 한다.

(2) 적정체중 유지

체중이 정상화되면 혈압, 혈중 콜레스테롤과 혈중 중성지방이 감소하여 동맥경화증을 개선한다.

(3) 지질과 포화지방산 제한

총지질 섭취량을 조절하는 것도 중요하지만, 포화지방산 섭취는 전체 섭취 에너지의 7% 이하로 하고, 불포화지방산을 충분히 섭취하는 것이 좋다. 등푸른생선이나 조개류에 풍부한 오메가-3계 불포화지방산인 EPA나 DHA의 섭취는 혈중 중성지방을 낮추는 효과와 함께 혈소판 응집작용을 억제하여 동맥경화증 예방 및 관리에 도움을 준다.

표 6-16 위험도 및 LDL 콜레스테롤 농도에 따른 치료의 기준

위험도	LDL-콜레스테롤 농도(mg/dL)					
	<70	70~99	100~129	130~159	160~189	≥190
초고위험군[1] 관상동맥 질환 죽상경화성 허혈뇌졸중 및 일과성 뇌허혈발작 말초동맥 질환	생활습관 교정 및 투약 고려	생활습관 교정 및 투약 시작	생활습관 교정 및 투약 시작	생활습관 교정 및 투약 시작	생활습관 교정 및 투약 시작	생활습관 교정 및 투약 시작
고위험군[2] 경동맥 질환 복부동맥류 당뇨병[3]	생활습관 교정	생활습관 교정 및 투약 고려	생활습관 교정 및 투약 시작	생활습관 교정 및 투약 시작	생활습관 교정 및 투약 시작	생활습관 교정 및 투약 시작
중등도 위험군[4] 주요 위험인자 2개 이상	생활습관 교정	생활습관 교정	생활습관 교정 및 투약 고려	생활습관 교정 및 투약 시작	생활습관 교정 및 투약 시작	생활습관 교정 및 투약 시작
저위험군[4] 주요 위험인자 1개 이하	생활습관 교정	생활습관 교정	생활습관 교정	생활습관 교정 및 투약 시작	생활습관 교정 및 투약 시작	생활습관 교정 및 투약 시작

1) 급성심근경색증은 기저치의 LDL 콜레스테롤 농도와 상관없이 바로 스타틴을 투약한다. 급성심근경색증 이외의 초고위험군의 경우에 LDL 콜레스테롤 70 mg/dL 미만에서도 스타틴 투약을 고려할 수 있다.
2) 유의한 경동맥 협착이 확인된 경우.
3) 표적장기손상 혹은 심혈관 질환의 주요 위험인자를 가지고 있는 경우 환자에 따라서 위험도를 상향 조정할 수 있다.
4) 중등도 위험군과 저위험군의 경우는 수 주 혹은 수개월간 생활습관 교정을 시행한 뒤에도 LDL 콜레스테롤 농도가 높을 때 스타틴 투약을 고려한다.
출처: 한국지질동맥경화학회 진료지침위원회. 이상지질혈증진료지침 5판. 2022.

(4) 운동

LDL을 낮추고 HDL을 높이는 데는 지속적인 유산소 운동이 가장 효과적이다.

특히 유산소 운동이면서 지속할 수 있는 걷기를 하루에 30분 정도 하면 심장과 혈관을 강화하고, 몸의 구성 중에서 근육이 증가하게 된다. 또한 심장이 한 번의 박동으로 조직에 보낼 수 있는 산소량이 늘어나면서 심장의 일을 줄여 주고, 혈액을 말초혈관까지 잘 갈 수 있게 한다.

(5) 금연

담배가 폐암을 일으키는 것은 많이 인지되어 있으나, 담배의 니코틴이 LDL-콜레

스테롤을 높여 동맥경화증을 악화시키는 것은 잘 알려져 있지 않다. 니코틴은 혈관벽을 손상시켜 손상된 부위에 지방이 잘 축적되며 혈소판이 응집되는 것을 촉진하여 혈전의 생성을 조장한다. 흡연은 심장박동수와 심장수축력을 높여 혈압상승의 원인이 되어 동맥경화를 유발한다.

(6) 혈압과 이상지질혈증의 조절

고혈압은 동맥벽을 손상시켜 지방이 혈관벽에 잘 들러붙도록 하고 이상지질혈증은 동맥경화증을 악화시킨다. 특히 수축기 혈압이 높을 때가 더욱 동맥경화증 발생 위험을 높인다.

동맥경화증 환자를 위한 저지방 저콜레스테롤의 식단은 표 6-17과 같다.

표 6-17 **저지방 저콜레스테롤 식단**

구분	음식명	재료명	중량(g)	칼로리(kcal)	지방(g)	콜레스테롤(mg)
아침	쌀밥	쌀	110	382.8	1.2	0
	소고기미역국	소고기	10	15	0.7	5.3
		건미역	3.5	6.7	0.1	0
	동태살오븐구이	동태살	50	36.5	0.3	47
	오이생채	오이	70	6.3	0.1	0
		양파	10	3.5	0	0.1
	취나물무침	(생)취	70	21.7	0.3	0
		양파	10	3.5	0	0.1
	물김치	물김치	70	7.7	0.1	0
	탈지우유	분유	1컵	90	0.3	5.0
소계				573.7	3.1	55.5

계속

구분	음식명	재료명	중량(g)	칼로리(kcal)	지방(g)	콜레스테롤(mg)
점심	콩밥	쌀	100	348	1.1	0
		콩	20	75.6	3.6	0
	순두부찌개	순두부	200	94	6.4	0
		조갯살	10	6.5	0.1	0
		배추	20	2.4	0	0
	수육무침	소고기	40	70.4	3.7	20.4
		오이	10	0.9	0	0
		당근	10	3.4	0	0
	미역초채	건미역	5	9.5	0.1	0
		오이	10	0.9	0	0
	고구마순볶음	고구마순	70	4.9	0.1	0
		양파	10	3.5	0	0.1
	열무김치	열무김치	70	16.1	0.3	0
	소계			636.1	15.4	20.5
저녁	보리밥	쌀	100	348	1.1	0
		보리	20	68.8	0.2	0
	솎음배추된장국	솎음배추	80	9.6	0.1	0
	제육불고기	돈육	40	94.4	6.4	22
		양파	20	7	0	0.2
		당근	10	3.4	0	0
	가자미조림	가자미	70	90.3	2.6	49
		무	20	3.6	0	0
	시금치나물	시금치	80	24	0.4	0
	배추김치	배추김치	70	12.6	0.3	0
	복숭아	복숭아	150	51	0.3	0
	소계			712.7	11.4	71.2
	총계			1,922.5	29.9	147.2

5. 뇌졸중

뇌졸중은 뇌동맥경화증으로 인해 혈관이 좁아지거나 혈전으로 막히면서 주변의 뇌조직이 산소와 영양분을 잘 공급받지 못하여 생기는 뇌경색 또는 뇌동맥류가 고혈압 등으로 파열되어 일어나는 뇌출혈로 인한 뇌혈관 질환을 말하며 중풍이라고도 한다. 우리나라의 경우 과거에는 뇌혈관이 터지는 뇌출혈이 많았으나 고혈압의 치료율이 증가함에 따라 최근에는 뇌혈관이 막히는 뇌경색의 발생빈도가 높다.

■ 뇌졸중의 원인과 증상

(1) 원인

뇌졸중의 가장 중요한 요인은 노령이며 동맥경화와 고혈압이 원인이다. 이 외에도 당뇨병, 관상동맥질환, 과다한 알코올 섭취 등이 있다. 혈압이 높은 사람은 낮은 사람에 비해 뇌졸중 발생비율이 4~7배 높고, 흡연자의 발병률은 비흡연자에 비해 1.5~3배 높다.

(2) 증상

뇌졸중은 뇌압이 갑자기 높아지면서 두통, 메스꺼움, 구토 등을 일으키고, 의식장애와 언어장애, 운동기능장애 등을 일으키며, 심한 경우에는 생명을 잃을 수도 있다.

뇌의 허혈상태가 3시간 이상 지속되면 뇌세포가 손상되어 언어, 운동, 감각 등에 장애로 심각한 후유증이 나타난다. 또한 뇌부종이 심해지면 생명이 위태로워진다.

■ 뇌졸중의 식사요법

뇌졸중이 발생한 경우 환자의 상태에 따라 영양관리를 한다. 혼수상태에는 경관급식을 통해서 영양을 공급한다. 뇌부종이나 뇌압이 항진하지 않도록 전해질과 수분 공급에 주의한다. 의식이 있는 경우는 연하장애식과 같은 유동식을 공급한다. 뇌졸중은 고혈압, 동맥경화증, 이상지질혈증과 당뇨병, 비만 등의 만성질환을 예방하고 치료하는 것이 중요하다.

(1) 뇌졸중 발작 직후의 영양

뇌졸중 발작 직후에는 탈수가 잘 생기므로 물과 전해질 공급에 최선을 다해야 한다. 이때 발한, 탈수 정도, 전해질 상태에 따라 공급할 수액의 양과 내용을 결정한다. 경구영양 섭취가 불가능할 때는 발작 3~4일 후부터는 코로 경관급식을 할 수 있다. 이때 공급 에너지는 1,200~1,500 kcal가 되게 하며, 경관급식 영양액이 너무 차거나 공급속도가 빠르거나 해서 설사를 일으키지 않도록 조심해야 한다. 또한 혈액 알부민 농도가 저하되지 않도록 단백질 공급에 주의한다.

(2) 경구섭취로 이행할 때

먼저 작은 얼음조각을 입에 대보거나 입안에 넣어 보아 환자가 혀를 움직이는지, 입안에서 굴리는지, 삼키려고 하는지의 여부를 관찰한다. 2~3일간 관찰을 통하여 연하운동이 확인되면 유동식으로 이행한다.

유동식을 할 때는 미음으로 시작하여 서서히 양을 늘리며 연식으로 이행한다.

(3) 씹거나 삼키기가 어려울 때

뇌졸중 환자들은 씹거나 삼키는 것을 지배하는 근육이 마비되면 딱딱한 음식을 제대로 씹지 못하고 삼킬 수가 없어 입으로부터 음식물이 새어 나올 수 있다. 또한 기도에 음식물이 들어가거나 기침으로 뱉어내는 반사작용인 구역반사(gag reflex)가 잘 일어나지 않아 질식할 염려도 있다. 이때는 환자가 으깬 식품을 씹거나 삼킬 수 있는지를 살펴본 뒤에 경구섭취로 이행해야 한다.

반숙 달걀, 달걀찜, 연두부, 커스터드, 푸딩 등의 연식이 무난하며, 음식을 미리 잘게 잘라서 목에 걸리지 않게 하고 환자가 천천히 잘 씹어 먹는 연습을 되풀이하면 차츰 잘 삼킬 수 있게 된다. 떡, 김밥 같은 치밀질의 음식, 신맛이 강한 음식이나 주스처럼 자극적인 음식, 너무 뜨겁거나 차가운 음식은 연하장애를 유발하므로 금한다.

(4) 식사에 필요한 운동기능이 장애를 일으켰을 때

환자가 숟가락을 사용하여 먹는 데 불편을 느끼면 다음과 같은 방법들을 고려한다.

① 숟가락 손잡이에 고무줄을 감거나 자전거 손잡이용으로 나온 고무핸들을 사용하여 뭉툭하게 하면 잡기 쉽다.

② 식사 시에 접시 밑에는 젖은 천을 넣어 접시가 미끄러지는 것을 방지하며, 표면이 우툴두툴한 트레이를 쓸 수도 있다.

③ 물을 마시는 컵은 가벼운 플라스틱으로 손잡이가 큰 것이 좋으며, 컵을 손으로 잡아 올리기가 힘들 때는 빨대를 사용한다. 빨대는 클립을 이용하여 컵에 고정하고 구부러지게 하여 입에 잘 맞게 한다. 물이 쏟아지는 것을 방지하기 위해서는 뚜껑 있는 컵을 쓰는 것이 좋다.

④ 혼자서 마실 수 없을 때는 물이나 음료수를 앞 치아의 뒤쪽에 넣어 주고, 환자의 머리를 뒤로 천천히 젖히면서 삼키게 한다.

(5) 뇌졸중을 예방하는 식사

뇌졸중의 가장 중요한 요인인 동맥경화증, 고혈압을 완화시키는 식사를 한다.

즉, 에너지, 지질(특히 포화지방산), 소금의 함량을 줄이고, 술을 많이 마시는 환자인 경우에는 하루에 1~2잔으로 줄이거나 금주해야 한다.

(6) 환경요인을 고려할 것

언어소통기능이 마비된 환자들은 음식에 대한 자신의 생각을 말할 수 없으므로 음식을 대할 때의 표정이나 신체적 반응을 잘 관찰한다. 또한 미각이 떨어져 있으므로 음식은 산뜻하고 밝은색으로 한다.

6. 심장 질환

심장의 관상동맥은 심장근육에 혈액을 공급하는 혈관이다[그림 6-4(a)]. 건강한 관상동맥은 원활한 혈액공급으로 심장근육에 산소와 영양소를 공급하여 심장박동을 정상적으로 할 수 있게 한다. 심장혈관에 이상이 생기면 심근이 괴사하여 심장질환이 발생한다[그림 6-4(b)].

1 허혈성 심장 질환

세계보건기구(WHO)는 허혈성 심장 질환(Ischemic Heart Disease, IHD)을 관상

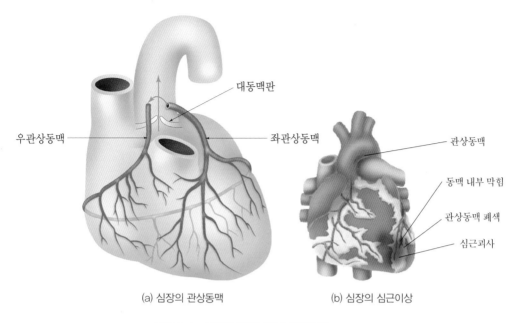

우관상동맥

대동맥판

좌관상동맥

관상동맥

동맥 내부 막힘

관상동맥 폐색

심근괴사

(a) 심장의 관상동맥   (b) 심장의 심근이상

그림 6-4 **심장의 관상동맥과 심근이상**

동맥이 좁아져서 심장근육에 혈액공급이 잘 안 되는 허혈상태가 초래되어 생기는 급성 혹은 만성 심장 장애로 정의한다. 따라서 허혈성 심장 질환은 관상 동맥성 심장 질환(Coronary Heart Disease, CHD)과 비슷한 의미로 쓰인다.

허혈성 심장 질환은 협심증, 심근경색, 부정맥, 심장마비 등을 포함한다. 심혈관질환 중에서 고혈압성 질환에 의한 사망률은 감소하고 있으나, 허혈성 심장 질환에 의한 사망률은 계속 증가하고 있다.

(1) 허혈성 심장 질환의 위험요인

허혈성 심장 질환의 대부분은 관상동맥의 동맥경화에 의해 오며, 관상동맥경화는 이상지질혈증과 관계가 깊으므로 이상지질혈증을 관리하는 것이 중요하다.

HDL-콜레스테롤 수치의 감소(< 35 mg/dL)는 위험요인이고 증가(> 60 mg/dL)는 보호요인이다. 고혈압, 흡연 등이 중요한 위험요인이며 가족력, 고령의 나이, 비만, 당뇨병 등도 위험요인으로 지적되고 있다. 허혈성 심장 질환의 위험요인은 표 6-18과 같다.

표 6-18 허혈성 심장 질환의 위험요인

위험요인	고령의 나이	남자 ≥ 45, 여자 ≥ 55(여성호르몬 치료를 받지 않은 조기 폐경자 포함)
	가족력	심근경색증, 급사(남자 < 55, 여자 < 65)
	흡연	–
	고혈압	> 140/90 mmHg 혹은 항고혈압제 복용
	HDL-콜레스테롤치의 감소 < 35mg/dL	
	당뇨병	
보호요인	보호인자 HDL-콜레스테롤치의 증가 > 60 mg/dL	

(2) 협심증, 심근경색, 심장마비

협심증은 관상동맥혈관에 이물질이 쌓여 좁아짐으로써 주로 과도한 신체활동이나 흥분상태 시에 가슴에 통증이나 호흡곤란을 나타내는 경우이다. 심근경색은 관상동맥경화나 혈전 때문에 혈액공급이 안 되어 심장근육의 일부가 괴사한 것으로, 협심증이 더욱 진행된 상태이다. 심근경색이 심해지면 심장마비로 인한 돌연사가 초래될 수 있다. 치료로 혈전 형성 억제를 위한 항혈소판 제제 및 관상동맥 확장을 위한 약물치료인 콜레스테롤강하제, 니트로글리세린 제제를 적용한다.

① 원인과 증상

대부분 동맥경화와 고혈압이 원인이 되며, 다른 요인으로는 비정상적인 혈전 형성, 심전도 이상, 부정맥, 관상동맥의 경련, 심막의 염증 등이 있다.

심근경색이나 심장마비는 심장근육에 혈액의 공급이 갑자기 끊겼을 때 일어나며, 심한 흉통이 수십 분간 지속되고 메스꺼움, 구토, 식은땀 등의 증상이 나타난다.

② 식사요법

치료는 통증을 완화하고 심장박동을 안정시키며 심장에 부담을 주지 않는 데에 초점을 맞춘다. 심장의 일을 덜어 주기 위해서 식사의 에너지를 제한하고, 한 번에 공급하는 음식이나 음료의 양을 줄인다. 위가 팽창하는 경우 횡격막을 심장 쪽으로 밀어 심장을 압박하므로, 처음에는 소화가 쉬운 유동식이나 연식으로 500~800 kcal 내외로 공급하고 회복함에 따라 점차 양을 늘린다.

저염식사는 체액 보유를 방지하여 심장에 부담을 줄이므로 나트륨을 제한한다.

심장마비 후의 식사요법

- 쇼크가 진정될 때까지 입으로는 아무것도 주지 않는다(nothing by mouth, NPO).
- 몇 시간 후에는 1,000~1,200 kcal 정도의 식사를 저염유동식(주스, 우유, 탈지우유)으로 시작하여 저염연식으로 이행한다. 이때 음식의 온도는 체온과 비슷하게 하여 자극을 줄이며 조금씩 자주 공급한다.
- 5~10일 후에는 식사를 개인에 따라 맞추고, 하루에 세끼 식사를 공급하며 저지방식사를 한다.
- 심근경색이나 심장마비 후에는 카페인음료를 엄격히 제한하고, 며칠 후부터는 하루에 2잔 정도로 제한한다.

카페인은 심장박동 수를 증가시켜 심장의 부담이 증가하므로 커피는 하루에 2잔 정도로 제한한다.

③ 장기적인 식사요법

식사요법의 원칙은 이상지질혈증, 고혈압의 식사요법이 기준이 되며 금연이 필요하다.

환자가 5~10일 후 위험에서 벗어난 후의 식사요법은 개인이 가지고 있는 이상지질혈증, 고혈압, 비만, 당뇨병 등에 맞춰서 하게 된다. 대부분 하루에 세끼 식사로 하며 끼니별 식사의 비율을 비슷하게 하여 한 끼라도 과식이 되지 않게 한다. 심근경색이나 마비 후에도 계속 통증이 있는 경우에는 적은 양으로 자주 공급한다. 식사는 천천히 하고, 식사 전후에는 심한 운동을 하지 않도록 하며, 모든 활동을 천천히 하는 습관을 통해 심장에 부담을 주지 않는 것이 좋다.

2 울혈성 심부전

(1) 울혈성 심부전의 원인과 증상

심장판막증, 심내막염, 심근염, 고혈압, 심근경색, 심장병 등으로 인해 심장근육의 힘이 약해져 전신의 장기가 필요로 하는 혈액을 충분히 박출할 수 없을 때 나타나는 증후군을 울혈성 심부전이라고 한다.

심장이 충분한 힘으로 혈액을 송출하지 못하므로 혈액이 폐나 혈관에 정체되는 울혈현상을 보이게 된다. 처음에는 눈이나 손가락, 발목 등에 부종이 생기고, 차츰 누른 자국이 남게 되는 피팅 부종(pitting edemia)이 생기며 심해지면 복수가 생긴다. 더욱 심해지면 과량의 수분으로 인해 충혈됨에 따라 말초, 폐, 간의 부종이 나타나게 된다. 특히 폐부종은 생명에 위협을 주는 것으로 폐렴이나 기관지염을 잘 일으키며, 이는 심장이나 폐를 더욱 압박하게 된다. 경미한 활동에도 가슴에 통증이 오고 숨이 가빠진다.

(2) 울혈성 심부전의 식사요법

울혈성 심부전 환자의 심장이나 폐에 공급되는 혈액의 양이 줄면서 기능이 점점 저하되고 호흡기관도 자주 감염된다. 심부전 환자는 식욕부진, 입맛의 변화, 식품 냄새를 못 견디는 것, 육체적인 피로 등을 나타낸다.

또한 저에너지식 식사요법이나 약물 사용으로 인해 심한 단백질 에너지 부족(Protein Energy Malnutrition, PEM) 위험에 노출되기도 된다. 초기에는 환자의 부종으로 영양결핍이 잘 드러나지 않다가 상당히 진행된 후에 나타나게 된다. 영양실조는 심근과 폐의 허약을 가져오고, 호흡기 감염을 일으키게 된다.

① 에너지

울혈성 심부전의 식사요법은 심장의 일을 최대한 줄여 주는 의미에서 심근경색과 비슷하며 부종 제거를 목적으로 한다. 심부전이 심할 때는 약 1,000 kcal 정도를 공급하면서 체중을 조절하는데, 이때 체중이 표준체중보다 약간 저하되면 오히려 견디기가 쉽다.

영양결핍을 막기 위해서 저에너지식을 너무 오랫동안 하지 않는 것이 좋다. 환자의 영양결핍이 심한 경우에 갑자기 영양공급을 과다하게 하면 부종이 심해져서 심장에 부담을 준다. 그러므로 호전이 되면 1,500 kcal, 1,800 kcal 순으로 에너지 섭취를 천천히 높인다. 과식해서 배가 부르면 횡격막을 압박하여 호흡곤란을 일으키므로 매끼 식사량을 줄이고 하루에 3~6회로 횟수를 늘린다.

② 단백질

심부전은 위, 장, 간 등에 울혈을 일으켜 기관들의 기능을 떨어뜨리고, 간의 단백질 합성도 저하한다. 따라서 저알부민혈증이 일어나기 쉬우며, 이것은 삼투압을 저하하여 조직으로 물이 더욱 많이 빠져나가 부종을 심하게 만든다. 따라서 이러한 문제를 해결하고 심장이나 폐의 근육을 강화하기 위해서 양질의 단백질을 충분히 공급해야 한다. 경중일 때는 체중 kg당 1~1.5 g, 중증일 때는 1 g을 준다.

③ 지질

울혈이 되면 혈전이 잘 형성되어 심혈관계 질환이 많이 유발되므로 동맥경화증 식사요법과 같이 총지질섭취량과 포화지방산을 낮추어 다가불포화지방산, 단일불포화지방산, 포화지방산의 비(P : M : S)를 1 : 1.0~1.5 : 1로 하고 혈전을 막아 주는 오메가-3 지방산을 충분히 섭취한다. 따라서 식물성 기름을 이용하되 옥수수유·면실유·참기름보다는 콩기름과 들기름을 먹고, 등푸른생선을 섭취한다.

④ 저염식사와 수분섭취량

부종을 줄이기 위해 1일 소금 섭취량은 경증 5~7 g, 중등증 3~5 g, 중증 3 g 미만으로 한다. 이뇨제를 쓸 때는 저칼륨혈증이 오기 쉬우므로 칼륨 보호를 위해 바나나, 오렌지주스, 토마토, 감자 등을 섭취하도록 한다.

수분섭취량과 관련해서는 대부분의 환자에게 이뇨제를 쓰고 저염식사를 공급하므로 부종이 있는 경우가 아니면 수분의 제한이 꼭 필요한 것은 아니다.

⑤ 식이섬유

식이섬유의 섭취는 변비를 예방해 주지만 지나치게 섭취하면 가스를 형성하여 심장에 부담을 주므로 제한한다.

⑥ 영양밀도가 높은 영양액의 사용

영양실조가 우려될 때는 영양밀도가 높은 영양액을 입이나 경관급식을 통해 공급한다. 영양액을 선택할 때는 에너지, 수분섭취량, 나트륨섭취량이 환자에게 과하지 않도록 한다.

❶ 저나트륨 식사요법 실습(고혈압식)

[1, 2조 맑은 콩나물국]

:: 기본 맑은 콩나물국(12인분)

재 료 콩나물 600g, 대파 1½대, 멸치 90g, 물 14컵, 다진마늘 1½큰술

방 법
1. 멸치는 마른 냄비에 볶은 다음 물을 부어 5분간 끓이고 면보자기에 거른다.
2. 콩나물은 콩 껍질이 없도록 깨끗이 씻어 건진다.
3. 대파는 어슷하게 썬다.
4. 냄비에 멸칫국물을 붓고 끓으면 다진 마늘과 콩나물을 넣고 뚜껑을 덮고 끓인다.
5. 끓어오르면 파를 넣고 한소끔 끓인다.

준비물 온도계, 염도계, 전자저울, 견출지

(1) 염도 맞추기

8개의 냄비에 같은 양으로 나눈다(1.5인분씩). 2명이 실시, 맛을 재는 온도는 60~66℃로 맞춤

● 맑은 콩나물국 ①: 소금을 적당량 첨가해 염도 0.8%로 만든다.

소금 _____ g/1.5cup

● 맑은 콩나물국 ②: 국간장을 적당량 첨가해 맑은 콩나물국 ①과 같은 염도라고 느낄 때 첨가된 국간장의 양을 측정한다.

국간장 _____ g/1.5cup

● 맑은 콩나물국 ③: 고춧가루 1ts을 첨가한 후, 소금 적당량을 더 넣어 맑은 콩나물국 ①과 같은 염도라고 느낄 때 소금이 들어간 양을 측정한다.

소금 _____ g/1.5cup

● 맑은 콩나물국 ④: 고춧가루 1ts을 첨가한 후, 국간장 적당량을 더 넣어 맑은 콩나물국 ①과 같은 염도라고 느낄 때 국간장이 들어간 양을 측정한다.

국간장 _____ g/1.5cup

(2) 감각평가

소금 간을 한 맑은 콩나물국과 다른 부재료를 첨가하여 만든 맑은 콩나물국을 가지고 감각평가를 한다.

● 대상(패널) : 염도를 맞춘 2명을 제외한 다른 사람
● 주의사항
 - 감각평가는 칸막이가 있는 관능평가실에서 실시한다.
 - 온도에 따라서 느껴지는 맛의 정도가 다르므로 시료를 미리 떠놓지 않는다.
 - 전자레인지를 사용하여 감각평가 전에 시료의 온도가 60~66℃ 정도 되어야 한다.
 - 감각평가를 하기 전에 시료의 온도와 염도를 체크해 본다(시료의 온도는 60~66℃ 범위 안에서 모두 동일해야 한다).
 - 한 가지 시료를 감각평가한 후 물로 입안을 헹구고 다른 시료를 감각평가한다.
● 과정
 - 패널들에게 주의사항을 전달해 준다.
 - 시료를 종이컵에 담는다.
 - 온도가 60~66℃가 될 때까지 전자레인지를 사용하여서 온도를 맞춘다.
 - 관능평가실로 시료를 가져가기 전에 염도계로 염도와 온도를 잰다.
 - 시료 ①을 기준으로 각 시료 ②, ③, ④를 비교한다(①과 ②, ①과 ③, ①과 ④).
 - 관능평가실에 시료를 무작위(난수표 이용)로 가져간다.
 - 패널들이 순서에 맞춰서 동시에 관능평가지에 관능평가를 기입한다.

(3) 염도 측정

염도를 맞춘 2명을 제외한 다른 사람, 4가지 종류 각각의 염도를 측정해 본다(국물만 측정한다).

[3, 4조 된장찌개]

:: 기본 된장찌개(12인분)

재 료 된장 14큰술, 고추장 4큰술, 양파 1½개, 멸치 90 g, 물 20컵

방 법
1. 두부, 양파는 1.5 cm 크기로 깍둑썰기한다.
2. 표고버섯은 물에 불려 기둥을 떼고 양파와 비슷한 크기로 썬다.
3. 파는 송송 썬다.
4. 멸치는 내장과 머리를 제거하고 냄비에 볶다가 물을 붓고 끓인 다음 베보 자기에 걸러 맑은 멸치 육수를 만든다.
5. 된장을 체에 걸러 푼 다음 고추장을 풀고 끓이면서 떠오르는 거품을 걷어 낸다.
6. 양파, 두부, 표고버섯을 넣고 끓인다.
7. 마지막에 파, 마늘을 넣는다.

준비물 온도계, 염도계, 전자저울, 견출지

(1) 염도 맞추기

8개의 냄비에 같은 양으로 나눈다(1.5컵씩). 2명이 실시, 맛을 재는 온도는 60~66℃로 맞춤

- 된장찌개 ①: 소금을 적당량 첨가해 염도 1.2%로 만든다.

  소금 _____ g/1.5cup

- 된장찌개 ②: 애호박 100 g을 첨가해서 끓인 후 소금을 넣으면서(온도는 60~66℃) 맛을 보아 된장찌개 ①과 같은 염도라고 느낄 때 소금이 들어간 양을 측정한다 (건더기 양이 된장찌개 ①과 같아야 한다).   소금 _____ g/1.5cup

- 된장찌개 ③: 풋고추 25 g을 첨가해서 끓인 후 소금을 넣으면서 맛을 보아 된장 찌개 ①과 같은 염도라고 느낄 때까지 들어간 소금의 양을 측정한다(건더기 양 이 된장찌개 ①과 같아야 한다).   소금 _____ g/1.5cup

- 된장찌개 ④: 애호박 50 g, 풋고추 10 g을 첨가해서 끓인 후 소금을 넣으면서 맛 을 보아 된장찌개 ①과 같은 염도라고 느낄 때까지 들어간 소금의 양을 측정한 다(건더기 양이 된장찌개 ①과 같아야 한다).   소금 _____ g/1.5cup

(2) 감각평가

소금 간을 한 된장찌개와 다른 부재료를 첨가하여 만든 된장찌개를 가지고 감각평가를 한다.

- 대상(패널): 염도를 맞춘 2명을 제외한 다른 사람
- 주의사항
  - 감각평가는 칸막이가 있는 관능평가실에서 실시한다.
  - 온도에 따라서 느껴지는 맛의 정도가 다르므로 시료를 미리 떠놓지 않는다.
  - 전자레인지를 사용하여 감각평가 전에 시료의 온도가 60~66℃ 정도 되어야 한다.
  - 감각평가를 하기 전에 시료의 온도와 염도를 체크해 본다(시료의 온도는 60~ 66℃ 범위 안에서 모두 동일해야 한다).
  - 한 가지 시료를 감각평가한 후 물로 입안을 헹구고 다른 시료를 감각평가한다.
- 과정
  - 패널들에게 주의사항을 전달해 준다.
  - 시료를 종이컵에 담는다.
  - 온도가 60~66℃가 될 때까지 전자레인지를 사용해서 온도를 맞춘다.
  - 관능평가실로 시료를 가져 가기 전에 염도계로 염도와 온도를 잰다.
  - 시료 ①을 기준으로 각 시료 ②, ③, ④를 비교한다(①과 ②, ①과 ③, ①과 ④). 관능평가실에 시료를 무작위(난수표 이용)로 가져간다.
  - 패널들이 순서에 맞춰서 동시에 관능평가지에 관능평가를 기입한다.

(3) 염도 측정

염도를 맞춘 2명을 제외한 다른 사람으로 한다. 4가지 종류 각각의 염도를 측정해 본다(국물만 측정한다).

[5, 6조 샐러드 – 김치대용]

:: 기본 샐러드(6인분)

재 료 양상추 1통, 상추 24장, 방울토마토 24개, 오이 3개

방 법 1. 양상추, 상추, 오이, 방울토마토를 깨끗이 씻는다.

2. 양상추, 상추는 먹기 좋은 크기(1.5×1.5 cm)로 썬다.

3. 오이는 소금으로 문질러 씻고 반을 갈라 어슷하게 썬다.

4. 방울토마토는 반으로 잘라 준다.

5. 접시에 먹기 좋게 적당한 양을 담은 후 각각의 소스(30 g)를 뿌린다.

준비물 온도계, 염도계, 전자저울, 견출지

:: 샐러드 만들기

구분	재료	방법
샐러드 ① 배추김치	시판 배추김치	
샐러드 ② 과일드레싱	오렌지 1/2개, 딸기 3개, 파인애플 1조각, 올리브유 3Ts, 설탕 1Ts, 레몬즙 1Ts	1. 오렌지는 속껍질까지 말끔하게 벗기고, 믹서에 오렌지와 파인애플, 딸기를 넣어 곱게 간다. 2. 1에 설탕과 올리브유를 넣어서 다시 10초 정도 갈고 레몬즙을 넣어 과일드레싱을 만든다.
샐러드 ③ 카레소스	마요네즈 3Ts, 카레가루1ts, 설탕 1ts	1. 마요네즈에 설탕을 넣어 녹을 정도로 저어 준 다음 카레가루를 섞어 카레 소스를 만든다.
샐러드 ④ 와인간장드레싱	와인 3Ts, 식초 2Ts, 머스터드 1ts, 간장 1Ts, 올리브유 4Ts, 후추	1. 간장에 와인과 소금, 후추, 올리브유를 넣은 다음 머스터드를 넣어 잘 풀어지게 젓는다. 2. 1에 다진 파슬리를 넣고 잘 섞어 와인간장드레싱을 만든다.

(1) 샐러드 만들기

6개의 볼에 같은 양으로 나눈다(1인분씩). 2명이 실시, 맛을 재는 온도는 4~10℃로 맞춤

- 기본 레시피로 샐러드를 만든다.
- 과일드레싱은 샐러드 ②, 카레소스는 샐러드 ③, 와인간장드레싱은 샐러드 ④로 만든다.
- 시판 배추김치를 담아 샐러드 ①로 준비해 관능평가 시 사용한다.

(2) 감각평가

시판되는 김치와 다른 드레싱으로 만든 샐러드를 가지고 감각평가를 한다.

- 대상(패널)
- 주의사항
  - 감각평가는 칸막이가 있는 감각평가실에서 실시한다.
  - 감각평가를 하기 전에 시료의 온도와 염도를 체크해 본다(시료의 온도는 4~10℃ 범위 안에서 모두 동일해야 한다).
  - 한 가지 시료를 감각평가한 후 물로 입안을 헹구고 다른 시료를 감각평가한다.
- 과정
  - 패널들에게 주의사항을 전달해 준다.
  - 시료를 종이컵에 담는다.
  - 온도가 4~10℃가 되게 맞춘다.
  - 감각평가실로 시료를 가져가기 전에 염도계로 염도와 온도를 잰다.
  - 시료 ①을 기준으로 각 시료 ②, ③, ④를 비교한다(①과 ②, ①과 ③, ①과 ④). 감각평가실에 시료를 무작위(난수표 이용)로 가져간다.
  - 패널들이 순서에 맞춰서 동시에 감각평가지에 감각평가를 기입한다.

(3) 염도 측정

조리했던 2명을 제외한 다른 사람이 염도를 측정한다. 4가지 종류 각각의 염도를 측정해 본다(믹서로 잘 갈아서 염도를 측정한다).

② 실습 평가 및 고찰

- 조별로, 레시피별로 조리 시 첨가되었던 소금의 양, 감각평가 정도, 염도 측정결과를 발표한다.
- 조리된 식단을 각자 시식한 후 자기 평가한다.
- 실습 내용에 대하여 조별 토의를 한다.
- 실습 노트를 작성하고 각 음식별 염도 측정에 관하여 리포트를 제출한다.

③ 개별 과제

저염식 조리를 위한 음식의 레시피를 3가지 이상 조사하여 제출하시오.

7장

신장 질환

1 신장의 구조와 기능

2 사구체신염

3 신증후군

4 급성 신손상

5 만성 콩팥병

6 투석과 신장이식

7 신결석

8 신장 질환자의 식품교환표 활용

1. 신장의 구조와 기능

신장은 비뇨기계의 주된 기관으로 체내 항상성(homeostasis)을 유지하는 데 중요한 역할을 한다. 비뇨기계는 항상성 유지의 주된 기관인 두 개의 신장과 신우, 수뇨관, 방광과 요도로 이루어진다(그림 7-1).

1 신장의 구조

신장(kidney)은 한 쌍의 강낭콩 모양으로 약 130 g 정도의 장기이며, 복막 밖 좌우에 있다. 사람의 신장은 체중의 약 0.5~1.0% 정도의 작은 장기이다.

신장을 세로로 잘라 보면 바깥쪽 피질과 안쪽의 수질, 가운데 신우의 세 부분으로 나누어진다(그림 7-1). 각 신장에는 100만 개나 되는 기능단위로 작용하는 네프론이 존재한다. 네프론은 그림 7-2에서 보듯이 신소체, 근위세뇨관, 헨레고리(Henle's loop), 원위세뇨관, 집합관 등 기능적으로 다른 다섯 부위로 구분된다. 각 네프론은 모두 유사한 조절작용을 하면서 마지막 소변을 생성하는 데 개별적으로 작용한다. 네프론의 한 부위가 파괴되면 더 이상 기능을 하지 못한다.

신소체는 보우먼주머니(Bowman's capsule)와 그 안에 모세혈관이 뭉쳐 있는 사

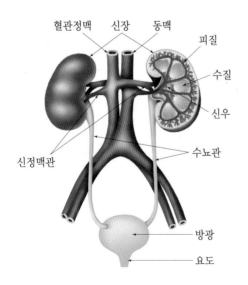

그림 7-1 **비뇨기계의 구조**

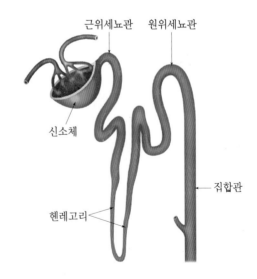

그림 7-2 **네프론의 구조**

구체로 구성되어 있고, 사구체는 신소동맥 20~40개의 모세혈관으로 이루어져 있다. 그리고 이곳에서 혈장성분을 여과시켜 보우먼주머니에 모은 후 근위세뇨관으로 보낸다.

신장에 혈액을 공급하는 신동맥은 복부 대동맥에서 신장 내로 들어와 여러 개의 작은 혈관이 되어 사구체로 들어온다. 이 소동맥을 수입소동맥이라고 한다. 사구체의 모세혈관들은 다시 모여 수출소동맥이 되어 보우먼주머니를 빠져나온 후 모세혈관을 형성한다. 그리고 근위세뇨관, 헨레고리, 원위세뇨관 및 집합관을 지나면서 물질교환을 한 후 다시 모여 신정맥을 형성한 후에 신장에서 나간다.

② 신장의 기능

신장은 심장에서 박출되는 혈액량의 약 20%를 공급받고 있다. 이처럼 많은 혈액이 신장을 통과하는 것은 신체기관 중 신장이 중요한 역할을 하기 때문이다. 체내 대사산물인 소변을 만들어 내보내면서 노폐물을 배설하고 체액과 전해질을 조절하여 신체의 평형을 유지시키며, 대사 및 내분비 조절 등 다양한 기능을 한다.

(1) 배설 기능

음식물과 신체에서 발생한 대사산물 중 수용성인 것은 소변으로 배설된다. 대표적인 물질로는 요소, 요산, 크레아티닌 등이 있다. 이러한 물질의 배설은 사구체의 여과과정으로 시작되는 요의 생성을 통해 이루어진다.

요의 생성은 사구체 여과과정으로부터 시작되어 신세뇨관의 재흡수 및 분비 과정을 통해서 이루어진다. 1일 사구체 여과량은 180 L나 되어 총체액량의 약 4배이며, 나트륨(Na^+) 여과량은 600 g, 포도당은 200 g이다. 그러나 실제 소변 중의 수분과 나트륨은 여과된 양의 1% 미만이며, 포도당과 아미노산, 중탄산(HCO_3^-)은 거의 없다. 이것은 신세뇨관에서 재흡수되기 때문이다. 정상인의 요중 구성성분을 보면 표 7-1과 같다.

그러나 소변에 다른 물질들이 비정상적으로 섞이는 경우가 있다. 즉, 요관 부위의 출혈이나 신장이상으로 혈구가 나타나고 당뇨병일 경우에는 포도당이 소변에 섞여 나온다. 그리고 신장염이 있으면 알부민과 고름 등이 나오기도 하는데, 이러한 물질

표 7-1 정상인의 요중 구성성분 (24시간 요량: 1,200 mL)

성분	함량(g)	성분	함량(g)
총고형분	60.0	크레아틴	0.03
요소	30.0	암모니아염	0.7
염소	12.0	칼슘	0.2
나트륨	4.0	마그네슘	0.1
칼륨	2.0	기타	9.6
크레아티닌	1.4	비중	1.020

들의 비정상적인 출현은 신장과 관련된 기관의 문제를 의미한다. 그러나 알부민은 병적인 상태가 아니더라도 장기간 서 있는 경우 때로는 소변에 섞여 나오기도 한다.

(2) 체액의 평형 유지

신장은 나트륨·칼륨·칼슘·염소 이온 등의 전해질 농도를 조절하여 정상 체액을 유지하도록 한다. 이러한 성분의 농도를 조절하여 체내 세포환경의 항상성(homeostasis)을 유지하도록 하는 것은 매우 중요한 작용이다. 수분 및 나트륨 섭취량에 따라 세뇨관에서 수분 및 나트륨의 재흡수와 배설량을 조절하게 된다.

(3) 혈압 조절

혈액량이나 혈압이 저하되면 신동맥압이 떨어지고 이로 인해 사구체 옆 기관에서 분비되는 부신피질 호르몬인 레닌(renin)의 분비가 증가하면서 안지오텐신(angiotensin)과 알도스테론(aldosterone)의 생산 및 분비를 증가시킨다. 분비된 안지오텐신은 혈압을 상승시키고 알도스테론은 세뇨관에서 나트륨의 재흡수를 촉진시켜 혈압을 조절하는 작용을 하게 된다.

(4) 조혈작용

신피질과 신수질의 간질 및 세뇨관 주위의 혈관 내피 세포에서는 적혈구의 분화와 증식, 그리고 성숙에 관여하는 에리트로포이에틴(erythropoietin)이 생성된다.

신장기능이 떨어지면 에리트로포이에틴의 감소로 빈혈이 생기기 쉽다.

(5) 무기질 평형 유지

신장은 칼슘, 인 그리고 비타민 D 대사에 관여함으로써 무기질 평형 유지에 관여한다. 신장에서 비타민 D는 활성형인 1,25-디히드록시 비타민 D_3로 전환되는데, 이는 장관 내에서 칼슘의 흡수를 촉진할 뿐만 아니라, 혈액 내 칼슘 및 인 농도와 부갑상선 호르몬(PTH)의 분비량을 조절하여 칼슘의 섭취 및 이용을 돕게 된다.

③ 신장 질환 검사

신장 질환의 진단은 신장기능의 정상 여부와 신장 질환의 종류를 판정하는 것이다. 신장 질환 검사에는 요검사, 혈액검사, 임상증상과 방사선 검사 등이 있다.

(1) 소변 배설상태와 소변검사

신장장애가 있으면 소변이 배설되지 않거나 감소되며, 이는 불가역적인 신장의 손상을 초래할 수 있다. 다른 임상증상으로는 혈뇨, 알부민뇨, 질소혈증, 고혈압, 부종, 저알부민혈증, 이상지질혈증과 단백뇨 등을 들 수 있다.

소변검사는 신장 질환 검사 중 가장 기본적이고 중요하며 많은 정보를 제공해 준다. 소변검사 내용은 요색, 요비중과 요성분인 단백뇨, 요침사물질로서 적혈구, 백혈구, 상피세포 등이다.

(2) 혈액검사

혈액의 생화학적 검사를 통한 특정 혈청지표들은 신장기능부전의 정도를 측정하는 데 이용된다. 혈중 요소질소, 크레아티닌, 알부민, 칼륨, 인, 나트륨, 칼슘 수준 등이 지표로 이용된다.

(3) 신장기능 검사

사구체 여과율(GFR)은 신장의 기능 중 폐기물 배설기능을 나타내는 지표이다. 그러므로 사구체 여과율은 신장기능을 나타내는 데 가장 많이 사용되며 혈장제거율과 동일하게 사용된다. 제거란 혈장 중의 어느 물질을 정화하는 신장의 능력을 나타낸다.

사구체 여과율은 신장이 1분 동안 걸러 주는 혈액의 양으로 정상인의 사구체 여과율은 90~120 mL 정도이다. 일반적으로 혈청 크레아틴 농도를 이용한다.

(4) 임상증상

육안으로 볼 수 있는 임상증상으로는 혈뇨, 안면부종, 핍뇨, 배뇨통, 발열, 오한 등이 있다. 그리고 피로, 두통, 식욕부진, 구역질, 구토를 일으키며, 얼굴이 창백하고 소변을 볼 때 자극을 느낀다. 그리고 부종이 나타나며 빈혈과 반상출혈, 허약, 감각에 이상과 마비가 온다.

신장의 병변으로 말초세동맥이 긴장되므로 점진적으로 신성고혈압이 발생된다. 급성 신염에서는 혈압이 급격히 상승되나 만성 신염에서는 신장이 서서히 위축되므로 혈압도 서서히 상승하게 된다. 신동맥이 협착하면 신장 내부혈관에 동맥경화를 일으키게 되고, 신장이 점차로 작아지고 굳어지면 신경화증이 나타나며, 이것이 더욱 악화되면 콩팥병이 일어날 수 있다.

(5) 방사선 검사

방사선 검사에는 신요로 및 방광 촬영과 신장의 초음파 촬영이 있다. 이들 검사로 신장의 크기, 형태를 알 수 있고, 신요로계의 결석 유무, 수신증과 신장의 공간 점유 병소의 진단 등에 이용된다.

2. 사구체신염

사구체신염(glomerulonephritis)은 주된 병변이 신조직 중 사구체에서 유래된 경우를 말하며, 급성 사구체신염, 만성 사구체신염과 소변이상 등을 들 수 있다.

1 급성 사구체신염

급성 사구체신염(acute glomerulonephritis)은 건강한 사람에게 갑자기 발생하는 병으로 혈뇨, 단백뇨, 부종, 고혈압, 사구체 여과율의 저하 등이 갑자기 나타나는 경우를 말한다.

(1) 원인

급성 사구체신염은 인후염 등을 일으키는 연쇄상구균 중 네프리토제닉스트레인에 의하여 발생될 수 있다. B형 간염 바이러스 등에 의해서도 발생된다. 균의 감염 후 신염 발생까지는 1~3주로 평균 10일이 걸린다. 성홍열, 관절염, 세균성 심내막염, 패혈증 등에 잇따라 일어나는 경우도 있다. 급성 사구체신염은 주로 아동과 젊은 사람에게 이환율이 높으며 추위, 과로, 습윤 등이 이환을 촉진하는 것으로 알려지고 있다.

(2) 증상

임상증상으로는 환자 중 70%에서 부종이 나타난다. 소변량은 초기에 감소하며, 극단적으로 적어진 핍뇨, 혈뇨와 고혈압이 나타난다. 미열과 쇠약감 등의 증상도 함께 나타난다. 급성 신손상과 신증후군을 보일 수 있다. 혈압이 갑자기 심하게 상승하여 경련 등 고혈압성 뇌졸중을 초래할 수도 있다. 대개 급성기의 증세는 1~2주 정도 지속되며, 때로는 만성 사구체신염으로 진행되기도 한다.

(3) 식사요법

급성 사구체신염의 치료는 충분한 휴식과 식사요법으로 고혈압과 만성 사구체신염으로 진행되는 것을 방지하는 것이다.

식사요법은 수분과 나트륨의 조절이 중요하다. 저염식사는 1일 2,000 mg 이하의 나트륨을 공급하며 각종 전해질을 조절한다. 핍뇨가 있으면 증세에 따라 수분을 800~1,000 mL로 제한하며, 매 4시간 간격으로 수분을 공급한다. 고칼륨혈증이 나타날 경우 칼륨 함량이 높은 식품은 신장기능이 개선될 때까지 제한해야 한다.

단백질은 사구체신염 초기에 소변량이 감소하고 혈중 요소, 요산 등의 농도가 증가하므로 체중 kg당 0.5 g 이내로 제한한다. 병의 증세가 호전되면 점차 단백질을 증가시킨다.

2 만성 사구체신염

(1) 원인

만성 사구체신염(chronic glomerulonephritis)은 당뇨병, 고혈압 및 급성 사구체신염에서 이행되는 경우가 많다. 이 외에 결석, 신독성 약물, 종양, 홍반성낭창과 같은 혈관 질환 등에 의해서 유발된다. 자각 증상 없이 처음부터 만성 사구체신염으로 발병하는 경우도 있다.

(2) 증상

자각 증상이 없고 소변 배설량이 많으며 비중이 낮고 알부민이 소량 섞여 나온다. 야뇨가 생기며, 악화되면 다뇨가 심하고 혈압이 상승하며 혈액 중에 요소질소가 많이 생겨서 요독증이 발생한다. 아침에 머리가 아픈 경우가 있고, 소변에 알부민 배설이 증가되면 부종이 발생한다.

(3) 식사요법

식사요법의 목적은 부종을 예방하고 혈압 조절과 근육의 이화작용을 방지하며 혈중 질소 분해산물을 낮추는 데 있다. 사구체신염 환자는 영양소섭취 감소, 체내 조절작용의 변화에 의해서 에너지와 단백질 결핍 위험성이 높으므로 이를 예방해야 한다.

① 에너지와 지질

에너지는 표준체중 kg당 35 kcal 이상 공급한다.

지질은 이상지질혈증으로 인한 심혈관계 질환과 신장 질환이 악화되는 것을 예방하기 위해 포화지방산 섭취에 주의한다.

② 단백질

단백질은 요독증을 예방하되, 영양불량 예방을 위해서 1일 체중 kg당 0.8~1 g 정도로 제공하고, 단백뇨가 심하면 단백질 추가 공급이 필요하다.

③ 나트륨과 무기질

부종과 혈압이 있으면 나트륨을 1,000~2,000 mg 이하로 제한하고 수분을 제한한다. 다뇨가 있고 부종이 없을 경우에는 나트륨과 수분을 엄격하게 제한하지는 않는다.

3. 신증후군

신증후군(nephrotic syndrome)은 부종이 심하고 단백뇨가 많이 배설되며, 동시에 혈장에 지방이 증가되는 일련의 증후군을 이른다. 소변을 통한 단백질 손실량이 3.5 g 이상일 때 신증후군으로 진단한다.

1 원인

신사구체가 손상되어 투과성이 비정상적으로 증가하면 신증후군이 나타난다. 신증후군은 모든 연령층에서 발생하는데, 유아에게 가장 많다. 환자의 80%가 15세 미만이다. 결핵이나 말라리아 등에 걸렸을 때, 당뇨병, 임신중독증, 대사이상, 면역이상, 화학물질에 의한 손상 등에도 나타난다.

2 증상

(1) 단백뇨

신증후군의 대사적 특성은 단백뇨, 저단백혈증과 고콜레스테롤혈증이다. 알부민은 요로 배설되는 주된 단백질이며, 요중 총단백질의 약 70%를 차지한다. 성인 기준으로 24시간 중에서 요단백질량이 3.5 g/일 이상일 때를 신증후군으로 진단한다. 단백뇨의 기전은 사구체 기저막의 투과성의 증가로 설명할 수 있으며, 다량의 단백질이 배설되므로 혈액 중의 단백질 함량이 낮아져 저단백혈증(hypoproteinemia)이 발생된다. 소변으로 배설되는 것 외에도 단백질의 이화작용의 증가, 단백질 섭취부족과 흡수감소 등이 그 원인으로 지적되고 있다. 이 외에도 저알부민혈증, 이상지질혈증과 부종이 나타난다.

(2) 부종

알부민이 요로 배설되면 혈중 알부민 농도가 낮아지고 혈장의 수분이 혈관 밖의 간질로 이동하여 축적되어 부종이 나타난다. 신장기능이상으로 나트륨이 체내에 축적되어 체수분이 저류되므로 부종은 더 심화된다.

(3) 소변량과 혈소판 수 감소

조직의 급격한 수분손실과 혈액량의 감소로 저혈량증(hypovolemia)이 생긴다. 이때 핍뇨, 저혈압, 창백, 빈맥, 구역질과 구토, 복부의 통증 등이 수반되며, 이것을 방치하면 쇼크에 빠지게 되므로 신속한 응급처치를 요한다.

혈소판 수가 증가하여 혈전이 오기 쉽고 폐, 뇌, 신장 등 여러 조직에 생기면 폐경 색증, 뇌경색증, 신경색증 등 여러 조직에 경색증이 수반된다. 신증후군에서는 세균감염이 쉽고 급성 복막염과 봉와염이 잘 생긴다.

3 식사요법

신증후군의 영양관리 목표는 적절한 영양을 공급하며 부종과 저알부민혈증 및 이상지질혈증을 조절하는 것이다. 신증후군 환자에게는 주로 저염식을 실시하며, 단백뇨가 오래 진행된 경우에는 충분한 에너지와 단백질 공급을 통해 양의 질소평형을 유지하고 혈액 알부민 수치를 증가시켜 부종을 조절하도록 한다. 약물은 원인 질환을 치료하는 약제와 함께 이뇨제 등을 처방한다.

표 7-2 신증후군의 1일 영양권장량

영양소	영양권장량
에너지	• 비만이 아닌 경우 35 kcal/kg, 부종이 있는 경우 건체중 이용
단백질	• 0.8~1.0 g/kg
지질	• 총에너지의 30% 이하, 포화지방산은 총에너지의 7% 이하, 고콜레스테롤혈증이 있는 경우 콜레스테롤 섭취량 감량
나트륨	• 1,000~2,000 mg
칼륨	• 일반적으로 제한하지 않음, 이뇨제 사용 시 혈중 농도를 관찰하여 조정 필요
수분	• 섭취량과 배설량을 고려하여 균형 유지

(1) 에너지

에너지가 부족하면 체단백이 분해되고 식사로 섭취한 단백질을 에너지원으로 이용하므로 체중이 감소되고 영양상태가 악화될 수 있다. 따라서 체중감소 예방과 체단백 손실을 예방하고 단백질 이용을 효율적으로 하기 위해서 충분한 에너지 공급이 필요하다. 에너지는 1일 체중 kg당 35 kcal 내외의 섭취를 권장한다.

(2) 단백질

1일 건체중 kg당 0.8~1 g을 제공하고 생물가가 높은 양질의 단백질로 공급한다. 소아의 경우는 요중 질소손실과 성장을 위한 단백질량을 감안하여 단백질 섭취량을 성인보다 높게 책정해야 한다.

(3) 지질

이상지질혈증을 예방하기 위해 지방의 에너지는 총에너지의 30% 이하로 공급하고 포화지방산은 총에너지의 7% 이하로 제한한다. 고콜레스테롤혈증인 경우 콜레스테롤 섭취량을 줄이는 것을 고려한다.

(4) 나트륨

나트륨 섭취의 제한은 부종의 방지와 이뇨를 촉진하기 위한 가장 중요한 치료방법이며, 1일 2,000 mg 이하로 섭취할 것을 권장한다. 이러한 식사는 일반 섭취량에 비하면 아주 싱거운 맛이다. 이때도 부종 발생을 예방하기 위해서는 이뇨제의 사용이 필요하다.

그러나 이뇨제의 사용으로 칼륨 과다 손실이 있을 수 있으므로 이때는 칼륨을 보충해야 한다.

(5) 수분 및 무기질

소변 배설량과 수분 섭취량을 고려하여 균형을 유지한다. 계속적으로 병세가 심한 신증후군 환자에게서는 칼슘과 칼륨 결핍이 나타날 수 있으므로 칼슘과 칼륨, 무기질의 충분한 공급이 이루어져야 한다.

(6) 활동

심한 운동만을 제한하고 일상생활은 허용하여 사회활동을 동료들과 같이 하도록 한다. 그리하여 장기간의 질병상태에서도 정상적인 심신의 발육에 지장이 없도록 배려해야 한다.

4. 급성 신손상

급성 신손상(acute kidney injury)은 갑작스럽게 사구체 여과율이 저하되어 신장이 노폐물을 배설하는 기능이 나빠지는 것이다.

◘ 원인

급성 신장병의 원인은 크게 신전성, 신성, 신후성으로 분류한다.

(1) 신전성

신전성은 혈압이 낮거나 심각한 탈수, 화상과 같은 상처나 외상, 수술 등으로 인한 과다한 출혈, 위장관장애로 인한 구토, 설사 등에 의해 체액이 감소하거나, 심근경색, 부정맥, 울혈성 심부전 등과 같은 순환장애로 인해 심박출량이 감소하는 등 신장으로의 혈류가 감소하여 사구체 여과율이 감소한 상태이다. 신장조직의 손상이 없고 세뇨관 기능이 정상이므로 혈류량을 정상화하면 신장의 기능도 신속히 정상화된다.

(2) 신성

신장의 구조적인 변화가 동반된 급성 신손상이다. 외상이나 수술 등으로 인한 급성 세뇨관 경화증, 항생제, 영상검사 등에 사용되는 조영제, 약물에 의한 신독성에 의한 혈관 손상, 전신성 감염 질환, 신결석 등에 의한 신장 내 폐색 등의 원인으로 발생한다.

(3) 신후성

신결석, 혈종, 전립선비대, 종양 등에 의한 요도 및 방광 등 세뇨관 이하 부위의 폐쇄 또는 신경성 방광에 의한 기능적인 폐색이 원인이다.

◘ 증상

급성 신손상은 신세뇨관의 상피세포가 부풀고, 부종이 나타나며 세포질이 공포가

표 7-3 급성 신손상 진행단계에 따른 증상

진행단계	증상
핍뇨기	• 사구체 여과율 감소(하루 소변량 500 mL 이하, 1~2주 지속) • 혈중 요소, 크레아티닌, 칼륨, 인산 농도 상승 • 산혈증, 저칼슘혈증, 고혈압, 부종 등 유발 • 핍뇨기가 1주 이상 지속될 때에는 투석 필요
이뇨기	• 세뇨관의 재흡수 능력 저하(하루 소변량이 3L까지 증가, 1주간 지속) • 다량의 수분, 전해질을 상실하므로 보충 필요
회복기	• 이뇨기 후 수주에 걸쳐서 서서히 회복(소변량 정상 수준) • 신장기능도 완전히 정상화되는 시기(급성 신손상 환자의 60% 정도 회복)

된다. 급성 신손상 진행에 따라 핍뇨기, 이뇨기, 회복기로 나타나며 진행단계에 따라 증상은 표 7-3과 같다. 핍뇨기에는 갈증이 계속되고 질소혈증, 산혈증, 고칼륨혈증, 고인산혈증, 고혈압과 식욕부진과 부종이 나타난다. 저나트륨증으로 세포외액이 팽창하여 위험하고, 경련과 구토를 일으킨다.

또한 세포외액의 칼륨 농도의 증가로 고칼륨혈증(hyperkalemia)이 나타나 심장마비의 원인이 될 수 있다. 이러한 증상은 산중독증, 고혈압, 부종, 과산화상태, 혈액 수혈 등의 복합작용으로 나타난다. 심한 화상이나 중금속 또는 독성물질에 의한 급성 신손상의 경우 식욕부진, 구토와 전신마비가 발생한다.

급성 신손상 환자의 2/3 정도는 핍뇨상태에 이른다. 핍뇨상태는 보통 1~2주 정도 지속된다. 소변 배출의 감소가 심해지면 무뇨가 되며, 이러한 변화는 몇 시간 내에 감지되고, 지연된다고 하더라도 신손상이 일어난 후 24~48시간 내에 나타난다. 1/3 정도의 환자는 소변량이 감소되지 않으나 전해질과 비전해질이 증가되고 심한 화상을 입었을 경우에도 이와 같다.

환자가 생존하면 신기능은 2~3주 후에 점차로 회복된다. 핍뇨 환자의 신장기능이 회복되는 첫 신호는 소변량이 증가되는 것이고, 그 후로 신장기능이 점차적으로 회복된다. 이 시기에도 투석을 계속하면서 수분과 전해질 균형이 이루어지는지 반드시 관찰해야 한다.

표 7-4 급성 신손상 시의 영양소별 고려사항

영양소	영양권장량
단백질	• 투석 시행 여부에 따라 조절 • 투석을 하지 않을 경우 0.8~1.0 g/kg • 투석을 하는 경우 1.0~1.5 g/kg • 지속적 신대체요법(CRRT)을 하는 경우나 과이화상태인 경우 1.5~2 g/kg 이상(최대 2.5 g/kg)
에너지	• 30~35 kcal/일 • 중환자의 경우 20~30 kcal/일 또는 휴식 에너지 소모량(REE)의 1.3배
나트륨	• 2,000~3,000 mg/일 • 핍뇨기에는 20~40 mEq/일
칼륨	• 혈청 칼륨 농도 < 5 mEq 유지 • 이뇨기에는 소변량, 칼륨 배설량, 혈액수치 등을 고려하여 손실을 보충
인	• 정상 혈중농도 유지 • 지속적 신대체요법(CRRT) 시에는 요구량 증가됨
수분	• 1일 소변량 + 500 mL • 무뇨기에는 1.0~1.2 L/일 • 의학적인 상황을 고려하여 조정

3 식사요법

급성 신손상의 경우 요독증, 대사성 산중독증, 수분과 전해질의 불균형뿐만 아니라 감염 또는 조직손상 등을 개선하기 위하여 식사요법이 아주 중요하다.

식사요법의 목적은 체내의 화학적 성분을 정상에 가깝게 유지하면서 신장기능이 회복될 때까지 체단백질을 보유하는 것이다. 산중독증을 치료하고 과잉 질소노폐물을 처리하면서 단백질과 에너지가 균형을 이루도록 하는 것이다. 적절한 단백질과 에너지를 공급하고 감염되지 않도록 하는 것이 급성 신손상의 성공적 치료방법이다.

급성 신손상의 영양소별 고려사항을 요약하면 표 7-4와 같다.

(1) 단백질

단백질 권장량은 투석 시행 여부에 따라 달라진다. 투석하지 않고 이화상태가 아닌 경우 1일 체중 kg당 0.8~1.0 g이 필요하며, 투석을 하는 경우 체중 kg당 1.0~1.5 g, 심한 이화상태이거나 지속적 신대체요법(CRRT)을 받는 경우 단백질 손실이 많으므로 체중 kg당 1.5~2 g 이상을 공급한다.

(2) 에너지

바람직한 체중 유지를 위해서는 충분한 에너지 섭취가 필요하며 보통 체중 kg당 30~35 kcal의 섭취가 권장되지만 중환자의 경우에는 체중 kg당 20~30 kcal 또는 휴식 에너지 소모량(Resting Energy Expenditure, REE)의 1.3배의 공급이 권장된다.

(3) 수분과 무기질

1일 수분섭취량은 보통 소변량에 400~500 mL를 더하며 소변량이 없을 경우에는 1일 1~1.2 L 정도로 수분을 공급한다. 나트륨은 소변으로 배설되는 정도에 따라 제한하는데 소변량이 매우 적은 핍뇨기에는 1일 20~40 mEq까지 제한한다. 그러나 정맥으로의 많은 약물 주입 시 전해질 없이 물만 공급되면 핍뇨기에서는 급속히 저나트륨혈증이 발생할 수 있으므로 수분섭취량은 체내 나트륨 평형을 유지하면서 공급되어야 한다.

칼륨 섭취는 혈중 칼륨 농도에 따라 개별적으로 접근해야 한다. 혈중 칼륨 농도가 높은 경우 1차적으로는 투석을 통해 제거하고, 투석 간 혈중 농도는 주로 포도당, 인슐린, 중탄산염의 정맥주입을 통해 조절한다. 핍뇨기에는 1일 30~50 mEq로 제한하지만, 이뇨기에는 손실되는 만큼의 칼륨 보충이 필요하다.

5. 만성 콩팥병

만성 콩팥병(chronic kidney disease)은 여러 가지 이유로 신장조직이 변화하여 사구체 여과율이 영구적으로 감소된 모든 경우를 말한다.

1 원인

만성 콩팥병의 가장 흔한 원인은 만성 사구체신염과 당뇨병, 고혈압이다. 세뇨관신염, 신경화증, 신혈관 질환, 자가면역 질환, 결석, 종양, 만성 신우신염, 기타 약물이나 방사선 조영제 등의 신독성물질에 의해서 발생된다. 약물로 인한 신장손상에 의한 경우도 있다.

2 증상

만성 콩팥병에서는 네프론이 손실되고 신사구체의 수가 점차 감소되고 구조가 변화되어 신혈류량과 사구체 여과량이 감소된다. 따라서 질소노폐물이 체내에 저류되고, 전해질의 불균형과 산중독증이 나타난다. 요를 농축시키는 능력도 감소할 수 있다.

(1) 혈액 질소요소와 크레아티닌 농도 증가

혈장의 요소와 요산의 농도가 상승한다. 이것은 신장기능의 50~75%가 소실된 후 급격히 발생하며, 질병이 진전됨에 따라 크레아티닌의 생성속도는 감소하고, 칼륨 농도는 증가된다. 혈청 칼슘농도는 인의 증가와 함께 감소된다.

(2) 적혈구성 빈혈 발생

만성 콩팥병 환자에게는 적혈구성 빈혈이 나타나는데, 이는 골수의 기능저하 때문이며, 에리트로포이에틴(erythropoietin) 호르몬의 생합성이 감소되어 나타나는 것으로 알려졌다.

(3) 골격의 탈무기질화

만성 콩팥병 환자의 40~90% 정도가 골격 질환인 골격의 탈무기질화 경향이 나타난다. 이 원인은 혈중의 인 농도가 증가되어 이온화된 혈청 칼슘농도를 저하시키고, 부갑상선 호르몬의 분비를 촉진시킴으로써 신장에서 신세뇨관의 재흡수가 저하되며, 인의 과다한 손실이 일어나고 골격의 칼슘 이동을 촉진하게 된다.

(4) 동맥경화증 발생

만성 콩팥병 환자는 비신장 질환 환자와 비교할 때 허혈성 심장 질환과 뇌졸중이 증가하며, 고혈압과 이상지질혈증이 증가한다.

(5) 탄수화물 대사 저하

만성 콩팥병에서는 인슐린의 말초혈관 저항이 증가하여 탄수화물 대사도 저하된다. 일반적으로 만성 콩팥병은 진행성 질환으로 진행단계별 특징은 표 7-5와 같다.

표 7-5 만성 콩팥병의 단계

단계	사구체 여과율 (mL/min/1.73 m^2)	상태	관리
G1	≥ 90	• 신장손상 • 사구체 여과율은 정상이거나 상승	• 진단 및 치료 • 동반질환 치료 • 진행의 지연 • 심혈관 위험 감소
G2	60~89	• 경도의 사구체 여과율 저하	• 진행 정도 추정
G3a	45~59	• 중등도의 사구체 여과율 저하	• 합병증의 평가 및 치료
G3b	30~44	• 중등도의 사구체 여과율 저하	• 합병증의 평가 및 치료
G4	15~29	• 중증의 사구체 여과율 저하	• 신대체요법 준비
G5	< 15	• 콩팥병	• 신대체요법

③ 식사요법

만성 콩팥병 환자를 위한 식사요법의 목적은 요독증, 부종 등 관련 증상을 조절하고, 신장기능의 저하를 억제하여 말기 콩팥병으로의 진행을 늦추고, 충분한 에너지를 공급하여 체단백의 이화작용을 막고 영양상태를 잘 유지하는 것이다.

투석하지 않는 만성 콩팥병 환자의 영양권장량은 표 7-6과 같다.

표 7-6 만성 콩팥병의 영양권장량

영양소	영양권장량 및 영양소별 고려사항
단백질	• 3~5단계: 0.55~0.6 g/kg
에너지	• 25~35 kcal/kg
나트륨	• < 2,300 mg/일
칼륨	• 칼륨 제한은 혈액 내 수치가 상승하면 제한한다.
인	• 혈액 내 인 농도를 정상으로 유지하도록 식사를 조정한다.
칼슘	• 혈액 내 칼슘농도를 정상으로 유지 • 800~1,000 mg/일
수분	• 일반적으로 제한하지 않는다. • 단, 소변량이 감소하는 경우 조절이 필요할 수 있다.
비타민/무기질	• 비타민 B, C: 영양소섭취기준에 준한 섭취 유지 • 혈당 25-hydroxyvitamin D < 30 nm/dL이면 비타민 D 보충 • 철분, 아연은 개인별 조정

(1) 에너지

만성 콩팥병 환자가 적절한 체중을 유지하고 에너지–단백질 영양불량을 예방하기 위해서 충분한 에너지를 섭취해야 한다. 이를 위해 1일 표준체중 kg당 25~35 kcal 제공이 권장된다. 충분한 에너지 섭취를 위해서 탄수화물과 식물성 지방을 적절히 제공한다. 환자의 체중 변화에 따라 에너지 섭취량을 증가 또는 감소시킨다.

(2) 단백질

단백질 섭취량을 결정할 때는 잔여 신장 기능과 환자의 증상을 고려해야 한다. 만성 콩팥병 1~2단계에서는 신기능 저하가 진행되지 않으면 엄격한 단백질 제한은 권장하지 않고 고혈압, 부종 치료에 초점을 맞춰 영양관리를 시행하며, 만일 단백뇨가 있으면 24시간 소변검사를 통해 배설되는 단백질량을 1일 단백질 허용량에 추가해야 한다. 만성 콩팥병 3~5단계에서는 체중 kg당 0.55~0.6 g의 단백질 섭취를 권고하고 있으며 당뇨병이 있는 경우에는 0.6~0.8 g/kg로 단백질 섭취가 필요하다. 일반적으로 단백질은 생물가가 높은 양질의 단백질로 선택한다.

(3) 나트륨과 수분

혈압조절과 부종의 치료를 위하여 저염식을 실시한다. 하루 나트륨을 2,300 mg 이하로 섭취할 것을 권장한다. 수분은 환자의 수분 제거능력에 따라 조절되어야 하며, 부족 또는 탈수를 방지할 수 있는 수준으로 정한다. 보통 1일 소변 배설량에 500 mL 정도를 더한 양을 공급한다.

(4) 칼륨

칼륨 제한은 신장기능의 손상 정도에 따라 결정하는데, 소변량이 정상적으로 유지되면 혈액 칼륨은 거의 정상 범위에 있으므로 제한하지 않는다. 반면, 소변량이 감소되거나 칼륨 섭취량 과다, 칼륨 배설을 저해하는 이뇨제, 소염진통제 등의 사용으로 고칼륨혈증이 발생할 수 있으므로 이런 경우에는 개별화하여 섭취를 제한한다.

(5) 칼슘과 인

만성 콩팥병 초기 환자에게 단백질과 인을 약간 제한함으로써 신장퇴화 속도를

표 7-7 만성 콩팥병 환자 식단 예시

식품교환군	단위수			아침	점심	저녁
	아침	점심	저녁			
곡류군	2	3	3	토스트 2쪽+ 사과잼 2숟가락, 양상추 샐러드+ 프렌치 드레싱, 우유 1/2컵, 사과 1/2개	흰밥 1공기, 콩나물국 1/2, 조기지짐 작은 1토막, 애호박볶음, 가지볶음	흰밥 1공기, 잡채, 두부지짐 2쪽, 도라지생채, 마늘종볶음, 꿀차
어육류군	–	1	1			
채소군 1, 2	1	2	2			
지방군	1	2	2			
우유군	0.5	–	–			
과일군 1, 2	1	1	–			
열량보충군	1	–	1			

※ 에너지 1,600~1,700 kcal, 단백질 40 g 이하, 칼륨 1,500 mg 이하

지연시킬 수 있다. 인은 800~1,000 mg/일 정도 수준에서 섭취하도록 한다. 저단백식을 하면 인의 섭취는 비교적 제한되는데, 인 수준 조절을 위해 수산화알루미늄 젤을 사용하면 이것이 소장에서 인과 결합하여 인의 흡수를 방해하는 역할을 한다. 만성 콩팥병에서는 활성 비타민 D의 합성 저하로 인해 칼슘 흡수가 감소하므로 칼슘보충제를 사용하여 칼슘 섭취를 증가시키기도 한다. 칼슘은 권장섭취량을 충족시키고 혈중 칼슘농도가 정상수치를 유지할 수 있도록 한다.

(6) 비타민

만성 콩팥병 환자는 저단백식사로 인해 모든 비타민들의 완전한 공급이 어려우므로 심한 단백질 제한식의 경우 비타민을 보충해 주어야 한다. B군 비타민과 비타민 C의 섭취가 권장섭취량을 충족시킬 수 있도록 한다. 골 질환이 있는 경우 비타민 D의 활성화된 형태($1, 25-(OH)_2D$)를 치료 목적으로 사용할 수 있다.

6. 투석과 신장이식

1 혈액투석

혈액투석은 콩팥이 제 기능을 할 수 없을 때 콩팥을 대신해서 몸속에 쌓인 노폐물을 반투과성 인공막을 이용하여 기계적으로 혈액을 직접 걸러 제거하는 치료방법이다. 투석은 신장기능의 많은 부분을 수행할 수 있지만 정상적인 신장과 같은 융통성을 가지지는 못한다.

(1) 혈액투석의 방법

혈액투석은 혈관 접근로를 통해 신체 외부로 동맥혈액을 끌어내어 투석 용액이 있는 인공신장기에 순환시키면서 혈액 속의 노폐물과 과잉 축적된 수분을 제거한 다음 다시 환자의 정맥으로 되돌아가게 하는 방법이다. 동맥과 정맥에 수술로 누공을 만들어 투석을 할 때마다 누공 안쪽으로 큰 바늘을 삽입하고 투석을 실시하는데 이 혈관장치를 '동정맥루(arteriovenous fistula)'라고 한다. 인공신장기 내의 투석액 용기에서 반투막을 통하여 환자의 혈액과 투석액 간의 물질을 이동시켜 혈액 중의 노폐물을 걸러낸다. 투석은 환자의 상태에 따라 주 2~3회 정도로 시행되며, 한번 시행 시 약 4시간 정도 소요된다. 복막투석에 비하여 환자의 수고가 적고 정기적으로 의료진의 상담을 받을 수 있다는 장점이 있으나 투석 간의 지나친 체중 증가를 막기 위해 엄격한 식사조절이 필요하다.

(2) 식사요법

식사요법의 목적은 체내 질소노폐물의 축적을 방지하고, 투석액으로 유출되는 아미노산 등을 보충하기 위하여 적절한 단백질을 공급하는 것이다. 체단백질의 소모를 줄이기 위하여 충분한 에너지를 섭취하고 나트륨과 수분섭취를 제한한다. 그리고 고칼륨혈증과 심장부정맥을 막기 위해 칼륨 섭취를 제한한다. 혈액투석을 하는 경우 요독증상 때문에 식사섭취량이 감소하여 영양불량의 위험이 증가할 수 있으므로 주의 깊게 관찰해야 한다.

① 에너지

에너지는 체조직의 분해를 막기 위해 충분히 섭취하도록 하며, 투석 전과 같이 표준체중 kg당 30~35 kcal를 섭취하도록 한다.

② 단백질

단백질 섭취량은 개인의 투석 특성에 맞추어서 공급하지만, 질소평형을 유지하고 투석 중에 손실되는 아미노산 등을 보충하기 위해 표준체중 kg당 1.2 g/일 이상으로 충분히 주며, 섭취량의 50% 이상은 양질의 단백질로 공급한다.

③ 나트륨

혈압을 조절하고 갈증과 부종을 막기 위하여 나트륨은 하루 섭취량을 2,000 mg (소금 5 g) 정도로 제한한다.

④ 수분

수분은 1일 소변 배설량에 750~1,000 mL 추가하여 제공하며, 투석 사이에 체중 증가가 2~3 kg 또는 0.5 kg/일 이내가 되도록 조절한다. 고혈압과 부종을 방지하기 위해 수분과 전해질 평형을 유지해야 한다.

⑤ 칼륨

칼륨의 제한이 필요하며, 개인의 신체 크기, 소변을 통한 칼륨의 배설량, 혈중 칼륨 수치, 투석 빈도 등을 고려한다. 고칼륨혈증은 심장부정맥과 심장마비를 일으킬 수 있다. 하루 2,000~3,000 mg 또는 표준체중 kg당 40 mg 정도를 공급한다.

⑥ 칼슘과 인

신장 질환에서는 저칼슘혈증과 고인산혈증이 흔하므로 보통 칼슘을 보충하고 인을 제한한다. 인 섭취량은 800~1,000 mg으로 한다. 인 흡수를 억제하는 인산결합제로서 탄산칼슘 등의 칼슘제를 이용하기도 한다. 그러나 인 수치가 계속 높아지면 칼슘이 포함되지 않은 인산결합제의 사용이 필요하다.

⑦ 비타민

일반적으로 투석 환자의 식사는 엽산, 니아신, 리보플라빈, 비타민 B6가 적으며, 투석을 통해 비타민이 손실되므로 수용성 비타민인 비타민 B군과 비타민 C 보충이 필요하다. 과도한 비타민 A의 섭취는 피한다.

② 복막투석

(1) 복막투석방법

복막투석은 복강 내로 관을 삽입한 후 관을 통하여 투석액을 주입하여 일정 시간 저류시킨 후 다시 배액하게 되는 과정을 반복하고 이를 통해 체내에 축적되어 있는 수분과 노폐물을 제거하는 방법이다. 대부분의 상용 복막투석액에는 1.5%, 2.5% 또는 4.25%의 덱스트로오스가 들어 있다. 복강 벽에 튜브(또는 카테터)를 삽입하여 복강 내로 덱스트로오스가 함유된 투석액을 흘려보내면, 투석액은 복막을 통해 복강 안쪽으로 들어가고 노폐물은 투석액으로 확산된다. 이 과정을 거쳐 만들어진 노폐물을 함유한 투석액은 복강 내 삽입된 튜브(또는 카테터)를 통해 폐기물 통으로 흘러나오게 된다. 투석액을 하루 3~4회 정도 교환하면서 지속적으로 투석을 하므로 집에서도 할 수 있다는 장점이 있다. 또한 복막투석은 지속적인 투석의 효과로 노폐물 제거가 용이하고 전해질, 수분, 혈압을 조절할 수 있으며 일상생활에 지장이 없고 식사제한이 비교적 적다. 그러나 단백질, 수용성 비타민 등이 배출되어 손실되고, 투석액으로부터 당이 흡수되기 때문에 비만과 고중성지방혈증 등을 초래할 수 있으며 자가 치료이므로 복막염이 발생할 수 있는 단점이 있다.

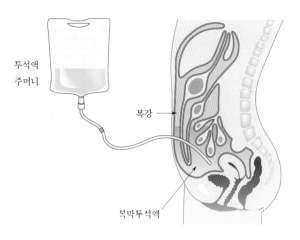

투석액
주머니

복강

복막투석액

그림 7-3 **복막투석**

복막투석 시 식사요법의 목표

- 양의 질소평형을 유지하고, 매일 투석액으로 유출되는 필수아미노산 및 단백질을 보충하기 위해 충분한 단백질을 섭취한다.
- 부종, 갈증, 혈압을 조절하기 위해 나트륨을 제한한다.
- 지나친 체중 증가를 예방한다.
- 고인산혈증을 예방하기 위해 인의 섭취를 제한한다.
- 이상지질혈증을 조절한다.
- 엽산과 철분을 포함한 종합 비타민의 보충이 권장된다.

(2) 식사요법

복막투석은 혈액투석에 비해 식사제한이 적다. 투석 시에 나트륨, 칼륨, 수분은 일반적으로 엄격하게 제한하지 않는다. 복막투석의 경우에는 노폐물뿐만 아니라 우리 몸에 필요한 영양소도 제거되는데, 특히 투석액을 통한 단백질 손실이 많다.

① 에너지

복막투석의 경우에는 투석액의 덱스트로오스에서 얻는 에너지를 감안하여 에너지 섭취를 조절해야 한다. 총에너지 섭취량은 식사를 통한 에너지 섭취량과 투석액으로부터 얻는 에너지량으로 계산한다. 따라서, 총에너지 섭취량은 혈액투석을 하는 환자와 동일하지만 식사로부터 섭취하는 에너지량은 혈액투석 환자보다 적어진다. 지속적 복막투석을 하는 경우에는 투석액의 덱스트로오스 중 60~70% 정도가 흡수된다. 이를 고려하면 투석액으로부터 얻는 에너지량은 '덱스트로오스 농도(g/L) × 3.4(kcal/g) × 0.6~0.7 × 투석액 용량(L)'이다.

② 단백질

복막투석을 하면 24시간 동안 20~30 g 정도의 단백질이 손실된다. 단백질 섭취량을 표준체중 kg당 1.2~1.3 g 이상으로 높여 섭취해야 한다. 복막염을 동반하면 단백질 요구량은 더 증가하게 된다.

③ 나트륨

복막투석을 하면 다른 치료방법보다 나트륨 제한이 완화된다. 그러나 체내의 수분 축적량이 많으면 수분 제거를 위해 고농도의 복막투석액을 사용해야 하므로 이를 예방하기 위해서는 나트륨 섭취를 제한하는 것이 도움이 될 수 있다. 나트륨은 2,000~3,000 mg 정도로 체중과 혈압을 고려하여 개별적으로 적용한다.

④ 수분

특별히 수분의 제한은 필요하지 않으며, 수분항상성을 유지할 수 있도록 한다.

⑤ 칼륨

매일 지속적인 복막투석을 통해 혈액 내 칼륨의 농도를 정상적으로 유지할 수 있으므로 칼륨 조절이 항상 필요한 것은 아니다. 칼륨은 2,000~4,000 mg/일 수준에서 섭취하도록 하고, 혈중 칼륨 수치를 고려하여 식사를 통한 섭취량을 조정한다.

⑥ 칼슘과 인

복막투석에서도 혈액투석과 마찬가지로 인의 제한과 칼슘의 보충은 필요할 수 있다. 인은 대부분 단백질식품에 많이 들어 있기 때문에 단백질식품 중에서도 가급적 인 함량이 적은 식품을 선택하고, 그 외 인이 많이 함유되어 있는 유제품이나 견과류, 가공하지 않은 전곡류 등의 섭취는 줄인다.

⑦ 비타민 및 기타 고려사항

수용성 비타민이 손실될 수 있으므로 보충이 필요하다. 복막투석의 시행기간이 장기화되면 혈액 내의 콜레스테롤 및 중성지방의 상승이 나타난다. 따라서 이상지질혈증을 개선시키기 위해 체중조절과 함께 콜레스테롤, 포화지방, 단순당질, 알코올의 제한이 권장된다. 이러한 식사의 조정은 적절한 단백질 및 에너지 섭취가 가능한 범위 내에서 실행하도록 한다.

또한 복막투석 환자에게는 복강 내의 투석액으로 인해 조기 포만감을 느끼는 문제가 나타난다. 이러한 환자에게는 식사 전에 투석액을 배출시키고, 식사가 거의 끝날 때 투석액을 주입시키는 방법도 고려할 수 있으며, 소량의 잦은 식사도 한 방법일 수 있다.

혈액투석과 복막투석 시의 영양지침은 표 7-8과 같다.

표 7-8 투석 환자의 영양지침 비교

영양소	혈액투석	복막투석
에너지	• 30~35 kcal/kg	• 30~35 kcal/kg (복막투석액으로부터의 에너지 포함)
단백질	• ≥ 1.2 g/kg/일	• ≥ 1.2~1.3 g/kg/일
나트륨	• 2,000 mg/일	• 2,000~3,000 mg/일
수분	• 소변 배설량 + 750~1,000 mL	• 특별히 수분 제한은 필요하지 않음 • 수분항상성 유지
칼륨	• 2,000~3,000 mg/일	• 2,000~4,000 mg/일
인	• 800~1,000 mg/일	• 800~1,000 mg/일

3 신장이식

신장이식은 말기 콩팥병 환자에서 투석 외에 신장기능을 대신하기 위한 신대체요법으로 기증자 또는 뇌사자의 건강한 콩팥을 말기 콩팥병 환자에게 이식하는 수술이다. 이식받은 콩팥은 본인의 신체와 다른 조직형을 가지기 때문에 거부반응을 방지하기 위해 평생 면역억제제를 복용해야 한다. 이식 초기에는 다량의 면역억제제 사용으로 식품 감염에 취약할 수 있으므로 식품안전에 주의해야 한다.

(1) 이식 후 고려사항

신장이식 후에는 고콜레스테롤혈증과 고중성지방혈증이 흔히 나타나는데, 이는 동맥경화증의 원인이 된다. 따라서 신장이식 후의 식사는 이상지질혈증이 있는 환자와 동일한 식사관리가 이루어져야 한다.

(2) 식사요법

신장이식 후의 영양관리는 면역억제제의 부작용을 막고 적절한 에너지를 공급하며, 이상지질혈증을 예방하기 위한 식사관리를 권장한다.

① 이식 직후 회복기

수술 후에는 이화작용이 증가하게 되므로 에너지와 단백질을 충분히 섭취한다. 약물의 부작용으로 당뇨병 등이 나타날 때는 저탄수화물식을 실시한다. 일부 면역

표 7-9 신장이식 환자의 식사요법

영양소	이식 직후 회복기	이식 후 유지기
에너지	• 30~35 kcal/kg	• 적정체중 유지에 필요한 에너지
단백질	• 1.3~2.0 g/kg(건체중)	• 0.8~1.0 g/kg • 거부반응으로 스테로이드 치료 시 요구량 증가
탄수화물, 지질	• 고혈당 시 단순당 제한 • 혈액 내 중성지방 평가	• 포화지방산 총에너지의 < 7% • 콜레스테롤 200 mg/일
기타	• 나트륨: 2,000~4,000 mg/일(고혈압, 부종 동반 시) • 칼륨: 고칼륨혈증 시 제한 • 칼슘: 1,000~1,500 mg/일 • 인: 필요시 보충	• 나트륨: 2,000~4,000 mg/일(고혈압, 부종 동반 시)

억제제는 체내 전해질 균형에 영향을 주어 고칼륨혈증, 저인산혈증, 소변으로의 칼슘배설 증가 등이 나타나므로 주의 깊은 관찰과 식사조정이 필요하다.

② 이식 후 유지기

유지기에는 이식신장의 거부반응을 예방하기 위하여 사용하는 각종 면역억제제의 부작용을 방지하는데 초점을 맞추어 영양관리를 한다. 적정체중, 총콜레스테롤 200 mg/일 이하, 정상혈당, 그리고 정상 골밀도 유지를 목표로 한다.

신장이식 환자의 식사요법을 요약하면 표 7-9와 같다.

7. 신결석

신장결석(nephrolithiasis)은 미네랄 등의 물질들이 결정을 이루어 신장에 단단하게 침착된 것을 말한다. 신장결석은 좁은 의미로는 신장 내에 있는 결석을 뜻하지만 종종 요관에 있는 결석까지 포함하기도 한다. 결석의 크기는 매우 다양하며 한 개 또는 여러 개일 수 있다. 여사보다 남자에서 많이 발생하고 청장년기인 20~50세 사이에 주로 발생한다. 결석의 생성 및 성장 원인은 다양하지만 가장 중요한 인자는 소변 내 결석 구성성분의 농도 증가, 즉 소변 성분의 과포화이다. 결석의 대부분은 칼슘염이며 그 외 요산, 시스틴 등이 있다.

1 종류

(1) 칼슘결석

대부분의 결석은 수산칼슘 또는 인산칼슘으로서 칼슘염으로 이루어져 있다. 수산칼슘결석은 소변에 과량의 칼슘 및 수산염이 존재하거나 구연산과 같은 자연적인 결석 예방물질이 감소되어 있는 경우에 발생한다. 인산칼슘결석은 소변 내에 칼슘이 과량으로 존재하고 산(acid)이 적을 때 발생한다. 일반적으로 칼슘과 비타민 D의 과잉 섭취로 인해 혈장 칼슘농도가 증가하고 그로 인해 소변에 포함된 칼슘 함량이 증가할 경우가 생긴다. 이와 같은 식사 의존성 고칼슘뇨증인 경우에는 칼슘 섭취를 조절해 주어야 한다. 한편, 질병으로 인해 장기간 움직이지 못하는 환자에서는 뼈로부터 칼슘용출이 증가하고, 부갑상선 기능 항진증의 경우에도 혈중 칼슘농도가 높아져 소변으로 배출되는 칼슘이 증가되어 결석이 생길 수도 있다. 신장결석 환자 중 50%는 소변 칼슘 수준이 증가하는데 대부분은 식사와 상관없이 흡수가 항진되어 생긴 흡수성 고칼슘뇨증이다. 고칼슘뇨증이란 1일 소변으로 배설되는 칼슘이 남자의 경우 300 mg 이상, 여자의 경우 250 mg 이상일 때를 말한다.

(2) 요산결석

요산은 퓨린대사의 최종 산물이며 퓨린대사에 문제가 있는 사람에서 요산 결석이 생길 수 있다. 통풍이 있는 경우나 백혈병과 같이 세포 교체가 빠르게 일어나는 질환에서 주로 발생하며, 아스피린 등의 약물이 요산배설을 증가시켜 결석을 형성하기도 한다. 요산결석은 pH 5.5 이하의 소변에서 잘 형성되는 경향이 있으므로 소변의 pH를 높이기 위해 알칼리성 식품을 섭취하고 소변이 농축되지 않도록 수분을 섭취하는 것이 필요하다.

(3) 시스틴결석

아미노산 운반의 유전적인 이상으로 생기며 신장세뇨관에서 시스틴의 재흡수가 안 되는 경우 시스틴이 소변으로 배설되는데, 시스틴은 소변에 잘 용해되지 않으므로 시스틴결석을 형성할 수 있다. 소변 구성성분의 농도 증가, 소변 pH 변화, 소변의 양 감소 및 세균이 결석 형성에 영향을 준다. 사춘기 이전에 발병하는 경우가 많으며, 가족병력이 있는 경우 발생빈도가 높다. 알칼리성에서 시스틴 용해도가 증가하므로 지나친 산성식품 섭취를 피하고 알칼리성 식품을 충분히 섭취한다.

2 증상

신장결석의 대표적인 증상은 소변의 흐름을 막아서 유발되는 통증과 주위 조직에 자극을 주어 생기는 혈뇨가 있으나, 구체적 증상은 결석의 크기나 존재하는 부위에 따라 다를 수 있다. 결석이 신우와 같은 신장 내부에 있으면 소변 횟수가 늘어나고 배뇨 시 통증이 생기며, 요관에 있으면 심한 통증과 함께 혈뇨도 나타난다. 신장에 박혀 있는 결석은 통증이 없어 다른 질병을 진단할 때 우연히 발견되기도 하는 반면 신장의 결석이 요관으로 이동하면서 구경이 좁은 부위에 걸리게 되면 극심한 산통을 유발한다. 결석의 크기가 소변의 흐름을 막을 정도로 클 경우는 신장에서 소변이 배출되지 못하여 신장의 기능을 저하시키기도 한다. 급성 신장손상의 원인 중 하나가 신장결석으로 인한 요관폐쇄이다. 또한 결석이 지나가는 과정에서 감염을 초래하여 발열과 탁한 소변 등의 요로감염 증상을 보이기도 한다.

3 식사요법

신장결석 환자를 위한 영양관리 목표는 결석의 크기가 커지는 것을 방지하고 새로운 결석이 형성되지 않도록 결석 생성을 촉진시키는 성분을 많이 함유하고 있는 식품을 제한하는 것이다. 신장결석의 치료 및 예방을 위해서 다음과 같은 영양관리가 일반적으로 필요하다.

① 수분공급: 소변이 희석되어 결석 형성물질의 농도를 상대적으로 낮추도록 하기 위해 다량의 수분섭취가 필요하다. 매일 2 L 이상의 소변을 볼 만큼 물을 충분히 마시는 것을 권장한다.

② 결석 원인물질 조절: 결석의 원인이 되는 식사요인을 조절하여 소변 내에 침전 가능한 물질을 감소시키도록 한다.

③ 신장결석의 치료를 위한 약물 사용: 결석 생성요인과 결합하여 대변으로 배설되게 하는 결합제를 사용한다. 소변 내 요산농도가 높다면 혈중 요산농도를

감소시키는 약물복용을 고려할 수 있으며, 소변 중에 자연적으로 신장결석 형성을 방해하는 구연산이 감소되어 있는 경우에는 구연산칼륨의 복용이 도움이 되기도 한다.

(1) 수산칼슘과 인산칼슘 결석

① 단백질

소변 내 칼슘 농도가 높을 경우 단백질 제한이 필요하다. 동물성 단백질의 섭취 증가는 요산과 칼슘의 배설을 증가시키고 소변 중 시트르산의 배설을 감소시켜 결석 생성의 위험을 높인다.

② 나트륨

소변 내 칼슘 농도가 높을 경우 나트륨 제한이 필요하다.

③ 칼슘

칼슘결석이 있다고 해서 칼슘을 제한하는 것은 권장되지 않는다. 오히려 칼슘 섭취를 지나치게 줄이면 뼈에 있던 칼슘까지 소변으로 빠져나갈 수 있으며, 식사를 통한 칼슘 섭취 제한은 장에서의 수산 흡수가 증가되는 결과를 초래하여 소변 중 칼슘 배설도 증가하게 된다.

④ 수산

수산 함량이 많은 식품의 섭취를 제한한다. 수산 함량이 많은 식품으로는 시금치, 초콜릿, 콩, 견과류, 녹차, 맥주, 밀배아, 비트, 딸기 등이 있다. 수산 섭취량이 하루에 40~50 mg 이하가 되도록 한다.

⑤ 비타민 C

수산은 비타민 C 대사의 최종 산물이다. 따라서 과다한 비타민 C의 섭취는 수산 생성을 증가시키므로 피해야 한다. 하루에 100 mg 이하로 섭취한다.

⑥ 인

인산칼슘결석인 경우에는 인이 함유된 식품을 제한하고 인 결합약제를 사용하여 결석의 형성을 방지한다.

(2) 요산결석

① 요산은 퓨린의 대사산물이므로 퓨린 함량이 높은 식품의 섭취를 제한한다. 퓨린 함량이 높은 식품으로는 육류(특히 내장육)와 등푸른생선이 있다. 동물의 심장, 간, 신장 등과 같은 내장육과 혀, 그리고 정어리, 청어, 고등어, 멸치와 같은 등푸른생선은 퓨린 함량이 높다. 이 외에도 가리비, 생선알, 홍합, 이스트 등도 퓨린 함량이 높다.

② 소변의 pH를 높이면 약물의 효과를 향상시킬 수 있다.

③ 통풍으로 인해 요산 생성이 많을 경우에는 지방의 섭취량 감소, 알코올 섭취 제한, 체중감소 등이 필요하다.

④ 수분을 충분히 섭취한다.

(3) 시스틴결석

① 시스틴은 필수아미노산인 메티오닌으로부터 형성되는 비필수아미노산이기 때문에 메티오닌이 적게 함유된 식사를 한다. 따라서, 단백질 섭취를 감소시킬 필요가 있다.

② 알칼리성 식품을 섭취하여 소변의 pH를 7.5 정도로 유지하도록 한다. 소변의 pH가 높을 때 소변 중 시스틴의 용해도가 증가하므로 시스틴이 침전될 가능성이 감소한다.

③ 다량의 수분을 섭취한다(하루에 4 L 이상).

8. 신장 질환자의 식품교환표 활용

■ 신장 질환의 식사요법 목표와 식품교환표

(1) 식사요법 목표

신장 질환을 치료하기 위한 식사요법의 일반적인 목표는 다음과 같다.

① 신장의 부담을 최소화한다.
② 신장기능의 장애로 인하여 체외로 손실된 영양소를 보충한다.
③ 질소노폐물과 나트륨의 체내 축적을 유발하는 물질을 제한한다.
④ 가능한 한 정상체중과 좋은 영양상태를 유지한다.

신장 질환 환자를 위한 식단작성 시 단백질, 나트륨, 칼륨의 조절이 필요하다. 따라서 일반 식품교환표와 달리 이러한 영양소 함량을 제시하는 식품교환표를 이용한다.

(2) 신장 질환자의 식품교환표

신장 질환의 경우 수분과 전해질의 불균형, 노폐물의 혈중 농도의 상승으로 초래될 수 있는 부종, 고혈압, 요독증을 경감시키기 위해서 식사조절이 강조되고 있다. 이에 따라 신장 질환 환자에게 필요한 단백질, 나트륨, 칼륨의 조절을 위한 식품교환표를 대한영양사회 병원분과와 대한신장학회가 공동으로 1997년에 제정하였다.

신장 질환의 식품교환표는 단백질, 나트륨, 칼륨 등의 조절을 할 수 있는 표이다. 영양소의 제한 정도에 따라 적절한 식품을 선택할 수 있다.

■ 식품교환표 활용

신장 질환을 위한 식품교환표는 곡류군, 어육류군, 채소군, 지방군, 우유군, 과일군, 열량보충군 등 7군으로 나누었다. 식품의 칼륨 함량을 고려하여 다시 3개의 소군으로 분류하고, 다량의 나트륨이나 칼륨을 함유한 식품은 별도로 표시하였다. 각 식품교환군의 단백질, 에너지, 인, 나트륨, 칼륨의 함량은 표 7-10과 같고, 식품군별 교환량은 표 7-11과 같다.

각 7개 식품교환군과 식품의 단백질, 나트륨, 칼륨, 인, 에너지 등 함량별 식품의 무게, 목측량 등과 각 식품군의 주의식품 등을 부록에 제시한다.

표 7-10 **단백질, 나트륨, 칼륨 조절을 위한 식품교환표** (교환단위당 영양소 함유량)

식품교환군	단백질(g)	에너지(kcal)	인(mg)	나트륨(mg)	칼륨(mg)
곡류	2	100	30	2	30
어육류	8	75	90	50	120
채소 1	1	20	20	미량	100
2	1	20	20	미량	200
3	1	20	20	미량	400
지방	0	45	0	0	0
우유	6	125	180	100	300
과일 1	미량	50	20	미량	100
2	미량	50	20	미량	200
3	미량	50	20	미량	400
열량보충	미량	100	5	3	20

표 7-11 **신장 질환자를 위한 식품교환표 식품군별 1교환량**

식품군	해당식품과 1교환량	
곡류		쌀밥 70, 백미 30, 가래떡 50, 백설기 40, 인절미 50, 절편(흰떡) 50, 카스텔라 30, 밀가루 30, *식빵 35, *크래커 20, *국수(삶은 것) 90, ††보리밥 70, ††현미밥 70, ††감자 180, †고구마 100, ††옥수수 50, ‡보리미숫가루 30, ‡밤(생것) 60
어육류		고기류 40, 생선류 40, 새우 40, 물오징어 50, *꽃게 50, *굴 70, 두부 80, 연두부 150, 검은콩 20, ‡달걀 60, ‡메추리알 60, *‡햄 50, *‡치즈 40, *‡잔멸치 15
채소	1군	김 2, 깻잎 20, 당근 30, 생표고 30, 치커리 30, 마늘종 40, 팽이버섯 40, 양파 50, 양배추 50, 배추 70, 가지 70, 무 70, 고사리(삶은 것) 70, 숙주 70, 오이 70, 콩나물 70, 피망 70, 녹두묵 100, 도토리묵 100
	2군	도라지 50, 연근 50, 우엉 50, 상추 70, ‡브로콜리 75, 열무 70, 애호박 70, 중국부추(호부추) 70, ‡느타리 70
	3군	아욱 50, 물미역 70, 근대 70, 미나리 70, 조선부추 70, 쑥갓 70, 시금치 70, 취 70, ‡양송이 70, 단호박 100
지방		참기름 5, 들기름 5, 콩기름 5, 올리브유 5, 버터 6, 마요네즈 6
우유		우유 200, 두유 200, 요구르트(호상) 100, 요구르트(액상) 100
과일	1군	단감 80, 연시 80, 사과 100, 자두 80, 파인애플 100, 포도 100, 사과주스 100
	2군	귤 100, 대추(생) 60, 배100, 딸기 150, 황도 150, 수박 200, 오렌지 150, 오렌지주스 150, 자몽 150
	3군	키위 100, 바나나 120, 참외 120, 토마토 250
열량보충		설탕 25, 꿀 20, 녹말가루 30, 당면 30, 사탕 25, 잼 35, 물엿 30

*: 염분 주의식품, †: 칼륨 주의식품, ‡: 인 주의식품

> (예시) 신장이 160 cm, 체중 58 kg인 56세의 여성이 15년 전에 고혈압 진단을 받았지만, 적절한 치료를 받지 못하여, 2년 전에 만성 콩팥병으로 진단받았다.

1 식단 작성 단계

(1) 1일 영양소 구성하기

- 표준체중: $1.6(m) \times 1.6(m) \times 21 ≒ 54 kg$
- 이상체중비: $58 kg \div 54 kg = 107\%$
- 1일 필요 에너지: $54 kg \times 33 kcal/kg = 1,800 kcal$
- 필요단백질량: $58 kg \times 0.78 = 45 g$

(2) 필요 에너지를 탄수화물, 단백질, 지질의 비율을 고려하여 배분하기

탄수화물 : 단백질 : 지질 = 67 : 10 : 23인 경우의 계산은 다음과 같다.

- 탄수화물: $1,800 kcal \times 0.67 = 1,200 kcal$, $1,200 kcal \div 4 kcal = 300 g$
- 단백질: $1,800 kcal \times 0.10 = 180 kcal$, $180 kcal \div 4 kcal = 45 g$
- 지 질: $1,800 kcal \times 0.23 = 420 kcal$, $420 kcal \div 9 kcal = 46 g$

1일 영양소 구성의 예

에너지(kcal)	탄수화물(g)	단백질(g)	지질(g)	소금(g)	칼륨(mg)
1,800	300	45	46	5	1,600

(3) 1일 식품군별 교환단위수 결정

| 식품군 | 곡류군 | 어육류군 | 채소군 | | 지방군 | 우유군 | 과일군 | 열량보충 |
			제1군	제2군				
교환단위수	10	2	4	2	6	0.5	1	100 kcal

PART 2

질환별 식사요법

(4) 끼니별 교환단위수의 배분

끼 니	곡류군	어육류군		채소군		지방군	우유군		과일군	열량보충
		저지방	중지방	제1군	제2군		일반 우유	저지방 우유		
아침	3	–	1	2.1	–	2	–	–	–	–
간식		–	–	–	–	–	0.5	–	–	–
점심	3	1	–	1.3	0.7	2	–	–	–	–
간식	1	–	–	–	–	–	–	–	–	100 kcal
저녁	3	–	–	0.6	1.3	2	–	–	–	–
간식	–	–	–	–	–	–	–	–	1	–
계	10	1	1	4	2	6	0.5	–	1	100 kcal

(5) 식품교환표를 이용하여 식품선택

1일 식단의 예

구분	음식	재료 및 분량(g)	곡류군	어육류군	채소군		지방군	우유군	과일군
					1	2			
아침	흰밥	쌀 90	3	–	–	–	–	–	–
	두부지짐	두부 80 콩기름 5	–	1	–	–	1	∕	–
	가지양념구이	가지 50 콩기름 2.5 **고추장 10**	–	–	0.7	–	0.5	–	–
	오이생채	오이 40, 양파 10	–	–	0.7	–	–	–	–
	무나물	무 50 참기름 2.5	–	–	0.7	–	0.5	–	–
간식	요구르트	액상요구르트 1개 (80 cc)	–	–	–	–	–	0.5	–
점심	흰밥	쌀 90	3	–	–	–	–	–	–
	참조기지짐	참조기 40 콩기름 5 **양념장 10 cc**		1 (간장 5 cc, 물 5 cc, 마늘, 대파 등)			1	–	–
	호박전	애호박 50 콩기름 5	–	–	0.7	–	1	–	–
	꽈리풋고추찜	꽈리풋고추 40	–	–	0.6	–	–	–	–
	마늘종무침	마늘종 30 **고추장 5**	–	–	0.7	–	–	–	–

계속

구분	음식	재료 및 분량(g)	곡류군	어육류군	채소군 1	채소군 2	지방군	우유군	과일군
간식	식혜	식혜 200 cc	열량보충군						
	가래떡	가래떡 50	1	–	–	–	–	–	–
저녁	볶음밥	쌀 90	3					–	–
		볶음 채소 35		–	–	0.5	2		
		콩기름							
		토마토케첩 30							
	콩나물국	콩나물 40	3	–	0.6	–	–	–	–
	연근초절이	연근 30	–	–	–	0.8	–	–	–
간식	사과	사과 80	–	–	–	–	–	–	1

② 실습 평가 및 고찰

- 조리된 식단을 조별로 전시하고 교수가 평가한다.
- 조리된 식단을 각자 시식한 후 자기 평가한다.
- 실습 내용에 대하여 조별 토의를 한다.
- 실습 노트를 작성한다.

③ 개별과제

1,800 kcal 투석 환자식(단백질 60 g, 나트륨 2,300 mg, 칼륨 2,300 mg)의 식품 구성과 식단을 작성하시오.

8장

당뇨병

1 분류

2 증상 및 합병증

3 발병 위험인자

4 진단

5 당뇨병의 영양소 대사

6 식사요법

1. 분류

우리 몸은 포도당을 주된 에너지원으로 사용하는데, 인슐린(insulin)은 포도당이 세포 내로 유입되는 과정에 작용하여 혈당 수준을 조절하는 역할을 한다. 당뇨병 (diabetes mellitus)은 이러한 역할을 하는 인슐린이 부족하거나 제 기능을 하지 못할 때 고혈당이 나타나는 질환으로 장기간 지속될 경우 만성적인 대사장애와 그에 따른 합병증을 동반하게 된다. 당뇨병은 발병 원인에 따라 1형당뇨병과 2형당뇨병으로 분류되며(표 8-1), 임신당뇨병과 기타 당뇨병, 당뇨병 전단계도 있다.

1 1형당뇨병

1형당뇨병은 인슐린을 만들어 내는 췌장 베타세포의 파괴로 의한 인슐린 결핍으로 발생한다. 1형당뇨병은 대부분 20세 이전의 청소년기에 나타나지만, 어느 연령 층

표 8-1 **1형당뇨병과 2형당뇨병의 비교**

특징	1형당뇨병	2형당뇨병
발병 비율	전체 당뇨병의 5~10%	전체 당뇨병의 90~95%
발생 연령	보통 40세 이전(주로 유아기, 아동청소년기)	보통 40세 이후
발병 원인	인슐린 결핍	인슐린 저항성
체중	정상 또는 저체중	과체중 또는 비만
혈장 인슐린	0~극소량	적정량, 과량 또는 서서히 감소하나 존재
증상	다뇨, 다갈, 다식	당뇨, 고혈당
혈당치 변동	췌장 β-세포 감염 정도, 인슐린 투여량에 따라 다름	1형보다 변동폭이 적고 인슐린에 거의 좌우되지 않음
인슐린 치료	반드시 필요	경우에 따라 필요
조절	어려움	비교적 쉬움
케톤산증	흔함	드물게 나타남
치료	식사요법만으로는 불충분	식사조절만으로도 치료 가능(초기 치료시)
구강 혈당강하제	효과가 적음	효과적임
유전	관련성이 있음	관련성이 매우 큼

에서나 발병할 수 있다.

1형당뇨병 환자는 대개 체형이 마른 편이며 케톤산증(ketoacidosis)이 합병증으로 발생한다. 1형당뇨병은 인슐린이 부족한 상태이므로 치료하려면 반드시 인슐린 주사를 맞아야 한다.

② 2형당뇨병

2형당뇨병은 췌장에서 분비하는 인슐린은 충분하나 말초조직에서의 인슐린 작용이 저하되는 인슐린 저항성과, 췌장에서 필요량보다 적은 양의 인슐린이 분비되는 상대적 인슐린 결핍에 의해 발병한다. 2형당뇨병은 대개 40세 이후의 성인에게서 나타나는데, 우리나라 당뇨병 환자의 90% 이상이 2형당뇨병에 속한다.

2형당뇨병 환자는 대부분 과체중 또는 비만이며, 1형당뇨병에 비해 증상이 서서히 진행되고 케톤산증이 잘 생기지 않는다. 2형당뇨병의 경우 식사요법, 운동요법과 경구 혈당강하제가 혈당 조절에 도움이 된다.

③ 기타 당뇨병

특정한 원인 인자 또는 특정 질환에 의하여 발생하는 당뇨병으로 유전증후군, 내분비 질환과 췌장 질환 등으로 인해 발생한다. 이러한 경우에는 당뇨병과 함께 원인 질환의 치료가 선행되어야 한다.

④ 임신당뇨병

임신당뇨병은 임신 중에 항인슐린 호르몬 수치가 상승하고 인슐린 저항성의 증가로 내당능장애가 일어나서 발생한다. 임신을 하게 되면 여러 가지 생리적인 변화가 일어나는데, 그중에서 호르몬의 변화도 심하게 나타난다. 임신 중에는 인슐린과는 반대로 혈당을 높이는 호르몬이 증가함으로써 당뇨병이 발생하는 경우가 있는데, 이렇게 임신 중에 처음으로 발견 또는 진단된 당뇨병을 임신당뇨병이라 한다. 대부분은 분만 후 정상으로 회복되지만 연령이 증가하면서 당뇨병이 다시 발병하는 것으로 알려져 있다. 임신당뇨병은 산모의 임신성 고혈압, 난산의 발생 위험을 높이고 거대아, 신생아 저혈당, 향후 자녀의 비만과 당뇨병 위험을 높인다. 임신 24~28주 사이에 임신당뇨병 진단을 위한 선별검사를 실시하도록 한다.

5 당뇨병 전단계

공복혈당장애, 내당능장애, 당화혈색소가 5.7~6.4%인 경우를 당뇨병 전단계로 진단한다. 당뇨병 전단계에서도 심혈관계질환의 위험이 높아지는 당뇨병의 합병증이 시작되므로 이 단계에서부터 생활습관 교정을 시작하여 당뇨병으로 이환되는 것을 예방하는 것이 중요하다.

2. 증상 및 합병증

당뇨병의 대표적인 임상증상은 고혈당과 당뇨이다. 1형당뇨병의 경우 그 발병이 급속하게 진행되며 자각 증상도 심하게 나타난다. 고전적인 증상으로는 다갈(polydipsia), 다뇨(polyuria), 다식(polyphagia)이 나타나고, 피로감, 체중감소, 감염증이 자주 생기며 혼수 등의 증상이 나타나기도 한다. 당뇨병 합병증이 생긴 경우에는 소화불량, 손발 저림, 시력 감퇴 등의 증상이 나타날 수 있다. 당뇨병의 합병증에는 급성 합병증과 만성 합병증이 있다(표 8-2).

3. 발병 위험인자

1 유전적 요인

당뇨병의 발병인자로서 유전적 요인을 들 수 있다. 당뇨병 발생에 관여하는 유전인자를 보면 1형당뇨병의 경우에는 자가면역결핍에 관계된 유전인자가 관여하고, 2형당뇨병의 경우에는 인슐린 저항성에 관련되는 유전인자가 관여한다. 최근에는 사람의 유전자 정보에 대한 연구가 가속화되면서 개인의 유전정보를 이용하여 당뇨병의 조기 예방 및 치료가 가능할 것으로 여겨진다.

표 8-2 **당뇨병의 합병증**

종류	합병증	특징
급성합병증	저혈당증	주로 1형당뇨병 환자에서 인슐린의 과다 사용, 심한 운동, 2형 당뇨병 환자에서 경구혈당강하제의 과다 복용 등으로 혈당이 70 mg/dL 미만으로 저하될 때 발생한다. 증상으로는 공복감, 식은땀, 어지러움, 두통, 메스꺼움, 가슴떨림, 불안, 피로감 등이 나타난다.
	당뇨병성 케톤산증	1형당뇨병 환자에서 인슐린을 투여하지 않았거나 식사량이 과다할 때 인슐린의 부족으로 포도당이 에너지원으로 이용되지 못하여 체내 지방이나 단백질이 대신 에너지원으로 동원된다. 이때 지방산이 완전 연소되지 못하고 중간대사산물인 케톤체의 생성이 증가하여 산독증(acidosis)이 생긴다. 증상으로는 구토, 갈증, 탈수, 메스꺼움, 호흡곤란, 다뇨, 무력감 등이 나타난다.
	고혈당고삼투질 상태	2형당뇨병 환자에서 췌장염, 감염, 콩팥병, 심근경색 등의 질환이 동반되거나 이뇨제 사용 시에 잘 나타난다. 피로, 두통, 혼수, 중추신경계 증상 등이 있으며, 심한 고혈당 혼수로 인해 체액 손실이 동반되므로 탈수가 올 수 있다. 그러나 케톤산증은 일어나지 않는다. 인슐린 투여와 수분을 보충한다.
만성합병증	당뇨병성 망막증	당뇨병 환자의 혈당이 높아지면 망막으로 포도당이 들어가 솔비톨(sorbitol)로 전환되면서 솔비톨이 고농도로 망막에 축적되는데, 이것이 망막 부위의 혈관을 손상시키게 된다. 당뇨병의 미세혈관합병증은 실명의 원인이 될 수 있다.
	당뇨병성 신장 질환	고혈당상태가 지속되면 신장혈관이 손상되어 신장기능이 저하된다. 신장기능이 저하되면 단백뇨가 나타나고 나중에는 노폐물이 배설되지 않아 결국 만성 콩팥병으로 진행된다.
	당뇨병성 신경병증	당뇨병성 신경장애는 주로 발, 다리, 손 등의 말초신경조직이 손상되면서 나타난다. 특히 말초신경의 손상은 팔, 다리 등으로 신경자극이 전달되는 것을 저해하여 감각을 잃게 되기도 한다. 발과 다리가 부패하는 괴저현상이 나타나고 심하면 다리를 절단해야 한다.
	심혈관계 질환	당뇨병 환자는 고콜레스테롤혈증과 고중성지방혈증을 보이는 경우가 많으므로 동맥경화증으로 진행되고 심장 질환의 위험성이 높다. 관상동맥경화증, 뇌혈관 죽상경화증, 하지 동맥경화증이 많이 나타난다.

2 연령과 성별

당뇨병의 발병 연령은 15세 미만의 어린 시기에 주로 발병하는 소아 당뇨병부터 40대의 중년 이후에 주로 발생하는 성인 당뇨병에 이르기까지 연령 범위가 광범위하다. 통계적으로 보면 40세 이후의 중년층과 노년층에서 발병률이 높은 것으로 나타났다. 성별에 따른 당뇨병의 유병률은 서양에서는 여자가 남자보다 높은 데 비해, 아시아에서는 남자의 유병률이 여자보다 높게 나타났다.

❸ 비만

일반적으로 비만한 사람은 그렇지 않은 사람보다 당뇨병에 잘 걸리는 경향을 보인다. 비만은 조직의 인슐린 수용체 수와 인슐린 민감도를 감소시킴으로써 세포 내로 포도당이 수송되는 것을 저하하여 고혈당을 유발하고 당뇨병의 발병을 촉진한다.

우리 몸의 간, 근육, 지방세포 등이 인슐린의 작용에 대하여 예민도가 떨어지면 인슐린이 충분하더라도 혈당 수준을 조절하지 못하게 되는 것이다. 인슐린의 작용에 대하여 조직의 세포가 둔감하게 반응하는 것을 인슐린 저항성이라 하는데, 복부 비만은 인슐린 저항성을 일으키는 주된 원인이다.

❹ 정신적 스트레스

심한 스트레스, 정신적 과로, 갑작스러운 정신적 충격을 받은 사람 가운데 당뇨병이 발병하는 경우가 많다. 정신적 스트레스에 의한 에너지 대사 조절이 인슐린의 분비를 조절하는 중추신경계와 밀접한 관계가 있으며, 스트레스를 받으면 부신수질호르몬이 분비되어 혈당을 높이는 작용을 한다.

❺ 임신

임신 시에 분비되는 사람태반 유선자극 호르몬 등 인슐린의 작용을 억제하는 호르몬들에 의해 인슐린 저항성이 증가하기 때문에, 임신 합병증으로 임신당뇨병이 발생한다. 출산 경력이 많은 여성에게서 임신에 따른 체지방 축적의 증가로 인해 당뇨병의 유병률이 높아진다.

6 감염 및 약물복용

세균이나 바이러스에 감염된 경우 이것이 췌장의 베타세포에 영향을 주어 인슐린의 분비를 억제함으로써 당뇨병의 발병을 증가시킨다. 약물 중 부신피질 호르몬제나 이뇨제 등은 포도당 내성을 손상하여 당뇨병을 유발하거나 악화시킬 수 있다.

4. 진단

당뇨병의 전형적인 증상인 다뇨, 다식, 체중감소 등의 증상이 있는 경우에는 당뇨병을 쉽게 발견할 수 있으나 이러한 증상이 없는 경우에는 당뇨병의 선별검사를 통한 진단이 필요하다. 당뇨병 진단검사로서 직접적으로는 혈중 인슐린과 C-펩타이드 농도, 당화혈색소(glycosylated hemoglobin, HbA1c) 함량을 측정하는 방법이 있다. 임상적으로는 혈당검사가 가장 널리 사용되고 있다.

1 혈당검사

당뇨병의 진단에는 주로 정맥혈의 혈장이 이용된다. 혈당 측정은 8시간 이상 금식후 실시하며, 당뇨병의 진단기준은 표 8-3과 같다.

2 경구 포도당 부하검사

당뇨병 상태를 정확하게 진단하기 위해서는 경구 포도당 부하검사(oral glucose tolerance test)를 시행한다. 이 방법은 12시간 금식 후에 일정량(성인 75 g, 어린이는 체중 kg당 1.75 g)의 포도당을 경구 투여한 후 시간의 경과에 따라 혈당 수준의 변화를 관찰함으로써 포도당 투여에 따른 신체의 적응능력을 검사하는 것이다. 그러나 이 검사는 당뇨병 이외의 인자들에 의해서도 영향을 받으므로 다른 질환의 유무를 고려하여 실시해야 한다.

표 8-3 한국인의 당뇨병 진단 기준

정상 혈당	1. 최소 8시간 이상 금식 후 공복 혈장혈당 100 mg/dL 미만 2. 75 g 경구포도당부하 2시간 후 혈장혈당 140 mg/dL 미만
당뇨병	1. 당화혈색소 ≥ 6.5% 또는 2. 8시간 이상 공복혈장혈당 ≥ 126 mg/dL 또는 3. 75 g 경구포도당부하검사 후 2시간 혈장혈당 ≥ 200 mg/dL 또는 4. 당뇨병의 전형적인 증상(다뇨, 다음, 설명되지 않는 체중감소)과 무작위 　혈장혈당 ≥ 200 mg/dL
당뇨병 전단계 진단기준	1. 공복혈당장애: 공복혈장혈당 100~125 mg/dL 2. 내당능장애: 75 g 경구포도당부하 2시간 후 혈장혈당 140~199 mg/dL 3. 당화혈색소 5.7~6.4%

* 당뇨병의 1, 2, 3 중 하나에 해당하는 경우 서로 다른 검사를 반복해야 하지만, 동시에 시행한 검사에서 두 가지 이상을 만족한다면 바로 확진할 수 있다.
* 당화혈색소는 표준화된 방법으로 측정되어야 한다.

출처: 대한당뇨병학회. 당뇨병 진료지침. 2023.

3 C-펩타이드 측정

C-펩타이드 농도는 주로 1형당뇨병 진단에 이용되는데, 인슐린이 프로인슐린으로 분할될 때 같은 양의 C-펩타이드가 췌장에서 분비되므로 탄수화물 섭취 후에 연속적으로 측정하면 인슐린의 분비 시각과 양을 예측할 수 있다. 정상범위는 공복 시 1~2 ng/mL, 당부하검사 2시간 후 4~6 ng/mL이다.

4 당화혈색소검사(glycosylated hemoglobin, HbAlc)

당화혈색소는 혈중 포도당 농도가 높을 때 포도당과 헤모글로빈이 결합하여 생성되며 이 반응은 비가역적이다. 따라서 혈당이 높아지면 당화혈색소량이 증가하여 혈색소의 산소 결합능력이 저하된다. 당화혈색소는 2~3개월 동안의 장기간에 걸친 혈당 수준을 반영한다. 당화혈색소가 6.5% 이상일 경우 당뇨병으로 진단한다.

5 요당검사

요당검사는 간편하고 신속하기 때문에 당뇨병 진단에 널리 이용되고 있다. 요당의 측정으로는 현재 포도당 산화효소법에 의한 시험지법을 많이 이용하고 있다. 이 방법은 포도당에 특이적이어서 포도당 이외의 당에는 반응을 나타내지 않고 이용이 간편하다는 장점이 있다.

신장에서 포도당 재흡수의 역치는 170~180 mg/dL이므로 혈당치가 그 이상이 되면 신장의 세뇨관에서 포도당의 재흡수가 불가능하게 되어 당뇨가 나타난다. 그러나 신장 질환 시에는 요당 반응이 적절하지 않게 일어날 수 있다.

5. 당뇨병의 영양소 대사

▌1▐ 혈당 수준 및 조절

정상인의 혈당 수준은 대체로 공복 시에 70~100 mg/dL을 유지하고 있으며, 식사하고 나서 30분 정도 후에는 120~130 mg/dL까지 상승하지만, 식후 2시간 정도가 지나면 거의 정상 수준으로 회복된다. 이와 같이 식후 혈당의 시간적 변화를 나타내는 곡선을 혈당곡선(blood sugar curve)이라고 하며 당뇨병의 진단에 이용한다 (그림 8-2).

혈액 중의 포도당은 식사 후 흡수되어 들어오는 포도당, 간에서 단백질이나 글리세롤로부터 당신생작용에 의해 합성되는 포도당, 간 글리코겐이 분해되어 생긴 포도

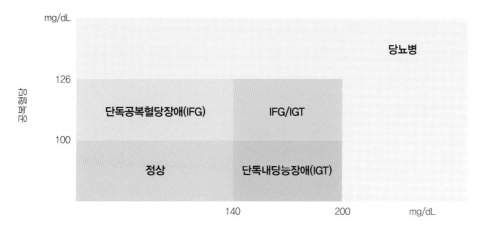

그림 8-1 공복혈당과 당부하 2시간 혈당을 기준으로 한 당대사이상의 분류
출처: 대한당뇨병학회. 당뇨병 진료지침. 2023.

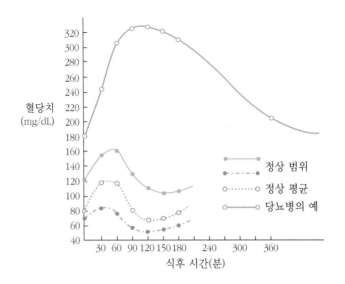

혈당치
(mg/dL)

식후 시간(분)

○ 정상 범위
○ 정상 평균
○ 당뇨병의 예

그림 8-2 **혈당곡선**

당 등에서 기인한다. 식후 혈당이 상승하면 혈당 조절을 위해 여러 경로를 통해 포도당을 이용한다. 간이나 근육에서는 글리코겐으로 전환하여 저장하고, 지방조직에서는 지방을 합성하며, 모든 조직세포에서 에너지로 이용함으로써 일정 수준의 혈당을 유지하게 한다.

혈당 수준은 호르몬에 의해 일정한 범위 내에서 항상성을 유지하고 있다. 혈당 조절 호르몬으로는 혈당을 낮추는 작용을 하는 인슐린과 혈당을 상승시키는 작용을 하는 글루카곤(glucagon), 부신피질 자극 호르몬(ACTH), 글루코코티코이드(glucocorticoid), 티록신(thyroxine), 에피네프린(epinephrine) 등이 있다. 소마토스타틴(somatostatin)은 인슐린과 글루카곤의 상반된 혈당 조절 작용에 대해서 이들 호르몬이 필요 이상으로 분비되지 않도록 견제하는 역할을 함으로써 당 대사의 조절에 관여한다.

2 영양소 대사

당뇨병 상태에서는 인슐린의 작용 저하로 인해 정상 건강인에서의 영양소 대사와 다른 특성이 나타난다(표 8-4). 체조직 성분들이 분해되는 이화작용과 수분 배설 등이 특징적으로 나타난다.

표 8-4 당뇨병의 영양소 대사

분류	대사 특징
탄수화물 대사	• 간에서의 글리코겐 합성 감소 • 간에서의 글리코겐 분해 증가 • 간에서의 포도당 신생 촉진 • 말초조직에서 포도당 이용률 저하 • 고혈당 유도
지방 대사	• 지방 합성 저하 • 지방의 산화분해 증가 • 케톤체 생성 증가 • 이상지질혈증 유도
단백질 대사	• 근육단백질의 이화 증가 • 분해된 아미노산(알라닌 등)의 포도당 신생 증가 • 혈중 곁가지 아미노산(발린, 루이신, 이소루이신) 농도 증가 • 체단백 감소 유도
수분 및 전해질 대사	• 수분 배설 증가 • 세포 내의 칼륨 유출, 전해질 대사이상 • 탈수 위험 증가

6. 식사요법

당뇨병 환자의 올바른 영양관리방법은 혈당 조절과 합병증 예방을 위해 정상적인 활동을 하면서 영양상태를 잘 유지할 수 있도록 적절한 영양을 섭취하도록 하는 것이다.

1 기본 목표

● 정상 혈당을 유지한다.

● 적절한 혈중 지질농도를 유지한다.

● 적정체중을 유지한다.

● 합병증을 예방한다.

● 적절한 영양상태를 유지한다.

이러한 기본 목표를 달성하는 데 있어 당뇨병 환자 임상지표의 관리목표는 표

8-5와 같다. 이러한 기본목표를 달성하기 위한 당뇨병 유형에 따른 기본적인 식사관리 지침은 표 8-6과 같다.

표 8-5 당뇨병 환자 임상지표의 관리 목표

임상지표	정상범위	목표	중재 필요
식전 혈당(mg/dL)	<100	70~100	<70 또는 >140
당화혈색소(%)	<5.6	<5.6	>5.7
LDL-콜레스테롤(mg/dL)	<130	<130	>130
HDL-콜레스테롤(mg/dL)	>40	>40	<40
중성지방(mg/dL)	<150	<150	>200
혈압(mmHg)	<140/90	<130/80	>130/85
체중	표준체중	표준체중	

표 8-6 당뇨병 유형에 따른 기본적인 식사관리

| 항목 | 1형당뇨병 | 2형당뇨병[1] | | 임신당뇨병 | 당뇨병 전단계 |
		비만	비만이 아닌 경우		
규칙적인 식사	H	M	M	H	L
식사섭취량의 항상성	H	M	M	H	L
지방 조절[2]	H	H	H	M	H
단순당 제한	M	M	M	M	M
운동 시 간식 섭취	H	L	L	M	L
에너지 섭취 제한	L	H	L	L[4]	M[5]
기타 영양적 요인[3]	M	M	M	M	M

※ H-high priority, M-medium priority, L-low priority
1) 인슐린 주사를 맞는 NIDDM 환자는 IDDM의 지침에 따라 식사를 계획할 것
2) 혈중 지방 수준에 따라 달라질 수 있음
3) 의학적 문제(예 : 암, 신장 질환, 고혈압, 식품 알레르기)
4) 임신기간 동안에는 적절한 체중 증가가 이루어져야 함
5) 과체중, 비만의 경우에는 체중 조절이 필요

출처: Thom S. L. *Nutritional management of diabetes. Nutr Clin Nor Am, 28*(1), p.101. 1993.

식사요법의 기본 원칙

- 에너지 필요량 결정
- 영양소의 균형적인 분배와 공급
- 식사시간과 간격의 적절한 분배

❷ 식사관리방법

(1) 에너지 필요량 결정

당뇨병 환자의 하루 총에너지 섭취량은 일상생활에 지장이 없으며 인슐린의 수요를 가능한 한 적게 하고 이상적인 체중을 유지하는 데 필요한 최소량으로 한다. 에너지 필요량 계산 시에는 성별·연령별 권장량이나 활동수준 등을 참고한다. 어린이나 청소년 환자에게는 정상적인 성장과 발육을 위해 적절한 에너지가 요구되고, 임산부의 경우에는 임신과 수유기간 동안 대사량이 증가하므로 이에 따른 충분한 에너지가 고려되어야 한다. 당뇨병 환자가 감염이나 기타 질환이 있는 경우 에너지 소비 증가를 보충하기 위한 에너지 증가가 필요하다.

1형당뇨병 환자의 경우는 10세까지는 '1,000 kcal + (나이 × 100 kcal)'의 방법으로 산출하고, 11세 이상의 경우에는 남녀의 산출기준에 따른다. 성장기 이후에는 성인의 에너지 처방에 준하여 결정한다. 진단 초기에 체중 손실이 있는 경우에는 정상체중으로 회복되기 위한 에너지를 200~700 kcal 정도 부가적으로 처방한다.

2형당뇨병 환자의 에너지 요구량은 표준체중을 유지할 수 있는 수준으로 결정하며, 일반적인 지침에 따른 1일 필요 에너지는 '표준체중(kg) × 활동별 에너지(kcal/kg)'로 계산한다.

가벼운 활동을 하는 2형당뇨병 환자의 경우는 이상체중에 도달할 수 있도록 '표준체중×25 kcal'를 적용하여 에너지 처방을 하되, 비만한 환자의 경우에는 하루에 500 kcal 정도를 추가로 감소시켜 처방하기도 한다. 특히 체중은 인슐린요구량, 인슐린저항성 및 혈당 조절에 크게 영향을 미치기 때문에 비만 당뇨병 환자의 경우 우선적으로 체중을 감소시켜야 한다. 임신당뇨병인 경우에는 임신 시 필요한 추가에너지를 더하여 처방하지만 적절한 체중 증가가 이루어지는지 잘 관찰해야 한다.

표 8-7 활동 정도 및 환자상태에 따른 활동별 에너지 요구량

활동 정도 및 환자상태	활동별 에너지 요구량(kcal/kg)
가벼운 활동 및 고령자	25~30
보통의 활동	30~35
힘든 작업 및 감염증 환자	35~40

표준체중을 산출하는 방법으로는 여러 가지 기준이나 공식이 이용되고 있다. 표준체중은 주로 '체질량지수 이용법[남자: 키$(m^2) \times 22$, 여자: 키$(m^2) \times 21$]'을 이용하여 산정한다.

(2) 영양소의 배분과 공급

1일 총에너지 섭취량이 결정되면 탄수화물, 단백질, 지질의 필요량을 정하는데, 총에너지에 대한 다량영양소의 에너지 적정 비율은 환자의 상태와 개별 목표에 따라 조정한다.

① 탄수화물

당뇨병 환자의 탄수화물 섭취는 최소한으로 줄이는 것이 혈당 개선에 효과적이지만, 인슐린이나 경구혈당강하제를 사용하고 있는 경우에는 탄수화물 섭취를 줄였을 때 저혈당의 위험이 있으므로 환자의 상태와 목표에 의해 조정하는 것이 필요하다.

당뇨병에서 나타날 수 있는 케톤산증을 막기 위해서는 최소한 1일 100 g 이상의

표 8-8 **당뇨병 환자의 임상영양치료**

항목	내용
에너지 섭취	• 과체중 및 비만 시 5% 이상 체중감량을 위한 섭취량 조정 필요
영양소 비율과 식사 패턴	• 탄수화물, 단백질, 지방의 섭취 비율은 식습관, 기호도, 치료 목표 등 고려하여 개별화하기
탄수화물	• 식이섬유가 풍부한 통곡물, 채소, 콩류, 과일 및 유제품 형태로 섭취 • 식이섬유는 1,000 kcal당 12 g 이상 섭취 권장 • 탄수화물 섭취 최소화 • 당류 섭취를 줄이는 데 어려움이 있는 경우, 인공감미료 사용을 제한적으로 고려
단백질	• 단백질 섭취를 제한할 필요는 없으며 신장질환이 있는 경우에도 더 엄격하게 제한하지 않음 • 1일 0.8 g/kg 미만으로 제한할 경우 영양소섭취 부족 주의
지질	• 콜레스테롤: 300 mg/일 • 포화지방산 총에너지 섭취량의 7%, 트랜스지방산 1% 미만
알코올	• 여성은 1잔 이내, 남성은 2잔 이내
나트륨	• 1일 2,300 mg 이내
미량영양소 및 보충제	• 별도로 권장되지 않으나 영양소 결핍이 확인되거나 가능성이 높은 경우 보충

출처: 대한영양사협회. 임상영양관리지침서 제4판. 2022.

탄수화물 섭취가 필요하다. 체내에서 포도당을 에너지원으로 의존하고 있는 뇌조직과 혈구 등에서 1일 150~180 kcal의 포도당을 필요로 하므로 하루에 200~300 g 정도의 탄수화물을 섭취하는 것이 권장된다.

탄수화물은 종류에 따라 그리고 함께 섭취하는 식품의 종류에 따라 혈당 수준에

혈당지수(당지수)

혈당지수(Glycemic Index, GI)란 섭취한 식품의 혈당 상승 정도와 인슐린 반응을 유도하는 정도를 나타내며, 순수 포도당을 100이라고 했을 때 비교하여 수치로 표시한 지수이다. 높은 혈당지수의 식품은 낮은 혈당지수의 식품보다 혈당을 더 빨리 상승시킨다.

식품의 당지수 예

식품 정보	혈당지수(포도당=100)	식품 정보	혈당지수(포도당=100)
대두콩	18	고구마	61
우유	27	아이스크림	61
사과	38	환타	68
배	38	수박	72
밀크초콜릿	43	늙은호박	75
포도	46	게토레이	78
쥐눈이콩	42	콘플레이크	81
호밀빵	50	구운감자	85
현미밥	55	흰밥	86
파인애플	59	떡	91
페이스트리	59	찹쌀밥	92

출처: 보건복지부 · 한국영양학회. 한국인 영양소 섭취기준. 2020.

당부하지수

당부하지수(Glycemic load, GL)는 혈당지수에 식품의 1회 섭취량을 고려한 것으로 '(혈당지수 × 식품의 1회 섭취량에 포함된 탄수화물의 양)/100'으로 계산한다. 당뇨병 환자에게 총탄수화물의 양뿐만 아니라 혈당지수, 당부하지수를 고려하여 식품을 선택하도록 하면 혈당 조절에 도움이 될 수 있다.

표 8-9 감미료의 분류

감미료 종류			안전성 및 특징	에너지(kcal/g)	단맛(설탕 기준)
천연감미료	탄수화물계 감미료	당류 포도당		4 kcal	0.7배
		과당			0.2~1.8배
		유당			0.2배
		맥아당			0.4배
		자당(설탕)			1.0배
		전화당			1.3배
		자일리톨	에너지를 내나 구강 내에서는 쉽게 대사되지 못하여 충치 예방 효과 있음	2.4 kcal	≒1.0배
		당알코올 만니톨	과량(20 g 이상) 섭취 시 설사 유발	1.6 kcal	0.5~0.7배
		말티톨	과량 섭취 시 설사 유발	3.0 kcal	0.9배
		솔비톨	• 과량(50 g 이상) 섭취 시 설사 유발 －열량을 내나 구강 내에서는 쉽게 대사되지 못하여 충치 예방 효과가 있음	2.6 kcal	0.5~0.7배
		에리스리톨	제품별 최대 허용량이 정해져 있음	0.2 kcal	0.6~0.8배
	비탄수화물계 감미료	스테비오사이드	안전성이 알려져 있지 않음 FDA-식이보충용으로 허가	없다.	300배
합성감미료	수크랄로스		• 어린이, 임산부, 당뇨병 환자에게 안전 －ADI: 5 mg/kg	없다.	600배
	아세설팜 칼륨		• 어린이, 임산부, 당뇨병 환자에게 안전 －ADI: 15 mg/kg	없다.	200배
	사카린		• 어린이, 임산부, 당뇨병 환자에게 안전 －ADI: 3~9 mg/kg	없다.	200~700배
	아스파탐		• 어린이, 임산부, 당뇨병 환자에게 안전 －ADI: 40 mg/kg －PKU(Phenylketonuria) 환자 주의 －고온에서 맛에 변화가 있음	4 kcal	160~220배

표에 제시된 모든 감미료는 FDA와 JECFA(FAO/WHO), KFDA에서 식품첨가물로 사용이 허가됨
FDA: The Food and Drug Administration ; ADI: Acceptable Daily Intake
출처: 보건복지부·한국영양학회. 한국인 영양소 섭취기준. 2020.

미치는 영향이 다르게 나타난다. 복합 탄수화물은 체내에서 서서히 포도당으로 가수분해되어 이용될 때까지 시간이 걸리지만, 설탕 등 단순당이 포함된 당류는 흡수가 빠르다. 그러나 탄수화물이 혈당에 미치는 영향은 음식으로 섭취하는 총량이 종류나 형태보다 더 큰 영향을 미친다.

식이섬유는 당뇨병의 예방 및 치료에서 혈당 조절 기능을 나타내며, 수용성 식이

섬유가 더 효과적이다. 당뇨병 환자의 식이섬유 권장량은 1,000 kcal당 12 g 이상으로 하루 25~30 g을 권한다. 식이섬유가 당뇨병에 미치는 효과는 위배출 시간의 지연, 혈당의 급격한 상승 억제, 혈중 콜레스테롤 저하, 인슐린 감수성 증가 등을 들 수 있다.

단당류나 이당류와 같은 단순당은 체내에서 빨리 흡수되고 혈당을 급격히 상승하고 혈중 중성지방 함량을 증가시킬 수 있으므로 가급적 피하도록 한다. 설탕 대용으로 다양한 감미료가 시판되고 있다(표 8-9). 음식의 맛을 증진시키기 위해 감미료의 특성, 단맛 정도, 안전량, 혈당 조절에 미치는 영향 등을 고려하여 적정량을 사용하도록 한다. 과당은 설탕이나 복합 탄수화물보다 혈당에 미치는 영향이 작은 것으로 보고되었으나 혈중 중성지방의 상승을 초래하기 때문에 섭취해야 할 식품 자체에 들어 있는 과당 외에 첨가 과당은 바람직하지 않다.

② 단백질

혈당이 잘 조절되지 않는 당뇨병 환자에서는 체단백질의 이화작용으로 인해 소변으로 많은 양의 질소가 배출되며, 단백질로부터 당신생작용이 증가하게 된다. 그 결과 근육량의 감소와 면역력의 저하가 나타나므로 질적으로 우수한 단백질을 충분하게 섭취하는 것을 권장한다. 기본적으로는 양질의 단백질을 기준으로 총에너지의 15~20%를 섭취하도록 하며, 당뇨병신장 질환을 동반할 경우에는 0.8 g/kg 정도의 단백질 섭취를 유지하는 것으로 권고하고 있으나, 단백질 영양불량을 방지하기 위한 주의 깊은 관찰이 필요하다. 단백질 목표 섭취량은 환자의 혈당 조절 능력과 대사에 따라 개별 조절한다.

③ 지질

당뇨병 환자의 지방 섭취 비율은 건강한 성인과 같이 총에너지의 15~30%로 권하며, 동맥경화를 예방하기 위해 30% 이내로 제한하도록 권한다. 지방산 간의 균형이 중요하므로 다가불포화지방산 : 단일불포화지방산 : 포화지방산의 섭취비율을 1 : 1 : 1로 유지하게 하며 콜레스테롤량은 1일 300 mg이 넘지 않도록 한다. 이상지질혈증의 예방과 치료를 위하여 오메가-3 지방산의 섭취가 효과적이므로 포화지방산이 많은 육류보다는 오메가-3 지방산이 풍부한 생선을 주 2회 이상 섭취하도록 권장한다. 포화지방산은 총에너지 섭취량의 7% 이내로 하고 트랜스지방산은 총에너지 섭취량의 1% 미만으로 섭취하도록 권한다.

소아당뇨의 유의점

소아당뇨는 전형적인 1형당뇨병이며, 성장기 어린이들이라는 점을 고려하여 영양관리에 특별히 유의해야 한다.

- **에너지 필요량**: 어린이의 평소 식품섭취량과 활동 정도를 고려하여 결정한다. 생후 1년까지는 하루 1,000 kcal를 제공하고, 2~10세는 '1,000 kcal + (나이 × 100)'을 적용하여 제공한다.
- 성장기 어린이이므로 양질의 단백질을 총에너지의 15~20% 정도 섭취하도록 권장한다.
- 포화지방은 총에너지의 10% 이내, 오메가-3 지방산을 충분히 섭취하도록 권장한다.
- 탄수화물은 에너지의 45~55%를 권장하며, 단순당류는 총에너지의 10% 미만으로 섭취하도록 권장한다.
- 식이섬유는 충분히 섭취하도록 권장한다.
- 인슐린 종류, 활동량, 식습관을 고려하여 식사 간격을 규칙적으로 배분한다.
- 운동 전에는 운동 강도, 혈당 수준에 따라 적절한 간식을 공급한다.
- 저혈당 시에는 15 g 정도의 소화흡수되기 쉬운 탄수화물을 공급한다.

- **여름철 저에너지 간식**: 여름철에는 시원한 음료수나 빙과류를 많이 먹게 된다. 특히 소아당뇨 어린이들을 위해서는 여름철 저에너지 간식을 가정에서 직접 만들어 주면 여름철 식사관리에도 도움이 된다.

여름철 저에너지 간식

에너지(kcal)	분류	내용
20	콜라	라이트콜라 2/3개 + 무설탕탄산수 1/4컵 + 인공감미료 + 얼음
	과즙음료	무가당주스 30 cc + 무설탕탄산수 2/3컵 + 인공감미료 + 얼음
	아이스캔디	무가당주스 30 cc + 무설탕탄산수 2/3컵 + 인공감미료 + 얼음(모양 컵에 담아 냉동고에서 얼린다)
	젤리	한천 0.4 g + 젤라틴 1.2 g + 물 120~150 cc + 무가당주스 30 cc + 인공감미료 ① 끓는 물에 한천을 넣고 다 녹으면 불을 끈 후 주스를 넣는다. ② 젤라틴을 ①에 넣고 잘 녹인다. ③ 인공감미료를 넣고 잘 섞은 후 유리컵이나 모양 컵에 담아 식으면 냉장고에 1~2시간 정도 넣어 둔다.
50	레모네이드 아이스바	레몬 1/2개 + 인공감미료 + 물 1/3컵 ① 레몬은 즙을 낸다. ② 레몬즙에 인공감미료와 물을 섞는다. ③ ②를 컵에 붓고 비닐 랩을 씌운 후 스틱을 꽂고 냉동실에서 얼린다.

계속

에너지(kcal)	분류	내용
60	과일화채	무설탕탄산수 1/3컵＋얼음＋젤리 50 g＋과일 1교환단위량(수박 50 g＋참외 30 g＋복숭아 40 g＋키위 20 g)
	모둠과일	과일 1교환단위량＋젤리 50 g
70	팥푸딩	팥 20 g＋한천 5 g＋물 1컵＋인공감미료＋소금 약간 ① 팥에 5배 물을 넣고 삶아 체에 걸러 앙금을 가라앉힌다. ② 한천에 물을 붓고 끓인다. ③ 한천이 다 녹으면 팥앙금, 인공감미료, 소금을 넣고 모양 틀에 담아 굳힌다.
110	과일우유	과일 1교환단위량＋우유 100 cc(1/2컵)＋인공감미료＋얼음
170	바나나 셰이크	바나나 1/2개＋달걀 노른자 1개＋우유 1/2개＋인공감미료＋계핏 가루 ① 플라스틱 그릇에 난황과 인공감미료를 넣고 거품기로 잘 젓는다. ② 바나나, 우유를 믹서에 간다. ③ 계핏가루를 넣고 모두 섞은 후 컵에 담아 얼음을 넣는다.

④ 비타민과 무기질, 알코올

비타민과 무기질 요구량은 일반적으로는 정상인과 동일하게 권장한다. 그러나 당뇨병은 고혈압과 상관성이 있으며, 특히 비만한 당뇨병 환자의 경우에는 그 관련성이 더 높게 나타난다. 또한 당뇨병 환자들의 경우 정상인에 비해 나트륨에 대해 보다 민감한 것으로 알려져 있다. 따라서 당뇨병 환자들의 경우에는 합병증 예방을 위해 나트륨 섭취를 1일 2,300 mg 이내로 제한하도록 권장한다.

비타민 C는 당뇨병 환자의 백내장 및 신경 증상을 예방하고, 비타민 E는 당뇨병의 주된 합병증인 동맥경화성 플라크 형성을 억제하는 효과가 보고되어 있다. 그러나 과다섭취의 해로운 점도 가지고 있으므로 영양소 결핍이 확인되지 않는 경우에는 별도의 보충제의 섭취는 권장하지 않는다.

알코올 섭취는 인슐린을 사용하는 당뇨병 환자에게 저혈당 위험을 높일 수 있으므로 주의하도록 교육한다. 또한 케톤체 합성 증가, 혈중 중성지방 상승을 유발하며, 7 kcal/g의 높은 에너지 함유로 인한 체중 증가의 원인이 되므로 여성은 하루 1잔 이내, 남성은 2잔 이내로 제한하도록 권장한다.

(3) 식사시간과 간격의 배분

총에너지와 영양소의 균형적인 배분에 따라 하루에 섭취할 식품 구성과 식품량이 결정되면 적당한 식사횟수에 따라 규칙적으로 섭취해야 한다. 식품 섭취의 적정한 분배는 혈당 수준의 심한 변동과 저혈당을 막을 수 있으며 또한 과식을 피할 수 있다. 특히 1형당뇨병 환자의 경우 혈당 조절을 위해 인슐린 투여가 반드시 필요하므로 식사요법은 혈당 조절, 특히 저혈당 예방을 위해 규칙적인 식사와 일정한 식사량의 유지가 우선적으로 요구되며, 투여하는 인슐린의 종류에 따라 식사의 배분에도 중점을 두어야 한다. 단기작용 인슐린이나 중기작용 인슐린을 매일 일정한 시간에 주사하는 경우에는 인슐린 최대 작용시간에 맞추어 식사나 간식을 계획한다. 그 외에도 환자 개개인의 작업시간, 사회적 활동시간, 운동시간 등 일상생활의 주기를 고려하여 균형 있게 식사를 배분해야 한다. 식사나 간식의 에너지, 탄수화물, 단백질을 일관성 있게 배분함으로써 혈당 변화를 안정시키고 인슐린 투여량에 따라 어떠한 결과가 나타날 것인지 예측할 수 있다.

(4) 당뇨병 환자의 식단관리

당뇨병 환자의 식단을 계획할 때는 개별 환자의 다양한 특성을 고려해야 한다. 인슐린 사용 여부 및 사용 인슐린 종류, 활동량, 체중 등을 고려하여 에너지 및 영양소 필요량과 식사시간 배분 등의 세부계획에 따라 식단을 작성한다.

● 식품교환법에 의한 식단계획

식단작성은 처방된 에너지에 따라 식품교환법을 사용하여 기본계획을 세운다.

2형당뇨병(성인)의 에너지별 각 식품군의 교환단위수 배분의 예는 표 8-10, 표 8-11 및 표 8-12와 같다. 에너지에 따른 식품군별 교환단위수를 끼니에 따라 배분한 예를 보면 표 8-13과 같다. 끼니 배분은 자신의 식생활과 생활패턴을 고려하여 세끼 식사를 비슷하게 배분하는 것이 가장 바람직하다.

표 8-10 당뇨병(성인)의 에너지별 각 식품군의 교환단위수 배분의 예(탄수화물 50~55%)

에너지 (kcal)	식품군								영양소구성						
	곡류군	어육류군		채소군	지방군	우유군		과일군	에너지 (kcal)	탄수화물 (g)	단백질 (g)	지방 (g)	탄수화물 (%)	단백질 (%)	지방 (%)
		저지방	중지방			저지방	일반								
1,200	5	1	3	6	3	0	1	1	1,211	155	60	39	51.2	19.8	29.0
1,300	6	1	3	6	3	0	1	1	1,311	178	62	39	54.3	18.9	26.8
1,400	6	2	3	6	3	0	1	1	1,361	178	70	41	52.3	20.6	27.1
1,500	7	2	3	7	4	0	1	1	1,526	204	74	46	53.5	19.4	27.1
1,600	7	3	3	7	4	0	1	1	1,576	204	82	48	51.8	20.8	27.4
1,700	8	3	3	7	4	0	1	1	1,676	227	84	48	54.2	20.0	25.8
1,800	8	3	3	8	5	1	1	1	1,823	240	92	55	52.7	20.2	27.2
1,900	9	3	3	8	5	1	1	1	1,923	263	94	55	54.7	19.6	25.7
2,000	9	3	3	8	5	1	1	2	1,971	275	94	55	55.8	19.1	25.1
2,100	9	3	4	8	6	1	1	2	2,093	275	102	65	52.6	19.5	28.0
2,200	10	3	4	8	6	1	1	2	2,193	298	104	65	54.4	19.0	26.7
2,300	10	3	5	8	6	1	1	2	2,270	298	112	70	52.5	19.7	27.8
2,400	11	3	5	9	6	1	1	2	2,390	324	116	70	54.2	19.4	26.4
2,500	12	3	5	9	6	1	1	2	2,490	347	118	70	55.7	19.0	25.3
2,600	12	3	6	9	7	1	1	2	2,612	347	126	80	53.1	19.3	27.6
2,700	12	3	6	10	8	1	1	3	2,725	362	128	85	53.1	18.8	28.1
2,800	13	3	6	10	8	1	1	3	2,825	385	130	85	54.5	18.4	27.1

출처: 대한당뇨병학회. 당뇨병 식사계획을 위한 식품교환표 활용 지침 제4판. 2023.

표 8-11 당뇨병(성인)의 에너지별 각 식품군의 교환단위수 배분의 예(탄수화물 40~45%)

에너지 (kcal)	식품군								영양소구성						
	곡류군	어육류군		채소군	지방군	우유군		과일군	에너지 (kcal)	탄수화물 (g)	단백질 (g)	지방 (g)	탄수화물 (%)	단백질 (%)	지방 (%)
		저지방	중지방			저지방	일반								
1,500	5	3	4	7	6	1	0	1	1,496	158	96	58	42.2	23.0	34.8
1,800	6	4	4	8	7	2	0	1	1,795	194	104	67	43.2	23.2	33.6
2,100	7	4	5	9	8	2	0	2	2,085	232	116	77	44.5	22.3	33.2

출처: 대한당뇨병학회. 당뇨병 식사계획을 위한 식품교환표 활용 지침 제4판. 2023.

표 8-12 당뇨병(성인)의 에너지별 각 식품군의 교환단위수 배분의 예(탄수화물 60~65%)

에너지 (kcal)	식품군								영양소구성						
	곡류군	어육류군		채소군	지방군	우유군		과일군	에너지 (kcal)	탄수화물 (g)	단백질 (g)	지방 (g)	탄수화물 (%)	단백질 (%)	지방 (%)
		저지방	중지방			저지방	일반								
1,500	8	2	2	7	3	0	1	1	1,504	227	68	36	60.4	18.1	21.5
1,800	9	3	2	8	4	0	1	2	1,767	265	80	43	60.0	18.1	21.9
2,100	11	3	2	9	5	1	1	2	2,114	324	92	50	61.3	17.4	21.3

출처: 대한당뇨병학회. 당뇨병 식사계획을 위한 식품교환표 활용 지침 제4판. 2023.

표 8-13 1,800 kcal 식단의 예

1일 섭취 에너지 1,800 kcal 탄수화물 섭취비율 53%									
분류	곡류군	어육류군			채소군	지방군	우유군		과일군
		저지방	중지방	고지방			저지방	일반	
1일 교환단위	8	3	3	–	8	5	1	1	1
1끼 교환단위	2~3	2			2.5~3	1~2			

식품군	아침	점심	저녁
곡류군	2교환단위 현미밥 140 g 2/3공기	3교환단위 흑미밥 210 g 1공기	3교환단위 보리밥 210 g 1공기
어육류군	2교환단위 두부 80 g 조기 50 g	2교환단위 새우 40 g 소고기 40 g	2교환단위 달걀 55 g 오징어 50 g
채소군	2.5교환단위 근대 35 g 깻잎순 70 g 백김치 50 g	2.5교환단위 오이/가지 35 g 양파/당근 35 g 깍두기 50 g	3교환단위 무 35 g 콩나물 75 g 부추김치 50 g
지방군	2교환단위 식용유 5 g 참기름 5 g	2교환단위 식용유 10 g	1교환단위 참기름 5 g
우유군	우유 200 mL 액상요구르트 100 g		
과일군	바나나 80 g		

출처: 대한당뇨병학회. 당뇨병 식사계획을 위한 식품교환표 활용 지침 제4판. 2023.

3 특수한 상황에서의 식사관리

(1) 약물요법 사용 환자

1형당뇨병에서는 인슐린 주사를 사용한다. 인슐린은 작용시간에 따라 초단기작용 인슐린, 단기작용 인슐린, 중기작용 인슐린, 장기작용 인슐린으로 구분되며, 이 중 두 가지 형태를 혼합하여 사용하기도 한다.

인슐린 치료 시 인슐린의 특성, 최대효과 발현시간, 지속시간에 따라 혈당 변화의 정도가 달라지므로 이에 따라 식사섭취를 조절하는 것이 바람직하다. 단기작용 인슐린은 피하주사 후 2~3시간에, 중기작용 인슐린은 5~8시간에 최대작용을 나타낸다. 인슐린 치료 시 저혈당이 나타날 수 있으므로 필요한 경우에는 간식을 계획하도록 한다. 또한 환자에 따라 인슐린에 따른 혈당반응이 시간적으로 달리 나타날 수 있으므로 이를 고려해야 한다. 표 8~14는 시판되고 있는 인슐린 제품의 종류와 그 특성을 나타낸 것이다.

(2) 운동요법 사용 환자

규칙적인 운동은 당뇨병 관리에 매우 중요하다. 운동요법에서 특히 중요한 것은

표 8-14 인슐린 종류와 작용시간

인슐린 종류(제품명)			작용 시작시간	최고 작용시간	작용 지속시간
식사 인슐린	초단기 작용 인슐린	인슐린 리스프로	2분	1~2시간	~4.6시간
		인슐린 아스파트	4분	1~3시간	3~5시간
		인슐린 아스파트	10~15분	1~3시간	3~5시간
		인슐린 리스프로	10~15분	1~2시간	3~5시간
		인슐린 글루리진	10~15분	1~2시간	2~4시간
	단기 작용 인슐린	레귤러 인슐린	30분	2~3시간	6.5시간
	중기 작용 인슐린	NPH 인슐린	1~3시간	5~8시간	18시간까지
기저 인슐린	장기 작용 인슐린	인슐린 디터머	3~4시간	6~8시간	24시간까지
		인슐린 글라진	1.5시간	없음	24시간까지
		인슐린 데글루덱	1시간	없음	42시간 이상
		인슐린 글라-300	6시간	없음	24~36시간

출처: 대한당뇨병학회. 당뇨병 진료지침 제7판. 2021.

운동에 따른 저혈당 예방법

- 식사 후 1~3시간 사이에 운동을 한다.
- 운동 전후와 운동 중에 혈당을 측정하여 운동에 따른 혈당 변화를 파악한다.
- 인슐린 작용효과가 최고가 되는 시간을 피하여 운동한다.
- 심한 운동을 하였거나 1시간 이상 운동을 하는 경우에는 운동 중이나 운동 후에 간식을 섭취한다.
- 충분한 양의 수분을 섭취한다.

운동의 종류, 방법, 횟수, 강도 등을 신중하게 고려해야 한다는 것이다. 운동은 근육세포의 포도당 이용률을 촉진시키고 인슐린 저항성을 감소하며 인슐린의 작용을 촉진한다. 운동은 인슐린 요구량을 감소시키므로 인슐린 주사를 맞는 환자는 운동 중이나 운동 후에 저혈당이 발생하기 쉬우므로 운동을 할 경우 인슐린과 식사량을 조절할 필요가 있다. 운동 시 간식은 과일이나 곡류를 권장하며 저혈당을 예방한다고 해서 너무 많이 먹는 것은 피해야 한다.

(3) 케톤산증과 당뇨병성 혼수 환자

당뇨병 환자는 개인의 건강상태와 연령에 맞게 운동과 식사요법, 약물요법을 병행해야만 효과를 볼 수 있다. 약효의 지속시간, 최고의 효과를 내는 시간 그리고 운동의 강도와 시간에 따라 식사와 간식의 배분과 양이 달라지는데, 이를 적절히 관리하지 못하면 저혈당이 되거나 고혈당이 된다.

케톤산증은 1형당뇨병 환자가 여행 등으로 인슐린을 사용하지 못하는 경우에 주로 발생하며 몸은 에너지원으로 지방을 분해하여 케톤체를 과다생성하게 되어 산성화가 되고 호흡과 소변에서 케톤체가 검출된다. 갈증이 심하며 다뇨, 과호흡, 탈수, 피로감 등의 증상이 나타나고 얼굴이 붉고 호흡에서 아세톤 냄새가 나는 것이 특징으로 심해지면 혼수상태가 된다. 케톤산증에 의한 당뇨병성 혼수는 빨리 치료하지 않으면 치명적인 결과를 가져올 수 있다. 치료에는 신속한 인슐린 요법이 필요하며 탈수상태를 회복시키기 위하여 수분과 전해질을 정맥주사로 공급한다.

표 8-15 운동 종류에 따른 보충간식(예)

운동의 종류	운동 전 혈당(mg/dL)	보충간식	보충간식의 예
30분 이하의 중간 강도 운동 (예: 30분 이하의 걷기, 자전거 타기)	100 미만	매시간 탄수화물 10~15 g을 함유한 식품	과일군 1단위 또는 곡류군 1단위
	100 이상	간식이 필요하지 않음	−
1시간 정도의 중간 강도 운동 (예: 1시간 정도의 테니스, 수영, 조깅, 자전거, 정원 손질, 골프, 청소 등)	100 미만	운동 전 탄수화물 25~50 g을 함유한 식품과 매시간 탄수화물 10~15 g을 함유한 식품	어육류군 1단위 + 곡류군 1단위 + 우유군 1단위 또는 과일군 1단위
	100~150	매시간 탄수화물 10~15 g을 함유한 식품	과일군 1단위 또는 곡류군 1단위
	150~250	간식이 필요하지 않음	
	250 이상	혈당이 좋아질 때까지는 운동하지 않음	−
1~2시간 정도의 매우 심한 운동 (예: 축구, 하키, 라켓볼, 농구, 눈 쓸기, 스키, 등산, 강한 강도의 자전거 타기 또는 수영)	100 미만	탄수화물 50 g 함유한 식품을 섭취하고 운동 시 혈당검사를 자주 함	어육류군 1단위 + 곡류군 2단위 + 우유군 1단위 + 과일군 1단위
	100~150	운동의 강도와 시간에 따라 다르나 대체로 탄수화물을 25~50 g 함유한 식품	어육류군 1단위 + 곡류군 1단위 + 우유군 1단위 + 과일군 1단위
	150~250	탄수화물을 10~15 g 함유한 식품	과일군 1단위 또는 곡류군 1단위
	250 이상	혈당이 좋아질 때까지는 운동하지 않음	−

(4) 인슐린 저혈당증 환자

당뇨병 환자에게서 나타날 수 있는 저혈당은 혈당이 70 mg/dL 미만으로 떨어진 상태로, 증상으로는 탈력감, 불안, 공복감, 어지러움, 식은땀, 두통 등이 나타나고 오래 지속되면 의식장애와 심하면 사망에 이를 수 있다. 원인으로는 과다한 인슐린 투여 및 경구혈당강하제 복용, 식사시간 지연, 구토나 설사가 있는 경우, 평소보다 운동량이나 활동량이 많은 경우, 식사하지 않고 술을 마신 경우 등을 들 수 있다.

포도당 1 g은 혈당을 약 3 mg/dL 올릴 수 있으므로 15~20 g의 단순당질을 섭취하면 20분 안에 혈당을 약 45~60 mg/dL 상승시킬 수 있다. 저혈당 증상에 대비하기 위하여 인슐린을 주사하는 당뇨병 환자는 사탕 같은 단것을 항상 휴대해야 한다. 의

당뇨병 환자의 여행 시 주의사항

- 규칙적으로 식사와 간식을 먹도록 한다.
- 인슐린과 저혈당 간식은 항상 휴대한다.
- 당뇨병 관리에 필요한 물품(자가혈당측정기, 관리수첩 등)을 준비한다.
- 편안한 신발과 면양말을 준비한다.
- 당뇨병이 있음을 알릴 수 있는 인식표를 항상 소지하고 다닌다.

식이 없거나 응급상황인 경우에는 10~25 g의 포도당을 정맥으로 투여한다.

당뇨병 환자는 혼수상태에 빠지는 일이 종종 있고 그러한 경우에 빨리 적절한 치료를 신속하게 받지 못하면 심각한 결과가 일어나기 때문에 당뇨병 환자는 당뇨병 수첩 등 자신이 당뇨병 환자임을 알리는 표식을 항상 몸에 지니고 다녀야 한다.

(5) 임신당뇨병 환자

임신부의 당뇨병관리는 혈당 수준을 엄격하게 관리하여 임신부와 태아의 대사이상을 최소화하며, 정상적인 분만을 유도할 수 있도록 해야 한다. 임신 시 에너지 처방은 '표준체중 × 25~30 kcal + 340~450(임신 중반기~임신후반기) kcal'로 처방한다.

임신중 케톤산증 발생은 태아의 신경계통 손상 등의 문제를 발생할 수 있으므로 임신 시에는 하루 최소 175 g의 탄수화물이 필요하며, 탄수화물은 식사로 3회, 간식으로 2~3회가량 배분하여 섭취하도록 한다. 임신 중 탄수화물, 단백질, 지방의 에너지 적정 비율은 50% : 20% : 30% 정도로 배분하고 비타민과 무기질은 정상 임신부를 위한 필요량을 충족시킬 수 있도록 하며, 특히 철과 칼슘 등이 부족하지 않도록 주의한다.

임신당뇨병 환자는 엄격한 혈당 조절과 저혈당증, 케톤산증을 예방하기 위하여 에너지 배분은 3끼 식사와 3끼 간식으로 구성하는 것을 권장한다. 또한 환자의 식사와 자가 혈당관리, 운동 등을 기록하여 개별관리를 하는 것이 바람직하다.

(6) 다른 질병으로 아픈 경우

질병, 부상, 수술로 인한 스트레스는 혈당을 상승시키고 체내의 인슐린 요구량을

저혈당 대처법

- 혈당이 70 mg/dL 미만이거나 그 이상이라 하더라도 저혈당 증상을 나타내면 단순당 15 g을 포함하는 저혈당간식(예 : 주스 3/4컵, 사탕 3~4개, 요구르트 100 mL 등)을 섭취시킨다.
- 저혈당간식을 섭취한 후 15분 동안 휴식을 취하고 다시 혈당검사를 하여 혈당이 낮은 경우에는 다시 간식을 섭취하도록 한다.
- 운동회, 체육수업 등 특별히 운동을 많이 하게 되는 경우에는 운동량과 시간에 따라 운동 전에 보충간식을 먹도록 한다. 특히 땀을 많이 흘리는 운동 시에는 몸에 흡수가 빠른 알칼리성 이온음료 등을 섭취하도록 한다.
- 매일 일정한 시간에 심하지 않은 운동을 할 경우에는 따로 보충간식을 섭취하지 않아도 된다.
- 저혈당 증상 발생 시 대처 순서(혈당 70 mg/dL 미만 확인)

| 1단계 | → | 2단계 | → | 3단계 | → | 4단계 |
| 혈당 측정 | | 탄수화물 섭취 | | 15분 휴식 | | 혈당 측정 |

※ 대처 후에도 증상이 지속되고 혈당이 여전히 낮으면 탄수화물을 한 번 더 섭취한다.

- 저혈당 증상 발생 시 섭취 음식

섭취 음식	섭취량
설탕	15 g
꿀	한 숟가락(15 mL)
요구르트(100 mL 기준)	1개
주스 또는 청량음료(다이어트용 제외)	3/4컵(175 mL)
사탕	3~4개

- 의식이 없으면 음식을 먹이지 않는다.
- 회복되면 자기혈당측정으로 혈당을 확인하고, 간식이나 식사를 하여 추가적인 저혈당 발생을 예방한다.
- 식사가 어렵다면 탄수화물과 단백질이 포함된 간식(우유 또는 두유 등)을 섭취하도록 한다.
- 초콜릿 등 지방이 함유된 간식은 흡수 속도가 느리므로 피한다.

출처: 대한당뇨병학회. 당뇨병 진료지침. 2023.

증가한다. 이때 1형당뇨병 환자의 경우 인슐린 투여량이 적었거나 탄수화물 섭취가 적절하지 못하면 케톤산증을 일으키고 심하면 혼수상태에 빠질 수도 있다. 반면에 2형당뇨병 환자는 케톤산증이 쉽게 발생하지는 않으나 수분섭취를 적정하게 하지 못하면 고혈당고삼투질 상태에 빠질 수 있다. 따라서 당뇨병 환자가 아플 때는 평소대로 처방된 인슐린과 경구혈당강하제를 이용하고 혈당을 자주 측정한다. 가능하면 평소의 식사량만큼 섭취하도록 하며 정상적인 식사가 힘든 경우에는 환자가 먹을 수 있는 부드러운 음식이나 음료수로 대체한다. 구토, 설사, 발열 등이 있을 경우 염분을 소량씩 자주 섭취하여 손실된 전해질을 보충한다. 환자의 식욕이 회복되면 식사의 조성과 에너지를 식사에 맞추어 조정한다.

55세 여자 김 씨는 최근 2형당뇨병으로 진단받았다. 그녀는 키 156 cm, 체중 63 kg이며, 공복혈당은 320 mg/dL로 나타났다. 의사는 그녀에게 당뇨병 영양상담 프로그램에 참여하도록 하였다. 그러나 그녀는 자신의 식생활은 양호하며, 식품 섭취에 별다른 문제가 없다고 여겼다. 영양사와의 첫 상담에서 그녀의 1일 식사섭취상태를 조사한 결과는 다음과 같다.

- 아침식사: 잼을 바른 토스트 2장, 오렌지주스 1잔
- 점심식사: 쌀밥 1공기, 콩나물국 1그릇, 돼지고기 볶음 1인분, 배추김치 1인분, 커피 1잔
- 저녁식사: 쌀밥 1공기, 소고기미역국 1그릇, 햄구이 1인분, 달걀찜 1인분, 오징어젓갈 1인분
- 간식: 식혜 1그릇

1 그녀의 바람직한 체중목표를 제시하시오.

체질량지수 이용법으로 표준체중을 산정하면

$$1.56^2 \times 21 = 51.1 \, \text{kg}$$

2 그녀의 식사섭취를 식품교환법으로 분석하고, 섭취상태를 평가하시오.

구분	식단	식품군 교환	비고
아침식사	• 잼 바른 토스트 2장 • 오렌지주스 1잔	• 곡류군 2교환 • 과일군 2교환	
점심식사	• 쌀밥 1공기 • 콩나물국 1그릇 • 돼지고기 볶음 1인분 • 배추김치 1인분 • 커피 1잔	• 곡류군 3교환 • 채소군 0.5교환 • 중지방 어육류군 1.5교환 • 채소군 1교환	
저녁식사	• 쌀밥 1공기 • 소고기미역국 1그릇 • 햄구이 1인분 • 달걀찜 1인분 • 오징어젓갈 1인분	• 곡류군 3교환 • 중지방 어육류군 0.5교환, 채소군 1교환 • 중지방 어육류군 1교환 • 중지방 어육류군 1교환 • 저지방 어육류군 1교환	
간식	• 식혜 1그릇		

김씨는 비만한 상태이므로 에너지 섭취를 조절할 필요가 있다. 현재의 에너지 섭취상태는 양호하나 식품선택에 문제가 많다. 식품교환법으로 식사섭취상태를 분석한 결과, 채소군의 섭취가 매우 부족하고 우유군을 섭취하지 않았다. 쌀밥, 잼을 바른 토스트, 오렌지주스 등은 당뇨병 환자에게 적합하지 않은 식품선택이었다. 또한 저녁식사의 식단에서 식품이 지나치게 어육류군으로 편중되어 있었다.

3 당뇨병에 바람직한 식품 섭취를 위해 위의 식단을 수정 · 보완하여 제시하시오.

- 아침식사: 잼을 바르지 않은 토스트 2장, 우유 1컵, 채소샐러드 1인분
- 점심식사: 콩밥 1공기, 콩나물국 1그릇, 소고기 채소볶음 1인분, 김구이 1인분, 배추김치 1인분, 채소주스 1잔
- 저녁식사: 잡곡밥 1공기, 소고기미역국 1그릇, 시금치나물 1인분, 달걀찜 1인분, 무김치 1인분
- 간식: 사과 1/2개

4 이 환자에게 우려되는 당뇨병 합병증의 예를 드시오.

동물성 식품의 섭취가 많은 편이어서 이상지질혈증에 의한 혈관계 질환 합병증이 우려된다.

당뇨병

예시 신장이 165 cm, 체중 73 kg인 55세의 남성으로 규칙적인 운동을 하지 않고 사무직 일을 하고 있다. 최근 쉽게 피곤을 느끼고 갈증이 나고 시력이 나빠지는 증상을 보여 병원을 찾았더니 공복혈당이 189 mg/dL로 2형당뇨병을 진단받았다.

1 식단 작성 단계

(1) 1일 영양소 구성하기

- 표준체중: $1.65(m) \times 1.65(m) \times 22 ≒ 60\,kg$
- 이상체중비: $73\,kg ÷ 60\,kg = 122\%$
- 1일 필요 에너지: $60\,kg \times 30\,kcal/kg = 1,800\,kcal$

(2) 필요 에너지를 탄수화물, 단백질, 지질의 비율을 고려하여 배분하기

탄수화물 : 단백질 : 지질 = 58 : 19 : 23인 경우의 계산은 다음과 같다.

- 탄수화물: $1,800\,kcal \times 0.58 = 1,048\,kcal,$ $1,048\,kcal ÷ 4\,kcal = 262\,g$
- 단백질: $1,800\,kcal \times 0.19 = 336\,kcal,$ $336\,kcal ÷ 4\,kcal = 84\,g$
- 지 질: $1,800\,kcal \times 0.23 = 414\,kcal,$ $414\,kcal ÷ 9\,kcal = 46\,g$

1일 영양소 구성의 예

에너지(kcal)	탄수화물(g)	단백질(g)	지질(g)
1,800	262	84	46

(3) 1일 식품군별 교환단위수 결정

식품군	곡류군	어육류군		채소군	지방군	우유군	과일군
		저지방	중지방				
교환단위수	8	2	3	7	4	2	2

(4) 끼니별 교환단위수의 배분

끼니	곡류군	어육류군		채소군	지방군	우유군		과일군
		저지방	중지방			일반우유	저지방우유	
아침	3	−	1	1.5	1	−	−	−
간식	−	−	−	−	−	1	−	−
점심	2	2	0.5	2.5	2	−	−	−
간식	−	−	−	−	−	1	−	1
저녁	3	−	1.5	3	1	−	−	−
간식	−	−	−	−	−	−	−	1
계	8	2	3	7	4	2	−	2

(5) 식품교환표를 이용하여 식품선택

1일 식단의 예

구분	음식	재료 및 분량(g)	곡류군	어육류군		채소군	지방군	우유군	과일군
				저	중				
아침	잡곡밥	쌀 80, 잡곡 10	3	−	−	−	−	−	−
	시금치된장국	시금치 35, 된장 10	−	−	−	0.5	−	−	−
	달걀찜	달걀 55	−	−	1	−	−	−	−
	김구이	김 1 들기름 5	−	−	−	0.5	1	−	−
	배추김치	배추김치 25	−	−	−	0.5	−	−	−
간식	우유	우유 200	−	−	−	−	−	1	−
점심	콩밥	쌀 60 검은콩 10	2	−	0.5	−	−	−	−

계속

구분	음식	재료 및 분량(g)	곡류군	어육류군		채소군	지방군	우유군	과일군
				저	중				
점심	닭육개장	닭고기 40 고사리 10, 무 20 숙주 20, 느타리버섯 12	–	1	–	0.5 0.5	–	–	–
	조기구이	조기 50 올리브유 5	–	1	–	–	1	–	–
	가지나물	가지 70 참기름 5	–	–	–	1	1	–	–
	열무김치	열무김치 25	–	–	–	0.5	–	–	–
간식	두유	두유 200	–	–	–	–	–	1	–
	바나나	바나나 80	–	–	–	–	–	–	1
저녁	현미밥	쌀 80, 현미 10	3	–	–	–	–	–	–
	콩나물국	콩나물 35	–	–	–	0.5	–	–	–
	소고기불고기	소고기(등심) 60 양파 35	–	–	1.5	0.5	–	–	–
	상추쌈	상추 70	–	–	–	1	–	–	–
	애호박나물	애호박 70 참기름 5	–	–	–	1	1	–	–
	깍두기	깍두기 50	–	–	–	1	–	–	–
간식	사과	사과 100	–	–	–	–	–	–	1

2 뷔페식을 하는 경우

당뇨뷔페에서 음식을 선택하는 방법을 실습한다.

① 식품교환표의 끼니별 배분 중 점심식사에 해당하는 식품군과 식품교환단위수
를 다음의 표에 기입한다.
② 기입한 교환단위수에 맞추어 뷔페 식단에서 음식을 선택하여 표를 완성한다.
③ 완성된 표와 같이 선택한 점심식사를 했을 때 제공되는 탄수화물, 단백질, 지질
의 양을 계산한다.

점심의 식품교환수

식품군	곡류군	어육류군		채소군	지방군	우유군		과일군
		저지방	중지방			일반우유	저지방우유	
점심	2	2	0.5	2.5	–	2	–	1

당뇨뷔페식단(점심)

구분	주식 (곡류군)	국	어육류	채소류	과일류	우유	Free Food	Free Drink
종류	보리밥 모닝빵 찐고구마	미역국	불고기 참치회 두부조림 오징어무침	버섯무침 시금치나물 포기김치	딸기 파인애플 포도주스	우유 두유 아이스크림	우묵깻잎무침 오이당근스틱	둥글레차 녹차

당뇨뷔페식단의 재료양과 식품군 분류

식단	주재료	재료의 양(g)	인원수	곡류군 (g)	어육류군		채소군	지방군	우유군	과일군
					저지방	중지방				
보리밥	쌀, 보리	30	30	1	–	–	–	–	–	–
모닝빵	모닝빵	중 1개(35)	20	1	–	–	–	–	–	–
찐고구마	고구마	70	20	1	–	–	–	–	–	–
미역국	건미역 소고기국거리	3 10	30	– 	 0.25	– 	0.5 	–	–	–
불고기	소불고기 양파	40 20	30	– 	– 	1 	 0.3	–	–	–
참치회	참치회 초고추장	50 10	15	–	1 	–	–	–	–	–
두부조림	두부	80	10	–	–	1	–	–	–	–
오징어 무침	물오징어 무	50 20	15	– 	– 	1 	 0.3	–	–	–
버섯무침	느타리 피망 당근	30 20 10	20	–	–	–	1	–	–	–
시금치나물	시금치	70	20	–	–	–	1	–	–	–
우묵깻잎 무침	우묵 깻잎	50 3	20	–	–	–	0	–	–	–
오이당근 스틱	취청오이 당근 초고추장	40 30 10	30	–	–	–	1	–	–	–

계속

식단	주재료	재료의 양(g)	인원수	곡류군 (g)	어육류군 저지방	어육류군 중지방	채소군	지방군	우유군	과일군
딸기	딸기	150	20	−	−	−	−	−	−	1
파인애플	파인애플	100	30	−	−	−	−	−	−	1
포도주스	포도주스	150	30	−	−	−	−	−	−	1
우유	소화가 잘되는 우유	200	10	−	−	−	−	−	1	−
두유	베지밀	200	10	−	−	−	−	−	1	−
아이스크림	투게더	100	10	−	−	−	−	−	1	−
둥글레차	둥글레차	1개	10	−	−	−	−	−	−	−
녹차	녹차	1개	10	−	−	−	−	−	−	−
포기김치	배추김치	50	30	−	−	−	1	−	−	−

* 총준비량은 재료의 양 × 인원수로 계산한다.

환자의 점심식단 기록지

구분 / 식품군		곡류군		어육류군 저지방		어육류군 중지방		채소군		지방군		우유군		과일군	
음식명	주재료명	단위수	중량(g)	단위수	중량(g)	단위수	중량(g)	단위수	중량(g)	단위수	중량(g)	단위수	중량(g)	단위수	중량(g)
영양소 섭취량		에너지 _____kcal, 탄수화물 _____g, 단백질 _____g, 지질 _____g													

3 실습 평가 및 고찰

- 조리된 식단을 조별로 전시하고 교수가 평가한다.
- 조리된 식단을 각자 시식한 후 자기 평가한다.
- 당뇨뷔페 실습을 통해 식품군 1교환단위의 목측량을 익힌다.
- 실습 내용에 대하여 조별 토의를 한다.
- 실습 노트를 작성한다.

4 개별 과제

- 1,600 kcal 2형당뇨병식의 식품 구성과 식단을 작성하시오.

참고: 당뇨뷔페 상차림 및 동선

상차림 및 동선

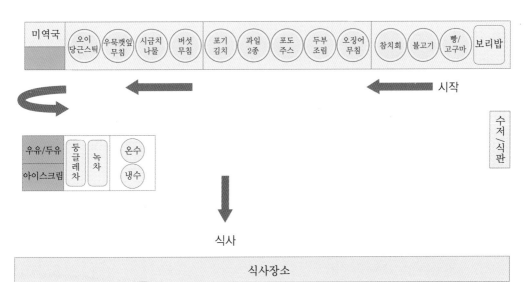

9장

비만·저체중

1 비만의 원인

2 비만의 판정

3 비만의 식사요법

4 행동수정요법

5 비만의 운동요법

6 저체중

7 식사장애

비만(obesity)은 지방조직(adipose tissue)이 과도하게 축적된 것으로 운동선수와 같이 근육이 증가하여 체중이 많이 나가는 과체중(over weight)과는 구별된다. 지방 조직은 에너지 저장원, 외부에 대한 방어 및 단열제로서 역할을 하지만 과다 축적 시에는 대사장애를 초래한다. 비만은 2형당뇨병, 담낭 질환, 동맥경화증, 고혈압, 통풍 및 특정 암을 일으키는 원인이 되는데(표 9-1), 비만의 합병증 발생은 비만 정도보다는 체지방 분포와 밀접한 관련이 있다. 복부 비만이나 내장형 비만이 피하지방형 비만보다 합병증을 쉽게 유발하며, 체중감소를 통해 만성질환의 발병 및 사망률을 줄일 수 있다.

표 9-1 **비만과 관련하여 발생하는 질환의 상대위험도**

매우 증가 (상대위험도 > 3배)	보통 (상대위험도 2~3배)	약간 증가 (상대위험도 1~2배)
2형당뇨병	관상동맥질환	암(유방, 자궁내막, 결장)
담낭질환	고혈압	성호르몬 이상
이상지질혈증	무릎골관절염	허리통증
호흡 부전 및 수면 무호흡증	통풍	마취위험도 증가

출처: 대한비만학회. 비만치료지침. 2009.

1. 비만의 원인

비만은 원인에 따라 일차성 비만과 이차성 비만으로 나눌 수 있다. 일차성 비만은 만성적으로 에너지 섭취량이 에너지 소비량을 초과하여 발생하는 경우로, 여기에는 식습관과 생활습관, 연령, 심리적 요인 등 다양한 요인이 관여한다. 이차성 비만은 유전 및 선천성 질환, 신경내분비계 질환, 약물 등이 원인이 되는 경우로, 효과적인 체중감소를 위해서는 정확한 원인 감별이 중요하다.

1 유전적 요인

비만에 유전인자가 관련된 사실은 잘 알려져 있는데, 역학조사 결과에 의하면 부모의 비만이 자녀의 비만 발생에 영향을 미치는 것으로 나타났다(표 9-2). 그러나

표 9-2 **부모의 체중과 자녀의 비만율**

부모의 체중상태	태어난 아이의 비만율
정상 부모	9~10%
한쪽 부모가 비만	40~50%
양쪽 부모가 비만	70~80%

비만이라는 형질이 유전되는 것이 아니라 체지방을 저장할 수 있는 능력이 유전되는 것이므로, 살이 찔 수 있는 유전인자를 가진 사람이 영양을 과잉 섭취하는 경우에 비만이 되기 쉽다. 반면에 비만의 유전적 소인을 지닌 사람도 환경적인 요인을 조절하면 정상체중을 유지할 수 있다. 따라서 비만은 생활습관병(life style related disease)으로 생각하는 것이 타당하다. 한편, 유전자에 이상이 생겨 식욕 증가와 에너지 대사율 저하로 비만이 나타나는 유전자 돌연변이 사례와 렙틴(leptin) 분비의 장애로 인한 체지방 증가가 알려져 있다. 비만의 요인은 유전 30%, 환경 70%라고 알려져 있으며 두 요인이 복잡하게 얽혀 비만을 유발하게 된다.

2 정신 및 신경 요인

비만한 사람들은 사회적·심리적·문화적 압박으로부터 오는 정신 불안과 욕구 불만의 돌파구를 먹는 것에 쏟고 있는 경향이 있다. 특히, 폭식을 하는 경우에 체중은 정상이라도 체지방량이 정상인에 비해 높은 편으로 알려져 있다. 시상하부에는 식

체중조절 관련 단백질

- **렙틴**: 지방세포에서 분비되어 식욕을 억제하고 에너지 소비를 높이는 물질로서, 유전자 돌연변이로 인해 렙틴 분비가 부족한 경우에는 비만이 나타난다.
- **그렐린**: 공복 시 위에서 분비되는 물질로 식욕을 높이는 작용을 한다.
- **뉴로펩타이드 Y**: 그렐린에 의해 촉진되어 식욕을 높이고 에너지 소비를 낮춘다.
- **프로오피오멜라노코르틴(부신피질자극호르몬, POMC)**: 렙틴에 의해 촉진되어 식욕을 억제하고 에너지 소비를 높인다.

욕을 조절하는 중추가 있어 공복과 포만감을 느끼는데, 공복중추에 손상을 주면 식욕이 증가하고 포만중추에 손상을 주면 식욕이 감퇴한다. 시상하부에 종양이나 외상, 감염증 등이 있으면 식욕이 증가하여 비만이 유발된다.

3 내분비 요인

갑상선 기능이 저하되면 기초대사가 저하되어 에너지 소비가 감소하기 때문에 비만이 생기기 쉽다. 또한 부신피질 호르몬이 과잉분비되면 몸의 중앙부에 지방이 쌓이는 복부 비만이 나타나는데, 신장 또는 간 질환의 치료에 있어서 다량의 부신피질 스테로이드제를 오랫동안 사용하여 비만이 생기는 경우도 있다. 여성에서 폐경 이후나 난소 절제 시에 여성호르몬이 저하되면 이를 대체하고자 지방조직에서 여성호르몬을 생성하기 위하여 체지방이 증가하는데, 특히 내장지방조직의 증가가 나타난다. 인슐린이 과잉분비되는 경우, 지방분해는 억제되는 반면에 지방의 생합성이 촉진되어 지방이 축적되므로 비만이 유발된다.

4 환경요인 및 생활습관

체중 과다인 어린이나 성인들은 같은 연령군의 정상체중인 사람보다 신체활동량이 적었다. 과거에 비해 신체활동이 크게 감소된 현대사회에서 장시간에 걸쳐 텔레비전 시청을 하거나 컴퓨터 작업을 하는 것은 비만 발생의 가장 중요한 위험 인자로 알려져 있다. 활동량이 부족하면 에너지 소비량이 감소하여 비만이 되기 쉽다. 운동은 근육활동을 통해 에너지 소비량을 증가시키고 식욕감퇴를 유발하여 음식섭취량을 감소시키는 효과가 있어 비만 예방에 좋다.

복부 비만과 대사증후군

흔히 성인병이라고 부르는 당뇨병, 고혈압, 비만 등이 동반되어 한 사람에게 나타나기도 하는데, 이것을 대사성 증후군이라고 한다. 이는 협심증, 심근경색, 중풍과 같은 무서운 합병증을 일으킬 수 있으며, 대사증후군의 가장 큰 원인은 복부 비만이다.

대사증후군

대사증후군은 대사증후군 진단기준에서 제시하는 위험인자를 3개 이상 동반하는 경우이다. 대사증후군을 가진 경우는 심혈관계질환과 당뇨병의 발생 위험이 3배 이상 증가하여 사망률이 높아지는데, 생활습관을 건강하게 교정하여 위험인자를 정상화하면 합병증을 예방할 수 있다. 운동과 식습관 교정을 통하여 복부 비만을 치료하는 것이 중요하다.

대사증후군의 진단기준

위험인자	진단기준(아래 위험인자 중 3개 이상 동반)
복부 비만(허리둘레)	남자 90 cm 이상, 여자 85 cm 이상
혈중 중성지방	150 mg/dL 이상 또는 약물치료
혈중 HDL-콜레스테롤	남자 40 mg/dL 미만, 여자 50 mg/dL 미만 또는 약물치료
공복혈당	100 mg/dL 이상 또는 약물치료
혈압	130/85 mmHg 이상 또는 약물치료

충분한 수면을 취하지 못하는 경우에 렙틴의 수치가 감소하여 배고픔이 증가하여 체중이 증가한다는 보고가 있다. 또한 담배의 니코틴은 기초대사량을 증가시키므로 금연 후에는 에너지 소비량이 감소되며 동시에 간식을 더 먹는 경향이 있어 체중이 증가하기도 한다.

5 식습관과 식사행동

지방과 당분이 많은 고에너지식품을 오랫동안 과잉 섭취하면 체중이 증가하기 쉽다. 빈번한 외식은 체중 증가를 가져오며 직업상 저녁 식사를 밖에서 해결하는 중년층에서 비만이 많다. 중국요리나 서양요리는 가정에서 먹는 일상식보다 지방과 단순당이 많아 자주 먹으면 비만이 발생할 위험이 높다.

아침이나 점심을 거르고 다음 끼니에 몰아 먹게 되는 경우 과식하기 쉬우며 밤참을 하는 습관도 비만의 원인이 된다. 동일한 에너지라도 하루 한 끼에 많은 양을 먹는 경우와 고르게 세끼로 나누어 식사를 하는 경우를 비교하면 세끼에 고르게 식사하는 것이 비만 발생을 줄이고 혈중 콜레스테롤 수치와 내당능을 개선한다. 비만한 사람들은 식사 속도가 빠르고 음식 저작횟수도 적다. 빠르게 식사하는 것은 만복감을 느끼는 포만중추에 신호가 도달하기 전에 이미 과식을 하게 될 가능성이 있어 비만을 유도하는 요인이 된다.

아이들의 경우 부모의 지나친 간식 제공은 과식의 습관을 키우기 쉬우므로 주의

체조직의 성분

신체조직은 크게 나누어 지방, 수분, 고형물의 세 가지 성분으로 구성되어 있다. 지방 성분을 제외한 수분과 고형물 성분을 합친 것을 제지방성분(Lean Body Mass, LBM)이라고 한다. 이 중에서도 수분이 신체조직 성분의 60~65%로, 가장 많은 부분을 차지하게 된다.

신체조직에서 지방이 차지하는 비율은 인종, 성별, 나이, 운동 여부에 따라 달라지며, 남자보다 여자가 체지방의 비율이 더 높고, 나이가 들수록, 운동량이 적을수록 지방의 비율이 더 높다. 동일 체중인 경우 비만인의 지방의 비율이 더 높은데, 표준, 비만인, 마른 사람들의 체조직을 비교하면 아래의 그림과 같다.

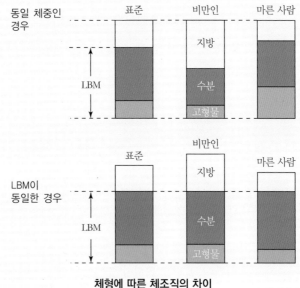

체형에 따른 체조직의 차이

성인비만은 지방조직 세포의 크기가 증가하여 지방 축적이 증대된 것에 비해서 어린이 비만은 지방조직 세포 크기 및 수의 증가가 같이 일어나 성인이 된 후 더 큰 문제가 생길 수 있다. 그러나 최근에는 성인비만에서도 비만이 심해지면 지방조직세포의 수 또한 증가하는 것으로 알려져 있다.

한다. 특히 맞벌이 등으로 인한 부모의 부재나 아이에 대한 칭찬을 음식으로 보상하게 되는 경우, 아이들은 지방과 단순당질의 함량이 많은 스낵이나 패스트푸드 등에 입맛이 길들여져 에너지의 과다공급으로 인한 비만이 되기 쉽다. 임산부들도 지나치게 태아의 영양을 생각해서 과식하는 습관이 생기기 쉬우며, 조리를 담당하는 주부 또는 조리사들 중에도 맛을 보아야 하는 일 때문에 비만이 생길 수 있다.

2. 비만의 판정

비만이 되면 여러 가지 합병증의 발생위험이 증가하므로 체지방의 양과 분포를 측정하여 비만을 판정함으로써, 개인의 문제점을 구체적으로 알고 관리하는 것이 이상적이다.

1 형태학적 판정

비만의 최초 판정은 비만상태의 외관만을 주관적으로 관찰하여 이루어진다.

리레이(Learay)는 비만을 지방의 침착상태에 따라 남성형, 여성형, 내분비형 비만 등으로 분류해서 설명하였다. 어깨, 상반신, 복부 등에 지방 침착이 많은 것이 남성형, 허리와 하반신에 지방침착이 많은 것은 여성형, 지방조직이 상반신, 목, 얼굴에 많은 것에 비해서 손발이 가는 것은 내분비형이다. 비만에 의한 합병증인 2형당뇨병이나 이상지질혈증 등은 상반신에 내장지방이 많은 남성형 비만이나 내분비형 비만에서 많이 나타난다.

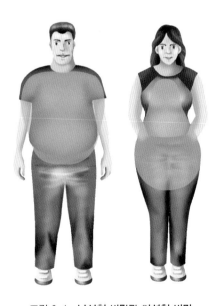

그림 9-1 **남성형 비만과 여성형 비만**

② 체격지수를 이용한 판정법

자신의 신장을 기준으로 한 표준체중을 계산하여 비만을 평가한다.

(1) 브로카법에 의한 판정

① 표준체중 구하기

- 신장이 160 cm 이상인 경우 표준체중 = (신장(cm) − 100)×0.9
- 신장이 150 cm 이상, 160 cm 미만인 경우 표준체중 = (신장(cm) − 150)×0.5 + 50
- 신장이 150 cm 미만인 경우 표준체중 = 신장(cm) − 100

② 비만도 판정

표준체중을 산출한 다음에 실제체중과 비교하여 백분율을 낸 것을 비만도라고 한다.

$$비만도 = \frac{실제체중 − 표준체중}{표준체중} \times 100$$

여기서, 비만도 ± 10% : 정상

비만도 + 10~20% : 과체중

비만도 + 20% 이상 : 비만

브로카지수는 키가 큰 사람의 비만을 놓치거나 키가 작은 사람은 비만으로 과장하여 판정할 우려가 있다.

(2) 체질량지수에 의한 판정

체질량지수는 체중(kg)을 신장(m)의 제곱으로 나눈 값으로(kg/m²) 체격지수 중 체지방률과 상관성이 커서 가장 많이 사용되는 비만지표이다. 세계보건기구(WHO)에서는 체질량지수(Body Mass Index, BMI)를 비만 및 비만관련 질환의 발생 위험과 연관해서 분류하고 있다. 그러나 WHO의 기준은 아시아인에게는 부적합한 부분이 있어 우리나라에서는 대한비만학회에서 한국인을 위한 비만평가기준을 제시하여 체질량지수가 25 kg/m² 이상일 경우 비만으로 진단하고 있으며, 복부 비만의 경우 합병증의 위험이 높아진다(표 9-3). 체질량지수가 $25\,kg/m^2$ 이상인 경우 여러 대사 질환에 의한 사망률이 높아지는 것으로 알려져 있다(그림 9-2).

표 9-3 한국인의 체질량지수와 허리둘레에 따른 동반질환 위험도

분류	체질량지수(kg/m^2)	허리둘레에 따른 동반질환의 위험도	
		< 90 cm(남자), < 85 cm(여자)	≥ 90 cm(남자), ≥ 85 cm(여자)
저체중	< 18.5	낮음	보통
정상	18.5~22.9	보통	약간 높음
비만 전단계	23~24.9	약간 높음	높음
1단계 비만	25~29.9	높음	매우 높음
2단계 비만	30~34.9	매우 높음	가장 높음
3단계 비만	≥35	가장 높음	가장 높음

* 비만 전단계는 과체중 또는 위험체중, 3단계 비만은 고도비만으로 부를 수 있음
출처: 대한비만학회. 비만진료지침. 2022.

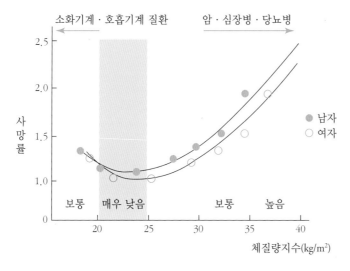

그림 9-2 체질량지수와 사망 위험률과의 관계

 체질량지수에 의한 표준체중 계산법

• 남자: 신장(m) × 신장(m) × 22 = 표준체중
• 여자: 신장(m) × 신장(m) × 21 = 표준체중

❸ 체지방 측정에 의한 판정

(1) 체지방량 측정에 의한 판정

체지방량의 측정방법에는 피하지방두께를 캘리퍼(caliper)라는 기구를 이용하여 측정하는 방법, 전기저항을 이용하여 측정하는 방법, 그리고 수중체밀도법이 있다.

피부두겹두께(skinfold thickness)를 잴 때는 캘리퍼를 사용하여 삼두근의 피부두께를 계측하여 표준치와 비교하는 방법을 가장 많이 이용한다. 이 방법은 국민영양조사에서 사용되는 방법으로 간편하여 여러 명을 대상으로 비만을 판정할 때 사용되는 방법이지만, 주로 피하지방만을 측정할 수 있으며 측정 시 오차가 생기기 쉬운 것이 단점이다.

생체 전기저항 측정법(bioelectrical impedance analysis)은 지방조직이 제지방 조직에 비해 전기가 잘 통하지 않아 전기저항이 많이 발생한다는 점을 이용하여 체내 지방량을 측정한다. 이 방법은 인체에 약한 전류를 흘려준 다음 되돌아오는 저항을 측정하여 얻어낸 전기 저항값과 성별, 신장, 체중과 함께 통계적인 방식을 이용하여 체수분량, 체지방, 제지방량을 구하는 방법이다. 체조직 성분을 종합적으로 평가하는 장점이 있지만 체지방의 분포를 구체적으로 측정하지 못한다는 단점이 있다. 생체 전기저항 측정법으로 산출된 지방률에 의한 비만도 판정은 표 9-4와 같다.

수중체밀도법은 체지방이 제지방조직에 비해 밀도가 낮으므로 체지방이 많을수록 몸의 비중이 낮아진다는 점을 이용한 방법이다. 물의 밖과 안에서 체중을 측정하고 그 차이를 비교하여 신체의 비중을 계산하여 체지방을 산출하는 방법으로 주로 실험용으로 이용되고 있다.

표 9-4 체지방률에 의한 비만도 판정기준

판정	경도비만	중증도비만	고도비만
남(전 연령)	>20%	>25%	>30%
여(15세 이상)	>30%	>35%	>40%
여(6~14세)	>25%	>30%	>35%

(2) 체지방 분포에 의한 판정

허리둘레는 체지방 분포를 평가하는 방법이다.

과잉 복부지방은 심혈관계 합병증의 독립 위험요인으로서 남자는 허리둘레가 90 cm, 여자는 허리둘레가 85 cm 이상인 경우 복부 비만으로 판정한다. 허리둘레는 양발을 30 cm 정도 벌리고 서서, 숨을 내쉰 상태에서 줄자를 이용하여 늑골하부와 골반 장골능의 중간부위를 측정한다.

컴퓨터 단층촬영(CT) 등을 이용해서 지방의 분포를 알아내어 복부 비만 중에서도 피하지방형 비만인지 복강 내 지방이 많은 내장지방형 비만인지 판별할 수 있다. 복부의 내장지방과 피하지방을 측정하여 내장지방/피하지방의 비율이 0.4 이상인 경우를 내장지방형 비만, 그 미만을 피하지방형 비만으로 판정한다. 또는 내장지방의 면적이 100 cm^{2}를 초과하면 내장지방형 비만이라고 진단한다.

내장지방이 많으면 인슐린 저항성과 혈당을 상승시켜 2형당뇨병의 위험을 증가시키고 혈중 중성지방의 상승과 HDL−콜레스테롤의 저하를 가져와 심혈관계질환의 발생을 높이는 것으로 알려져 있다.

 컴퓨터 단층촬영에 의한 비만 판정

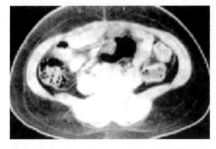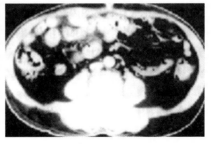

복부지방은 적고 피하지방이 두꺼운 피하지방형 　　　복부에 지방이 많은 내장비만형

3. 비만의 식사요법

비만의 치료방법으로는 약물치료와 행동수정요법 그리고 식사요법 등을 들 수 있다. 비만은 대부분 에너지 섭취의 과다에 의한 경우가 많으므로 식사요법에 중점을 둔다. 의사와 영양사의 지시에 따른 식사요법을 받기 위해 입원하는 경우도 있는데, 이는 비만의 식사요법이 본인의 의지만으로는 쉽지 않기 때문에 입원치료를 통한 체중조절을 시도하는 것이다. 비약물요법을 통한 체중감량이 적절히 이루어지지 않을 경우에는 의사의 처방에 따른 약물요법이 추가로 시행되고, 고도비만 환자가 체중감량에 실패한 경우에는 최종적으로 수술요법을 고려하게 된다.

비만의 식사요법은 체중감소와 함께 감소된 체중을 유지하는 것이 목표가 되어야 한다. 체중감량에 성공하기 위해서는 운동, 식행동 변화, 영양교육, 심리적 지지 등에 대한 통합적인 관리가 필요하다. 초기 비만치료의 목표는 6개월 내에 원래 체중의 10% 내외를 감량하여 이를 장기간 유지하는 것을 목표로 한다. 이를 위해서는 다음과 같은 노력이 필요하다.

① 현실적으로 성취 가능한 바람직한 체중 목표를 설정
② 체지방을 감소하고 체단백질의 손실을 방지
③ 비만으로 인한 합병증을 예방
④ 식행동의 장점을 장려하고 단점을 보완한 건전한 식행동을 확립
⑤ 음식과 관련한 감정적 요인을 조절
⑥ 규칙적인 운동을 실시하는 것을 습관화

비만 관리 시 식사치료의 단계 및 목표는 그림 9-3과 같다.

▋ 영양관리 지침

저에너지식은 체내에 축적된 지방을 감소시키면서 체중을 줄이는 데에 목적을 둔다. 그러면서도 체단백질의 감소는 최소한이 되도록 한다.

고도비만인 경우 병원에 입원하여 의사와 영양사가 처방한 초저에너지식을 하여 체중을 급속히 줄이는 방법도 있지만, 비만인이 체중을 줄이는 식사요법 중 가장 안

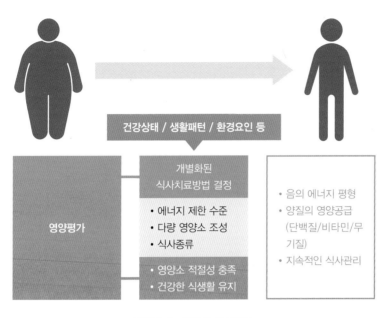

그림 9-3　비만의 식사치료
출처: 대한비만학회. 비만진료지침. 2022.

전한 방법은 체중을 서서히 감소시키는 것이다. 일반적으로 하루 500~1,000 kcal를 적게 섭취하여 1주에 0.5~1 kg 정도 체중감량을 목표로 하는 저에너지식이 가장 많이 사용되고 있다.

(1) 섭취 에너지의 결정

섭취 에너지의 결정은 개인별로 접근하여 비만인의 현재 식습관을 토대로 해야 하며 저에너지식의 목표 에너지 설정은 다음과 같은 방법을 통해 이루어진다.

① 현재체중을 유지하는 데 필요한 에너지에서 목표 감량분만큼 빼서 결정

현재체중을 유지하는 데 필요한 에너지는 연령, 성별, 기초대사량, 신체활동 수준에 따라 다르다. 활동도에 따른 에너지 요구량은 표 9-5와 같다.

현재체중에 비만인의 활동도에 해당하는 에너지 계수를 곱하여 현재의 1일 소비 에너지를 구한다. 지방조직은 1 kg당 약 7,700 kcal를 포함하고 있으므로 1주일에 0.5 kg의 체중을 감량할 때, 이론상 하루 500 kcal씩 에너지 섭취를 적게 하면 된다.

예를 들면, 70 kg의 중등도 활동을 하는 비만인의 경우 현재의 1일 소비에너지는

표 9-5 활동도에 따른 에너지 요구량

활동 강도(필요 에너지)	활동 내용
안정상태 (20~25 kcal/kg)	• 하루 종일 거의 누워 있는 상태 • 요양, 안정, 휴식상태
가벼운 활동 (25~30 kcal/kg)	• 하루에 걷는 시간 2시간 이하, 서 있는 시간 2시간 이하 • 사무직, 관리직, 일반 가사, 어린이가 없는 전업 주부
중등도 활동 (30~35 kcal/kg)	• 하루에 걷는 시간 2~4시간, 서 있는 시간 2~6시간 • 제조업, 가공업, 판매업, 교사
강한 활동 (35~40 kcal/kg)	• 하루에 걷는 시간 2~4시간 이상, 서 있는 시간 6~9시간 • 기관사, 건설업, 농경어업 등
아주 강한 활동 (40 kcal/kg~　)	• 거의 앉지 않고 서고, 걷고, 달리고, 일을 하면서 전신의 근육을 사용하는 경우 • 벌목, 운재 작업, 농번기의 농경작업, 직업 운동선수

70 × 30 = 2,100 kcal이며 주 0.5 kg의 체중감량을 위해서 1일 500 kcal의 에너지 감소가 필요하므로 2,100 − 500 = 1,600 kcal의 에너지가 필요하게 된다.

② 표준체중 또는 조정체중을 기준으로 필요한 에너지 결정

체질량지수를 이용하여 계산한 표준체중을 기준으로 하여 표 9-5의 활동도에 따른 필요 에너지를 산출하여 적용한다. 비만도가 30% 이상의 경우에는 조정체중을 계산하여 적용한다.

> 조정체중 = 표준체중 + (현재체중 − 표준체중)/4

가벼운 활동의 경우에는 표준체중 또는 조정체중 kg당 25 kcal를 제공하고, 중등도 활동의 경우에는 30 kcal/kg을 적용하여 필요 에너지를 산출한다.

③ 근육 보존을 위한 최소에너지 섭취

우리 몸은 기초대사량 이하로 에너지를 섭취하면 생명유지를 위한 에너지가 모자라게 되어 기초대사율이 떨어지게 된다. 기초대사율의 감소는 요요현상의 원인이 되므로 에너지 제한 시에는 최소한 기초대사량만큼 섭취하는 것이 좋으며 아무리 낮아도 기초대사량의 90% 미만으로 내려가는 것을 피해야 한다. 일반적으로 남자의 경우 1일 1,500 kcal, 여자의 경우 1,200 kcal 정도의 에너지는 최소로 공급하도록 한다.

(2) 단백질

단백질은 체조직을 유지하기 위해 필요하다. 질소 균형을 유지하기 위해서는 양질의 단백질을 충분히 공급해야 한다. 단백질을 충분히 공급하지 않으면, 조직이 소모되거나 위축되어 전신의 권태와 탈력감이 생기면서 일상생활에 지장이 오고 요요현상의 위험도 증가한다.

저에너지식에서는 체단백질의 손실을 막기 위해 표준체중 kg당 1.0~1.5 g의 단백질, 즉 총에너지의 15~35%까지 개인의 특성 및 의학적 상태에 따라 개별화하여 제공한다. 일부에서는 탄수화물 에너지비를 30~40%로 최소화하면서 단백질 위주의 식사를 하는 저탄수화물 고단백 식사를 권하기도 한다. 그러나 지나친 저탄수화물 고단백 식사는 고요산혈증이나 신장에 부담을 주는 부작용이 생길 수 있으므로 주의해야 한다.

(3) 지질

지질은 에너지를 가장 많이 내기 때문에 많이 먹지 않는 것을 권장하지만, 적당한 지질 섭취는 공복감을 덜 느끼게 하고 지용성 비타민의 이용과 불포화지방산의 공급을 위하여 필요하다.

지질이 적은 식품을 선택하고 튀김이나 부침, 볶는 요리법보다는 찌거나 삶는 조리법을 사용하여 에너지 섭취를 줄이도록 한다. 또한 포화지방산이나 콜레스테롤 함량이 높지 않고, 필수지방산과 불포화지방산이 많은 생선을 섭취하는 것이 좋다. 지질 섭취량은 총에너지의 30%를 넘지 않도록 하고, 포화지방산을 총에너지의 7% 이내로 하며 콜레스테롤을 1일 300 mg 이내로 섭취하도록 권장한다.

(4) 탄수화물

탄수화물은 단백질이 에너지로 소모되는 것을 방지한다. 케톤증이 일어나지 않을 정도로 하루 최소 100 g을 공급하며, 저에너지식에서는 총에너지의 50~55%를 탄수화물로 공급한다.

총 탄수화물 섭취량 이외에도 식품의 당지수(Glycemic Index, GI)가 비만에 영향을 미칠 수 있음이 보고된 바 있는데, 당지수란 식후 탄수화물의 흡수 속도를 반영하여 탄수화물의 질을 나타내는 수치이다.

당지수는 단일식품(탄수화물 50 g) 섭취 2시간 후 혈당 변화를 표준식품(흰빵 또는 포도당 50 g) 섭취 시와 비교하여 백분율로 표시한 값으로, 일반적으로 과일, 채소, 견과류, 두류 등은 당지수가 낮은 식품들이다. 다음과 같은 기준에 의해 식품의 당지수를 구분하게 된다.

① 저당지수 = 55 이하
② 중당지수 = 56~69 이하
③ 고당지수 = 70 이상

당지수가 낮은 식품은 포만감을 주고 공복감을 천천히 오게 하여 식후 인슐린 반응 조절에 도움을 주어 복부 비만을 줄일 수 있다. 일부 연구에서 저당지수 식사가 체중감소 효과를 보이고 허리둘레가 감소되었다는 보고도 있다. 그러나 당지수는 식품의 일상적인 1회 섭취량 내의 탄수화물의 양을 반영하지 못한다는 지적이 있어 당부하지수(Glycmic Load, GL)라는 개념을 이용하게 되었다. 당부하지수는 당지수뿐만 아니라 탄수화물의 양을 고려하여 혈당 변화를 예측하는 값으로 식품의 당지수에 상용 1인 분량당 들어 있는 탄수화물의 양을 곱하여 100을 나눈 값이다. 즉, 당지수 85인 감자의 당부하지수는 85×30(감자 1회 섭취량당 함유 탄수화물(g))/100 = 26이 된다.

① 저당부하지수 = 10 이하
② 중당부하지수 = 11~19 이하
③ 고당부하지수 = 20 이상

저당지수, 저당부하지수 식품을 이용한 식사는 암, 심혈관질환, 대사증후군, 2형당뇨병에 대한 보호 효과가 있다는 연구가 있다. 그러나 당지수나 당부하지수는 식품의 형태, 크기, 가공과정, 식이섬유의 양, 함께 먹는 음식의 단백질이나 지방 함량, 조리법 등에 따라 영향을 받으므로 실생활에 그대로 적용하기에는 한계가 있다. 각 식품의 당지수와 당부하지수는 표 9-6과 같다.

채소와 과일에 많이 함유되어 있는 식이섬유는 음식의 부피를 늘려 포만감을 주고 위 배출을 지연시킴으로써 공복감을 줄여주어 식사섭취를 조절하는 데 도움을 준다. 또한 혈액 콜레스테롤 수치를 낮추고, 혈당의 빠른 상승을 방지하여 혈당을

표 9-6 식품의 당지수와 당부하지수

식품	당지수	1회 섭취량(g)	1회 섭취량당 함유탄수화물량(g)	1회 섭취량당 당부하지수
대두콩	18	150	6	1
우유	27	250	12	3
사과	38	120	15	6
배	38	120	11	4
밀크초콜릿	43	50	28	12
포도	46	120	18	8
쥐눈이콩	42	150	30	13
호밀빵	50	30	12	6
현미밥	55	150	33	18
파인애플	59	120	13	7
페이스트리	59	57	26	15
고구마	61	150	28	17
아이스크림	61	50	13	8
환타	68	250	34	23
수박	72	120	6	4
늙은호박	75	80	4	3
게토레이	78	250	15	12
콘플레이크	81	30	26	21
구운감자	85	150	30	26
흰밥	86	150	43	37
떡	91	30	25	23
찹쌀밥	92	150	48	44

출처: 대한당뇨병학회. 당뇨병식품교환표활용지침 제3판. 2010.

개선하는 효과가 있어 비만의 치료 및 합병증 예방에도 도움을 준다. 식품 중 전곡류, 고구마, 채소와 과일류 및 해조류에 식이섬유가 많이 들어 있는데, 1일 20~30 g으로 식이섬유를 충분히 섭취하도록 권장하고 있다.

(5) 무기질과 비타민

식사계획에 있어서 총에너지를 제한하면 무기질과 비타민의 공급이 저하된다. 일반적으로 1일 1,200 kcal 이하의 저에너지식을 계획하는 경우 특히 칼슘과 철 등의 섭취가 부족할 수 있다. 또한 비만한 사람의 경우 인체 내에서 산화적 스트레스가 증가할 위험이 커 항산화 영양소인 비타민 A, C, E 등이 부족하지 않도록 유의하여야 하므로 비타민과 무기질의 보충제가 필요할 수 있다.

염분은 식욕을 항진시키므로 제한한다. 신장에 질환이 없는 이상 수분은 제한하지 않는다.

(6) 알코올

알코올은 1 g당 7 kcal의 높은 에너지를 내는 반면, 다른 영양소는 거의 없고 다른 영양소의 대사를 억제한다. 또한 술을 먹을 때에는 기름지거나 에너지가 많은 안주의 섭취를 많이 할 수 있으므로 주의해야 한다. 알코올 섭취는 복부 비만, 지방간, 고중성지방혈증 등을 유발하고 악화시킬 수 있으므로 금주를 하는 것이 바람직하다.

② 식사요법의 종류

체중조절을 위한 식사요법은 에너지 수준이나 식사의 구성에 따라 다음과 같이 몇 가지로 분류할 수 있다.

(1) 초저에너지식

초저에너지식(Very Low Calorie Diet, VLCD)은 난치성 고도비만인을 대상으로 하루 800 kcal 이하로 에너지를 제한하는 특수 식사요법이다. 초저에너지식이는 인체에 많은 부담을 줄 수 있는 식사이므로 단계적인 과정을 통해 시행한다. 보통 8~12주 정도를 시행하다가 점차 저에너지식으로 진행한다. 초저에너지식이는 단기간에 체중을 감소시키는 효과가 있으나, 두통, 어지럼증, 기립성 저혈압, 전해질 이상, 저혈당, LDL-콜레스테롤 상승 등이 발생할 수 있으며 담석증, 고요산혈증 및 통풍, 저단백혈증, 저칼슘혈증, 탈모 등이 보고되었다. 따라서 초저에너지식이는 전문가의 엄격한 감시와 통제하에 실시되어야 한다. 또한 기초대사율이 감소하여 장기적으로는 감량 이후 체중의 유지가 어렵다는 단점도 있다. 초저에너지식을 하는 동안에는 다음과 같은 모니터링이 필요하다(표 9-7).

표 9-7 초저에너지식 시행 시 모니터링 항목

항목	초저에너지식 시작 전	초저에너지식 시행기간	초저에너지식 종료 시	저에너지식 종료 시
신체계측				
체중, 키, 체질량지수	○	○	○	○
신체조성, 수화상태(BIA* 검사)	○	○	○	○
실험실 검사				
전혈구계산(혈소판 포함)	○	○	○	○
나트륨, 칼륨, 마그네슘, 무기인산	○	○	○	○
간, 콩팥 기능 검사: 　AST, ALT, BUN, creatinine, 　y−GT, bilirubin	○	○	○	○
공복 시 혈청지질	○			○
혈액 내 25(OH)D, 칼슘	○			○
혈당, 인슐린	○			○
β−hydroxybutyrate(모세혈, 소변)		○		
TSH*, free t₄*	○			
요검사, 미세단백뇨검사	○	○	○	○

* BIA, Bioelectrical Impedance Analysis(생체전기저항분석); TSH, Thyroid Stimulating Hormone(갑상선자극호로몬);
free T4, free thyroxine(유리티록신)
출처: 대한비만학회. 비만진료지침. 2022.

초저에너지식에 상업적 조제식이 이용될 수 있다. 상업적 조제식에만 의존할 경우, 일부 영양소 결핍이 생길 수도 있으므로 사전에 조제식(formula)의 각종 영양소 함량을 면밀히 검토해야 하며 일상식과 조제식을 함께 사용하기도 한다. 탄수화물의 함량은 50 g 미만으로 하고 생물가가 높은 양질의 단백질을 표준체중 kg당 0.8~1.2 g을 공급한다.

(2) 저에너지식

다양한 체중조절 프로그램에서 저에너지식에 근거한 식사계획을 제시하고 있다. 저에너지식을 이용할 때는 환자가 잘 적응할 수 있도록 가능한 한 환자의 생활습관과 식품에 대한 선호도를 고려하여 계획해야 한다.

표 9-8　단식 및 저에너지 식사의 비교

구분	방법 및 특징	종류
단식	• 에너지 함유 음식은 섭취하지 않음(물만 마심) • 주로 체수분과 체단백질이 손실 • 요요현상이 오고 결과적으로 체지방 비율이 늘어남 • 부작용: 케톤산증, 저혈압, 담석증 등	
고단백질 저탄수화물 다이어트	• 탄수화물에너지비: 30~40% 　단백질에너지비: 30~40% 　지질에너지비: 30~40% • 달걀, 생선, 닭고기, 육류, 우유, 치즈 위주 식사 • 곡류와 과일, 채소 중에서 탄수화물이 포함된 식품은 제한 • 비타민, 무기질, 식이섬유 결핍 가능 • 인슐린 분비 저하로 케톤체 생성 • 빠른 속도의 체중 감소(주로 체단백, 체수분) • 탄수화물 섭취 저하로 인한 케톤산증으로 공복감 저하, 탈수 • 소변으로의 칼슘 배설 증가 • 혈액 요산 증가로 신장에 부담 • 기초대사량 감소폭이 큼 • 고단백질 식사는 포화지방산이나 콜레스테롤 함량이 많아 심혈관 질환의 위험도가 높아짐	앳킨스 다이어트, 덴마트 다이어트
저탄수화물 다이어트	• 고단백질, 고지방 식사를 주로 섭취 　하루에 한 끼는 소량의 탄수화물을 섭취 • 잡곡 등 복합 탄수화물이 들어 있는 음식은 가능 • 설탕이나 포도당 등 단순 탄수화물이 들어 있는 과일, 과일주스, 빵, 파스타, 시리얼, 감자 • 빠른 속도의 체중 감소 • 심혈관 질환 위험도가 증가 • 렙틴 저하로 공복감 자극하여 과식의 위험 증가	존 다이어트, 데이 미라클 다이어트, 슈거 버스터즈 다이어트, 혈당지수 다이어트
고탄수화물 저지질 다이어트	• 지질섭취량은 줄이고, 설탕이나 감미료를 제한 • 과일, 채소, 곡류 등 수분이 많은 고탄수화물식품을 섭취하는 방법 • 식이섬유가 풍부하여 포만감을 얻을 수 있음 • 단백질, 비타민, 무기질이 부족할 수 있음 • 골다골증, 빈혈 등의 문제가 생길 수 있음	스즈키 다이어트, 비버리힐즈 다이어트, 죽 다이어트
원푸드 다이어트	• 한 가지 식품만 계속 섭취하는 방법 • 단조로워 오래 지속하기 어려움 • 모든 영양소의 섭취가 극도로 제한되어 영양결핍 가능성이 높고, 감량된 체중을 유지하기 어려움	과일 다이어트, 채소 다이어트, 탄수화물 다이어트 (강냉이, 벌꿀 등), 단백질 다이어트(콩, 우유, 요구르트, 치즈 등)

출처: 손숙미 외. 다이어트와 체형관리. 교문사. 2004.

3 저에너지식의 식사계획과 식품선택

저에너지식을 위한 식사계획은 식품교환표를 응용한 것이다. 비만인 사람은 식사량이 많고, 군것질을 하던 습관이 있어서 갑자기 감량식에 들어가면 공복감과 함께 음식이 부족하다고 느껴 고통을 받는다. 영양사와 가족들은 식품선택과 조리에 있어서 특별히 배려해야 할 것이다.

(1) 식품의 선택과 조리법

① 주식

무밥, 보리밥, 채소밥, 버섯밥과 같이 식이섬유가 많아 당지수가 낮고 포만감을 주는 음식을 선택하도록 한다. 채소죽, 어죽 등으로 부피를 늘리는 조리법을 이용하면 포만감을 느낄 수 있어서 좋다. 곡류를 섭취할 때에는 채소 등의 다른 반찬을 곁들여야 식후 혈당 상승이 줄어든다.

② 국

수분이 많은 식품 또는 음식은 일시적이지만 만복감을 준다. 채소를 재료로 한 맑은국, 미역국, 콩나물국, 미역오이냉국, 우거짓국 등은 저에너지식이로 바람직하다. 에너지 제한으로 소량의 밥을 먹는 부족감을 국을 많이 먹음으로써 식사 시의 서운한 느낌을 해소시켜 준다. 그러나 소금 섭취에 유의하여 국의 간은 싱겁게 해야 하며, 짠 국을 먹게 되면 밥을 더 요구하게 된다.

③ 채소 및 해조류

엽채소, 오이, 무, 해조류 등은 에너지 함량은 적으면서 무기질과 비타민을 공급하며, 식이섬유와 수분이 많기 때문에 권장하는 식품이다. 채소는 기름을 많이 사용하지 않는 조리법을 선택한다. 샐러드를 먹을 때에는 드레싱을 사용하지 않거나 마요네즈나 프렌치드레싱 같은 고에너지소스보다 초간장 등을 이용한 드레싱으로 간을 맞추는 것을 권한다.

소금과 고추 등의 양념을 과다하게 사용하여 만든 김치는 식욕을 촉진하고, 마늘장아찌, 단무지 등에는 상당량의 설탕이 들어 있다. 해조류의 식이섬유는 수분을 많이 흡수하여 음식의 부피를 크게 하여 만복감을 주므로 미역국, 미역나물, 다시마조림, 기타 각종 해초로 만든 나물요리를 많이 선택하면 좋다.

④ 조미

음식은 짜거나 매우면 식욕이 항진되므로 모든 식사는 담백하고 싱겁게 조리하여 싱거운 음식에 익숙해지고 습관화되도록 한다. 자반, 젓갈 같은 염장식품은 밥과 같은 탄수화물 섭취를 유도한다.

⑤ 과일류

농축한 시럽에 가공되어 있는 통조림 식품과 과일류를 섭취하는 경우 생각보다 많은 에너지를 섭취하게 된다.

⑥ 음료

콜라, 사이다 등의 청량음료, 설탕과 크림을 넣은 커피나 차 등을 자주 마시는 경우 눈에 보이지 않는 에너지 및 당을 상당량 섭취하게 된다. 따라서 탈지우유나 보리차, 옥수수차, 허브차, 녹차 등 설탕이 첨가되지 않은 음료를 마시는 것이 바람직하다.

술에 들어 있는 알코올의 에너지는 1 g당 7 kcal로서 거의 지방의 에너지와 비슷하므로 습관성 음주 또는 과음은 비만의 원인이 되기 쉽다.

⑦ 과자 및 빙과류

대부분의 과자에는 단순당과 지방이 많다. 도넛, 파이, 케이크, 쿠키, 초콜릿 등은 열량이 많다. 아이스크림, 아이스케이크 등의 빙과류와 젤리와 잼도 저에너지식이에서 제한한다.

⑧ 기타

자신이 얼마를 먹었는지 파악하여 양을 조절하며 섭취하기 위하여 음식은 개인 단위로 그릇에 담아 상차림을 한다. 밥의 양을 줄일 때에는 작은 그릇에 담는 것이 좋고 음식 역시 한 가지씩 따로 작은 접시에 담아내면 식탁이 풍성해 보인다. 음식 옆에 레몬, 토마토, 오이, 브로콜리 등을 곁들이면 한 접시의 음식량이 적어도 부풀어 보여 심리적으로 도움이 된다.

(2) 식품교환표의 응용

식품교환표에 의한 1,200~1,800 kcal의 저에너지식의 하루 교환수 구성은 표 9-9와 같다. 이는 절대적인 기준은 아니며 비만인의 식사습관을 고려하여 조정할 수

표 9-9 에너지별 식품군별 교환단위수 배분

에너지(kcal)	곡류군	어육류군		채소군	지방군	우유군	과일군
		저지방	중지방				
1,200	5	2	2	6	3	1	1
1,300	6	2	2	6	3	1	1
1,400	7	2	2	6	3	1	1
1,500	7	2	3	7	4	1	1
1,600	8	2	3	7	4	1	1
1,700	8	2	3	7	4	1	2
1,800	8	2	3	7	4	2	2

출처: 대한당뇨병학회. 당뇨병 식사계획을 위한 식품교환표 활용 지침 제4판. 2023.

표 9-10 1,200 kcal 저에너지 식단의 예

끼니	메뉴	에너지 (kcal)	식품군					
			곡류	어육류	채소	지방	우유	과일
아침	토스트 1쪽	75	1					
	달걀프라이	120		1		1		
	채소샐러드＋오리엔탈드레싱	40			1			
	토마토 1개, 우유 1개	175					1	1
	소계	410	1	1	1	1	1	1
점심	흰밥(140 g)	200	2					
	해물된장찌개	60		1	0.5			
	조기양념구이	50		1			−	−
	양배추생채	10			0.5			
	애호박볶음, 가지나물	75			1.5	1		
	총각김치	10			0.5			
	소계	405	2	2	3	1	−	−
저녁	보리밥(140 g)	200	2					
	콩나물국	10			0.5			
	닭가슴살양념구이	85		1		0.5	−	−
	수삼오이냉채+겨자장	10			0.5			
	참나물	45			1	0.5		
	깍두기	10						
	소계	360	2	1	2	1	−	−

표 9-11   1,500 kcal 저에너지 식단의 예

1일 섭취 에너지 1,500 kcal 탄수화물 섭취비율 54%								
분류	곡류군	어육류군			채소군	지방군	우유군		과일군
		저지방	중지방	고지방			저지방	일반	
1일 교환단위	7	2	3	–	7	4	1	–	1
1끼 교환단위	2~3	1~2			2~2.5	1~1.5			

식품군	아침	점심	저녁
곡류군	2교환단위 현미밥 140 g 2/3공기	3교환단위 흑미밥 210 g 1공기	2교환단위 보리밥 140 g 2/3공기
어육류군	1교환단위 달걀 55 g	2교환단위 닭가슴살 40 g 임연수 50 g	2교환단위 소고기 20 g 돼지고기 40 g / 두부 40 g
채소군	2.5교환단위 콩나물 30 g 달래 20 g / 호박 50 g 나박김치 35 g / 오이 40 g	2교환단위 파프리카 35 g 청경채 35 g 양파 35 g / 시금치 35 g	2.5교환단위 송이버섯 50 g 배추김치 25 g 미역 35 g / 참나물 35 g
지방군	1교환단위 식용유 5 g	1.5교환단위 식용유 8 g	1.5교환단위 참기름 5 g 식용유 3 g
우유군	저지방우유 200 mL		
과일군	딸기 150 g		

출처: 대한당뇨병학회. 당뇨병 식사계획을 위한 식품교환표 활용 지침 제4판. 2023.

있다. 표 9-9에 예시된 에너지별 교환단위수를 이용하여 1,200 kcal와 1,500 kcal 저
에너지식 식단을 작성한 예는 표 9-10, 9-11과 같다.

4. 행동수정요법

비만인을 대상으로 한 조사에 의하면 비만인들은 식행동에 문제점이 많은 것을
알 수 있다. 이러한 잘못된 식사 행동을 시정함으로써 비만을 치료하는 것이 행동
수정요법의 목적이다. 행동수정요법에는 자신의 문제점과 직면하는 자기관찰단계

(self monitoring), 문제 환경과 행동을 조절하는 자기조절단계(self management), 바람직한 행동에 대해 보상하는 보상단계(reinforcement)로 나눌 수 있다. 행동수정요법을 병행하면 감소한 체중을 오랫동안 유지하는 데 도움이 된다.

◪ 자기관찰

비만인은 비만을 유발하는 다양한 문제 식습관을 가지고 있으며 활동량이 상대적으로 적다. 1~2주 동안의 식사 일기와 활동량 일지를 통해 비만인 본인에게 어떤 식습관상의 문제가 있는지 스스로 파악할 수 있도록 한다. 관찰된 행동 중 수정해야 할 행동을 골라 순위를 정하고 이를 구체적으로 실천하는 방법을 결정한다.

◪ 자기조절

비만인은 내부의 생리적인 배고픔보다 외부의 자극, 즉 맛있는 음식이 눈에 띄는 것 등에 자극을 받기 쉽다. 따라서 이러한 자극에 노출되지 않도록 환경을 조절하도록 한다.

(1) 물리적 환경 조절

① 고에너지식품은 가능한 한 가까이 두지 않는다. 대신에 간단히 조리할 수 있는 저에너지음식을 항상 준비한다.
② 쇼핑은 식후에 하며, 즉석식품이나 금방 조리해 먹을 수 있는 음식은 피한다.
③ 식사는 정해진 시간에 일정한 자리에서 하도록 하고 식후에는 바로 식탁을 떠나 양치질을 한다.
④ 특별한 행사나 휴일을 보낼 때는 행사 전에 소량의 저에너지 간식을 섭취하고, 먹고 싶지 않을 때는 음식을 정중하게 거절한다.

(2) 사회적 · 정신적 환경 조절

주위에 좋은 식행동을 지닌 사람과 접촉하는 시간을 늘리고 본인을 위축시키는 부정적인 생각들을 긍정적으로 바꾸도록 노력한다. 또한 식사와 관련하여 비현실적인 목표를 설정하지 않는다.

(3) 식행동의 변화

① 규칙적인 식사

식사를 거르지 않는다. 특히 아침을 거르게 되면 점심 전에 단순당 위주의 간식을 하게 되어 당 섭취가 많아지게 되거나 점심이나 저녁에 과식을 하기 쉽다. 야간에는 동화호르몬의 작용이 활발하여 영양소의 축적 작용이 강해져 살이 찌기 쉽다.

② 천천히 먹기

음식을 잘 씹어 먹도록 하고 씹는 동안에는 숟가락을 내려놓으며, 식사시간에 다른 사람들과 대화를 나누며 천천히 먹도록 한다.

③ 간식 조절하기

간식도 계획된 것만 식사처럼 접시 위에 차려서 먹는다. 생채소를 쉽게 먹을 수 있도록 주변에 항상 둔다. 시장함을 느끼게 되면 보리차, 녹차나 홍차 등 에너지가 없는 음료를 마시거나, 기분 전환을 위해 몸을 움직이거나 산책을 한다.

④ 외식 선택 시 주의 사항

외식의 메뉴 선택은 채소가 잘 갖추어진 한식을 선택한다. 밥은 정해진 양만 먹고 튀긴 음식을 먹을 때는 튀김옷을 벗기고 먹는다. 뷔페의 경우에는 수프나 국, 샐러드 등에서 시작한다. 진열대의 음식은 여러 가지를 한꺼번에 접시에 담지 말고 몇 가지만 갖다 먹는다.

(4) 운동 습관의 변화

가능한 한 계단을 이용하고 자가용보다는 대중교통을 이용하는 등 일상 활동을 증가시킨다. 전문가의 지도하에 규칙적인 운동을 시작하는 것도 필요하다. 매일의 운동량을 기록하며 운동량을 조금씩 증가시킨다.

3 보상

비만인이 계획한 행동을 잘 실천한 경우 스스로 또는 주변인으로부터 보상을 받을 수 있는 기회를 만든다. 즉, 강화되어야 할 행동을 규명하고 이를 잘 수행했을 경우 친구나 가족으로부터 칭찬이나 물질적인 상을 주도록 부탁하거나 세부 목표가 달성될 때마다 저축을 하여 그것을 스스로를 위해 쓸 수 있도록 하는 것과 같은 방법을 이용한다.

5. 비만의 운동요법

운동 그 자체의 에너지 소비량은 생각만큼 많지 않다. 걷기를 30분 하면 100 kcal 정도가 소비되고 조깅을 30분 하면 밥 1공기 내외의 에너지가 소비된다. 그러나 식사 조절과 함께 규칙적인 운동을 하게 되면 기초대사량 저하를 막을 수 있어 요요현상이 적게 일어나며 체지방을 감소시킬 수 있으므로 운동은 필수적이다.

🔳 운동의 종류

체중조절 시에는 체지방을 연소하기 위한 유산소운동이 주가 되도록 하면서 근육을 증가시키는 근력운동을 함께 하는 것이 이상적이다.

유산소운동은 산소를 충분히 호흡할 수 있도록 호흡수가 증가되고, 체지방을 연소시킬 수 있을 정도로 충분한 시간이 지속되는 운동을 말한다. 따라서 체지방을 연소시키는 최적의 운동은 유산소운동이다. 조깅, 수영, 인라인 스케이트, 자전거 타기, 걷기 등이 여기에 속한다. 유산소운동을 하게 되면 에너지 소비량 증가와 더불어 인슐린 민감성이 개선되고 HDL-콜레스테롤도 상승하게 된다.

근력운동은 호흡수가 크게 증가하지 않지만, 근육에 평상시보다 큰 자극을 주는 운동으로 체지방 소모보다는 근육을 키우고 체단백질량을 증가시키는 데 도움이 된다. 역기, 덤벨운동, 윗몸일으키기, 요가, 필라테스 등이 여기에 속한다. 근력운동의 에너지 사용량은 유산소운동의 1/4~1/3 수준이나, 다이어트로 인해 줄어들기 쉬운 근육량을 유지시켜서 기초대사량 저하가 일어나지 않도록 해주어 요요현상을 예방하는 데 도움을 준다. 근력운동으로 근육이 0.5 kg 늘어나면 50 kcal/일이 더 연소되므로 근육이 3 kg 늘면 가만히 있어도 하루에 300 kcal를 더 소비하게 된다. 근력운동은 하루에 20~30분간 이틀에 한 번씩 하며, 운동 후에는 충분한 휴식기간이 있어야 근육이 회복된다.

표 9-12　유산소운동과 근력운동의 차이점

구분	유산소운동	근력운동
정의	체지방을 연소시킬 수 있도록 산소를 충분히 흡입하며 충분한 시간 동안 행해지는 운동	호흡수가 증가하지 않으면서 근육에 큰 자극을 주는 운동
종류	수영, 달리기, 걷기, 계단 오르기, 인라인 스케이트 타기, 자전거 타기, 줄넘기, 크로스컨트리 스키	역기운동, 덤벨운동, 팔굽혀펴기, 윗몸일으키기, 요가, 필라테스
생리적 효과	• 에너지 소비량 증가 • 식욕을 낮춤 • 스트레스, 우울증 완화 • HDL-콜레스테롤 증가 • 인슐린 민감성 개선	• 기초대사량 상승 • 근육량 증가 • HDL-콜레스테롤 증가 • 인슐린 민감성 개선
건강 효과	• 심장기능 향상 • 혈관기능 향상 • 폐기능 향상	• 운동능력 증가 • 근육 양과 근력 증가 • 골밀도 증가
주의사항	• 고혈압과 협심증이 있는 경우 강도 조절	• 낙상과 상해 예방 • 고혈압, 심장병인 사람은 피함 • 사춘기 이전 어린이는 성장판 손상 우려
에너지 사용량	7~10 kcal/분	유산소운동의 1/3~1/4 수준

출처: 손숙미 외. 임상영양학. 교문사. 2010.

2 운동의 강도와 지속시간

운동의 중요한 두 가지 요소는 강도와 지속시간이다. 체중감소를 위해서는 최대 산소 소모량의 60~80%의 강도로 적어도 20분 이상 지속해야 한다. 운동은 강도와 시간에 따라 사용하는 에너지원이 다르다(표 9-13). 최대 산소 소모량의 50% 정도가 되는 저강도운동에서는 산소를 소비하여 지방을 에너지원으로 사용하는 정도가 높다. 운동의 강도가 강해질수록 무산소운동이 되고, 단시간에 빨리 에너지를 공급해야 하므로 근육 내 글리코겐을 이용하여 에너지를 생성한다. 운동 강도를 최대 산소 소모량의 60~80%로 하면 지방이 에너지로 쓰이는 비율은 30% 정도로 저강도운동에 비해 낮으나, 전체적으로 사용하는 에너지량이 많아지므로 체중감소를 위해서는 최대 산소 소모량의 60~80% 강도를 권한다.

저 또는 중정도의 강도로 운동을 실시하는 경우 에너지원은 '근육 내 글리코겐 → 혈중 포도당 → 지방조직 분해로 인한 혈중 지방산'의 순으로 사용되므로 지

표 9-13 운동강도에 따른 주 에너지원

구분	저강도 운동 (최대산소 소모량 50%)	중정도 운동 (최대산소 소모량 60~80%)	고강도 운동 (최대산소 소모량 80% 이상)
주 에너지원	지방조직에서 분해되어 나온 혈중 지방산, 근육 내 중성지방	근육 내 글리코겐, 혈당	근육 내 글리코겐
피로	천천히 옴	중정도	빨리 옴

출처: 손숙미 외. 임상영양학. 교문사. 2010.

표 9-14 운동교환표

운동의 강도	80 kcal에 해당하는 시간	운동 종류
I. 아주 가벼운 운동	30분 지속	걷기(산책), 지하철, 버스에 서 있는 것, 취사, 가사(세탁, 청소), 장보기, 화단 정리
II. 가벼운 운동	20분 정도	보행(70 m/min), 계단 내려오기, 라디오 체조, 자전거(평지), 목욕
III. 중정도 운동	10분 정도	가벼운 조깅, 계단 오르기, 배구, 등산, 자전거(언덕), 스키로 걷기, 스케이트
IV. 고강도 운동	5분 정도	마라톤, 줄넘기, 농구, 수영(평형), 검도

출처: 대한비만학회. 비만치료지침. 2009.

방조직에서 나온 혈중 지방산을 에너지원으로 쓰기 위해서는 최대 산소 소모량의 60~80%를 유지하는 상태로 20분 이상을 지속해야 한다. 체중감량을 위해서는 30~60분 정도의 운동이 바람직하다. 고도 비만의 경우에는 최대 산소 소모량의 50% 내외의 저강도 운동을 60분 이상 하는 것이 더욱 효과적일 수 있다.

지방조직의 감소를 위해서는 최소한 2개월 이상 운동해야 한다. 하루에 본인에게 맞는 적정 강도의 운동으로 매일 200 kcal 이상을 소비하면 체지방 감소와 합병증 관리에 도움을 주는 효과가 나타난다.

비만치료 시의 약물요법과 수술요법

1. 약물요법

- **대상**: 체질량지수가 25 kg/m^2 이상이면서 비약물치료로 체중감량에 실패한 환자
- **약물 종류**: 식품흡수억제제, 식욕억제제 등
- **주의사항**: 소아, 임신부, 수유부, 뇌졸중, 심근경색증, 간 및 신장 장애, 정신적 질환의 경우는 금함

상품명	제니칼	삭센다	콘트라브
성분명	Orlistat	Liraglutide	Naltrexone−bupropin
작용	• 췌장리파아제 작용 억제 −지질의 흡수 차단	• 식욕저하 • 뇌에 작용해 포만감을 높이고 공복감을 낮춤 • 피하주사제(1일 1회 환자가 스스로 투여)	• 식욕저하 • 아편류 진통제 길항제/ 항우울제
부작용 및 주의사항	• 지방변 • 지용성 비타민 A, D, E, K와 β−카로틴 보충 필요	• 신장 및 간장애 환자에게 사용 금함 • 갑상선수질암 및 다발성 내분비선종에 사용 금함	• 고혈압, 발작, 중추신경계종양, 대식증 또는 신경성식욕부진에 사용 금함

2. 생리활성물질

- **CLA(Conjugated Linoleic Acid, 공액리놀렌산)**

  반추동물에서 합성되는 중간대사산물로서 육류나 유제품에 주로 존재하며, 상업적으로 판매되는 CLA는 리놀레산을 화학적으로 변형하여 합성된 것임. 공액리놀렌산을 일일 1.4~4.2 g 섭취하였을 때 성인에서 체지방이 감소하는 결과를 보임

- **HCA(Hydroxy Citric Acid)**

  가르시니아 캄보지아 추출 성분으로 체지방 합성을 억제함

3. 수술요법

- **대상**: 체질량지수가 35 kg/m^2 이상인 환자

  체질량지수가 30 kg/m^2 이상이면서 비만 관련 동반질환을 가지고 있는 환자

* 비만 관련 동반질환: 2형당뇨병, 고혈압, 수면무호흡증, 체중 관련 관절 질환, 이상지질혈증, 천식, 관상동맥질환 등

* 체질량지수가 27.5~30 kg/m^2 + 비수술적 치료로 혈당이 조절되지 않는 2형당뇨병

계속

루와이위우회술

위를 잘라내어 크기를 줄이는 수술로 식도를 위와 분리한 뒤 위를 일부분만 남긴 채 소장과 연결한다. 위가 줄어들어 음식을 조금만 먹어도 쉽게 포만감을 느껴 체중이 감소하지만 덤핑증후군, 메스꺼움과 구토 등의 합병증이 나타날 수가 있으므로 수술 후 영양관리가 필요하다.

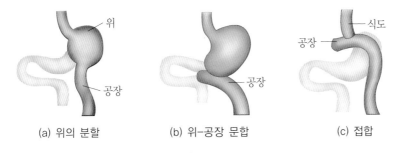

(a) 위의 분할   (b) 위-공장 문합   (c) 접합

조절형위밴드술

조절형 밴드를 거치하여 위 용적을 줄임으로써 음식섭취량을 줄이는 방법이다.

출처: 대한비만학회. 비만진료지침. 2022.

6. 저체중

저체중(underweight)은 현재체중이 표준체중보다 10~20% 낮은 경우를 말한다. 체질량지수가 아주 낮은 경우에도 사망 위험이 증가한다.

저체중에는 두 가지 종류가 있다. 첫째는 체질적으로 체중이 적고 수척한 경우이며, 둘째는 어느 시기에 특정한 이유로 인해 체중이 감소하여 수척해진 상태이다. 첫 번째의 경우는 질병이나 자각 증상이 없는 한 문제로 삼을 필요는 없으며, 적극적인 치료가 필요한 것은 두 번째의 경우이다.

체중이 표준치보다 낮더라도 일정한 체중을 유지하면 건강상태를 유지하고 있다고 볼 수 있다. 그러나 계속 체중이 감소하는 경우에는 그 원인을 찾아 치료를 해야 한다. 영양불량 상태로 오는 저체중은 호르몬의 기능을 감소시키며 상해나 감염이 되기 쉽고, 신체뿐만 아니라 심리적 문제까지 일으키게 된다.

297

■ 저체중의 원인

저체중의 원인으로는 ① 에너지 섭취량이 필요량보다 적을 때, ② 활동량이 과다할 때, ③ 섭취한 식품의 흡수와 이용 불량, ④ 암과 갑상선 항진증과 같이 대사 속도와 에너지 소비가 증가하는 소모성 질환, ⑤ 심리적 스트레스, ⑥ 유전적 요인 등을 들 수 있다. 이러한 요인을 외인성·내인성 원인으로 나누어 제시하면 표 9-15와 같다. 저체중의 경우 체지방의 감소뿐만 아니라 체단백질의 감소도 함께 오게 되나, 체지방의 감소가 더 크므로 체단백질의 비율은 오히려 약간 증가한 경향을 나타낸다.

■ 저체중의 식사요법

저체중의 원인을 밝힌 후 그 원인이 되는 질병을 치료한다. 소모성 질환이나 흡수불량 등을 먼저 치료하고 활동량을 감소시키며 필요하면 심리상담도 한다. 특히 식사 섭취 부족이나 부적절한 식습관일 경우에는 식사조절과 규칙적 식사로 치료가 가능하다. 질병이 없으나 체력과 지구력이 저하된 경우, 또는 추위에 대한 저항력이 저하되는 경우에는 체중 증가를 시도한다.

(1) 에너지

평소 섭취한 식사량에 따른 1일 섭취 에너지에 500~1,000 kcal를 더한 것을 하루의 에너지 필요량으로 책정하여 식단을 작성한다. 에너지는 점차 증가시키도록 하여 소화에 부담을 주지 않도록 한다. 음식은 농축되어 있고 식이섬유가 적은 음식, 즉 밥, 우유, 크림, 아이스크림, 치즈 등의 고에너지식품으로 섭취한다. 식후에는 위

표 9-15 체중감소의 원인

외인성 원인	• 기아 또는 지나친 체중조절에 의해 식사섭취량이 감소된 경우 • 식도의 연하운동장애에 의해 식사섭취량이 감소된 경우 • 변비약의 남용에 의한 경우
내인성 원인	• 에너지 소비량이 증가되거나 체내 에너지 이용이 지나친 경우 : 신진대사의 이상항진, 내분비상애, 고열, 소모성 질환 • 위장 질환에 의한 흡수저하의 경우 • 영양소가 상실되는 경우, 즉 당뇨병, 암, 기타 질병 • 질병 스트레스에 의한 식욕감퇴로서 우울증, 신경성 식욕부진, 과로, 감염증, 암, 충치, 잇몸질환, 이가 빠진 경우

에 부담을 주지 않는 아이스크림, 케이크, 푸딩 등을 후식으로 이용한다. 간식으로 땅콩이나 사탕, 과자, 바나나 등을 먹으면 추가로 에너지를 섭취할 수 있다.

(2) 단백질

단백질은 생물가가 높은 양질의 단백질을 체중 kg당 1.5 g을 섭취하도록 한다. 총 단백질 섭취량의 1/2 정도까지는 동물성 식품에서 섭취하도록 한다.

(3) 탄수화물

탄수화물은 쉽게 소화되며 체지방으로 전환하므로 충분히 공급한다. 에너지 섭취량을 늘리기 위해서 빵 등을 매 끼니 사이에 간식으로 섭취하도록 한다. 그러나 다량의 단순당을 한꺼번에 섭취하면 흡수가 빨라 갑자기 혈당이 상승하여 오히려 식욕이 감퇴한다. 탄수화물 식품은 부피가 크므로 위가 부담을 느낄 수 있으므로 조절이 필요하다. 밤참은 체중을 증가시키는 데에 효과가 있으므로 소화가 잘되는 탄수화물 식품이나 음식을 200~300 kcal 정도 섭취한다. 밤참으로는 신선한 과일이나 주스, 적은 분량의 호박죽, 잣죽 등이 좋다.

(4) 지질

지질은 1 g당 9 kcal로, 에너지 함유량이 탄수화물의 두 배가 넘는다. 지질이 많은 식품이나 튀긴 음식을 많이 먹으면 소화관을 자극하므로 조리 시에 참기름, 들기름, 마요네즈, 샐러드드레싱, 버터, 마가린, 크림, 휘핑크림 등을 다양하게 이용하도록 한다.

(5) 무기질과 비타민

비타민과 무기질 권장량은 최적의 수준을 유지하도록 한다. 특히 비타민 B군은 식욕을 증가시키고 에너지 증가에 따라 필요량도 증가하므로 보충이 필요하다.

(6) 향신료, 방향성 채소 이용

고춧가루, 후추, 고추냉이, 겨자 등의 향신료, 유자, 레몬 등 산미 과실, 들깻잎, 파슬리, 마늘, 생강, 고수, 미나리, 박하잎, 쑥 등 독특한 향기를 갖고 있는 채소는 식욕을 촉진하므로 다양하게 이용하도록 한다.

표 9-16 에너지 섭취의 증가를 위한 방법

- 연한 크림 대신 진한 크림을 주고, 과일에 설탕과 크림을 첨가하여 섭취한다.
- 밥을 기름이나 버터에 섞어 볶아 먹는다.
- 빵에 버터 외에도 잼, 젤리 등을 함께 발라 먹는다.
- 우유에 크림이나 아이스크림을 섞어 셰이크를 만들어 먹는다.
- 음식 조리 시 기름을 섞어 무치거나 볶거나 튀긴다.
- 외식 때 맑은 고깃국보다 크림수프를 먹는다.
- 각종 요리에 견과류를 첨가한다.
- 샐러드를 먹을 때에는 샐러드드레싱을 충분히 사용한다.
- 푸딩, 젤라틴, 커스터드, 케이크, 아이스크림, 거품 낸 크림 같은 후식을 준다.
- 정확한 식사계획을 세운다.

(7) 알코올, 수프의 식전 이용

성인이 알코올류를 식전에 마시면 식욕 항진 역할을 한다. 그리고 채소수프, 맑은 장국, 된장국 등도 식욕을 촉진하고 탄산음료를 식전에 소량 마시는 것도 식욕에 도움을 준다.

(8) 에너지와 영양소섭취증가법

에너지와 각 영양소를 보충하기 위하여 경구용 경장영양제를 이용할 수도 있다.

7. 식사장애

식사장애(eating disorder)의 주원인은 심리적인 것이다. 청소년기에 외모에 대한 관심이 높아지면서 특히 여성에서 날씬한 몸매를 유지하기 위한 지나친 노력으로 인해 발생한다. 여성에게 주로 나타나며 비만을 두려워하여 지나치게 다이어트를 하면서 정상적 성장과 발육이 방해를 받고 영양실조로 발전하는 경우가 많다.

신경성 식욕부진증과 신경성 폭식증 그리고 폭식장애는 그 원인이 무엇인지 정확히 찾아 치료해야 한다. 의사와 심리학자, 영양사의 협력과 노력으로 효과적인 치료방법을 찾을 수 있다.

표 9-17 체질량지수에 따른 신경성 식욕부진증의 분류

정도	체질량지수(Body Mass Index)
경함	≥17 kg/m²
중정도	16~16.99 kg/m²
강함	15~15.99 kg/m²
심각함	<15 kg/m²

출처: 대한영양사협회. 일상영양관리지침서 제4판. 2022.

1 신경성 식욕부진증

신경성 식욕부진증(anorexia nervosa)은 비만에 대한 두려움과 자신의 체형에 대한 불만족으로 인하여 음식섭취를 지속적으로 줄이거나 거부하는 질환으로 심각한 저체중을 초래한다. 질환이 진행될수록, 근육 쇠약, 글리코겐 고갈, 근육조직 분해 등이 나타나고, 장기간 지속되면 무월경, 저체온, 솜털 머리카락, 건조한 피부, 변비, 부정맥 등이 나타나며 질병에 대한 저항력이 떨어진다.

환자의 목표체중을 유지하기 위해서 점진적으로 에너지 섭취를 증가시키며 규칙적이고 균형잡힌 식습관을 갖도록 한다.

2 신경성 폭식증

신경성 폭식증(bulimia nervosa)은 자신의 체형과 체중을 부정적으로 평가하고, 짧은 시간 내에 지나치게 많은 음식을 먹은 한 후에 체중 증가를 방지하기 위하여 구토, 이뇨제, 또는 설사제를 사용하여 강제 배설을 하거나, 절식이나 과다한 운동

표 9-18 신경성 폭식증과 폭식장애의 분류

정도	폭식 행동의 반복 횟수
경함	주 1~3회
중정도	주 4~7회
강함	주 8~13회
심각함	주 14회 이상

출처: 대한영양사협회. 일상영양관리지침서 제4판. 2022.

표 9-19 신경성 식욕부진증과 신경성 폭식증의 위험요인

진단	성향	환경	유전
신경성 식욕부진증	• 유년기에 망상 경향 • 불안장애	• 문화적으로 마른 체형을 선호함 • 모델처럼 직업적으로 마른 체형을 원하는 경우	• 신경성 식욕부진증, 신경성 폭식증, 양극성 장애, 우울증 등과 관련 • 이란성보다는 일란성쌍둥이에서 상관관계가 더 높음
신경성 폭식증	• 체중과 관련하여 스스로 낮게 평가함 • 우울 증세 • 사회적 불안장애 • 유년기에 과잉불안장애	• 야윈 신체를 이상적으로 생각 • 체중에 관심이 많음 • 유년기 성적 학대 • 유년기 신체적 학대	• 유년기 비만 • 사춘기 성숙이 빠른 경우 • 유전

출처: 대한영양사협회. 일상영양관리지침서 제4판. 2022.

표 9-20 신경성 식욕부진증과 신경성 폭식증의 임상 증후

임상 증후	신경성 식욕부진증	신경성 폭식증
전해질 이상	저칼륨혈증, 저마그네슘혈증, 저인산증	저칼륨혈증, 저마그네슘혈증
심혈관계	저혈압, 불규칙하고 느린 맥박	부정맥, 허약
위장계	복통, 변비, 위배출 지연, 포만감, 구토	위배출 지연, 위장운동장애, 식도역류증
내분비계	추위에 민감, 이뇨, 피로, 저혈당, 고콜레스테롤혈증, 불규칙한 월경	불규칙한 월경, 부종
영양결핍	단백질-에너지 영양불량, 미량영양소 결핍	다양함
골격 및 치아	운동시 뼈의 통증, 골감소증, 골다공증	충치, 치아의 에나멜층 침식
근육계	근육소모, 허약	허약
체중상태	저체중	다양
인지상태	집중력 저하	집중력 저하
성장상태	성장 및 성숙 저해	일반적으로 영향을 받지 않음

출처: 대한영양사협회. 임상영양관리지침서 제3판. 2008.

등의 극단적인 행위를 반복한다. 이러한 조절되지 않는 행동들이 주 1회 이상, 3개월 동안 반복된다. 환자는 정상체중의 15% 이내의 범위에 있는 경우가 많아 진단하기가 어렵다.

강제적 배설행위를 위한 반복되는 구토로 인해 위산이 구강 및 식도를 자극하여

치아의 에나멜층이 침식되고 식도에 염증이 생긴다. 구토 및 완하제의 남용은 탈수와 전해질 이상으로 인한 피로, 부정맥, 저혈압과 위염, 신장이상, 대사성 알칼리증 등을 초래하고 복부경련과 직장탈출 등이 발생할 수 있다.

폭식 행위를 중단하고 규칙적인 식습관을 지속하며, 체중은 현재체중을 그대로 유지하도록 권한다.

❸ 폭식장애

폭식장애(binge eating disorder)는 불규칙하게 불편할 정도로 폭식을 하지만 토하는 등의 보상행동은 하지 않는 경우를 말한다. 폭식 후 자신에 대한 혐오감, 우울감 등을 느끼기도 하는데, 이러한 행동들이 평균 주 1회 이상 3개월 동안 나타날 때 폭식장애로 진단한다. 폭식으로 인해 체지방이 많이 축적되어 과체중이나 비만인 경우가 많다. 폭식장애가 없는 비만인에 비해 당뇨병, 고혈압, 호흡계 이상, 담낭질환 등 비만 관련 만성 퇴행성 합병증이 더 많다. 잘못된 식생활을 정상화하고 체중을 감량 또는 유지시키는 것을 목표로 하며, 식이섬유를 포함한 다양한 식품을 섭취하도록 권장한다.

27세 남성 임 씨는 현재 외국에서 생활 중이며 3주 전에 잠시 귀국한 상태이다. 키 179 cm, 체중 92 kg으로, 1년 전 화상 치료 이후 단기간 체중이 많이 증가되어 한때 120 kg까지 늘었으나, 식사량을 줄이면서 95 kg까지 감량하였다. 화상 전 체중은 85 kg이었다.

외국 생활 중에 평소 식습관은 매우 불규칙하여 1일 1~2끼만 먹었으며 이 중 1끼는 늘 과식하는 경향이 있고 주로 기름기 많은 음식을 먹었다. 저녁은 주로 한국 식당에서 탕 종류를 먹었고 반주로 소주 1/2병 정도를 섭취하였다. 평소에 맵고 짠 음식을 선호하며, 라면을 매우 좋아하여 며칠간 라면으로만 끼니를 때울 때도 있었다. 음료는 블랙의 원두커피와 콜라를 1일 500~1,000 mL 내외로 섭취하였다. 야간작업이 많아 작업을 하면서 감자튀김이나 피자 등의 음식섭취가 많았고 생활이 불규칙하여 운동은 하지 못하였다.

3주 전 귀국한 이후로 매끼 밥 2/3공기와 반찬을 골고루 먹는 식사로 변경하여 식사하기 시작한 이래 체중이 다시 92 kg까지 줄었다.

1 임씨의 체질량지수 및 비만도를 계산해 보고 목표체중을 설정해 보시오.

$$BMI = 92 / (1.79)^2 = 28.7$$

비만도 = (실제체중 − 표준체중) / 표준체중 × 100 = 130%

목표체중은 보통 현재체중에서 10% 감량하여 설정한다. 이 경우 임씨의 목표체중은 83 kg이 되며, 임씨의 평소 체중을 고려할 때 85 kg을 목표체중으로 설정할 수 있다. 그러나 임 씨의 평소 체중 역시 BMI 26.5, 비만도 120%로 젊은 나이를 고려할 때 체중감량이 필요하므로 1차 목표체중을 83 kg으로 설정하고, 차후에 목표체중을 재조절하는 것을 고려한다.

2 임씨의 식생활요인 중 비만을 유발할 수 있는 요인을 지적하고 그 이유에 대해 생각해 보시오.

① 불규칙한 식습관은 과식을 하게 되기 쉽고, 단순당과 지방이 높은 간식 섭취가 늘어나기 쉽다.

② 기름진 음식을 많이 먹으면 동일 부피라도 섭취하는 에너지가 많아지게 된다.

③ 탕 종류의 음식, 맵고 짠 음식 위주의 식사의 경우 밥 섭취 에너지가 많아지게 되고 상대적으로 반찬의 섭취가 적어지게 된다.

④ 반주로 마시는 수주 반 병도 1회 섭취 에너지가 270~300 kcal 내외가 된다. 콜라도 250 mL에 100 kcal의 에너지가 있어 과잉 에너지 섭취의 원인이 될 수 있다.

⑤ 라면, 감자 튀김, 피자 등은 지방 함량은 많고 부피는 적은 고에너지식품이다.

⑥ 불규칙한 생활습관으로 인한 운동부족으로 활동량의 저하가 예상된다.

3 임씨에게 맞는 영양치료 계획을 세워 보시오.

1) 섭취 에너지 결정

임씨의 생활습관에 따른 활동도 고려 시 가벼운 정도의 활동을 하는 것으로 생각되며, 최근에 식사량을 어느 정도 조절하고 있어 1일 섭취 에너지는 목표체중 83 kg에 25 kcal/일을 곱하여 계산한다. 이와 같이 계산하면 1일 섭취 에너지는 2,100 kcal 내외가 된다.

2) 식생활 교정

① 식사는 반드시 1일 3끼를 먹도록 한다.

② 콜라, 소주의 섭취를 금하고 대신 에너지가 없는 다이어트 콜라나 차 종류를 이용하도록 한다. 원두 커피는 에너지가 없으므로 1일 1~2잔 범위 내에서 허용한다.

③ 식사 시에는 가능한 한 밥 + 반찬 형태의 식사를 유지하도록 한다. 밥의 양이 늘어나지 않도록 반찬은 자극적이지 않도록 한다. 탕 위주의 식사는 채소의 섭취가 줄어들고 염분의 섭취량이 늘어나기 쉬우므로 국물 섭취를 줄이고 반찬을 곁들이도록 한다.

④ 야식으로 먹는 감자튀김, 피자의 섭취를 금한다. 야식은 가능하면 먹지 않는 것이 바람직하지만 피치 못할 사정으로 꼭 먹게 된다면 과일이나 저지방우유 등을 정해진 범위 내에서 섭취하도록 권장한다.

⑤ 반드시 유산소운동과 근력운동을 병행한 규칙적인 운동이 필요하다. 이 외에도 일상적인 생활에서 활동량을 늘릴 수 있도록 계획한다.

⑥ 이 외에 외국에서 자주 접할 수 있는 음식, 스낵에 대한 영양 정보를 제공한다.

3) 식사일기 작성

식사일기의 작성은 자신이 하루에 얼마만큼의 음식을 어떻게 섭취하는지 스스로 관찰하게 해주는 좋은 도구이며, 또한 영양사와 함께 식사일기를 검토하는 과정을 통해 부족한 부분을 새로 배우게 되는 교육의 도구이기도 하다. 작성해 온 식사일기를 검토하여 드러나는 문제점을 지적해 주고 잘하고 있는 부분에 대해서는 적극적으로 격려해 주도록 한나.

> **예시** 55세 여성으로 신장 156 cm에 체중 65 kg이다. 평소 식사가 불규칙하고, 감자, 고구마 등의 간식으로 식사를 대신할 때가 많으며, 운동은 전혀 하고 있지 않다.

■ 식단 작성 단계

(1) 1일 영양소 구하기

- 표준체중: $1.56\,m \times 1.56\,m \times 21 = 51.1\,kg$
- 이상체중비: $65\,kg \div 51.1\,kg \times 100 = 127\%$
- 적정체중: $51.1\,kg + \{(65\,kg - 51.1\,kg) \times 0.25\} = 54.5\,kg$
- 1일 필요 에너지: $54.5\,kg \times 25\,kcal = 1,400\,kcal$

(2) 필요 에너지를 탄수화물, 단백질, 지질의 비율을 고려하여 배분하기

탄수화물 : 단백질 : 지질 = 56 : 19 : 25인 경우의 계산은 다음과 같다.

- 탄수화물: $1,400\,kcal \times 0.55 = 770\,kcal$, $770\,kcal \div 4\,kcal = 192\,g$
- 단백질: $1,400\,kcal \times 0.2 = 280\,kcal$, $280\,kcal \div 4\,kcal = 70\,g$
- 지   질: $1,400\,kcal \times 0.25 = 350\,kcal$, $350\,kcal \div 9\,kcal = 39\,g$

1일 영양소 구성의 예

에너지(kcal)	탄수화물(g)	단백질(g)	지질(g)
1,400	192	39	70

(3) 1일 식품군별 교환단위수 결정

구분	곡류군	어육류군		채소군	지방군	우유군		과일군
		저지방	중지방			일반우유	저지방우유	
교환 단위수	6	1	4	7	3	–	1	2

(4) 끼니별 교환단위수 배분

식품군	곡류군	어육류군		채소군	지방군	우유군		과일군
		저지방	중지방			일반우유	저지방우유	
아침	2	–	1	2,3	1	–	–	–
간식	–	–	1	–	–	–	1	–
점심	2	1	1	2,3	1	–	–	–
간식	–	–	–	–	–	–	–	1
저녁	2	–	1	2,3	1	–	–	–
간식	–	–	–	–	–	–	–	1
계	6	1	4	7	3	–	1	2

(5) 식품교환표를 이용하여 식품선택

1일 식단의 예

구분	음식	재료 및 분량(g)	곡류군	어육류군		채소군	지방군	우유군		과일군
				저	중			일반	저지방	
아침	현미밥	현미 60	2	–	–	–	–	–	–	–
	아욱국	아욱 20	–	–	–	0.3	–	–	–	–
	달걀찜	달걀 55	–	–	1	–	–	–	–	–
	양배추샐러드	양배추 35	–	–	–	0.5	–	–	–	–
	드레싱	마요네즈 4	–	–	–	–	1	–	–	–
	오이생채	오이 35	–	–	–	0.5	–	–	–	–
	깍두기	깍두기 25	–	–	–	0.5	–	–	–	–
	미니김구이	김 1	–	–	–	0.5	–	–	–	–

계속

구분	음식	재료 및 분량(g)	곡류군	어육류군 저	어육류군 중	채소군	지방군	우유군 일반	우유군 저지방	과일군
간식	콩볶음	검정콩 20	–	–	1	–	–	–	–	–
	저지방우유	저지방우유 200	–	–	–	–	–	–	1	–
점심	수수밥	백미 45	1.5	–	–	–	–	–	–	–
		수수 15	0.5							
	버섯찌개	버섯 15	–	–	–	0.3	–	–	–	–
	쇠불고기	소고기 40	–	1	–	–	–	–	–	–
		참기름 2.5					0.5			
	삼치구이	삼치 50	–	–	1	–	–	–	–	–
	채소쌈	각종 채소 70	–	–	–	1	–	–	–	–
	취나물볶음	취나물 35	–	–	–	0.5	–	–	–	–
		참기름 2.5					0.5			
	포기김치	배추김치 25	–	–	–	0.5	–	–	–	–
간식	딸기	딸기 150	–	–	–	–	–	–	–	1
저녁	보리밥	백미 45	1.5	–	–	–	–	–	–	–
		보리 15	0.5							
	호박된장국	호박 20		–	–	0.3	–	–	–	–
	두부구이	두부 80	–	–	1	–	–	–	–	–
		식용유 5					1			
	곤약냉채	곤약 표고 5	–	–	–	0.1	–	–	–	–
		오이 15				0.2				
		당근 15				0.2				
	참나물무침	참나물 35	–	–	–	0.5	–	–	–	–
	가지나물	가지 35	–	–	–	0.5	–	–	–	–
	석박지	무김치 25	–	–	–	0.5	–	–	–	–
간식	토마토	토마토 250	–	–	–	–	–	–	–	1

대상자는 이상체중비가 127% 이상으로 비만한 상태이나, 이상체중을 기준으로 에너지 처방을 할 경우 적응도가 낮은 것으로 예상되어, 조정체중을 계산하여 1 kg 당 25 kcal 처방을 하였다.

② 실습 평가 및 고찰

- 조리된 식단을 조별 또는 개인별로 제출하고 교수가 평가한다.
- 조리된 식단을 각자 시식한 후 자기 평가한다.
- 실습 내용에 대하여 조별 토의를 한다.
- 실습 노트를 작성한다.

③ 개별 과제

1,200 kcal 저에너지식의 식품 구성과 식단을 작성하시오.

10장

호흡기 및
감염성 질환

1 호흡기의 구조와 기능

2 감기

3 폐렴

4 폐결핵

5 만성폐쇄성폐질환

6 폐기종과 기관지 천식

1. 호흡기의 구조와 기능

■ 호흡기의 구조와 호흡운동

(1) 호흡기의 구조

호흡기는 코, 인후, 기관, 기관지와 폐로 구성된다(그림 10-1). 적절한 영양섭취는 호흡기 조직의 발달과 생리적 기능을 증진시킨다. 공기 중의 산소는 코를 통하여 들어와 인후와 기관지를 지나 세기관지를 거쳐서 폐포에 이른다. 비강에서 기관지에 이르는 부위에서는 공기의 온도와 습도를 조절하며 이물질을 제거한다.

폐는 공기 중의 산소를 흡입하고 탄산가스를 배출하는 호흡기이다. 폐는 우측에 3개, 좌측에 2개의 폐엽으로 나누어져 있고, 각 폐엽은 늑막이라는 견고한 막으로 싸여 있다. 폐포의 총수는 약 3억 개에 달하고, 많은 양의 산소를 저장하고 이용할 수 있다.

(2) 호흡운동

호흡은 외기에 있는 산소를 폐 내로 흡입하여 혈액을 통해서 산소를 각 세포로 운반하고, 각 체세포가 운반된 산소를 이용하여 에너지를 생성하도록 하며, 그 결과로 생성된 탄산가스를 체외로 배출하는 과정을 말한다.

호흡은 흉곽과 횡격막 운동으로 이루어진다. 즉, 횡격막과 늑간근육이 규칙적으로 수축과 이완을 되풀이함으로써 이루어진다. 이러한 운동은 호흡중추인 연수와 뇌교에 의해 이루어지며, 호흡중추는 신체의 여러 곳에서 오는 신경 신호와 혈액의 화학적 조성의 영향에 따라 호흡을 조절한다. 호흡기에 이상이 생기면 호흡기계의 기능에 이상이 생기고 여러 가지 질환이 나타난다.

호흡은 호흡중추에 의해서 조절되나 병적으로 과호흡, 환기부족 등이 생길 수 있다. 환기 과잉으로 탄산가스를 지나치게 배출하면 알칼리증이 될 수 있고, 환기부족 상태에 이르면 산성증이 유발된다. 산소공급이 생리적 요구량 이하로 감소된 상태를 저산소증이라고 한다. 이는 기도의 종양, 이물질, 천식, 고산지대 등반 시, 물에 빠졌을 때, 화재 시, 적혈구 부족 시, 연탄가스 중독 등으로 발생될 수 있다. 위급한 산소 부족 시에는 인공호흡으로 생명을 연장할 수 있다.

2 호흡기의 기능

호흡기는 체내로 산소를 공급하고 체내에서 생성된 탄산가스를 배출하며 체액의 산염기평형, 수분 및 열 방출에 관여한다. 또한 발성을 통하여 말을 할 수 있게 하는 중요한 기관이다.

(1) 체내 산소공급

신체의 구성세포는 공기를 직접 받아들일 수 없다. 산소는 코를 통해서 인후를 거쳐 기관지를 통하여 폐로 들어온다. 산소는 폐의 모세혈관 안으로 들어가 순환을 통하여 각 세포로 운반된다. 체세포로의 산소공급은 음식에서 흡수한 에너지원인 탄수화물, 지질, 단백질을 산화시켜서 ATP를 합성하는 데 필수적이다.

산소가 결핍되면 에너지 합성이 안 되므로 세포 기능이 저하되어 결국 사망하게 된다. 화재 시의 질식상태나 연탄가스중독 등이 이러한 상태이다. 사람은 음식물 없이 물만 마시고 수 주일을 살 수 있으며, 물을 마시지 않고도 10일 정도 생존할 수 있다. 그러나 산소가 없으면 단 몇 분 내에 사망하게 된다.

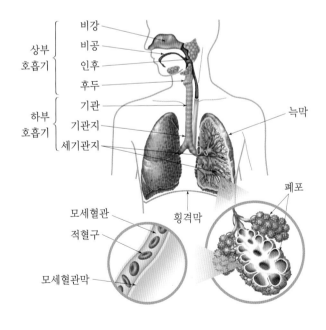

그림 10-1 **호흡기의 구조**

(2) 탄산가스의 배출

세포에서 에너지원으로부터 ATP를 합성하는 과정에서 탄산가스가 생성된다. 탄산가스는 혈액으로 방출되어 폐로 운반되고, 호흡을 통해 체외로 배출된다.

(3) 체액 산염기 평형

호흡은 체내의 기체 성분을 일정하게 유지할 뿐만 아니라 끊임없이 생산되는 탄산은 체액의 산염기 평형을 유지하는 중요 기전이기도 하다. 즉, 체액의 pH를 7.35~7.45의 좁은 범위 내로 유지하는 필수적인 기능을 한다. 호흡부전은 산증을, 과다호흡은 알카리증을 유발한다.

(4) 수분 및 열 방출

성인이 호흡을 통해 배설하는 수분량은 1일 250~500 mL이다. 이 양은 우리가 거의 감지하지 못하는 양이지만 추운 겨울날 입김이 서리가 되는 것을 보면 수분의 배설을 알 수 있다. 체온을 조절하는 방법은 많은 양의 수분을 방출하는 것이다. 피를 통한 땀뿐만 아니라 호흡으로도 배출된다. 열이 심하게 나면 호흡수가 많아지는 것도 이러한 이유이다.

(5) 발성 및 회화

성대의 움직임과 떨림으로 발성이 가능하며, 말을 통하여 감정과 생각의 표현이 가능하다. 즉, 성대는 상부기도로 발성기와 공명통의 구실을 한다. 이러한 기능을 하는 호흡기에 감염이 되면 감염성 호흡기 질환이 발생한다.

2. 감기

감기는 호흡기 감염성 질환으로 가장 흔하게 나타나는 질병이며, 잘 관리하지 않아 폐렴 등으로 진행되면 건강에 큰 위험이 될 수 있다.

1 원인과 증상

(1) 원인

감기(influenza)는 일상생활에서 흔히 걸리는 질환이며 각종 감염 바이러스에 의하여 일어난다. 과로했을 때, 영양상태가 좋지 않거나 한랭과 습기 또는 오염된 환경 속에서 저항력이 약해졌을 때 상부 기도에 바이러스가 염증을 일으켜 감기를 유발한다.

(2) 증상

콧물, 인후통, 두통, 전신권태, 식욕감퇴, 관절통, 발열 등의 증세가 생기며 치료를 잘하면 1주일 이내에 완쾌된다. 감기 자체는 위독한 질환이 아니지만 저항력이 약한 사람에게는 폐렴과 같은 합병증을 일으켜 위독해질 수 있다.

2 식사요법

감기로 인한 두통과 발열에는 아스피린, 콧물에는 항히스타민제, 기침에는 진해제가 사용된다. 감기에 걸리면 고열 때문에 체내 영양물질의 소모가 크므로 고에너지·고단백질·고비타민 식사를 실시해야 한다. 특히 비타민 C를 다량으로 섭취하기 위하여 따뜻한 유자차, 귤차, 뜨겁고 맑은 콩나물국 등을 마신다. 환자의 몸을 보온해야 하므로 차가운 음료나 음식은 피하고, 따뜻하게 데워서 마신다. 체온이 높으면 식욕이 떨어지기 쉬우므로 산뜻한 맛으로 조리한다.

호흡기 감염성 질환	감기, 독감, 폐렴, 폐결핵
호흡기 질환	만성 폐쇄성 질환, 폐기종, 천식

3. 폐렴

1 원인과 증상

(1) 원인

폐렴(pneumonia)은 폐에 염증이 생겨서 폐포가 액체와 혈구로 차 있는 상태를 말한다. 폐렴구균 또는 감기 바이러스 등의 감염으로 발생하며, 이 균은 폐포에 감염된 후 폐 모세혈관 세포막으로 감염된다. 세포막에 구멍이 뚫려서 액체와 적혈구, 백혈구 세포가 혈액에서 폐포로 흘러 들어간다. 감염된 폐포는 점차 액체와 혈액세포로 차게 된다. 그리고 감염된 폐포가 늘어나게 되어 큰 부분의 폐가 하나의 폐낭을 이루어 폐 전체가 액체와 혈구로 차게 된다.

(2) 증상

폐렴에 걸리면 폐가 충혈되고, 심장에 심한 부담을 주게 되므로 주의를 요한다. 폐렴이 심해지면 호흡이 매우 곤란해지고 고열이 계속되며, 치료가 불충분하거나 치료를 받지 않으면 사망하게 된다. 폐렴은 유아 및 고령층의 중요한 사망요인이기도 하였으나 항생제 치료로 사망률은 크게 감소하였다. 급성 폐렴의 증세는 오한과 고열(38℃ 이상), 식욕부진, 기침, 가래, 호흡곤란, 가슴통증 등이 동반되며, 가래에 혈흔이 섞여 나온다.

2 식사요법

폐렴의 식사요법에서는 폐조직의 복원을 위하여 단백질과 여러 영양소를 보충하고, 발열로 인한 수분과 나트륨을 보충하는 것에 유의해야 한다. 우선 열이 많이 나므로 에너지와 수분공급이 중요하다. 체중감소 예방을 위해 충분한 에너지를 공급한다.

식사는 하루에 2~3시간 간격으로 자주 공급하고, 아이스크림, 우유가 섞인 미음, 맑은 소고기 국물, 수프, 과즙 등을 제공한다. 점차 회복함에 따라 유동식을 연식으로 이양하고 일반식을 제공하도록 한다.

단백질은 체중 kg당 1~1.5 g을 공급하며 패혈증 등 합병증이 있는 환자에게는 1.6~2.0 g까지 증가시킬 수 있다. 음식만으로 충분한 영양공급이 어려울 경우, 영양 보충식품을 공급할 수 있다. 호흡이 곤란하여 식품섭취가 어려우면 정맥주사로 영양을 공급하기도 한다.

4. 폐결핵

1 원인과 증상

(1) 원인

폐결핵(pulmonary tuberculosis)은 결핵균이 폐를 감염시켜 폐에 염증을 일으키는 질병으로 세계적으로 결핵에 의한 사망률은 높다. 결핵은 과로 또는 영양실조로 인한 저항력의 약화상태나 오염된 환경 속에서 결핵균에 의하여 감염되는 일종의 감염병이다. 결핵 환자를 위한 이소니아지딘, 피라진아미드, 스트렙토마이신 등의 약이 출현하면서 결핵의 치료가 가능하게 되었다.

우리나라의 결핵 발생률은 점차 감소하고 있지만, 아직도 고령층이나 청소년기에서 발병되고 있다. 소아 대상 필수 예방접종인 결핵 예방접종 백신(BCG) 접종으로 영유아기의 폐결핵 이환율은 매우 낮아졌다.

(2) 증상

결핵 감염 초기에는 자각 증상이 별로 없으며, 점차 권태감과 가벼운 기침이 나온다. 기침과 동시에 가래가 나오며 혈담, 객혈 또는 발열이 생기면 질환이 많이 진행된 것이고, 호흡이 곤란해지고 기침이 심해지면 말기 증상으로 간주한다. 급성 단계에서는 급격한 체온의 상승과 피로감이 계속되고 체중감소와 기침, 쇠약한 상태가 나타난다.

🔼 식사요법

결핵은 항결핵제를 이용한 화학요법이나 폐절제술, 흉곽성형술 등과 같은 수술 치료법으로 치료한다. 결핵은 지속적인 투약으로 결핵균의 번식을 중지시킬 수 있으나, 저항력을 양성시키기 위하여 청결한 환경에서의 휴식과 충분한 영양보충이 중요하다.

(1) 에너지

결핵은 체조직의 소모가 심한 질병이므로 단백질의 이용을 높이기 위하여 에너지를 충분히 섭취한다. 환자의 연령, 운동 정도, 체중, 질환의 상태에 따라서 총에너지를 정한다. 비만이 되지 않도록 주의하면서 고에너지식사를 제공한다. 만약 환자가 식욕이 없고 소화가 안 되어 에너지를 충분히 섭취하지 못하면 체단백질의 소모는 더욱 커진다. 환자의 에너지 필요량은 보통 체중 kg당 40~50 kcal로 계산한다.

(2) 단백질

체조직의 붕괴와 소모, 그리고 발열 등으로 인하여 체단백질이 많이 소모되므로 충분한 양의 단백질 공급이 대단히 중요하다. 동물성 식품을 사용할 때에는 소화가 잘되도록 조리한다. 육어류, 난류, 유류, 대두류는 단백질의 중요 공급 식품이다. 단백질은 체중 kg당 1.5 g 정도로 충분히 제공하고, 총단백질의 1/2~1/3은 동물성 단백질로 섭취할 것을 권장한다.

(3) 지질

에너지원으로 지질을 충분히 제공한다. 소화가 잘되는 지질식품, 즉 버터, 우유 등을 많이 이용하며, 식물성 기름을 다량 사용할 때는 가능한 한 유화시킨 형태로 조리하여 제공하는 것이 좋다.

(4) 무기질

칼슘은 신경의 진정작용이 있는 동시에 병소의 석회화에 중요한 역할을 하므로 충분히 섭취해야 한다. 뼈째 먹는 생선, 우유 및 유제품을 이용한다. 객혈을 일으키므로 조혈작용이 있는 철이 풍부한 식품, 즉 간, 달걀, 생선, 해초, 굴, 대두, 녹엽채소 등을 자주 이용한다.

(5) 비타민

비타민 A와 C는 결핵에 대한 저항력을 강화시키는 데 좋은 영양소이므로 간, 녹황색 채소, 달걀, 신선한 채소 및 과일 등을 많이 섭취한다. 식품의 이용을 돕고 간 기능을 보호하기 위하여 비타민 B_1과 비타민 B_2를 충분히 섭취한다. 비타민 D는 칼슘과 인의 대사를 조절하는 데 중요하므로 결핵 환자는 말린 버섯, 생선, 달걀 등에서 비타민 D를 많이 섭취해야 한다.

(6) 식사에서 주의할 점

결핵 환자에게는 '먹는' 일을 즐겁게 기다릴 수 있도록 해 주는 것이 중요하므로 성의 있는 식단작성이 요구된다. 식사 전에 주스 등으로 식욕을 촉진하고, 음식의 모양과 색, 식기, 식사 시의 음악 등으로 편안한 분위기를 주도록 배려한다. 결핵 환자의 회복을 위해서는 장기간의 영양식이 필요한 만큼 소화장애가 생기지 않도록 하고, 환자가 나을 수 있다는 자신감과 의지가 중요하므로 따뜻한 간호와 가족의 보살핌이 필요하다.

5. 만성폐쇄성폐질환

만성폐쇄성폐질환(Chronic Obstructive Pulmonary Disease, COPD)은 기도하부 쪽에 만성적인 폐색이 나타나는 질환이다(그림 10-2). 폐기종, 폐질환, 만성기관지염 등의 병력이 있었던 사람에게서 흔히 나타나는 질환이다.

1 원인과 증상

(1) 원인

흡연이 가장 중요한 원인이며 호흡기 감염, 대기오염, 미세먼지 등에 직업적으로 노출될 때 발생하며, 유전적 장애로 인하여 나타나기도 한다.

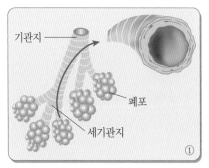

만성기관지염은 염증을 일으키고, 점막에서 분비물이 과도하게 분비되어 기관지를 좁게 하여 정상적인 공기 흐름을 감소시킨다.

폐기종은 기관지 벽의 점차적인 파괴로 폐포를 분리하고 폐탄력성을 감소시킨다.

건강한 기관지는 공기의 통로를 제공한다. 건강한 폐는 공기와 혈액 사이에서 가스교환을 한다.

① 건강한 기관지 ② 기관지염 상태 ③ 폐기종

그림 10-2 기관지의 변화와 폐질환의 위험요인

(2) 증상

주요 증상은 만성적인 기침, 가래, 호흡곤란, 빈번한 저산소증, 폐포 모세혈관의 손상 등이 있으며, 만성기관지염이 자주 발생한다. 호흡곤란 상태가 점차 악화되고 신체활동이 감소되면 식욕부진이 나타난다. 일상적 활동을 하기 어려울 정도로 숨이 가쁘며, 삶의 질이 저하되고, 심각한 체중감소가 흔히 나타난다. 활동할 수 없게 되면서 불안과 우울증이 나타날 수 있어서 더욱 치료에 어려움을 준다.

2 식사요법

만성폐쇄성폐질환의 치료는 병의 진행을 막고 호흡곤란과 기침을 감소시키며 합병증을 예방하여야 하고, 인플루엔자 독감과 폐렴에 대하여 면역력을 길러야 한다. 건강한 체중을 유지하고 근육소실을 방지하기 위한 식사를 제공한다.

① 에너지는 저체중의 경우에는 기초대사량의 1.5배 정도, 비만의 경우에는 저에너지식을 제공한다. 환자가 비만한 경우 비만 자체가 호흡기의 부담을 가중시킬 수 있으므로 체중조절이 필요하다.
② 단백질은 체중당 1.2~1.5 g/kg 정도를 제공한다.

호흡상

호흡상(Respiratory Quotient, RQ)은 소비한 산소에 대한 배출된 이산화탄소의 비율이다.

영양소	반응식	호흡상$\left(\dfrac{CO_2}{O_2}\right)$
탄수화물(포도당)	$C_6H_{12}O_6 + 6O_2 \rightarrow 6CO_2 + 6H_2O$	$\dfrac{6}{6} = 1$
지질(스테아르산)	$2(C_{57}H_{110}O_6) + 163O_2 \rightarrow 114CO_2 + 110H_2O$	$\dfrac{114}{163} = 0.7$
단백질(류신)	$2C_6H_{13}O_2N + 15O_2 \rightarrow 12CO_2 + 10H_2O + 2NH_3$	$\dfrac{12}{15} = 0.8$

③ 탄수화물의 섭취는 에너지의 50% 미만으로 제한하고, 대신에 지질을 에너지원으로 제공한다. 탄수화물의 경우 이산화탄소의 생성이 많기 때문이다.

④ 식사는 씹고 삼키기 쉬운 부드러운 형태로 제공한다.

⑤ 가스가 많이 생기는 음식은 복부팽만감을 증가시켜 식사섭취를 방해할 수 있으므로 식이섬유가 많이 들어 있는 음식은 제한하고 점진적으로 섭취를 늘리는 것이 필요하다.

⑥ 식사는 소량씩 자주 제공하며 농축된 음료 형태의 간식이 도움이 될 수 있다.

⑦ 탈수를 예방하기 위해서 충분한 수분섭취를 권장한다. 다만, 수분섭취를 식사 도중에 하는 경우 음식섭취를 방해할 수 있으므로 식사와 식사 사이에 하는 것이 바람직하다.

⑧ 영양지원을 위해 경장급식을 제공하는 경우 표준용액보다 지질의 비율이 높고, 탄수화물의 비율이 낮은 것으로 공급한다. 근육 소실에 따른 치료를 위해서 운동 프로그램을 같이 시행하며 환자들이 신체활동에 대한 자신감을 갖게 한다.

6. 폐기종과 기관지 천식

1 폐기종

(1) 원인

폐기종(emphysema)은 주로 흡연에 의해 발생되며, 기관지나 폐에 염증이 생겨서 폐포가 제 기능을 못하는 질환이다. 주요 병리 현상으로는 세기관지에 공기 유통이 잘 되지 않고, 폐포벽의 많은 부분이 파괴되는 것이다.

(2) 증상

만성적인 기침과 가래와 함께 호흡하는 데 힘이 들어 숨이 차고 음식물을 씹고 삼키는 것이 어렵다. 따라서 체중감소, 체조직 소모, 영양불량, 복부통증 등이 자주 발생한다. 폐의 기능이 감소하며 혈액의 산소공급과 탄산가스 제거능력이 감소하고 폐 조직으로 공기유통이 두절되어 조직이 파괴된다. 폐동맥 수가 감소되어 폐순환 혈관의 저항력이 증가되고 폐순환이 시작되는 우심장의 부담 증가로 인한 심부전이 발생하기도 한다. 폐기종은 서서히 수년간 진행되어 환자에게서 저산소증과 탄산과 잉증이 발생되고, 폐렴 등에 의해 심각한 상황이 초래될 수 있다.

(3) 식사요법

식사요법으로는 흡연을 중단하고 폐 조직의 보수와 재생을 위하여 고에너지·고단백질 식사를 한다. 농축된 식품을 소량으로 자주 공급하며, 고에너지의 연질식사를 공급한다. 식이섬유가 많거나 질긴 음식은 피하고, 부드럽게 조리하여 공급한다. 간식을 정규적으로 제공하며, 식욕 증진과 소화 증진에 특별히 주의한다.

2 기관지 천식

(1) 원인

기관지 천식(asthma)은 공기에 있는 외부 물질에 대한 알레르기 염증 때문에 생긴다. 꽃가루, 곰팡이, 집먼지 진드기, 동물의 털, 담배연기 등에 의한 자극이 원인이 된다.

알레르기를 일으키는 사람은 'IgE'라고 불리는 비정상적 항체를 형성하는 경향이 있다. 이 항체가 폐포에 가까이 있는 세포와 작용하여 과민성 물질인 히스타민과 브라디키닌(bradykinin) 등을 생성한다. 이러한 물질은 기도벽을 붓게 하고, 끈적한 점성 물질을 분비하며 기도 근육을 강직시켜 호흡을 어렵게 한다.

(2) 증상

천식의 증상으로는 들이쉬는 숨보다 내쉬는 숨이 훨씬 힘들어지는 호흡곤란증이 온다. 폐 안에 남아 있는 공기량이 많아져서 폐로부터 숨을 내쉬는 것이 어려워진다. 갑자기 심한 천식 발작을 일으키기도 하므로 주의를 요한다.

(3) 식사요법

천식 환자는 절대 금연이 필요하다. 꽃가루 천식을 일으키는 물질을 가능한 한 피하고 항히스타민제 등을 복용한다. 식사요법으로는 충분한 영양과 무기질, 비타민 등의 공급이 이루어져야 한다. 오메가-3 지방산과 항산화 영양소인 비타민 E, 카로티노이드, 셀레늄의 충분한 섭취가 천식 증상 조절에 도움이 된다는 연구가 있다.

알레르기는 몸의 건강상태가 나쁠 때, 과로나 과음 후에 나타나므로 건강상태를 최상으로 유지하고 과로하지 않는 생활습관을 갖는 것이 중요하다. 모유 수유는 어린이의 천식과 알레르기 증상을 개선하므로 권장한다.

11장

빈혈

1 빈혈의 정의와 혈액 성분

2 빈혈의 진단과 종류

3 철 결핍성 빈혈

4 거대적아구성 빈혈

1. 빈혈의 정의와 혈액 성분

■ 빈혈의 정의

빈혈(anemia)이란 ① 정상적인 적혈구수(정상적인 크기와 용적을 가지고 있는 적혈구)의 감소 ② 적혈구당 헤모글로빈의 농도 감소 ③ 적혈구의 수와 헤모글로빈 농도의 양쪽 모두 감소 등에 의해서 혈액의 산소 운반능력이 저하된 상태를 말한다. 즉, 빈혈은 혈액량이 적은 것이라기보다는 정상 기능을 하는 적혈구 수가 부족하거나 산소를 운반하는 혈색소인 헤모글로빈이 부족한 경우이다.

적혈구 생성에는 유전적, 생리적, 영양적 요인들이 관여하고 있는데, 그중 가장 중요한 것은 필요한 조혈인자와 영양소의 공급이라고 할 수 있다. 적혈구 생성에 필요한 단백질, 철, 엽산, 비타민 B_{12}, 비타민 C 등이 조혈 영양소이다. 이러한 영양소가 부족하면 영양성 빈혈이 생기며, 철 결핍성 빈혈(iron-deficiency anemia)이 가장 흔하게 발생하는 빈혈이다.

영양성 빈혈은 전 세계적으로 기아, 영양섭취 부족, 알코올 중독 등에 의해서 성장기, 청소년기, 임신기, 노년기에 이르기까지 전 생애에 걸쳐서 건강에 크게 영향을 미치는 보건 영양문제이다. 빈혈은 학습능력이나 작업 능력을 현저하게 저하시키므로 비능률적인 사회와도 관련된다.

빈혈에 취약한 집단으로 임산부와 성장기 어린이를 들 수 있다. 임신부의 빈혈은 저체중아 출산, 조산, 난산, 태아의 성장지연, 신생아 사망 등의 위험률을 높인다. 유아 빈혈은 출생 시의 체내 철저장량이 거의 고갈될 무렵, 이유식에 영양을 제대로 공급하지 못해 발생한다. 중·고등학교 여학생들의 경우 생리와 몸매에 대한 지나친 인식, 바쁜 일정의 학교·학원 생활로 인해 올바른 영양관리를 소홀히 할 경우 빈혈이 발생하기 쉽다. 빈혈의 예방과 치료에는 영양소섭취가 중요한 역할을 한다.

■ 혈액 성분

(1) 혈장

혈액은 액체 상태인 혈장과 세포성분인 혈구로 나뉜다. 혈장은 혈액의 55%를 차지하며 투명한 담황색을 띠고 있다. 혈장의 91%는 수분이며 7%의 단백질과 1%의

지질, 탄수화물 0.1%, 무기성분 0.9%로 구성되어 있다. 혈장 단백질을 구성하는 중요한 것들로는 알부민, 글로불린, 트랜스페린, 프로트롬빈, 피브리노겐 등이 있으며 이 중에 알부민은 혈장의 삼투압 유지에 큰 역할을 하며 물이 혈관을 통해 밖으로 쉽게 빠져나가지 않도록 한다. 글로불린은 면역작용을 담당하며 트랜스페린은 흡수된 철이나 저장 철을 운반하는 역할을 한다. 프로트롬빈, 피브리노겐은 혈액의 응고에 관여한다.

(2) 혈구

혈장을 제외한 나머지 혈액세포(혈액의 45% 차지)는 적혈구(erythrocyte ; RBC)와 백혈구(leukocyte ; WBC), 그리고 세포 조각인 혈소판(platelet)으로 구성되어 있다.

혈구의 대부분(99% 이상)은 적혈구로서 산소와 이산화탄소를 운반한다. 백혈구는 감염이나 외부 물질에 대항하여 인체를 보호하는 작용을 하며 체내 면역계의 주역을 담당하고 있다. 혈소판은 혈액응고에 관련하여 중요한 역할을 한다.

3 적혈구

적혈구 중량의 34%를 차지하고 있는 헤모글로빈은 산소와 이산화탄소를 운반한다. 적혈구 모양은 중심부의 양쪽이 움푹 들어간 도넛 모양으로 생겼으며, 크기는 직경이 7 μm로 매우 작다.

적혈구 생성은 골수에서 일어나며 골수의 줄기세포(stem sell)는 여러 번의 세포 분화 과정을 거쳐 핵과 세포소기관이 없는 성숙한 적혈구를 만든다. 적혈구의 평균수명은 약 120일이다. 적혈구 생성은 적혈구생성호르몬인 에리트로포이에틴(erythropoietin)에 의해 자극된다. 이 호르몬은 신장에서 합성되어 골수에서 적혈구의 생성과 증식을 자극하고 적혈구가 성숙하도록 한다. 주로 신장으로 오는 혈액의 산소 부족이나 빈혈 시에 분비가 촉진된다.

노화된 적혈구는 간, 비장, 림프절에서 파괴되며, 분리된 헤모글로빈의 구성성분은 대부분 재이용된다. 글로빈 사슬의 아미노산은 다른 단백질 합성에 쓰이고, 헴 그룹의 철은 새로운 헴의 합성에 재이용된다. 헴에서 철이 소실된 부분은 간에서 빌리루빈(billirubin)으로 전환된 후, 담즙의 성분이 된다.

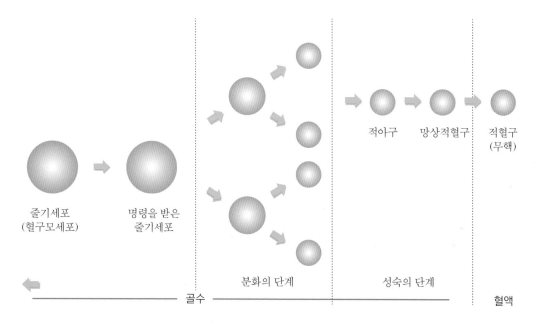

그림 11-1 **적혈구 생성과정**

줄기세포
(혈구모세포)

명령을 받은
줄기세포

분화의 단계

적아구   망상적혈구   적혈구
(무핵)

성숙의 단계

골수

혈액

2. 빈혈의 진단과 종류

1 빈혈의 진단

빈혈을 진단하기 위해서 엄지손가락, 귓볼 또는 정맥에서 소량의 혈액을 채취해서 검사한다. 쿨터 카운터를 이용하여 쉽게 적혈구 수, 적혈구 용적, 적혈구 농도, 헤모글로빈 농도를 측정할 수 있다. 일반적으로 빈혈의 판정에는 헤모글로빈 농도와 헤마토크리트치를 사용하며, 철 결핍성 빈혈 여부는 혈청페리틴, 트랜스페린 포화도 등 체내 철 결핍과 직접 관련 있는 측정치를 사용한다.

(1) 적혈구 수

적혈구 수는 혈액 $1\,\mu L$에 들어 있는 적혈구 수를 나타낸다. 정상치는 성인 남자가 450~650만 개/μL, 여자가 390~560만 개/μL이다.

(2) 헤모글로빈 농도

혈액 1dL 속에 들어 있는 헤모글로빈의 중량을 g으로 나타낸 것이다. 시아노메트헤모글로빈법으로 측정한 헤모글로빈 농도(혈색소 농도)의 정상범위는 성인 남자는 14~17 g/dL이며, 여자는 12~16 g/dL이다. 헤모글로빈은 비교적 간편하게 측정할 수 있고 측정상의 정확도가 높으나, 철분결핍의 마지막 단계인 빈혈 상태에서만 그 농도가 감소하므로 철 결핍 초기 단계를 판정하는 데는 문제가 있다.

보통 빈혈을 판정하는 기준치로는 여자는 12 g/dL, 남자는 13 g/dL 이하가 사용되나, 기준치는 연령·성별에 따라 차이가 있다.

(3) 헤마토크리트치

헤마토크리트치는 전체 혈액 부피 중 적혈구가 차지하는 용적 비율을 나타내며 정상치는 성인 남자는 40~54%, 여자는 37~47%이다. 성인 남자는 39% 이하를, 성인 여자는 36% 이하를 빈혈로 판정한다.

(4) 평균 적혈구 용적

평균 적혈구 용적(MCV)은 적혈구 1개의 평균 부피를 말한다. 따라서 적혈구 용적인 헤마토크리트치를 적혈구 수로 나누면 적혈구 1개의 평균용적이 산출된다. 정상 평균값은 $90\ mm^3(80~100)$이며, $80\ mm^3$ 미만이면 철 결핍성 빈혈로 판정한다. 엽산이나 비타민 B_{12} 결핍에 의한 거대적아구성 빈혈의 경우에는 값이 증가한다.

(5) 평균 적혈구 헤모글로빈

평균 적혈구 헤모글로빈(MCH)은 적혈구 1개가 가지고 있는 평균 헤모글로빈의 양으로서 헤모글로빈 농도를 적혈구 수로 나누면 적혈구 1개의 헤모글로빈양이 산출된다. MCH의 정상 범위는 26~34 pg이다.

(6) 평균 적혈구 헤모글로빈 농도

평균 적혈구 헤모글로빈 농도(MCHC)란 헤마토크리트치 1%당 헤모글로빈 농도를 말한다. 헤모글로빈 농도를 헤마토크리트치로 나누어 산출하며 정상 평균치는 34(30~36)%이다.

표 11-1　철 영양상태 판정 지표

지표	의의	정상범위(성인)	철 결핍 단계별 지표 변화*
헤모글로빈 농도	혈액의 산소운반능력에 대한 지표	• 남자: 14~18 g/dL • 여자: 12~16 g/dL	3단계에 감소
헤마토크리트	혈액에서 적혈구가 차지하는 백분율	• 남자: 40~54% • 여자: 37~47%	3단계에 감소
혈청페리틴 농도	조직 내 철 저장 정도(페리틴)를 알아보기 위한 지표. 혈청 페리틴은 초기빈혈 측정 도구	• 100±60 g/L	1단계에 감소
트랜스페린 포화도	철로 포화된 트랜스페린의 %	• 35±15%	2단계에 감소
적혈구 프로토포피린 함량	헴의 전구체, 철 결핍으로 인해 헴의 생성이 제한될 때 적혈구에 프로토포피린이 축적됨	• 0.62±0.27 mol/L (적혈구)	2단계에 증가

* 1단계: 철 저장 고갈, 2단계: 기능 철 고갈, 3단계: 철 결핍 빈혈

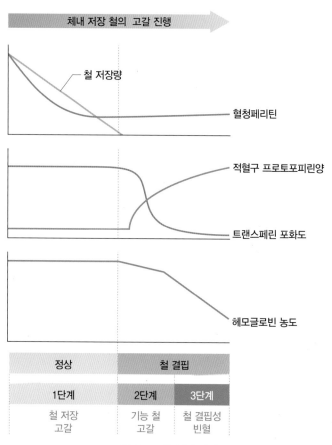

그림 11-2　철 결핍 단계

❷ 빈혈의 종류

빈혈은 적혈구 수와 크기(거대적아구, 소적혈구) 또는 헤모글로빈 농도(저색소성)에 따라 구조적으로 다양하게 분류할 수 있으나, 일반적으로 원인별로 ① 급성이나 만성적 혈액 소실에 의한 적혈구 손실, ② 선천적인 적혈구 이상 또는 용혈성, ③ 적혈구의 생성 부족 등으로 분류한다.

(1) 출혈성 빈혈

출혈성 빈혈은 외상, 수술 등으로 인한 출혈로 인해 혈액이 많이 소실된 경우에 나타난다. 이 경우, 적혈구의 크기나 혈구 내 헤모글로빈 농도가 정상이라 할지라도 적혈구의 절대 수가 부족하여 산소운반 부족으로 빈혈 증상이 나타난다.

위궤양, 십이지장궤양, 위암, 대장염, 치질, 자궁출혈, 장기간의 아스피린 복용 등에 의한 위나 장의 만성출혈이 있을 때에도 빈혈이 나타난다. 철 부족 현상이 서서히 나타나므로 잘 느끼지 못하는 경우가 많으나, 이때 손실되는 철만큼 철을 공급하지 못하면 적혈구의 크기가 작고, 헤모글로빈 농도가 낮은 소혈구성 저색소성 빈혈이 나타난다.

(2) 적혈구 이상 또는 용혈성 빈혈

적혈구가 유전 또는 후천적 요인에 의해서 지나치게 빠른 속도로 파괴되는 반면, 골수가 적혈구 생성을 파괴속도에 맞추어 보충할 수 없을 때 용혈성 빈혈이 발생한다. 즉, 새로운 적혈구의 생성속도에 비해 기존의 적혈구의 파괴속도가 더 빠른 경우이다. 유전적인 예로는 겸상적혈구 빈혈(sickle-cell anemia)을 들 수 있다.

겸상적혈구 빈혈은 유전적인 질병으로서 헤모글로빈의 단백질인 글로빈에 이상이 생겨 비정상적인 헤모글로빈이 생성되어 발생한다. 이 적혈구는 산소농도가 낮은 곳에 노출되면 적혈구의 모양이 길어지고 굽어져서 낫 모양(sickle)으로 된다. 이때 적혈구의 막은 약해지며 약한 자극에도 터져서 용혈현상을 일으킨다. 겸상적혈구 빈혈은 아프리카 흑인들과 미국 흑인들에게서 0.3~1.0%로 높게 발생한다.

용혈성 빈혈(hemolytic anemia)로 후천적인 예로는 기생충 감염(예: 말라리아), 약물에 노출, 자가면역 반응, 비타민 E의 부족, 화학물질에 노출, 심한 운동 등에 의해서 적혈구의 용혈이 일어나는 경우를 들 수 있다. 즉, 비타민 E가 부족하면 항산화 작용이 약해져 적혈구 세포막을 구성하고 있는 다가불포화지방산의 과산화로 인해 유리라디칼 생성이 많아지면서 이것이 적혈구막을 손상하여 용혈현상이 증가하게 된다. 또한 과도한 운동은 혈관에 스트레스를 주어 적혈구를 파괴시킨다. 이것은 일시적일 수도 있고 만성적일 수도 있다. 운동선수들은 땀으로 철을 많이 손실할 뿐만 아니라, 강한 훈련 시에 혈액의 부피가 증가하여 일시적으로 혈액의 희석현상이 일어나 더욱 빈혈이 생기기 쉽다. 운동선수에게서 나타나는 스포츠 빈혈은 여성 선수와 성장기 선수에서 주로 나타나므로 지속적인 모니터링이 필요하다.

(3) 재생불량성 빈혈

재생불량성 빈혈(aplastic anemia)은 적혈구 생성에 필요한 영양소 부족이나 골수의 기능 저하로 골수에서 적혈구의 생성이 부족하거나 미성숙한 적혈구가 만들어지는 경우를 말한다. 적혈구 합성에 꼭 필요한 비타민 B_{12}, 엽산, 철 중의 하나 또는 그 이상이 결핍되거나 호르몬 부족으로도 생긴다. 어떤 종류의 약이나 질병으로 인한 독 때문에 적혈구 생성과정이 방해받을 때 생기는데, 특히 X-선, 화학 물질, 약물, 암 등에 의하여 골수의 기능이 저하된 경우가 대부분이다.

(4) 영양성 빈혈

영양성 빈혈(nutritional anemia)은 적혈구의 성숙이나 분화에 관여하는 철, 단백질, 비타민 B_{12}, 엽산, 비타민 C 등의 영양소섭취 부족으로 일어나게 된다. 이 중에서 가장 흔하게 발생하는 것이 철 결핍성 빈혈, 엽산 및 비타민 B_{12} 결핍성 빈혈이다.

3. 철 결핍성 빈혈

1 원인과 증상

(1) 원인

철 결핍성 빈혈의 원인으로는 철 섭취 부족, 철 흡수 부족, 철 손실 증가를 들 수 있다.

① 철 섭취 부족

철은 고기, 생선, 조류 같은 육류와 어패류, 해조류, 녹색 채소, 콩제품 등 여러 식품에 골고루 들어 있으므로 다양한 식품을 충분히 섭취하는 것이 중요하다. 또 다이어트 등으로 하루에 1,300 kcal 미만으로 섭취하는 경우, 고기나 달걀을 잘 먹지 않는 채식주의자, 우유나 유제품, 생크림을 넣은 케이크 등으로 에너지 섭취를 많이 하는 경우, 우유나 주스를 지나치게 많이 마시는 유아들의 경우 철 섭취량이 부족해지기 쉽다.

② 철 흡수 부족

철은 무기질 중에서 흡수율이 매우 낮은 영양소로서 평균 흡수율은 약 10% 정도이다. 식물성 식품의 철 흡수율은 매우 낮아 2~8% 정도이고, 동물성 식품의 헴철의 흡수율은 20~25%로 평가된다. 철 흡수율은 체내 철 저장량과 요구도에 의해서 조절된다. 즉, 체내에 충분한 철이 저장되어 있으면 흡수율은 낮아지고 빈혈이 있으면 높아진다.

철 흡수에 영향을 미치는 인자는 다음과 같다.

● 철의 형태

헴철은 헤모글로빈과 미오글로빈이 가지고 있는 헴의 형태이고, 비헴철은 헴철을 제외한 나머지 철 형태를 말한다. 비헴철은 2가나 3가의 철이온으로 존재하거나 다른 무기질과 결합된 철염(인산철, 황산철)의 상태로 포함되어 있다. 헴철은 고기, 조류, 생선의 약 40%를 차지하며, 나머지 60%는 비헴철이다. 곡류, 채소, 과일, 달걀에 포함되어 있는 철은 대부분 비헴철이다.

● 위산

위산은 철의 용해성을 높이며, 3가의 철이온을 2가의 철이온으로 바꾸어서 흡수되기 쉬운 상태로 만들어 준다. 따라서 위축성 위염 등의 경우로 위산이 잘 분비되지 않거나 위를 절제한 경우 또는 오랫동안 중화제를 복용할 경우에 철 흡수율이 낮아져 철 부족이 오기 쉽다.

● 비타민 C와 유기산

비타민 C는 철을 흡수되기 쉬운 2가의 철이온으로 바꾸어 줌으로써 흡수율을 높인다. 따라서 식사 후에 철 보충제를 오렌지주스와 함께 복용하면 철의 흡수율을 높일 수 있다. 이 외에도 시트르산은 철과 결합하여 흡수를 증가시킨다.

● 기타 식사성분

철의 흡수를 방해하는 식사성분은 철과 결합하여 불용성 물질을 형성함으로써 흡수를 방해한다. 대표적인 것은 곡류와 콩에 많은 피트산, 시금치에 많은 옥살산, 식이섬유 등이다. 따라서 시금치에는 철이 많이 함유되어 있으나, 옥살산, 식이섬유 등이 철의 흡수를 방해하므로 흡수율은 매우 낮아진다. 이 외에도 차나 커피의 탄닌 성분도 철과 결합하여 흡수율을 낮추므로 식후에 바로 커피나 차를 마시는 것은 좋지 않다.

③ 철의 배설 증가

흡수된 철이나 적혈구의 파괴에서 혈액으로 들어온 대부분의 철은 간, 비장, 골수, 소장 등의 페리틴(ferritin)에 저장된다. 철은 특별한 배설통로를 갖고 있지 않으며, 장의 점막세포의 탈락 시, 점막세포에 포함되어 변으로 배설된다. 이 밖에도 피부나 땀 등으로 배설되고 소변으로 소량의 철이 배설된다. 하루에 배설되는 철의 양은 0.5~1.0 mg 정도로 적으나, 출혈, 생리, 헌혈 등 혈액이 손실될 때 철의 손실량이 많아진다. 예를 들어, 소화성 궤양, 위염, 암, 치질, 자궁근종, 생리 과다, 아스피린 복용으로 인한 만성 혹은 급성 출혈 시에 배설량의 증가로 철 결핍성 빈혈이 오기 쉽다.

(2) 증상

빈혈은 서서히 발생되기 때문에 약한 경우에는 증상이 거의 없다가 심하면 증상이 나타나기 시작한다. 철 결핍성 빈혈의 일반적인 증상은 다른 빈혈과 비슷하다.

즉, 허약, 창백, 극도의 피곤, 두통, 발한 등이다. 빈혈의 초기부터 면역과 감염에 대한 저항력이 감소하며, 심해지면 숨이 가쁘고 심장이 비대해진다.

철 결핍성 빈혈의 특유 증상은 다음과 같다.

① 손톱이 잘 부서지고 납작하게 되며 세로로 줄이 나타난다. 증상이 심해지면 손톱이 숟가락처럼 오목한 모습이 되며 손톱 색깔도 창백해진다.
② 혀의 돌기부분에 위축이 일게 되면서 통증이 생기고 입에도 구강염이 생긴다.
③ 소화기관에 위염, 무산증, 위점막의 위축이 일어남에 따라 식욕부진이 되며 속이 거북하고 변비가 생긴다. 또한 간과 비장이 커지기도 한다.
④ 손과 발에 감각이 없어지고 따끔거리면서 아픈 증상이 나타난다.
⑤ 이 외에도 음식이 아닌 지푸라기, 흙, 먼지, 페인트 가루 등을 먹는 이식증(pica) 현상과 생리가 불규칙해지는 증상이 생기기도 한다.
⑥ 성장기의 경우 신장과 체중의 발달에 저하가 오며 학습능력 저하와 행동장애가 생기기도 한다.

2 식사요법

철 결핍성 빈혈의 경우 철뿐만 아니라 적혈구 합성에 필요한 에너지, 단백질, 무기질, 비타민 등을 충분히 섭취해야 하며, 철의 흡수를 높이는 비타민 C도 동시에 섭취해야 한다. 밥은 쌀밥보다는 콩이나 팥, 흑미밥으로 하고, 반찬에 철 함량이 높은 소고기, 닭고기, 생선류, 두부, 멸치, 굴, 조개, 꼬막, 달걀 등을 한 끼에 두 가지 이상 선택한다. 소간은 철 함량과 흡수율이 높은 식품이지만 간 특유의 냄새를 제거하는 조리법이 필요하다. 다른 식품과 같이 조리하는 것보다는 순대처럼 그냥 찌거나 삶아서 섭취하는 것이 오히려 순응도를 높일 수 있다. 간은 과다 섭취 시 비타민 A를 비롯한 간에 농축되어 함유되어 있는 여러 가지 화학물질을 섭취하는 결과를 초래하므로 자주 섭취하는 것은 권장하지 않는다.

채소로는 김·다시마·미역·파래 같은 해조류, 깻잎·열무김치 등의 푸른잎채소를 선택한다. 식사와 함께 오렌지주스를 마시거나 식후에 비타민 C 함량이 높은 과일을 곁들이는 것도 철 흡수율을 높이는 방법이 된다. 채소나 곡류 중에는 푸른색이나 검은색을 띠고 있는 것이 철 함량이 높다. 붉은색을 띠고 있는 고기류, 어패류가 철 함량이 높고, 흡수율도 높다.

우유, 유제품은 대부분 철 함량이 매우 낮다. 따라서 어린이들의 경우, 하루에 우유를 3~4컵 이상 과다 섭취하게 되면 철 결핍을 초래할 수 있다. 과다한 우유 섭취 때문에 철이 풍부한 다른 식품을 섭취할 기회가 줄어들기 때문이다.

철 결핍 증상이 있을 경우 철 보충제를 경구 투여하는 방법이 이용되나, 메스꺼움, 설사, 변비 등의 위장장애를 일으키기도 한다. 보충제로는 흡수율이 높은 2가 철 형태로, 황산철이나 글루콘산철이 주로 처방된다. 하루에 보통 15~60 mg을 처방하고, 보충제 투여 후 2~3주 후에는 헤모글로빈 수치와 적혈구 수가 정상화되며, 일반적으로 4~5개월간 보충제 섭취를 지속한다.

표 11-2에는 상용식품 중 철 함량이 높은 식품을, 표 11-3에는 철 함량이 높은 식단의 예를 제시하였다.

표 11-2 철의 주요 급원식품 및 함량

분류	급원식품	철 함량 (mg/100 g)	분류	급원식품	철 함량 (mg/100 g)
육류	소고기(우둔)	5.8	채소류	가죽나물	12.8
	돼지고기(목살)	6.4		고구마줄기	2.3
	닭고기(살코기)	1.1		고추잎	3.3
어패류 생선류	멸치(건)	15.9		근대	2.5
	꼬막	6.8		깻잎	2.2
	바지락(양식)	13.3		냉이	4.2
	재첩	21.0		쑥	4.3
	굴	3.7		부추	3.4
	홍합	6.1		시금치	2.6
	새우	7.4		무청	11.5
	꽃게	3.0		두릅	2.4
달걀 콩류	달걀	2.9		더덕/도라지	1.5
	검정콩(서리태)	7.8		달래	77.2
	노란콩(대두)	6.5	과일류	살구	0.5
	두부	1.4		키위	1.0
곡류 및 전분류	쌀(백미)	1.3		참외	0.3
	찹쌀	2.2		감(단감)	0.4
	국수(건면)	1.6		포도(거봉)	0.3
	가래떡	1.6	해조류	김(마른 것)	15.3
	찰옥수수	2.2		미역(마른 것)	9.1
	감자	4.2		파래(마른 것)	17.2

출처: 보건복지부·한국영양학회. 2015 한국인 영양소 섭취기준. 2015.

표 11-3 철 함량이 높은 식단의 예

구분	식단	주재료 및 중량(g)	영양소 함량
아침	쌀밥	쌀 90	• 에너지 704 kcal • 단백질 33 g • 철 6.4 mg
	모시조개국	모시조개 50	
	고등어조림	고등어 50	
	두부양념구이	두부 80	
	김구이	김 2	
	무청김치	김치 45	
	포도	포도 100	
점심	콩밥	검은콩 10, 쌀 80, 찹쌀 10	• 에너지 902 kcal • 단백질 55 g • 철 6.4 mg
	북엇국	명태 25, 두부 20, 달걀 10	
	닭찜	닭고기 60, 감자 30, 당근 20, 양파 10	
	깻잎찜	들깻잎 8	
	도라지무침	도라지 37.5, 오이 15	
	열무김치	김치 37.5	
	우유	우유 200	
저녁	쌀밥	쌀 90	• 에너지 744 kcal • 단백질 37 g • 철 5.8 mg
	미역국	소고기 20, 미역 6	
	소고기버섯볶음	소고기 40, 버섯 20	
	달걀찜	달걀 60, 당근 10	
	멸치풋고추볶음	풋고추 20, 멸치 15	
	배추김치	김치 45	
	오렌지주스	오렌지주스 150	

4. 거대적아구성 빈혈

1 원인과 증상

(1) 원인

엽산과 비타민 B_{12}가 결핍되면 적혈구의 분화과정에 필요한 DNA 합성이 지연되면서 적혈구 분화가 제대로 이루어지지 못하여 미성숙한 거대적아구를 형성하게 된다. 거대적아구는 크기는 크고, 막이 얇고 약해서 쉽게 터지며, 필요한 산소운반을 충분히 수행할 수 없기 때문에 빈혈 증상이 나타난다. 이 경우를 거대적아구성 빈혈이라고 한다.

다음과 같은 경우의 영양소 결핍증이 원인이 된다.

① 엽산 결핍

엽산은 체내 저장량이 많지 않아 매일 적당량을 섭취하는 것이 필요하다. 엽산이 부족한 식사를 계속하거나 간경변증, 임신 등과 관련하여 요구량이 높아졌거나, 항경련약(뇌전증), 경구용 피임약 등의 복용으로 엽산의 흡수나 대사가 장애 받는 경우 엽산 결핍이 나타난다. 흡수불량 등의 소화기 장애가 있는 경우에도 결핍될 수 있다.

② 비타민 B_{12} 결핍

비타민 B_{12}는 동물성 식품에만 함유되어 있으므로 동물성 식품을 먹지 않는 완전채식주의자(vegan)에게서 결핍이 나타난다. 또한 위 내에 비타민 B_{12} 흡수에 필요한 내적인자(intrinsic factor)가 선천적으로 결핍된 경우나 위절제나 위종양 등으로 내적인자의 분비가 줄어든 경우 흡수가 저해된다. 비타민 B_{12}가 흡수되는 회장 부위의 병변으로 인해 회장을 절제한 경우에도 이 비타민의 흡수가 어렵다. 기생충에 감염된 경우에는 비타민 B_{12}가 인체에 흡수되기 전에 기생충이 상당량을 먼저 흡수하므로 결핍 원인이 된다. 비타민 B_{12}가 결핍되어 생기는 거대적아구성 빈혈을 악성빈혈이라고 한다.

③ 엽산과 비타민 B₁₂ 요구량 증가

임신이나 갑상선 항진 등에 의해 엽산과 비타민 B_{12} 요구량이 증가하는 경우나 만성적인 알코올 중독으로 인해 엽산대사가 방해되고 배설이 증가하는 경우에도 결핍을 초래할 수 있다.

(2) 증상

빈혈의 증상은 소리 없이 서서히 나타난다. 식욕부진, 체중감소, 허약, 심혈관계 질환, 두통 등의 전형적인 빈혈 증상이 나타난다. 임신부의 엽산 결핍은 기형아의 출산과 관계가 깊다고 알려져 있으므로 임신기에는 충분한 엽산 섭취에 특히 주의해야 한다. 비타민 B_{12} 결핍증은 신경의 수초탈락을 가져와 신경장애를 가져오게 되며, 신경장애는 말초에서 시작하여 중추신경계로 옮아가게 된다. 따라서 비타민 B_{12} 결핍으로 인한 빈혈에서는 이상감각증이 생기며, 걷는 모양이 이상해지고, 손가락의 섬세한 연합운동이 잘 되지 않는 현상이 발생하며, 심한 경우 기억력 감퇴, 환상, 편집증 등의 거대적아구성 광기(megaloblastic madness) 증상을 보인다.

2 식사요법

엽산과 비타민 B_{12}와 함께 에너지와 단백질, 철, 비타민 C 등을 충분히 섭취한다.

엽산이 고갈된 것을 회복시키기 위하여 1 mg 상당의 엽산을 2~3주간 섭취한다. 그 다음에는 저장량을 유지하기 위하여 적어도 하루에 50~100 µg의 엽산을 순수한 엽산 보충제나 음식으로 제공한다. 빈혈이 없어진 다음에도 계속 엽산이 풍부한 음식을 섭취하도록 하는데, 엽산은 간, 굴, 대구, 콩류, 시금치 등의 녹엽 채소, 전곡 식품에 풍부하다(표 11-4). 엽산은 조리에 의해 쉽게 파괴되므로 채소를 섭취할 때는 될 수 있는 대로 날것으로 혹은 살짝 데치는 정도로 조리하는 것이 좋다.

비타민 B_{12}는 간, 굴, 조개류, 난황 등에 많이 포함되어 있으며(표 11-5) 식물성 식품에는 거의 없다. 채식주의자의 경우 하루에 1 µg 정도를 비타민제로 공급하는 것이 좋다. 위에서 분비되는 내적인자 부족 혹은 회장 절제로 비타민 B_{12} 흡수불량이 있는 경우에는 주사로 비타민 B_{12}를 50~100 µg/일 정도 1~2주 동안 공급한 후 반응을 본 후에 한 달에 한 번 1.0 µg의 비타민 B_{12}를 주사로 공급한다.

표 11-4 엽산의 주요 급원식품 및 함량

급원식품	철 함량(mg/100 g)	급원식품	철 함량(mg/100 g)
김	837.0	달걀	99.3
검정콩	288.1	상추	94.8
시금치	211.4	참외	64.2
쑥갓	190.0	배추김치	52.3
딸기	127.3	귤	38.9
깻잎	117.3	오렌지주스	35.9

출처: 보건복지부·한국영양학회. 2015 한국인 영양소 섭취기준. 2015.

표 11-5 비타민 B_{12}의 주요 급원식품 및 함량

급원식품	비타민 B_{12} 함량 (μg/100 g)	급원 식품	비타민 B_{12} 함량 (μg/100 g)
소고기	2.0	고등어	10.6
돼지고기(삼겹살)	0.84	꽁치	17.7
닭고기	0.31	오징어	16.7
소시지	0.58	건멸치	41.3
우유, 요구르트	0.44	조기	2.50
달걀	1.29	참치통조림	2.99
메추리알	4.70	된장(전통식)	1.85
바지락	62.4	된장(개량식)	0.30
굴	16.0	구이김	57.6
연어알	53.9	파래	7.44
명란	18.1	건미역	1.90

출처: 보건복지부·한국영양학회. 2015 한국인 영양소 섭취기준. 2015.

12장

골격계 질환

1 골격의 구조와 대사

2 골다공증의 원인과 증상

3 골다공증의 식사요법

4 관절염

5 통풍

1. 골격의 구조와 대사

① 골격의 구조

성인의 골격은 206개의 뼈로 구성되어 있으며, 이들 뼈의 형태와 크기는 다양하며 신체 각 부위에서 그 역할을 수행하는 데 적합하도록 되어 있다. 뼈는 주로 두 종류의 뼈 조직, 즉 단단한 치밀골과 연한 해면골을 포함하고 있다. 팔과 다리 등의 긴 뼈(long bone)는 많은 치밀골을, 손목과 발목뼈, 척추 등 짧은 입방형의 뼈는 많은 해면골을 포함하고 있다. 치밀골은 골간부를 구성하며 골격의 80%를 차지하고, 해면골은 골단부를 구성하며 골격의 20%를 차지한다(그림 12-1).

뼈 조직에는 조골세포(osteoblast), 파골세포(osteoclast) 및 골세포(osteocyte)가 존재한다. 조골세포는 유기질 기질에 무기질을 부착시켜 뼈 형성에 관여하는 뼈 생성세포를 말한다. 파골세포는 기존의 뼈를 용해하고 분해시키는 뼈 용해세포를 말한다. 골세포는 뼈에 가장 많이 분포되어 있는 보편적인 뼈 구성세포를 말한다.

뼈는 단백질(주로 콜라겐), 점성다당류, 지질 등 유기질로 형성된 망상구조 위에 무

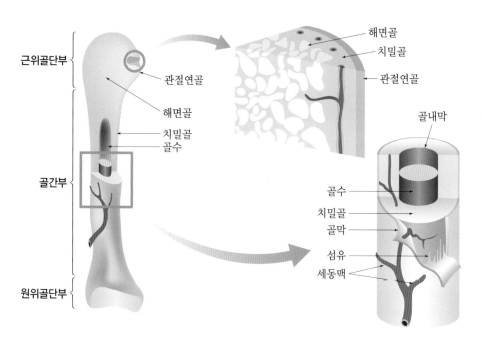

그림 12-1 장골의 구조

표 12-1 뼈의 조성

성분		생조직(%)		탈지 · 건조조직(%)	
수분		15~45		−	
유기질	지방	10		−	
	단백질	20		40~45	
무기질		25		55~60	
회분 조성	Ca$_3$(PO$_4$)$_2$		84%	Mg$_3$(PO$_4$)$_2$	1%
	CaCO$_3$		10%	MgCO$_3$	1%
	Ca(citrate)$_2$		2%	Na$_2$HPO$_4$	2%

기염류가 부착되어 있다. 무기질염에는 칼슘의 인산염과 탄산염이 대부분을 차지하고 소량의 마그네슘염, 소디움염을 함유한다.

2 골격의 대사

뼈는 외견상 단단한 조직으로 영구적이고 비활성 조직으로 생각하기 쉬우나, 실제로는 끊임없이 뼈 조직을 생성하고 분해하며, 보수하고 재생시키는 대사적으로 매우 활발한 조직이다. 조골세포에 의해서 콜라겐의 기본 망상구조가 만들어지고, 그 안에 결정형의 하이드록시아파타이트(Ca$_{10}$(PO$_4$)$_6$(OH)$_2$) 형태로 콜라겐 기질 내에 침착(accretion)함으로써 뼈의 생성이 이루어진다. 따라서 뼈의 생성에는 단백질과 무기질(특히 칼슘과 인, 마그네슘 등) 및 비타민 A, C, D, K 등이 필요하다. 한편 뼈의 분해는 파골세포가 뼈를 구성하는 무기염을 용해하는 탈회과정과 콜라겐 기질을 세포 내에서 분해하는 과정에 의해서 이루어진다.

이러한 뼈 생성과 용해를 통한 골격 대사과정은 일생 동안 끊임없이 일어난다.

정상적인 골질량을 유지하기 위해 가장 중요한 요인은 혈중 칼슘농도를 정상적으로 유지하는 것이다. 뼈에 체내 총칼슘의 99%가 존재하며, 뼈 칼슘은 혈중 칼슘농도의 항상성 유지(9~11 mg Ca/혈청 1 dL)를 위한 칼슘의 커다란 동적 저장고로서 그 역할을 맡고 있다. 즉, 혈중 칼슘농도 저하에 대하여 뼈에서 칼슘 용해가 혈중 칼슘농도 상승에 대해서는 뼈에 칼슘 침착이 촉진됨으로써 혈중 칼슘농도가 조절된다. 혈중 칼슘농도 조절에 관여하는 호르몬으로 부갑상선호르몬(Parathyroid

Hormone, PTH), 칼시토닌(calcitonin), 비타민 D_3(cholecalciferol)가 있다. PTH는 혈중 칼슘수준이 저하할 때 부갑상선에서 분비되는 호르몬으로, 뼈로부터의 칼슘 용해를 증가시키고, 신장으로부터의 칼슘 재흡수를 증가시키는 작용을 가진다. 칼시토닌은 혈중 칼슘 수준이 증가할 때 갑상선에서 분비되는 호르몬으로 뼈에 칼슘의 침착을 증가시키고 신장의 칼슘 재흡수를 감소시키는 작용을 한다. 비타민 D_3는 신장에서 활성형 $1, 25(OH)_2D_3$($1, 25-dihydroxycholecalciferol$, DHCC)로 전환되어 소장으로부터의 칼슘 흡수와 뼈에 칼슘 침착을 증가시키며 체내 칼슘 항상성 유지를 위한 조절기능을 갖는다. 이들 호르몬들의 대사 조절기능에 의해서 혈중 칼슘농도는 정상 수준으로 유지될 수 있고 뼈 대사도 정상적으로 유지될 수 있는 것이다.

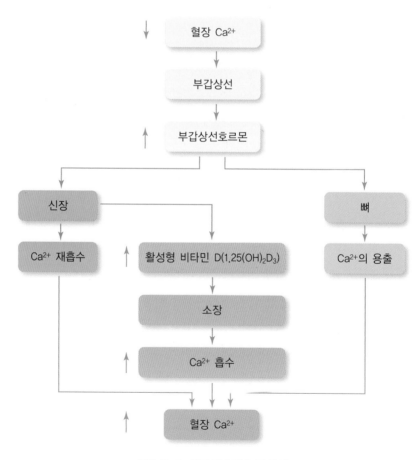

그림 12-2 혈중 칼슘의 농도 조절

2. 골다공증의 원인과 증상

1 골다공증의 특성

골다공증(osteoporosis)은 노령화에 따른 골격대사이상에 의해서 뼈의 절대량, 즉 골질량이 감소함으로써 나타나는 증후군으로 뼈의 1/3 이상이 감소되었을 때 나타나는 임상적 증상이다. 골격대사이상이란 뼈의 형성과정과 용해과정의 불균형을 말한다. 즉, 뼈 생성세포 활성에 비해 뼈 용해세포 활성이 비정상적으로 증가함으로써 골질량 또는 골밀도가 감소된 것이다. 골다공증 환자의 뼈 조직은 골질량이 감소하므로 뼈 조직의 구조가 치밀하지 못하고 거칠며, 뼈 조직 사이에 작은 구멍이 생기면서 얇아진다(그림 12-3). 이로 인해 뼈의 변형, 작은 충격에 의해서도 쉽게 일어나는 골절(fracture), 척추뼈의 V자형 변형, 등이 굽어지며, 뼈가 위축되어 키가 작아진다(그림 12-4). 또 뼈의 변형이나 파열에 따라 척추 주위에 있는 신경이나 근육이 눌리거나 당겨져서 통증을 느끼게 된다. 빈번하게 일어나는 골절 부위는 대퇴골 상부, 척추, 팔목 뼈, 팔의 상부, 골반과 늑골 등이다.

골다공증은 노인들에게서 발생빈도가 높고, 특히 폐경 후 여성들에게서 그 발생빈도가 남성보다 4배 정도 더 높다. 골다공증은 만성적이고 심한 경우 활동의 제약을 받기 때문에 삶의 질을 현저하게 저하시키는 특성을 가지고 있다.

 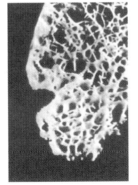

(a) 정상 뼈   (b) 골다공증 뼈

그림 12-3 **정상 뼈와 골다공증 뼈의 비교**

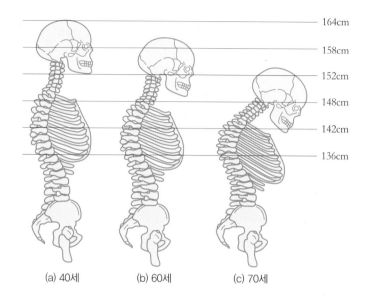

164cm
158cm
152cm
148cm
142cm
136cm

(a) 40세 (b) 60세 (c) 70세

그림 12-4 정상 척추와 연령에 따른 골격 상태의 변화

2 골다공증의 분류

골다공증은 1차성 골다공증과 2차성 골다공증의 두 종류로 분류되며, 1차성 골다공증은 발생 개시 연령에 따라 폐경 후 골다공증과 노인성 골다공증으로 분류된다(표 12-2).

① 폐경 후 골다공증

51~75세 여성에게서(폐경 후 15~20년 이내) 발병되며, 난소에서의 에스트로겐 분비가 부족함으로써 일어나는 골격대사의 불균형에 의한 것으로 알려져 있다. 폐경

표 12-2 일차성 골다공증의 분류

구분	폐경성 골다공증	노인성 골다공증
성	여성	여성과 남성
연령	폐경 연령(50세~)	65세 이상
뼈 조직	해면골	해면골과 치밀골
골절부위	요추와 팔목뼈	엉덩이뼈와 척추, 그 외 골격
병인	에스트로겐 또는 안드로겐의 결핍	노화

후 골다공증의 특징으로는 해면골이 많은 척추의 뼈 손실에 기인하는 척추뼈의 파열골절증후군을 들고 있다. 즉, 재생 불가능한 요추의 파열골절과 팔목뼈 말단의 골절 및 강한 통증을 나타낸다.

② 노인성 골다공증

70세 이후의 남성과 여성에게서 발현하는데, 주요 발병 요인으로서 뼈 용해량이 뼈 생성량을 초과하여 일어나는 노화에 따른 뼈 손실을 들고 있다. 주로 대퇴부 상부의 엉덩이뼈 골절이 특징적으로 많이 발생하고 척추 골절도 꾸준히 증가한다. 척추뼈의 V자형 골절은 등뼈의 통증과 신장 감소, 요추 기형, 척추 후만증 등을 나타낸다.

③ 이차성 골다공증

특정질환이나 약물 사용에 의해 뼈조직이 감소하여 발생한다. 갑상선 기능 항진증, 스테로이드 과다분비 질환, 성기능장애, 만성간 질환, 만성 콩팥병, 류마티스 관절염과 같은 질환이나 스테로이드제, 갑상선 호르몬제, 항경련제, 제산제 등의 약물 사용이 이차성 골다공증의 원인이 될 수 있다.

🛐 골다공증의 위험요인

노인의 경우에는 칼슘 섭취량 부족, 장관으로부터 칼슘 흡수율 저하 및 요중 칼슘 배설량 증가 등으로 혈청 칼슘 수준이 저하되기 쉬우며, 칼슘조절호르몬 및 성호르몬의 분비가 부적합하고 조절기능도 약화되기 쉽다. 또 뼈세포의 수도 감소되고 활성도 저하되기 쉽다. 따라서 노인, 특히 폐경 후 여성에게서 골격대사의 불균형이 일어나기 쉽고, 골다공증의 발생빈도가 높아진다. 골다공증과 관련된 유전적·환경적·생리적·식이적 요인 중 주요 위험요인들을 표 12-3에 제시하였다.

(1) 유전과 종족

골다공증의 유발에 영향을 미치는 최대 골질량은 가족력에 의하여 영향을 받는 것으로 알려져 있다. 또한 흑인은 선천적으로 백인이나 아시아인에 비해 골밀도가 높고 골다공증 발병률도 낮다. 한편 백인은 아시아인이나 흑인보다 골다공증 발병률이 두 배 정도 높다.

표 12-3　골다공증 발병에 영향을 미치는 위험요인

구분	내용
유전	가족력
종족	백인＞아시아인＞흑인
연령과 성	60세 이상 노령, 여성
여성호르몬 결핍	폐경, 난소절제, 성호르몬 부족
신체활동	운동부족, 부동상태
체중	저체중 또는 저체지방
만성질환과 약물복용	당뇨병, 만성질환, 갑상선 기능 항진증
식사요인	• 칼슘과 비타민 D의 부적절한 섭취 • 동물성 단백질의 과잉 섭취 • 식이섬유의 과잉 섭취
기타요인	흡연, 알코올, 카페인의 과다섭취

(2) 연령과 성

뼈의 강도와 높은 상관관계를 나타내는 골질량의 연령별 변화를 보면 그림 12-5와 같이 골질량은 청소년기부터 거의 직선적으로 증가되어 20~30세에 최대골질량을 나타내며, 45세경까지 큰 변화없이 유지되다가 그 후에는 감소된다.

뼈 손실은 남녀 모두 겪는 일이지만 성별에 따라 개시 연령과 진행과정은 다르다. 여성의 경우, 40세 정도에서부터 골질량의 감소가 나타나기 시작하고 남성의 경우 여성보다 뼈 손실이 느린 비율로 진행되지만, 75세 이후에는 남녀 모두 뼈 손실이 일어난다.

폐경성 골다공증의 발병률은 여성이 남성보다 6~8배 높으며, 노인성 골다공증은 여성이 남성보다 2배가 높다.

(3) 여성호르몬 결핍

골다공증의 발생빈도를 보면 폐경 이후에 훨씬 높고, 무월경, 생리불순, 조기 폐경, 난소질세, 출산 무경험 등 여성호르몬의 분비가 충분지 않거나 불균형인 생리상태에 있는 여성들에게 골다공증의 발생빈도가 높다. 그러므로 골다공증은 폐경에 따른 여성호르몬인 에스트로겐의 분비부족과 밀접한 관계가 있음이 밝혀졌다. 또

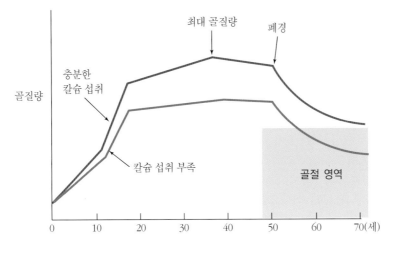

그림 12-5 **연령과 칼슘 섭취에 따른 골질량의 변화**

한 과도하게 체중이 감소한 거식증 여성 환자나 높은 강도의 운동을 하는 여성들은 무월경인 경우가 많으며, 이때 폐경기와 같은 뼈 손실을 보였다.

(4) 신체활동 부족

운동량이 적을수록 뼈 손실량은 증가한다. 무중력상태에서 우주여행을 하는 우주인 또는 일생 동안 앉아서 일하는 직종에 종사하는 사람들의 뼈 손실 경향은 현저하다. 걷기, 산책, 조깅 등 골격에 물리적인 힘이 가해지는 운동은 골질량이나 골밀도를 증가시킨다. 육체적 활동은 조골세포를 자극함으로써 뼈 재생을 촉진하고, 오랫동안 누워 있거나 부동상태에 있는 사람들은 칼슘평형이 음(−)으로 나타나며, 뼈 손실이 빨리 나타난다.

(5) 체중 부족

식사제한이나 다이어트로 인한 저체중이나 마른 체격의 사람들은 골밀도가 낮은 경향을 보인다. 체중은 그 자체가 골격에 물리적인 힘을 부가함으로써 골질량을 증가시키는 것으로 보인다. 폐경 후에는 주로 지방조직에 의해서 에스트로겐이 공급되기 때문에, 마른 여성의 경우 골절 발생률이 높은 것으로 보고되고 있다.

(6) 만성질환과 약물복용

수많은 약물복용이 칼슘의 흡수를 방해하거나 골격의 칼슘을 분해함으로써 골다공증의 위험을 증가시킨다. 특히 스테로이드계 약제는 비타민 D의 대사에 영향을 미쳐 뼈 손실을 야기시킨다. 외인성 갑상선 호르몬의 투여는 그 양에 상관없이 지속적으로 골질량을 감소시킨다.

(7) 식사요인

골다공증과 관련된 식사요인으로는 칼슘, 인, 마그네슘, 불소, 단백질, 비타민 D, 비타민 K 등의 영양소와 식이섬유, 식물성 에스트로겐 등 비영양성분을 들 수 있다. 이들은 뼈의 구성성분으로서 또는 칼슘 체내 이용성의 촉진요인이나 저해요인으로서 직·간접적으로 골격대사에 관여한다. 칼슘의 섭취부족, 단백질의 과잉 섭취, 인의 과다섭취, 염분의 과다섭취, 섬유소의 과다섭취 등은 골다공증의 발병 위험요인이 된다.

성인기의 최대 골질량에 달할 때까지는 칼슘을 충분히 섭취함으로써 골질량이 증가되며, 최대 골질량을 확보할 수 있게 된다. 칼슘의 섭취부족으로 성인기까지 보다 낮은 골질량을 형성한 경우, 노년기의 골다공증 발병 및 골절 발생률이 매우 높은 것으로 나타났다(그림 12-5).

(8) 기타 요인

알코올은 직접 골아세포에 작용하여 뼈의 생성을 억제하고, 소장에서의 칼슘흡수를 저해하며 요중 칼슘배설량을 증가시키는 것으로 알려져 있다. 한편 흡연은 난소 기능을 퇴화시켜 폐경 연령을 빠르게 하고, 니코틴 성분이 내분비 신경계에 영향을 미쳐 에스트로겐 분비를 저하시키며 에스트로겐의 대사를 촉진시켜 혈중 농도를 낮춘다. 또 흡연 여성의 경우 대부분 지방조직이 감소되어 에스트로겐 생성이 저하된다. 과다한 카페인 섭취는 칼슘의 흡수량 감소와 배설량 증가를 유발하여 뼈 손실을 초래한다.

4 골다공증의 진단과 치료

(1) 진단

골다공증의 진단법으로는 골절 경험, 방사선 촬영법, 골질량 측정법, 초음파 측정법 등이 있다.

① 골절 경험과 위험요인의 분석

골절 경험이나 식사조사 생활습관조사 등 위험요인을 조사하여 진단한다.

② X선 촬영법

골격의 구조적 변화를 조사하는 방법으로 외상이 없어도 뼈의 손상이나, 뼈 조직이 치밀하지 못한 경우에 골다공증으로 진단한다.

골밀도 측정에 많이 쓰이는 Dual Energy X-ray Absorptiometry(DEXA)는 특수 X선을 이용하여 전신과 요추, 대퇴골 등의 골격 부위를 측정한다.

③ 초음파 측정법

무릎뼈나 팔꿈치뼈 등에 사용되며, DEXA에 의해 평가할 수 없는 골격의 탄성과 강도를 측정한다.

(2) 치료

감소된 골질량을 원상으로 회복시키기는 어려우므로 가급적 조기에 발견하여 뼈의 손실이 더 이상 가속화되지 않도록 하고, 진행속도가 지연될 수 있도록 하는 데 치료목표를 두고 있다. 식사나 보충제로부터 적정량의 칼슘 섭취와 규칙적인 체중부하운동이 필수적이고, 부가적으로 호르몬 요법이나 골다공증 치료약의 복용이 많이 사용된다.

① 에스트로겐 요법

폐경 후 골다공증 환자의 경우 에스트로겐은 골질량을 증가시키기보다는 뼈 손실을 억제하는 효과를 가지고 있으므로 치료에 이용되고 있다. 장기적인 에스트로겐 대체요법은 혈전증 및 자궁암이 발생 위험률을 증가시키는 부작용을 초래한다. 또 에스트로겐 대체요법을 사용하는 여성들의 유방암 발병률이 다소 높기 때문에 신중을 기해야 한다. 갱년기 장애 증상의 완화에도 효과가 있어서 경구용과 주사용

뿐 아니라 피하주입식, 바르는 약 등 다양한 종류가 개발되어 있다.

② 칼시토닌 투여법

칼시토닌(calcitonin)은 부갑상선 호르몬(PTH)의 효과를 저해함으로써 파골세포의 뼈 용해작용을 억제하는 호르몬이다. 칼시토닌은 피하주사에 의해 투여되었으나 최근에는 효과적인 코 흡입제가 개발되어 있다. 부작용으로는 식욕부진과 구역질, 구토현상이 나타난다.

③ 비타민 D 요법

비타민 D는 칼슘 흡수와 골격의 석회화에 크게 영향을 미치므로 골다공증 치료를 위해 활성형 비타민 D제를 이용할 수 있다. 특히, 장기간 입원환자로 일광욕을 못하는 경우, 햇볕에 노출되지 못하는 경우에 엄격한 양적 규제 속에서 적당량 복용해야 한다. 부작용으로서 고칼슘혈증 및 고칼슘뇨증을 들 수 있다.

④ 칼슘보충제 급여

식사로부터 칼슘권장량을 충족시킬 수 없는 경우에는 칼슘보충제를 복용하도록 한다. 칼슘보충제로는 구연산 칼슘, 유산 칼슘, 탄산 칼슘, 인산 칼슘 등 각종 칼슘염과 소뼈, 달걀껍데기, 굴껍데기 등의 분말이 있다. 이들의 칼슘과 인의 함량은 모두 다르다. 골절환자의 치료식으로는 칼슘, 단백질, 비타민 A와 비타민 D를 포함한 혼합식을 처방한다.

⑤ 운동 요법

골다공증의 예방과 치료에 있어서 적당한 운동은 필수요건이다. 신체활동으로서 걷기, 가벼운 산책, 조깅 등 골격에 물리적 힘을 부가하는 운동을 규칙적이고 지속적으로 하는 것이 효과적이다. 과다한 운동은 골격에 무리를 줄 수 있다.

3. 골다공증의 식사요법

1 골격건강을 위한 식사지침

골다공증의 예방과 치료를 위한 식사요법의 기본은 골격구성에 필요한 충분량의 칼슘, 적당량의 단백질과 인, 비타민 A·C·D의 섭취를 통해 최대골질량을 확보하고, 칼슘평형 유지와 뼈 손실 억제에 그 목표를 둔다. 또 뼈 손실을 억제할 수 있는 에스트로겐 대체식품인 대두 및 그 제품의 섭취도 하나의 식사요법으로 제안되고 있다.

질병관리청(2023)에서 발표한 골다공증 예방과 관리를 위한 10대 생활 수칙은 다음과 같다.

① 성장기에 적절한 운동과 영양관리를 통해서 50대부터 시작되는 급격한 골소실에 대비한다.
② 저체중이 되지 않도록 적정체중을 유지한다.
③ 적정량의 칼슘과 비타민 D를 섭취한다.
④ 술과 커피, 탄산음료를 마시지 않거나 적당량 이하로 줄인다.
⑤ 담배는 피우지 않는다.
⑥ 체중부하운동과 균형운동을 가능한 한 매일한다.
⑦ 위험인자가 있는 경우 정기적으로 골밀도 검사를 받고, 그 결과를 의사와 상의한다.
⑧ 골다공증을 꾸준히 관리한다.
⑨ 넘어지지 않도록 주의하고 넘어지기 쉬운 생활환경을 개선한다.
⑩ 노년기에는 근감소를 예방한다.

2 충분한 칼슘을 함유하는 식사

골다공증은 우선적으로 예방이 중요하며, 성장기에서부터 충분한 칼슘 섭취를 통해 최대 골질량을 확보하는 것이 가장 중요하다.

우리나라 정상 성인의 1일 칼슘 권장섭취량은 700~800 mg이며, 각 연령별 칼슘 섭취 기준은 외국에 비하면 낮게 책정되어 있는 편이다. 그럼에도 불구하고 칼슘은 우리나라 식생활에 있어서 가장 결핍되기 쉬운 영양소 중의 하나이다. 폐경 후 여성이나 골다공증 환자의 경우 1일 1,500 mg 정도의 칼슘 섭취가 권장되고 있는 점을 고려할 때, 골다공증의 예방과 치료를 위해서 충분한 양의 칼슘 섭취가 최우선적으로 필요한 영양 과제라고 본다.

표 12-4 칼슘을 많이 함유한 식품

식품군	식품명	1교환단위	칼슘함량 (mg)	식품군	식품명	1교환단위	칼슘함량 (mg)
곡류군	녹두	70	70		갓	70	135.1
	팥(적색)	30	19.2		고구마줄기	70	64.4
	고구마	70	16.1		고춧잎	70	258.3
	미꾸라지	50	368		냉이	70	135.1
	뱀장어	50	78.5		달래	70	43.4
	정어리	50	47		미역줄기	70	84
	뱅어포	15	147.3		무청	70	238.7
	멸치(잔멸치, 건)	15	93	채소군	미역	70	107.1
	노가리	15	309.9		비름	70	93.1
	북어	15	42.2		시금치	70	46.2
	양미리(건)	15	17.3		아욱	70	186.9
	꽃게	70	88.9		참취(생)	70	93.8
어육류군	굴	70	58.8		케일	70	229.6
	키조개	70	26.6		깻잎	40	118.4
	새우(중하)	50	38.5		우엉	40	18.4
	꽁치통조림	50	62.5		참깨(검은색)	8	91.7
	고등어통조림	50	62	지방군	아몬드	8	27
	정어리통조림	50	120.5		호두	8	6.8
	두부	80	51.2		우유	200	226
	순두부	200	30		호상요구르트(플레인)	110	155.1
	연두부	150	45	우유군	아이스크림(12%)	80	104
	유부	30	175.2		저지방우유	200	232
	치즈(체다)	30	187.8	과일군	귤	120	156

출처: 농촌진흥청. 표준식품성분표 제10개정. 2021.

질환별 식사요법

칼슘은 우유와 유제품, 뼈째 먹는 생선류, 해조류, 두류, 곡류, 초록색 채소류 등에 많이 함유되어 있다(표 12-4).

우유 및 유제품은 칼슘함량뿐 아니라 우유 중 칼슘 흡수 촉진 인자로 알려진 유당, 카제인, 적정 Ca/P비를 함유함으로써 체내 이용성이 높은 가장 이상적인 칼슘급원으로 평가받고 있다.

우리나라 식생활에서는 뼈째 먹는 생선류, 해조류, 채소류, 두류, 두부류 등이 주요 칼슘급원으로서 이용되고 있다. 식물성 식품으로부터의 칼슘 섭취량은 총섭취량의 58%를 차지한다. 곡류에는 인산, 피틴산이 많이 함유되어 있어서 칼슘의 체내 이용성이 떨어지지만, 두류에 함유된 칼슘은 비교적 잘 이용된다. 채소류 중에서 케일이나 브로콜리와 같은 진한 초록색의 채소는 좋은 급원이나, 시금치에는 수산이 많이 함유되어 있어서 좋은 급원이 될 수 없다. 그러나 고칼슘식사의 경우 흡수율이 낮다 해도 흡수된 총칼슘량은 많은 것으로 평가되므로 되도록 칼슘을 많이 함

표 12-5 **골다공증 환자 식단 예시**

	1일 1,000 mg 칼슘 함유 식사		1일 1,500 mg 칼슘 함유 식사	
	식단	칼슘 함량(mg)	식단	칼슘 함량(mg)
아침	토스트 2쪽	14	치즈토스트 2쪽	137
	크림수프	50	채소샐러드	22
	채소샐러드	22	(마요네즈 소스)	
	(마요네즈 소스)		우유 1컵	200
	우유 1컵	200		
점심	쌀밥 1공기	5	쌀밥 1공기	5
	미역국	32	순두부찌개	240
	우육호박전	16	마른새우볶음	400
	멸치볶음	206	깻잎찜	41
	깻잎찜	41	콩나물무침	35
	갓김치	60	배추김치	32
간식	요플레	144	요플레	144
저녁	쌀밥 1공기	5	쌀밥 1공기	5
	쑥국	30	미역국	32
	두부양념장조림	145	홍어회	167
	가자미구이	11	우육호박전	16
	쑥갓나물	55	고춧잎나물	155
	배추김치	32	갓김치	60

출처: 서울중앙병원 임상영양 핸드북.

유하고 있는 식품을 섭취하는 것이 중요하며, 가급적 칼슘이 체내에서 충분히 흡수·이용될 수 있도록 다른 식품과의 배합을 고려하도록 한다.

표 12-5에서 골다공증 환자의 식단 예를 제시하였다.

❸ 칼슘 체내 이용성을 증진 또는 저해하는 식사

적당량의 단백질, 인(Ca/P비), 비타민 D 등은 칼슘의 흡수를 촉진시키고 이용성을 높이는 반면, 과량의 지방, 섬유질, 인산, 수산, 피틴산 등은 칼슘의 흡수를 저해하고 이용성을 낮추는 효과를 갖는다. 고섬유식, 고지방식, 고염분식은 칼슘 흡수 또는 이용성을 저해한다.

고섬유식은 칼슘흡수율을 저하시키고 배설물 중 칼슘의 양을 증가시킴으로써 음(−)의 칼슘평형을 유도한다. 칼슘평형을 유지하기 위해서는 식이섬유의 증가량에 따라 칼슘 섭취량을 증가시켜야 한다. 따라서 식이섬유섭취량을 25 g 증가시키게 되면 칼슘 섭취량은 150 mg을 증가시켜야 한다.

과잉의 지방 섭취는 장관 내에서 칼슘과 지방이 결합하여 배설되므로 칼슘의 흡수율을 저하시킨다. 낮은 칼슘 섭취량과 함께 과잉의 염분은 신장에서의 칼슘배설을 촉진함으로써 골다공증의 위험률을 높인다.

식사 이외에도 알코올 섭취, 탄산음료와 카페인 섭취, 흡연, 스트레스, 운동부족 등은 골격대사에 좋지 않은 영향을 미치며 칼슘요구량을 증가시키므로 절제하도록 한다.

❹ 적정량의 단백질·무기질 및 비타민을 함유하는 식사

뼈의 구성성분으로서 또는 골격기능에 있어 촉진요인이나 저해요인으로서 직·간접적으로 관여하는 영양소나 비영양성분들의 섭취과다 또는 섭취부족은 골다공증의 위험요인으로 작용하므로, 이들 영양소들의 적정량이 함유된 균형식을 하는 것이 중요하다.

(1) 단백질

단백질의 과잉 섭취가 요중 칼슘배설량을 증가시키고 칼슘평형을 음(−)으로 나타 내다는 것은 잘 알려져 있으며, 동물성 단백질은 식물성 단백질보다 칼슘 배설효과 가 더 크다. 이는 단백질에 함유되어 있는 함황아미노산의 대사산물인 황산이 칼슘 과 염을 형성하여 소변으로 배설되기 때문이다.

노인의 경우, 단백질 섭취량이 저하되기 쉬우므로 현재 단백질 과잉 섭취 문제는 크게 염려할 필요가 없다고 본다. 오히려 골다공증 환자의 골격 건강을 위해서는 권 장량 수준의 충분한 단백질 섭취가 필요하다.

(2) 인

과잉으로 섭취된 인산은 장관 내에서 불용성 칼슘염을 형성하여 배설되므로 칼 슘흡수를 저하시키는 것으로 알려져 있다. 일반적으로 골다공증 환자의 경우 칼슘 과 인의 최적 섭취 비율은 1 : 1의 동량으로 섭취하길 권장하고 있다. 일상적인 식생 활에서 인은 곡류, 두류, 육류, 어류 등 거의 모든 식품으로부터 충분한 양을 섭취하 고 있으며, 식사를 하는 것만으로도 1일 1,000 mg 이상을 공급받는다. 또 청량음료 및 가공식품류 등은 인산을 많이 함유하고 있으므로, 이들 음식의 섭취로 인해 인 산 섭취는 과잉되기 쉽다. 칼슘·인의 낮은 비율, 즉 상대적으로 높은 인의 섭취량은 부갑상선호르몬(PTH)의 분비를 자극하고 이것이 만성화되면 뼈 손실의 원인이 된 다. 표 12−6에 식품 중 칼슘과 인의 함량비를 제시하였다.

(3) 미량원소

골격대사에서 불소(F), 철(Fe), 아연(Zn), 구리(Cu), 망간(Mn), 붕소(B) 등의 미량원 소들이 뼈 손실을 막아 주는 역할을 한다고 알려져 있지만 그 기전은 명확히 밝혀 지지 않았다.

불소는 뼈와 치아의 형성과 유지에 있어서 필수 미량 원소로 알려져 있으며, 불소 섭취량이 높은 지역에서 골다공증 발생빈도는 낮았다. 불소는 뼈의 탈석회화를 방 지하는 효과를 가지고 있지만, 동시에 불소의 과잉 섭취에 의해서 뼈의 경도가 커져 골경화증과 골절을 유발할 가능성도 제시되고 있다.

표 12-6 식품 중 칼슘과 인의 함량비(Ca : P)

구분	식품	비율
우유 및 유제품	우유	1 : 0.8
	프로세스치즈	1 : 1.2
	체다치즈	1 : 0.7
	아이스크림	1 : 0.8
	요구르트	1 : 0.8
과일류	사과	1 : 1
	바나나	1 : 3.1
	자몽	1 : 0.8
	오렌지	1 : 0.3
	딸기	1 : 1.3
채소류	콩	1 : 2.1
	브로콜리	1 : 1.1
	당근	1 : 1.7
	옥수수	1 : 19.5
	완두콩	1 : 3.8
	감자	1 : 5.5
	토마토	1 : 5.0
	고구마	1 : 2.0
어육류	참치통조림	1 : 10.3
	소고기	1 : 16.9
	스테이크(T)	1 : 21.4
	돼지고기	1 : 23
	닭고기	1 : 6.2
	칠면조고기	1 : 11.6
	소시지	1 : 8.2
곡류	오트밀	1 : 9.9
	옥수수가루	1 : 40
	밀기울	1 : 24.9
	밀가루	1 : 7.1

철(iron)은 콜라겐 합성과정에서 프롤린과 라이신의 수산화에 촉매인자로 작용한다. 구리는 골격단백질 분자들의 연결에 필요하고, 망간은 콜라겐 등의 유기질 기질 형성에서 점성다당류의 생합성에 필수적이다.

(4) 비타민

비타민 D는 장관에서 칼슘흡수에 관여하는 가장 중요한 인자로서 오래 전부터 잘 알려져 왔다. 따라서 비타민 D 결핍은 칼슘흡수를 저하시키고 혈중 칼슘농도를 저하시킴으로써 뼈에서의 칼슘용해량을 촉진시켜, 아동기에서는 구루병을, 성인기에서는 골연화증의 유발요인이 된다. 노인들에 있어서 칼슘흡수 장애의 주된 원인은 신장에서의 $1, 25(OH)_2D_3$ 활성화가 감소되기 때문이라고 한다.

일반적으로 비타민 D 급원식품은 동물 간, 기름진 생선류, 생선통조림 또는 비타민 D 강화식품 등이다. 비타민 D는 인체의 피부에서 자외선에 의해서 합성되므로 일상생활 동안 자외선 노출 가운데 충분한 신체활동을 한다면 보통 식사 이외에 특별히 보강할 필요가 없게 된다. 그러나 노인이나 골다공증 환자의 경우 일광욕이 부족하기 쉽고 또 피하조직의 프로비타민 D 함량 및 비타민 D_3 합성기능도 저하되기 쉬우므로 가능한 한 자외선에 노출되는 시간을 충분히 갖고, 비타민 D 급원식품을 충분히 섭취하도록 해야 한다.

비타민 K는 골격건강에 필수적인 영양소로 오스테오칼신(osteocalcin)을 비롯한 여러 골격구조 단백질의 합성에서 중요한 역할을 수행하는 것으로 알려져 있다. 오스테오칼신은 골격의 석회화 과정에서 뼈의 유기질기질로부터 분비되는데, 과잉의 석회화를 막는 역할을 한다. 노인 인구 대부분의 경우 비타민 K의 섭취량이 부족한 것으로 나타났으며, 약물치료를 받는 경우나 항생제 치료를 받는 경우도 비타민 K의 섭취량이 낮았다.

(5) 식물성 에스트로겐이 함유된 대두 및 대두제품의 섭취효과

대두식품에 풍부하게 함유되어 있는 이소플라본(isoflavone), 특히 제니스테인(genistein)과 다이드제인(daidzein)은 항암효과와 항산화효과로 주목을 받아 왔으며, 각종 만성질환의 예방과 치료에서 큰 역할을 하고 있다. 이소플라본은 에스트로겐의 화학구조와 유사하여 약한 에스트로겐 또는 항에스트로겐의 효과를 나타내는 식물성 에스트로겐으로서 작용하며, 뼈 손실 억제 효과를 갖는 것으로 알려져 있다. 신체기관에 따라 에스트로겐 수용체의 종류가 다르게 분포되어 있는데, 뼈 조직에는 이소플라본과 친화력이 높은 에스트로겐 수용체가 분포되어 있다. 그러므로 대두 및 대두제품의 이소플라본은 폐경성 골다공증에 대한 에스트로겐 요법(ERT) 대신 유용하게 사용할 수 있다고 보고되고 있으며, 대두식품의 섭취가 높을 때 골다공증의 발병과 엉덩이 골절의 위험이 낮은 것으로 나타났다.

그림 12-6에는 대두 및 대두제품의 이소플라본 함량을 제시하였다. 대두식품은 주로 열처리 가공 및 조리과정을 거쳐 섭취하게 되는데, 이때 조리·가공처리에 따라 이소플라본의 함량은 상당히 변화한다.

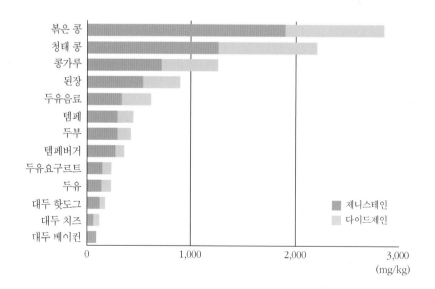

그림 12-6 대두 및 대두제품의 이소플라본 함량

4. 관절염

1 관절의 구조와 기능

관절(joint)이란 두 개 이상의 골격(뼈)이 서로 연결되어 있는 부위로서, 보통 각각 독립적으로 움직이게 되어 있다(그림 12-7). 활막 관절은 무릎, 손가락, 고관절 등 움직임이 많고 자유로운 관절인데, 바깥쪽부터 보면 인대, 관절낭(섬유막과 활막이 관절을 싸고 있음), 관절연골로 이루어져 있다. 관절낭 안쪽을 둘러싸고 있는 활막은 관절연골쪽으로 활액을 분비한다. 연골을 구성하는 연골세포는 연골을 합성하고 분해하는 역할을 하는데, 성인이 되면 합성과 분해가 균형을 이루게 된다. 그러나 여러 요인에 의해 합성과 분해의 균형이 깨지면서 분해가 우선되면 관절염이 발병하게 되는 것이다.

2 관절염의 식사요법

관절염은 연골세포를 둘러싸고 있는 활막이 감염이나 외상으로 인해 손상되어 연골이 손실되면서 관절이 붓고 통증을 일으키는 질환이다. 국소적으로 나타나는 골관절염과 전신에 나타나는 류마티스 관절염이 있다(표 12-7). 대부분의 관절염은

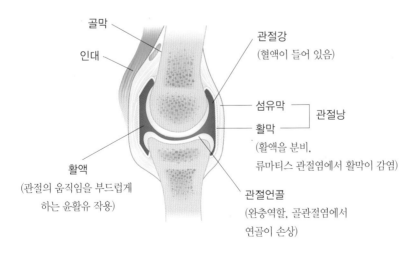

그림 12-7 **관절의 구조와 관절염의 관절변형**

표 12-7 관절염의 종류 및 특징

구분	골관절염	류마티스 관절염
증상	• 주로 움직일 때 통증 • 많이 사용한 뒤에 통증 • 발열은 거의 없음	• 움직이지 않으면 통증이 거의 없음 • 아침에 관절이 뻣뻣해지는 느낌의 통증 • 국소 발열이 심하면 전신 발열 발생 • 붓고 물이 차며 움직이기 힘듦
통증부위	• 과다 사용한 관절에 나타남 • 비대칭성으로 관절에 염증이 생김 • 무릎, 발목, 팔꿈치, 척추, 엉덩이 • 체중을 지탱하는 부위	• 전신적 자가면역성 질환 • 손, 발, 무릎 등의 모든 관절 • 체중 지탱과는 무관
발병연령	• 노화로 인한 것이므로 50세 이상에 많음	• 20~50세 • 여성에서 더 많이 발생
진행 정도	• 병이 한 부위에서 서서히 진행	• 다발성으로 여기저기에서 일어남 • 병이 2~3년 사이에 급격히 진행됨

출처: 송경희 외. 식사요법. 파워북. 2010.

골관절염으로 과다하게 사용하거나 과다한 부하가 걸리는 관절에서 발병하는 퇴행성 관절질환이다. 류마티스 관절염은 자가면역성 질환으로 모든 관절에서 염증을 일으킨다. 류마티스 관절염은 관절낭의 활막이 지나치게 자라나 연골을 침범하며 관절을 파괴하는 물질을 분비하는 경우이다.

1) 골관절염

골관절염(osteoarthritis)은 관절 주위의 연조직과 연골의 손실로 인해 나타나는 만성관절 질환인데, 염증 반응이 대부분 국소적으로 경미하게 발생한다. 모든 관절에서 나타나지만 체중을 지탱하거나 자주 사용하는 관절인 척추, 무릎, 발목, 엉덩이, 팔꿈치 등의 연골에서 자주 발생한다. 연골이 마모되거나 손상되면 연골이 부드럽게 움직이지 못하고, 관절통, 부종(관절에 물이 차고 부음), 운동 능력 손실, 관절 변형 등이 나타나며 심하면 골격의 기형도 나타난다.

또한 관절에서 소리가 나고 무릎이 결리는 증상 등이 나타난다. 관절을 과다하게 사용한 저녁과 갑자기 전에 심한 통증을 느끼는데, 활동량이 많으면 악화되고 움직임을 줄이고 쉬면 증상이 다소 완화된다.

(1) 원인

비만이나 과체중에서 잘 나타나며 위험요인으로는 유전적인 요인 이외에도 노화, 여성, 백인, 높은 골밀도, 과다한 관절 사용으로 인한 반복적인 손상 등이 있다. 관절 부위의 외상, 어긋난 모양으로 잘못 연결된 관절 등에 의해 발생하기도 한다.

과체중이나 비만은 체중을 지탱하는 관절에 부담을 주므로 체질량지수가 증가할수록 무릎 골관절염 위험이 증가되며, 환자가 체중조절을 하는 경우에 골관절염의 발생이 줄고 증상이 개선된다. 체중감소는 지방 조직에서 분비하는 염증성 매개물질의 감소를 통한 항염증성 효과도 유도하는 것으로 알려져 있다.

(2) 치료와 식사요법

환자의 치료를 위해서는 관절의 부담을 줄이기 위한 식사요법과 적절한 운동이 중요하다. 통증을 감소시키고 기능을 개선하기 위해 물리치료와 약물요법을 병행하며, 진행 상태에 따라 수술을 하기도 한다.

① 치료법

환자의 관절을 보호할 수 있는 운동 프로그램과 작업치료를 실시한다. 스트레칭과 체중부하가 없는 유산소 운동인 수영이나 아쿠아 에어로빅, 그리고 적절한 체중부하 운동을 통해 관절 주위 근육의 강도를 높여 주어 관절의 움직임을 좋아지게 하고 골관절염으로 인해 발생하는 손상을 줄이도록 한다.

한편, 통증이 심하고 내과적 치료가 효과가 없으면 수술을 고려하는데, 시행하는 수술에는 연골을 재생시키는 세포이식술, 연골이식 수술, 조직을 만들어서 넣어주는 수술, 그 외 금속을 씌워 관절을 보호하는 관절성형술(arthroplasty)과 인공관절로 바꾸는 인공관절치환술(joint arthroplasty) 등이 있다. 수술 후에도 좋은 영양상태와 적정체중을 유지하고 운동을 지속적으로 하는 것이 중요하다. 약물요법으로는 비스테로이드 소염제와 진통제 등을 사용한다. 약물 사용을 줄이기 위한 대체요법으로는 연골생성에 필요한 물질인 글루코사민과 황산콘드로이친, 그리고 관절 부위를 마사지하는 것에 도움을 주는 허브와 오일 등이 사용되고 있으나 질병의 치료에는 별 도움이 되지 않는다고 보고되었다.

② 식사요법

단백질을 포함한 모든 영양소가 균형 있게 포함된 저에너지식을 사용하여 정상 체중을 유지하는 것이 중요하다. 노화와 과다한 신체활동에 의한 지속적인 세포 손상은 퇴행성 변화의 원인이 되므로 항산화영양소인 비타민 C, 비타민 E, 베타카로틴, 셀레늄 등을 충분히 공급한다. 유제품, 칼슘, 비타민 D를 충분히 섭취하여 골다공증이나 골연화증 등의 합병증을 예방한다.

2) 류마티스 관절염

류마티스 관절염(rheumatoid arthritis)은 관절 표면의 활막이 감염되어 다른 관절에까지 퍼지며, 뼈와 연골조직, 혈관, 인대까지 감염이 확대되어 연골조직을 파괴하고 관절의 변형을 가져와 결국에는 관절의 기능을 상실하게 하는 질환이다. 골관절염보다 증상이 심하며 남자보다는 여자에서 많이 발병하고 20~50세 사이에 많이 나타나는데 어린이에게서 발병하는 경우도 있다. 초기에는 피로, 식욕부진, 허약 등 가벼운 증상이 나타나지만, 질병이 진행되면서 손이 비틀리거나 관절이 붓는 등의 증상이 전신에서 대칭적으로 나타난다. 심한 경우에는 악액질이 나타나 식욕저하나 궤양 등의 소화기의 이상과 영양불량이 나타나기도 한다. 환자가 여러 관절에서 대칭성 부종과 통증을 호소하고, 아침에 30분 이상의 강직이 지속되는 현상이 60일 이상 지속될 때 류마티스 관절염으로 진단한다.

(1) 원인

자가면역질환으로 인체 면역 기능에 이상이 생겨 관절에 염증이 생기는 현상이다. 정확한 원인은 아직 밝혀지지 않았지만 류마티스 관절염의 발병에 기여하는 유전자를 가진 사람이 바이러스나 박테리아 감염에 노출되면 발병하는 것으로 생각된다. 여성의 경우 임신이나 수유, 피임 등 호르몬 변화와도 관련이 있다.

(2) 치료와 식사요법

환자의 통증을 줄여 주고 염증을 억제하여 관절의 손상을 방지하며, 전신 증상을 호전시키는 것이 치료의 목적이다. 약물요법, 운동요법, 물리치료, 정형외과적 치료와 함께 식사요법을 실시한다.

① 치료법

운동요법은 관절의 움직임과 근력을 개선하기 위해 실시하는데, 관절을 보호할 수 있는 자전거 타기, 수영, 걷기 등으로 꾸준히 운동하는 것이 좋다. 운동은 근육 강화는 물론이고 소화기계와 면역계의 기능 손상을 일으키는 류마티스성 악액질의 작용을 감소시키는 것으로 알려져 있다.

약물은 비스테로이드 소염진통제가 가장 먼저 사용되고 항류마티스성 약제가 다음으로 사용된다. 엽산을 복용하면 약제의 효과와 관계없이 부작용이 완화되는 효과가 있다.

수술요법으로는 활막을 절단하는 수술이나 관절을 인공관절로 바꾸어 주는 등의 수술이 있다.

② 식사요법

류마티스 관절염 환자는 체단백질의 분해가 진행되어 영양요구량이 증가되는데, 식욕부진, 연하장애, 통증 등으로 식사섭취량은 줄어들 수 있다. 또한 악액질과 복용하는 약물이 위장관에 악영향을 줄 수 있으므로 균형 잡힌 식습관과 적절한 영양 섭취가 필요하다.

- 에너지: 이상 체중을 유지할 수 있도록 적절한 에너지를 공급하도록 한다.
- 단백질: 환자의 체단백 분해가 증가하므로 1.5~2.0 g/kg/일 정도의 양질의 단백질을 충분히 섭취하는 것이 권장된다. 그러나 영양상태가 정상인 경우에는 1.0g/kg/일을 권장한다.
- 지질: 약물을 복용하는 환자들에서는 고호모시스테인혈증, 고혈압, 고혈당이 나타나는 경우가 많아지므로 심장혈관계 질환의 위험이 높아진다. 그러므로 포화지방산과 트랜스지방산 및 콜레스테롤이 많은 식품은 가능한 한 제한하는 것이 좋다. 항염증성 효과가 있는 오메가-3 지방산을 함유한 등푸른생선을 충분히 섭취하는 것이 권장되며 올리브유와 달맞이꽃종자유 등도 항염증효과가 있는 것으로 알려져 있다.
- 무기질, 비타민과 항산화물질: 칼슘과 비타민 D의 흡수불량과 뼈의 무기질 손실이 진행되어 골다공증이나 골연화증이 나타나기 쉬우므로 칼슘과 비타민 D

표 12-8 류마티스 관절염에 사용되는 약의 종류와 부작용

구분	종류	용도와 부작용
비스테로이드 소염제	살리실레이트, 아스피린, 부루펜, 나부메톤, 브렉신	• 소염, 진통 효과 • 위장장애, 간 기능장애, 신장기능장애 유발 가능
스테로이드 호르몬제	프레드니솔론	• 소염, 진통, 관절경직 완화 • 장기간 사용 시 골다공증, 비정상적인 지방축적, 소화성궤양, 우울증, 세균감염 등의 부작용
항류마티스 약제	항말라리아제, 설파살라진, 페니실라민, 면역억제제, 메토트렉세이트	• 관절염의 진행 억제를 목적으로 사용 • 치료효과가 수 주 혹은 수개월 후에 나타남 • 다양한 부작용을 나타내므로 정기적인 추적검사가 요구됨

출처: 곽호경 외. 임상영양학. 방송대출판부. 2010.

표 12-9 류마티스 관절염의 영양관리

영양소	영양 관리 기준
에너지	관절에 부담을 주지 않기 위해서 이상체중을 유지하도록 하고, 과체중인 경우 적절한 에너지 섭취 제한이 요구됨
단백질	체단백 분해 증가로 1.5~2.0g/kg/일 정도의 양질의 단백질 섭취
지질	염증 반응을 억제를 위하여 오메가-3 지방산 섭취 증가 생선기름, 올리브유, 달맞이꽃기름 등의 섭취 증가
비타민 D	합병증으로 나타날 수 있는 골연화증 방지를 위해 충분히 섭취 과량 공급 시 신장결석 등의 부작용 가능
비타민 C	관절의 기질인 콜라겐 합성 촉진
비타민 B_6	약물치료에 의한 위점막 손상으로 요구량 증가
아연	환자의 혈청 아연 감소 시 아연을 보충하면 증세 호전
철	합병증으로 빈혈이 나타나는 경우 철 섭취에 유의

를 보충하여 이를 예방한다. 그러나 비타민 D를 과량 공급 시 신장결석 같은 부작용을 일으킬 수 있으므로 유의한다. 약물복용 환자는 엽산 결핍으로 인해 호모시스테인이 상승될 수 있으므로 엽산, 비타민 B_6와 B_{12} 섭취를 보충해 줄 필요도 있다.

5. 통풍

통풍은 혈액 내에 요산의 농도가 높아지면서 발생한 요산염 결정이 관절의 연골, 힘줄 등 조직에 침착되는 질병이다.

1 원인

(1) 퓨린대사의 이상

통풍 환자의 혈액에는 퓨린의 대사물인 요산의 함량이 높다. 요산이 증가하는 이유는 퓨린대사 중간에 젠틴옥시다아제 작용에 이상이 생기기 때문이다. 그것은 퓨린 생성의 증가, 퓨린 분해물의 증가, 요산의 배설기능 감퇴, 요산 생성의 증가 등을 들 수 있다.

(2) 과격 운동 및 비만

통풍은 40세 이상의 남자에게 많으며 90% 이상이 남자에게서 일어난다. 또한 씨름, 프로레슬링 등의 과격한 운동을 하는 운동선수나 비만한 사람, 과음자에게서 발생빈도가 높다. 과잉영양과 운동부족으로 인한 비만자에게서 발병률이 높다.

(3) 백혈병

백혈병 환자는 핵산으로부터 퓨린 생성이 많아지는 것을 볼 수 있다. 백혈병이 핵단백질의 파괴를 촉진시키기 때문이다. 또 다른 경우는 체내의 퓨린 생합성이 비정상으로 높아지는 것으로 이는 1차성 통풍의 원인으로 생각된다.

(4) 퓨린의 과잉 섭취

퓨린의 과잉 섭취는 고뇨산혈증을 유발하기 쉽다. 우리나라에서 통풍 환자가 증가하는 것은 이에 해당되는 것이 많은 것으로 추측된다.

(5) 요산 배설장애

신장 질환에서 콩팥병 또는 약물복용의 부작용으로, 요산 배설장애로 인하여 혈중 요산수준이 증가되는 경우가 있다. 2차적으로 통풍이 일어나는 경우이다. 신장질환 환자에게 흔하며 요산결석이 일어난다.

2 증상

(1) 혈중 요산 증가와 통풍

통풍 시에는 혈액과 조직 중의 요산 함량이 증가된다. 정상 성인의 경우 혈액 내의 요산농도는 3~6 mg/dL이며, 일반적으로 남성이 더 높다. 그러나 통풍 환자는 10~20 mg/dL로 증가하고, 또 요중 요산량이 증가된다. 정상인의 1일 요중 요산 배설량은 0.6~1.0 g 정도로 요중 질소량의 약 5%를 차지한다.

만성적 통풍의 경우 귓가에 침착이 생기고 발뒤꿈치와 팔꿈치가 부풀어 오른다.

(2) 관절 격통과 관절 염증

관절에 요산염 결정이 축적되어 통증과 염증이 생기며, 주로 관절의 연골, 관절낭 주위, 연조직과 손가락, 발가락의 관절에 격통이 나타난다. 관절조직이 파괴되고 만성적인 관절염 증상이 나타난다. 아픈 관절은 빨갛게 붓고 윤택이 나며 연해진다. 만성이 되면 주기적으로 통증이 올 수 있으며 통풍결절이 생긴다.

급성 발병은 육류의 과다 섭취, 폭식, 폭음, 고지방식사, 이뇨제 중 티아자이드 사용 시에 일어날 수 있다. 평소에는 자각 증상이 없으며 갑자기 발작적으로 관절염과 같은 통풍, 염증과 부종이 온다.

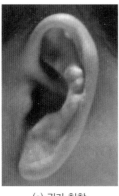
(a) 귓가 침착

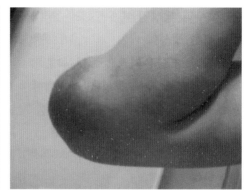
(b) 팔꿈치 부종

그림 12-8 **통풍의 증상**

③ 식사요법과 치료법

통풍의 치료 목표는 급성기 통증을 감소시키고, 추가적인 증상 발현을 예방하며, 통풍 결절과 신결석 형성을 막는 것이다. 1차적인 치료방법은 약물치료지만 식사지침을 준수하는 것이 중요하다.

(1) 식사요법

통풍은 예로부터 과도한 육류 및 알코올 섭취와 관련 있다고 생각되었다. 붉은 생선, 해산물이 문제가 되며 식물성 단백질은 통풍 발생 위험을 증가시키지 않는다. 저지방 유제품, 아스코르빈산, 포도주 섭취는 통풍 발생 감소와 관계가 있으며, 커피도 일부 관련이 있다고 보고되었다.

알코올, 특히 맥주는 퓨린 함량이 높아 통풍 위험을 증가시키며, 과당(특히 고과당시럽을 함유한 음료)도 관련이 있는 것으로 보인다. 자연 과당도 관련이 있어 사과나 오렌지 1개 분량을 매일 섭취하면 통풍 위험을 64%나 상승시킨다고 보고되었다.

고퓨린 식품을 제한하고 과당과 단순당 섭취를 줄이며 식사량 조절을 통해 체중을 줄이고 인슐린 민감도를 개선하는 것이 바람직하다. 유제품, 달걀, 식물성 단백질, 커피는 식품의 알칼리제 성분과 관련하여 예방효과를 기대할 수 있다.

약물치료 시에는 엄격한 식사제한이 필요하지 않을 수도 있으나, 통풍 환자는 질환 악화를 막기 위해 퓨린 함량이 높은 식품을 제한하도록 한다. 심한 통풍 환자는 1일 100~150 mg 정도로 퓨린 섭취량을 제한한다.

요산 배설을 돕고 신결석 형성을 최소화하기 위해 1일 3L 정도로 충분한 수분 섭취를 독려한다. 퓨린 함량에 따른 식품군을 살펴보면 표 12–10과 같다.

표 12-10 **퓨린 함량에 따른 각 식품군**

많은 식품(150~800 mg)	중간 식품(50~150 mg)	적은 식품(0~15 mg)
• 내장 부위(심장, 간, 지라, 신장, 뇌, 혀) 육즙, 거위 • 생선류(정어리, 청어, 멸치, 고등어, 가리비조개)	• 고기류, 가금류, 생선류, 조개류, 콩류(강낭콩, 잠두류, 완두콩, 편두류), 채소류(시금치, 버섯, 아스파라거스)	• 달걀, 치즈, 우유 • 곡류(오트밀, 선곡 제외), 빵 • 채소류(나머지), 과일류, 설탕
급성기인 경우, 증세가 심할 때 섭취할 수 없음	회복 정도에 따라 소량 섭취할 수 있음	제한 없이 섭취할 수 있음

(2) 약물요법

통풍은 요산 생성을 저해하거나 제거하는 약으로 치료한다. 이러한 약물들의 약
리작용과 영양과 관련된 문제를 요약하면 표 12-11과 같다.

표 12-11 **통풍의 치료제와 영양과 관련된 문제**

효능	약품명	상품명	영양과 관련된 문제
통풍 치료제 (antigout)	알로퓨리놀 (Allopurinol)	자일로릭 (xyloric)	• 저단백식으로 약물 제거율 감소 가능 • 식욕부진, 체중감소 가능, 맛 변화(금속성 맛), 메스꺼움 · 구토, 구강염, 복통, 설사 가능 • 권장식사 : 충분한 수분섭취, 철분제 보충과 과량의 비타민 C 섭취는 주의
	콜히친 (Colchicine)	콜히친 (Colchicine)	• 비타민 A, B_{12}, 엽산, 철, 칼슘, 칼륨, 나트륨, 지방, 단백질 흡수 감소 가능 • 식욕부진, 입맛 변화, 인후통, 메스꺼움 · 구토, 복통, 설사 가능 • 권장식사 : 저퓨린식, 체중감량이 필요한 경우 저칼로리식
요산 배설 촉진제 (uricosuric)	프로베네시드 (Probenecid)	프로베네시드 (Probenecid)	• 식욕부진, 메스꺼움 · 구토, 위장장애 가능 • 산성뇨(퓨린과 단백질 함량이 많은 식사)와 관련되어 신결석 위험 • 권장식사 : 저퓨린식, 충분한 수분섭취, 고단백식 주의

13장

식품 알레르기

1 식품 알레르기의 원인

2 식품 알레르기 진단방법

3 식품 알레르기 증상

4 식사요법

5 아토피성 피부염

1. 식품 알레르기의 원인

식품 알레르기(food allergy)란 어떤 물질에 대해 면역학적으로 일어나는 과민 반응을 말하며 식품 과민증(food hypersensitivity)이라고도 한다. 성인보다는 위장관이 미숙한 영유아나 어린이에게서 더욱 자주 나타난다. 즉, 정상적인 사람에게는 아무런 반응이 일어나지 않는 음식인데도 어떤 사람이 먹으면 복통 및 설사, 편두통, 두드러기, 기관지 천식, 발작 등의 증상이 일어나는 과민한 상태를 나타내는 것이다. 여기에서 음식물이라 하면 식사 이외에도 간식, 음료수, 차, 커피, 술 등을 모두 포함한다.

1 항원 · 항체 반응

우리 몸은 단백질과 같은 거대 분자량 물질이 체내로 들어오면 이것에 대하여 항체를 형성한다. 항체가 생긴 후에 다시 동일한 항원이 들어오면 이미 형성된 항체에 항원이 결합하면서 항원·항체 반응이 일어난다. 항원과 항체 사이의 강한 생물학적인 반응 시에는 히스타민이 분비되는데, 히스타민에 의해 다양한 증상이 유발되는 현상이 알레르기 반응이다. 일반적으로 여러 가지 면역현상인 항원·항체 반응 중에서 생체에게 유리한 현상을 면역이라고 하고, 불리한 현상을 알레르기라고 한다. 즉, 항원으로 간주할 필요가 없는 이물질(식품, 꽃가루, 먼지 등)에 대해서도 과민하게

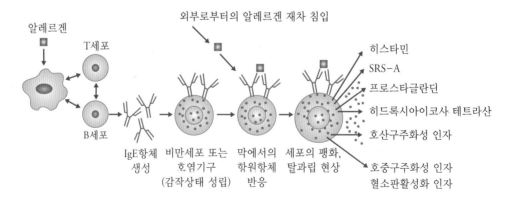

그림 13-1 **알레르기 반응의 화학물질 유리과정**
출처: Abbas, A. K. *Cellular and molecular immunology*(3rd ed.). Sanders. 1997.

표 13-1 **알레르겐의 종류**

경로	알레르겐 원인 물질
흡입성	실내의 먼지(진드기), 화분, 진균
식품	우유, 달걀, 어패류, 채소류 등
접촉성	칠, 화장품, 화학약품
약물	페니실린, 아미노피린, 설파제
가성	죽순, 메밀, 시금치, 토란줄기, 토마토, 고추, 치즈, 어류 등

항원·항체 반응을 일으키게 되는 현상을 말한다.

알레르기를 유발하는 항원에 해당하는 물질을 알레르겐이라고 하는데, 알레르기 반응은 알레르겐에 대해 개인이 면역글로불린의 일종인 IgE를 만들어 발생한다. 이러한 면역 항체가 형성된 후에 알레르겐에 다시 노출되면 세포 내에 존재하는 형질세포와 호염기성 세포를 포함하는 IgE-부착 세포의 활성을 유발하게 되며, 부적절한 항원·항체 반응을 하게 된다(그림 13-1). 식품 알레르겐은 위의 단백질 소화효소인 펩신에 의해 충분히 분해되지 않고 소장에 도착하여 소장 점막을 통과하여 알레르기를 유발하는 것이다. 알레르기의 원인이 되는 알레르겐은 표 13-1과 같이 분류된다.

2 특이체질

알레르기 반응이 나타나는 정도는 항원이나 항체의 종류, 개인적 소질에 따라 일정하지 않다. 알레르기를 일으키기 쉬운 신체를 특이체질이라고 하며 일종의 유전성으로 알려지고 있다. 알레르기가 나타나는 것은 유전적 소질 외에 외부 환경요인에 의해서도 영향을 받는다. 즉, 유전적 소질이 있는 사람이 일상생활 중에서 여러 가지 환경에 반복해서 접촉하거나 또는 자극을 받으면 신체적 요인이 복잡하게 작용하여 특정물질에 알레르기 반응을 일으키게 된다.

알레르기 반응의 예민성은 일반적으로 성인보다 어린이에게 강하게 일어난다. 어린이의 소화기관은 아직 미숙하여 미처 소화되지 않은 단백질 또는 단백질의 분해과정에서 생긴 화합물질이 소장에서 흡수되어 항체 반응인 알레르기를 유발하기 쉽기 때문이다. 소화관에는 GALT(Gut Associated Lymphoid Tissue)라고 하는 장관

런 림프조직이 존재하는데, 여기에 수많은 면역세포가 존재한다. 어린이들은 아직 GALT가 충분히 발달되어 있지 않기 때문에 입으로 섭취한 단백질 식품에 대해서도 부적절하게 IgE 항체를 만드는 면역 반응을 일으켜 과민반응인 알레르기를 나타내는 것이다.

3 신경성 원인

알레르기 반응은 자율신경과 밀접한 관계가 있으며, 특히 긴장을 쉽게 하는 사람 또는 자율신경이 불안정한 사람에게서 식품 알레르기가 잘 일어난다. 스트레스는 알레르기의 유발과 밀접한 관계가 있다.

4 알레르기성 식품

모든 식품은 알레르겐으로서 작용할 가능성을 가지고 있으며, 특히 동물성·식물성 단백질이 풍부한 식품 중에 알레르겐으로 작용하는 식품이 많다. 알레르겐이 되는 물질은 대개 질소를 가지고 있으며 단백질 외에도 다당류, 핵산, 핵단백질, 히스타민이나 콜린 등이 항원으로 작용하면서 알레르기를 유발하게 된다. 알레르겐 중 단백질은 아니지만 알레르기 유사 증상을 일으키는 히스타민, 콜린, 세로토닌 같은 물질을 가성 알레르겐이라 한다.

(1) 동물성 식품

우유, 유제품, 난류, 육류와 고등어, 꽁치, 연어, 삼치 등과 같은 등푸른생선, 비린

IgA의 역할

면역글로불린의 일종인 IgA는 눈물, 콧물, 기관지 점막, 장점막의 점액에 존재하는 면역항체로서 항원과 결합하여 항원이 소화간 벽을 통과하지 못하게 한 후 소화흡수하게 하고 염증을 일으키지는 않는다. 특히 모유에는 IgA가 많이 포함되어 있는데 이는 모유를 먹는 아기들이 더욱 면역력이 강하여 건강한 이유 중 하나가 된다.

내가 강한 생선, 게, 새우, 굴, 조개, 오징어, 낙지, 조개류와 이들의 가공식품 등이 알레르겐으로 작용하나, 담수어는 비교적 항원성이 적다.

(2) 식물성 식품

알레르겐이 되는 식품은 곡류에서는 밀·메밀, 감자류에서는 마·토란·곤약, 종실류에서는 땅콩·밤, 채소류에서는 셀러리·우엉·쑥갓 등 방향성 채소와 삶아서 물에 담가야 하는 채소인 고비·고사리·도라지·죽순·시금치·더덕 외에 가지·토마토·마늘 등도 있다. 두류에는 대두와 잠두가 있고, 과실류에는 키위·파인애플·바나나·복숭아·사과·귤 등이 모두 포함된다.

(3) 식품첨가물을 사용한 식품

가공식품, 보존식품, 조미료 등 식품가공과정에서 사용되는 화학물질 중에는 알레르겐으로 작용할 수 있는 것이 있다(표 13-2).

(4) 아민류 함유식품

히스타민은 발효식품에서 많이 생성되므로 발효치즈, 피클, 젓갈, 맥주, 포도주 등

표 13-2 **식품첨가물(표백제, 보존제)의 과민 증상 및 함유 가능식품**

첨가물	작용	주된 과민 증상	함유 가능식품
아황산염	• 표백 작용 • 항산화 작용 (갈변방지) • 살균 작용	• 기관지 수축, 피부 가려움증, 두드러기, 혈관성 부종, 연하장애, 혀의 붓기, 흉부교액감, 현기증, 의식상실, 두통, 복통, 설사	• 고농도 : 건조 과일, 레몬주스(비냉동), 당밀, 포도주스, 와인 • 중등량 : 식초, 펙틴, 후추 • 소량 : 냉동 감자칩, 메이플시럽, 잼, 젤리, 버섯, 식초, 대구 말림, 맥주, 분말수프, 청량음료, 인스턴트 홍차, 피자 반죽피, 파이 반죽피, 정백당, 젤라틴, 크래커, 쿠키, 옥수수시럽
파라벤	• 보존제	• 두드러기 · 접촉성 두드러기, 기관지 수축, 비염, 자반	• 간장, 식초, 청량음료, 시럽, 의약품, 화장품
안식향산염	• 보존제	• 두드러기 · 접촉성 두드러기, 혈관성 부종, 아토피성 피부염, 천식, 자반	• 캐비어, 마가린, 청량음료, 간장, 시럽

표 13-3 **식품첨가물(착색제, 조미료, 산화방지제, 발색제)의 과민 증상 및 함유 가능식품**

첨가물	작용	주된 과민 증상	함유 가능식품
타트라진 (식용 황색)	• 착색제	• 천식, 두드러기, 수면장애, 주의 산만, 공격적 성격	
선셋 옐로 (식용 황색)	• 착색제	• 두드러기	중화면, 카레, 젤리, 엿, 청량음료, 콜라, 수산 가공물
에리스토신 (식용 적색)	• 착색제	• 두드러기	
MSG	• 조미료	• 차이니스 레스토랑 증후군(안면 홍조, 두통, 후경부에 작열감, 흉부교액감, 구역질, 기관지 수축, 발한), 두드러기, 혈관성 부종	가만벨 치즈, 조미료 (아미노산)
아스파탐	• 저칼로리 감미료	• 두드러기, 혈관성 부종	껌, 청량음료, 엿
BHT, BHA	• 산화방지제	• 천식, 비염, 두통, 불면, 결막 발작, 안면 홍조, 두드러기, 접촉성 두드러기, 접촉성 피부염, 출혈시간 연장	유지, 버터, 냉동 어패류, 껌, 건조 어패류, 염장 어패류
아질산염	• 발색제	• 두드러기, 혈관성 부종	햄, 소시지, 살라미, 로스구이용 소고기

의 발효식품과 시금치, 가지, 토마토 등 히스타민이 풍부한 식품은 체내에서 히스타민 분비 시스템이 작동하지 않아도 홍반, 두통 등의 알레르기 증상을 잘 일으킨다.

그 밖의 아민류인 페닐에틸아민을 함유한 초콜릿, 적포도주, 치즈나 티라민 함유식품인 체다치즈, 통조림 생선도 혈관을 확장시키면서 편두통이나 피부 홍조, 두드러기를 잘 일으킨다. 신선도가 떨어진 생선이나 오징어, 게, 새우, 조개 등에도 트리메틸아민(trimethylamine)이 많이 들어 있어 알레르기를 잘 일으킨다.

(5) 아세틸콜린, 세로토닌 함유식품

신경전달물질인 아세틸콜린 함유식품인 토마토, 가지, 죽순, 파 등과 세로토닌 함유식품인 바나나, 파인애플, 키위, 자두 등도 알레르기를 잘 일으킨다.

(6) 곰팡이

된장, 간장, 오트밀에 곰팡이가 생긴 것을 먹으면 알레르기가 일어나기 쉽다.

표 13-4 가성 알레르겐 함유식품

가성 알레르겐	함유식품
히스타민	시금치, 가지, 토마토, 옥수수, 죽순, 셀러리, 감자, 적포도주, 효모, 어류, 돼지고기, 쇠고기, 치즈
티라민	토마토, 바나나, 오렌지, 아보카도, 자두, 가지, 치즈, 발효식품, 간장, 된장
세로토닌	바나나, 토마토, 파인애플, 키위, 자두, 호두, 아보카도, 가지, 무화과, 시금치, 콜리플라워
페닐티라민	고다치즈, 스틸튼치즈, 적포도주, 초콜릿
이노린	오래된 꽁치, 냉동 대구, 가자미
아세틸콜린	토마토, 가지, 죽순, 마, 토란, 메밀, 밤, 땅콩, 송이
트리메틸아민	오징어, 게, 새우, 조개, 가자미
캡사이신	고추, 후추

(7) 자율신경 흥분식품

고추, 겨자, 고추냉이(와사비) 등의 향신료, 알코올 음료, 커피, 차 등은 자율신경을 흥분시켜서 신경성 알레르기를 일으키는 대표적인 식품이다.

(8) 소화불량과 과식

소화가 잘되지 않는 질긴 식품을 먹었을 때 혹은 단백질 식품을 과식하여 소화분해가 불충분하거나 또는 이상 발효를 일으켜서 자가중독을 일으키는 경우, 떡, 빵 및 밥 등을 과식했을 때 또 지방을 과식했을 때에도 알레르기가 일어난다.

377

2. 식품 알레르기 진단방법

1 병력조사

사람들이 싫어하는 식품 중에는 알레르기를 일으키는 식품이 있는 경우가 많으므로 기호조사를 실시하며, 과거에 어떤 특정식품 또는 음식섭취에 의해 일어났던 증상을 조사한다. 특히 알레르기의 징후가 나타나기 3~4일 전부터 섭취한 모든 식품과 그 조리법 그리고 식사 후의 이상 유무를 가능한 한 자세히 생각하여 기록하도록 한다. 만약 기억이 잘 나지 않거나 복잡한 경우 식사시험 또는 피부시험을 통해서 진단한다.

② 피부시험

주삿바늘이나 핀이 달린 판을 사용하여 알레르겐으로 의심되는 물질을 소량 피부에 주입하여 주입 부위에서 발적이 생기는 정도를 보고 양성 여부를 판정한다. IgE가 매개체로 작용하는 알레르겐에 대한 알레르기 검사를 하는 방법이다.

③ 혈액검사

IgE가 매개체로 작용하는 특정 알레르겐에 대한 검사를 하는 방법으로 혈액검사를 통해 특정 식품이 알레르기 반응을 일으킬 확률을 예측하여 판정한다.

④ 항원시험검사

의심되는 식품을 제한하거나 추가시켜 알레르기 증상이 나타나거나 소실되는 현상을 관찰하는 검사법이다.

(1) 유발식사에 의한 시험

의심스러운 식품을 환자에게 알리지 않고 소량으로 섭취시켜 보고 알레르기 반응을 관찰한다.

(2) 제거식사에 의한 시험

유발식품시험과 피부반응검사에서 의심스러운 식품을 알게 되면 이 식품을 식사에서 완전히 제거하여 경과를 관찰한다.

(3) 유발식사와 제거식사의 응용식사

항원으로 의심이 가는 식품을 모두 제거하고 흰죽, 설탕으로 구성된 기본 식사에 한 가지씩 첨가해서 알레르기 반응 유무를 관찰한다.

단순 식품제거시험은 원인으로 의심되는 식품의 종류가 한 가지 또는 여러 가지인 경우로, 검사할 식품을 일단 식사에서 제외했다가 한 가지씩 추가하여 원인식품인지의 여부를 확인한다. 다수 식품제거시험은 경험상 가장 흔한 원인이 되는 식품을 식사에서 제외하고, 한 가지씩을 검사하여 원인식품을 규명하는 것이다.

3. 식품 알레르기 증상

원인이 되는 식품을 섭취한 후에 면역학적 반응에 의해 발생되는 이상 증상이 신체 기관에 나타나는 것으로, 피부, 호흡기, 소화기, 순환기 등 신체의 다양한 기관에서 발생한다. 증상의 발생 범위는 국소적으로 나타나기도 하지만 전신적으로 나타나기도 하며, 신체의 한 기관에서 나타나기도 하지만 여러 기관에서 동시에 나타나기도 한다. 증상의 위급 정도는 가벼운 반응부터 생명을 위협하는 반응까지 다양하게 나타난다. 증상이 식품 섭취 후에 즉시 나타나는 즉시형 반응과 며칠이 지난 후에 나타나는 지연 반응까지 반응시간도 다양하다. 개인별로 증상을 일으킬 수 있는 식품의 양에도 차이가 있어, 대부분 먹는 것에 의해 발생하지만, 만지거나 가루를 코로 흡입하여도 알레르기 반응을 보일 경우도 있다. 흔히 나타나는 식품 알레르기 증상으로는 두드러기, 부종, 복통 및 설사, 편두통, 호흡곤란, 천식 등이 있다.

식품 알레르기 증상이 신체 여러 조직과 기관에서 한꺼번에 나타나는 전신증상을 아나필락시스라고 하는데, 흔하게 나타나지는 않으나 영아에게서 주로 발생한다. 아나필락시스 중에서 호흡곤란, 안면 창백, 혈압강하, 의식혼미 등의 증상이 갑작스럽고 격렬하게 나타나서 갑자기 사망에 이르기도 하는데, 이를 '아나필락시스 쇼크'라고 한다. 아나필락시스 증상이 식품만 먹었을 때에는 나타나지 않고, 식품을 먹고 운동을 하였을 때에만 나타나는 경우가 있는데, 이를 '식품의존성 운동유발성 아나필락시스'라고 한다. 아나필락시스를 일으키는 원인은 식품이 가장 우선적이지만, 그 외에 약물 및 곤충 등도 원인이 된다.

4. 식사요법

일반적으로 알레르겐으로 알려진 식품 중에는 일상적인 식생활에서 흔히 이용되는 것이 많기 때문에 이들 식품을 모두 제한하면서 다른 대체식품을 적절히 공급하지 않을 경우 영양소 결핍을 초래할 수 있다. 특히 성장기 어린이의 경우에는 적절한 영양공급을 위해 더욱 주의를 기울일 필요가 있다.

1 알레르기 식품의 제거

식품 알레르기의 경우는 원인이 되는 음식을 먹지 않도록 하는 식품 제거요법이 최선책이다. 항원이 되는 식품의 섭취를 중지하여 몇 달 후 소량만 섭취시켜 보고 이상이 없으면 차차 증가시킨다. 항원성이 강한 식품은 1~2년간 중지하며, 시일이 경과하면 예민성이 완화되는 경우도 있다.

표 13-5 신체기관별 알레르기 증상

기관	증상
피부	두드러기, 부종, 습진, 자반(피부출혈), 피부염
호흡기	천식, 재채기, 콧물, 코막힘, 기침, 호흡곤란
소화기	• 급성(복통, 설사, 구토, 위통, 혈변) • 만성(만성설사, 혈변)
순환기	후두의 부종과 기관지 천식으로 기침, 호흡곤란, 저혈압, 쇼크
신경계	두통, 행동 이상, 알레르기성 피로, 다한, 편두통, 어지러움
비뇨기	혈뇨, 호산구성 방광염, 신출혈, 야뇨, 네프로제증후군
운동기	관절통
혈액	철결핍성 빈혈, 혈소판 감소증, 저단백혈증
눈	알레르기성 결막염, 눈물 흐름
전신증상	식품에 의한 전신증상은 적으나 영아에게서는 나타나며 항원 섭취 직후 안면 창백, 식은땀, 혈압 강하, 의식 혼미

출처: 권종숙 외. 임상영양학. 신광출판사. 2012.

표 13-6 식품 알레르기 환자에게 제한하는 식품

식품군	제한식품
음료	콜라, 커피, 초콜릿향 음료
육류	어패류, 돼지고기, 닭고기, 달걀, 치즈, 훈제품
채소류	토마토, 토마토제품, 옥수수
과일류	복숭아, 사과, 체리, 바나나, 포도, 오렌지, 파인애플, 건포도, 레몬
우유류	우유 및 모든 유제품
지방류	견과류, 땅콩버터, 버터, 마요네즈
기타	색소가 함유된 식품류, 화학조미료

② 유사식품으로 대체

일상식품으로 섭취가 불가능한 경우에는 유사식품으로 대체한다. 우유의 알레르기는 분유, 연유, 요구르트로 바꾸었을 때 나타나지 않는 경우가 있다. 밀에 예민한 사람이 보리로 바꾸면 괜찮은 경우도 있고, 고등어, 전갱이, 꽁치, 삼치 등의 등푸른 생선을 동태, 도미, 광어 등으로 대체하면 알레르기가 나타나지 않는 경우도 있다.

그러나 유사식품으로 대체하여 식품을 선택 시 단백질의 유사성으로 인하여 교차 반응이 있을 수 있으므로 확인할 필요가 있다.

식품 알레르기 환자의 식사요법 시에 식품을 대체하여 선택하는 기본지침은 표 13-7과 같다.

표 13-7 알레르기를 유발하는 식품과 대체식품

제한식품	피해야 할 식품	대체식품
우유	치즈, 아이스크림, 요구르트, 크림수프, 버터	두유, 우유가 없는 식품, 코코아
달걀	커스터드, 푸딩, 마요네즈, 기타 달걀이 함유된 식품	달걀 없이 구운 빵, 스파게티, 쌀
밀	크래커, 마카로니, 스파게티, 국수 등 밀가루로 만든 식품	밀이 없는 빵과 크래커, 옥수수, 쌀, 팝콘, 호밀, 고구마
두류	콩가루, 두유, 콩소스, 콩버터	너트우유, 코코넛우유
옥수수	팝콘, 콘시럽	밀가루, 고구마, 쌀가루
초콜릿	캔디, 코코아	설탕
소고기	소고기수프, 소고기소스	콩으로 만든 육류대체품
돼지고기	베이컨, 소시지, 핫도그, 돼지고기로 만든 소스	소고기 핫도그

출처: 권종숙 외. 임상영양학. 신광출판사. 2012.

식품 알레르기 표시제도

식품의약품안전처는 '식품 등의 표시기준'에서 한국인에게 알레르기를 유발할 수 있는 알레르기 유발물질을 지정하고 있는데, 이들 식품이 함유되어 있는 제품의 경우에는 겉면에 반드시 표시하도록 하고 있다.

표시대상 식품

❸ 식품선택 시 고려사항

식품 알레르기 환자를 위한 식품선택 시 고려해야 할 사항은 다음과 같다.

① 식품재료는 신선한 것을 선택하고, 부패가 쉽게 되는 동물성 단백질 식품에 유의한다.

② 가공식품, 반조리식품은 되도록 피한다.

③ 채소류의 경우 향이 강하거나 독을 제거해야 하는 채소를 피하고 가능한 한

가열조리를 한다. 생으로 먹을 때는 소금으로 문지르거나 살짝 데친다.

④ 식용유는 신선한 것을 이용한다.

⑤ 향신료는 가능한 한 사용하지 않는다.

⑥ 소화·흡수가 잘되는 것을 먹도록 한다. 알레르기 발작은 야간에 일어나기 쉬우므로 특히 저녁식사에는 소화·흡수가 잘되는 것을 이용한다.

⑦ 어린이의 간식, 음료 중에 알레르겐 유무를 충분히 확인한다.

⑧ 생후 6개월 이내의 어린이에게는 모든 고형식품의 섭취를 금하는 것이 권장된다.

4 조리법의 조절

우유에 예민한 경우 데워서 마시면 괜찮은 경우가 있고, 우유를 단독으로 섭취하는 것보다 전분과 함께 크림수프, 푸딩, 케이크 등으로 조리했을 때 적응이 잘되는 경우도 많다. 생달걀요리보다 가열 조리한 달걀이 알레르기에 안전할 때가 있다. 단백질은 가열작용에 의해서 변성이 일어나면 항원으로 작용하지 않는 수가 있다. 또한 빵에 과민했던 사람이 바싹 구운 토스트에는 아무런 반응이 일어나지 않는 경우도 있다.

5 기타 유의사항

과음·과식은 알레르기를 유발하기 쉽고 증상을 더욱 악화시킨다. 특히 알코올 음료, 단백질과 지방식품을 과식하지 않도록 한다. 칼슘은 알레르기성 질환에 유효하므로 충분히 섭취한다. 알레르기 치료에는 비타민 B 복합체, 비타민 C가 특히 유효하므로 신선한 과일과 채소 등을 충분히 섭취한다.

음식의 맛은 싱겁고 맵지 않게 하며 향신료 및 자극성 조미료를 금한다. 커피, 차, 콜라 등도 금한다. 소화가 잘되지 않는 식품, 장내 가스를 형성하는 식품을 금하며, 규칙적인 식생활을 유지하는 것이 좋다.

5. 아토피성 피부염

아토피성 피부염은 보통 유아기나 소아 때 발생하여 호전과 악화를 반복하는 만성 염증성 피부 질환으로, 가족력, 심한 가려움증, 습진의 3가지 특징을 나타내며 감염, 정신적인 스트레스, 계절과 기후변화, 자극 및 알레르기에 의해 악화되는 복잡한 질병이다.

1 원인

아토피성 피부염을 일으키는 원인은 불확실하나 개인의 체질, 환경적 요인, 알레르겐으로 나눌 수 있다. 아토피성 피부염 환자는 건조한 환경을 피해야 하고, 알레르겐으로 작용할 수 있는 식품의 섭취에 유의해야 한다.

2 증상

일반적인 증상은 피부건조증, 가려움증 그리고 피부가 붉어지는 현상이다. 이 중에서 가려움증은 가장 뚜렷한 증상으로 외부의 자극이 없는 안정된 상태에서 더 크게 느껴진다. 전신의 어느 부위에서나 나타날 수 있으나, 특히 팔이 접히는 부분, 무릎 뒷부분, 손목, 얼굴과 손에서 주로 나타난다.

아토피성 피부염의 합병증으로는 손이 갈라지고 열이 나는 손피부염이 손 부위에 나타나고, 전신의 피부에는 탈락성 피부염이 나타난다. 탈락성 피부염에서 나타나

표 13-8 **연령에 따른 아토피성 피부염 증상의 특징과 분포**

구분	영아기 (생후 2개월~2세)	소아기 (3세~사춘기 이전)	성인기 (사춘기 이후)
분포	주로 머리, 얼굴, 몸통 부위	팔, 다리, 손목 발목 등 구부러지는 부위	대부분 외관상으로는 피부염이 나타나지 않음
특징	붉어지고, 습하고, 기름지고 딱지를 형성하는 증상	• 피부가 두꺼워지거나 색소침착 • 건조한 피부 증상과 눈 주위의 발적 및 귀 주위의 피부 균열 증상	피부 건조, 자극성 물질에 의한 피부자극이 있으면 습진이나 가려움증 등의 피부염이 나타남

출처: 손원록 외. 현대인의 질병 아토피. 생각나눔. 2010.

표 13-9 **아토피성 피부염의 합병증**

부위	종류
눈 부위	결막염, 원추각막염, 백내장, 망막박리
손 부위	비특이적 자극성 습진
몸 부위	탈락성 피부염
기타 감염증	단순포진, 전염성 연속종, 사마귀 등의 바이러스 감염, 진균 감염, 황색 포도상구균에 의한 모낭염, 농피증

출처: 손원록 외. 현대인의 질병 아토피. 생각나눔. 2010.

는 발적, 피부 각질화, 가려움증, 발열, 2차성 감염증 등은 아토피에 의한 피부손상에 의해 박테리아, 곰팡이, 바이러스 등이 피부로 침투하여 증식하는 것이 원인이다. 또한 눈합병증으로 눈꺼풀 주위에 가려움증이 일어나고, 심한 경우에는 눈에 손상이 와서 실명의 위험도 있다.

3 예방 및 치료

스트레스는 인체의 항상성을 파괴하여, 알레르기에 예민하게 하므로 안정하는 것이 중요하다. 영양을 과잉 섭취하는 식습관과 장기간 냉동 보관된 육류의 과다섭취, 밀가루, 커피, 설탕, 가공식품 등의 섭취를 피하도록 한다. 아토피성 피부염의 원인물질로는 공기 중에 포함되는 물질인 집먼지 진드기의 배설물, 애완동물의 털, 분비물, 곰팡이, 꽃가루 등도 알려져 있다.

아토피성 피부염의 관리를 위해서는 안정을 하고 음식을 조절하는 것이 중요하다. 아토피 유발 가능성이 높다고 알려진 음식(표 13-10)과 정제, 가공, 정백된 식품은 되도록 피하고 소화·흡수가 쉬운 음식들을 주로 유동식으로 소량씩 자주 공급한다. 환자의 몸에 특이한 반응을 일으키지 않는 음식은 균형 있게 섭취하고 비타민 B군과 필수지방산을 충분히 섭취한다. 온도, 습도를 잘 조절하고 유지하는 것이 중요하다. 온도는 18~22℃ 사이가 적당하며, 습도는 60% 이상을 넘지 않도록 한다. 침구와 의복은 통풍과 땀 흡수가 잘되는 면 재질로 선택한다.

표 13-10 아토피성 피부염 유발 주의식품

식품군	주의식품
곡류군	녹두, 메밀, 과자, 빵
어육류군	등푸른생선, 달걀, 게, 조개, 돼지고기, 닭고기, 콩
우유군	우유 및 유제품
채소군	고사리
과일군	복숭아, 키위, 토마토, 망고
지방	견과류, 튀김, 동물성 지방
기타	인스턴트 식품, 방부제, 식품 첨가물, 초콜릿

 아토피성 피부염의 식사관리

- 가능한 한 모유를 먹인다.
- 이유식은 6개월 이후에 직접 만들어 제공한다.
- 매운 음식, 짠 음식, 단 음식을 제한한다.
- 가공식품의 섭취를 줄인다.
- 제철식품을 많이 이용한다.
- 화학조미료를 사용하지 않는다.
- 수분을 충분히 섭취한다.
- 가능한 한 유기농산물을 섭취한다.
- 환경호르몬 유발 가능성이 있는 제품의 사용을 제한한다.

선천성 대사질환

1 선천성 대사질환

2 페닐케톤뇨증

3 단풍당뇨증

4 호모시스틴뇨증

5 갈락토오스혈증

1. 선천성 대사질환

선천적 대사질환은 영양소의 대사과정에 필요한 효소가 선천적으로 결핍되어 나타나는 질환이다. 그러므로 영아 초기에 대사질환을 발견하여 치료하지 못하면 치명적일 수 있으며 사망하는 경우도 있다. 생존하더라도 정신발달 지체, 근육쇠약, 성장지연 등이 나타난다. 이 경우에 신생아는 유전적으로 대사과정에 필요한 효소를 합성할 수 없기 때문에 조기에 발견할수록 치료의 효과를 높일 수 있다.

유전학과 분자생물학의 발달은 유전적 대사질환의 원인을 밝혀내는 데 획기적인 역할을 하였다. 그러므로 조기진단과 성공적인 관리를 위해서는 소아과와 산부인과 등의 협조가 필수적이다.

2. 페닐케톤뇨증

페닐케톤뇨증(Phenylketonuria, PKU)은 아미노산 중 필수아미노산인 페닐알라닌 대사에 대한 선천적 장애로 나타나는 질병이다. 한국은 신생아 55,000명 중 1명 정도로 페닐케톤뇨증 발병 빈도를 보이고, 백인에게서 더 많이 나타난다.

■ 원인

페닐케톤뇨증은 페닐알라닌을 티로신으로 분해하는 효소인 페닐알라닌 수산화효소의 부족으로 생긴다. 페닐케톤뇨증 환자는 간 내에 페닐알라닌 수산화효소가 부족하여 페닐알라닌이 티로신으로 전환되지 못하고 다른 대사경로로 진행된다. 따라서 혈액과 소변의 페닐알라닌, 페닐피루브산, 페닐아세트산과 같은 페닐알라닌 대사물질의 농도가 증가한다. 페닐케톤뇨증으로 혈청 페닐알라닌은 평균 16~20 mg/dL로 증가되며, 멜라닌 색소 생성은 감소된다(그림 14-1).

■ 증상

초기에 치료받지 못한 페닐케톤뇨증 영아는 티로신의 합성이 중단되면서 멜라닌

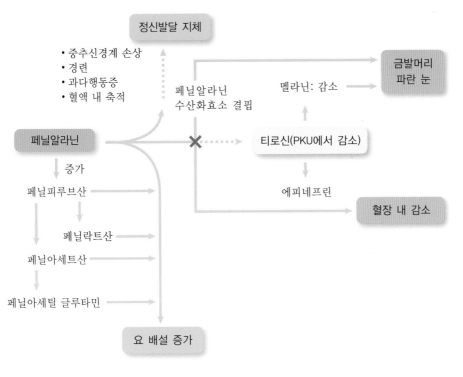

배치

그림 14-1 **페닐케톤뇨증의 대사장애**

생성도 감소되어 눈이 파랗고 피부와 모발색이 매우 희고 연하다. 제때 치료하지 않으면 발작이 일어나고 96~98%는 저능아가 된다. 치료는 혈장 페닐알라닌 농도가 정상치인 120~360 μmol/L를 유지하면서 성장과 발달, 영양상태를 정상화하고 행동, 신경학적 이상을 예방하는 것이다(표 14-1).

389

표 14-1 **페닐케톤뇨증 연령에 따른 혈장 페닐알라닌 목표 농도**

연령	미국/한국(μmol/L)
0~2세	
3~6세	120~360
7~9세	
10~12세	
13~15세	120~600
청소년/성인(가임기 여성)	120~900(<360)

출처: 대한영양사협회. 임상영양관리지침서 제4판. 2022.

CHAPTER 14 선천성 대사질환

페닐알라닌이나 페닐피루브산, 페닐아세트산, 페닐아세틸글루타민 등의 혈중 농도가 증가하면 뇌를 손상하여 정신적 지진아가 될 확률이 높다. 생후 1개월 이내인 초기에 발견하여 신생아 때부터 식사요법을 실시하면 정상아로 성장할 수 있다.

3 식사요법

(1) 페닐알라닌 제한

페닐케톤뇨증 영유아에게는 페닐알라닌을 제한하고 티로신을 보충해야 한다. 아동기부터는 식사제한을 다소 완화할 수 있다. 천연의 모든 단백질 식품은 모두 페닐알라닌을 함유하고 있다. 따라서 페닐알라닌이 제거된 식품이나 함량이 적은 단백질 식품을 널리 이용하고, 또한 페닐알라닌을 포함하지 않은 합성 단백질 식품이나 특수분유를 사용한다. 특수분유는 카제인과 적당한 양의 무기질과 비타민을 함유한 특수식품으로, 이것에 과일과 채소 으깬 것에 혼합하여 제공하여 비타민과 무기질을 보충한다.

어린이의 성장과 발달을 위해서 페닐알라닌과 티로신을 함유한 단백질을 공급하되 제한된 양을 사용하도록 한다. 그리고 충분한 에너지와 비타민 및 무기질을 공급해야 한다.

(2) 영양소 공급

페닐케톤뇨증 환자에게 특수조제품을 공급할 경우에는 전문의사의 처방과 영양사의 지시를 따라야 한다. 페닐알라닌은 필수아미노산으로 성장기 아동에게는 반드시 공급해 주어야 한다. 페닐알라닌을 지나치게 제한하면 영양실조 상태가 되어 식욕부진, 설사, 발육장애, 감염, 빈혈, 저혈당, 저단백혈증이 나타나고, 심하면 혼수상태가 된다. 페닐케톤뇨증의 영양소 요구량은 표 14-2와 같다.

(3) 모유수유 시 특수분유와 혼합식

모유에는 100 g당 약 50 mg의 페닐알라닌이 함유되어 있는데, 이는 조제분유의 함유량인 80~120 mg이나 우유의 함유량인 약 200 mg보다는 훨씬 낮은 수준이다. 그렇더라도 모유만 먹일 경우에는 페닐알라닌 함량이 많아지므로, 혈청 수준을 측

표 14-2 페닐케톤뇨증의 영양소 요구량

연령	영양소				
	페닐알라닌(mg/kg)	티로신(mg/kg)	단백질(g/kg)	에너지(kcal/kg)	수분(mL/kg)
영아					
0~3개월 미만	25~70	300~350	3.5~3.0	120(145~95)	160~135
3~6개월 미만	20~45	300~350	3.5~3.0	120(145~95)	160~135
6~9개월 미만	15~35	250~300	3.0~2.5	110(135~80)	145~125
9~12개월 미만	10~35	250~300	3.0~2.5	105(135~80)	135~120
소아					
1~4세 미만	200~400	1.72~3.00	≥30	1,300(900~1,800)	900~1,800
4~7세 미만	210~450	2.25~3.50	≥35	1,700(1,300~2,300)	1,300~2,300
7~11세 미만	220~500	2.55~4.00	≥40	2,400(1,650~3,300)	1,650~3,300
여아					
11~15세 미만	250~750	3.45~5.00	≥50	2,200(1,500~3,000)	1,500~3,000
15~19세 미만	230~700	3.45~5.00	≥55	2,100(1,200~3,000)	1,200~3,000
19세 이상	220~700	3.75~5.00	≥60	2,100(1,400~2,500)	2,100~2,500
남아					
11~15세 미만	225~900	3.38~5.50	≥55	2,700(2,000~3,700)	2,000~3,700
15~19세 미만	295~1,100	4.42~6.50	≥65	2,800(2,100~3,900)	2,100~3,900
19세 이상	290~1,200	4.35~6.50	≥70	2,900(2,000~3,300)	2,000~3,300

출처: 대한영양사협회. 임상영양관리지침서 제4판. 2022.

정하여 특수분유의 사용량을 결정해야 한다. 초기에는 혈청 페닐알라닌 수준을 주 2~3회 측정하며, 이에 따라 모유 수유의 빈도와 조제분유의 양을 조정한다.

페닐케톤뇨증에 사용 가능한 특수분유의 종류와 조성은 표 14-3과 같다.

표 14-3 페닐케톤뇨증에 사용 가능한 특수분유의 조성

조제식의 종류	기준량	페닐알라닌(mg)	단백질(g)	에너지(kcal)
피케이유-1 포뮬러(매일유업)	100 g	0	15	458
Phenex-1(Abott)	100 g	0	15	480
Phenex-2(Abott)	100 g	0	30	410
XP Analog(SHS)	100 g	0	13	475
XP Maxamaid(SHS)	100 g	0	25	308
XP Maxamum(SHS)	100 g	0	39	300

출처: 대한영양사협회. 임상영양관리지침서 제4판. 2022.

전형적 페닐케톤뇨증을 진단받은 신생아(3 kg)의 식사계획 예시

• 요구량 산정
   – 페닐알라닌 요구량: 25∼70 mg/kg × 3 kg = 75∼210 mg/일
   – 티로신 요구량: 300∼350 mg/kg × 3 kg = 900∼1,050 mg/일
   – 단백질 요구량: 3.0∼3.5 g/kg × 3 kg = 9.0∼10.5 g/일
   – 에너지 요구량: 95∼145 kcal/kg × 3 kg = 285∼435 kcal/일
   – 수분 요구량: 135∼160 mL/kg × 3 kg = 405∼480 mL/일

• 식사계획

식품명	제공량 (g/일)	페닐알라닌 (mg/일)	티로신 (mg/일)	단백질 (g/일)	에너지 (kcal/일)	수분 (mL/일)
피케이유-1 포뮬러 (매일유업)	57	0	855	8.6	295	–
일반 분유 1단계	18	77	60	2.1	93	–
하루 총제공량	–	77	915	10.7 (총에너지의 11%)	388	580 mL가 되도록 수분 보충 (0.67 kcal/mL)

출처: 대한영양사협회. 임상영양관리지침서 제4판. 2022.

(4) 영양관리

단백질의 극심한 제한으로 인해 단조로워지기 쉬운 식단에 다양한 변화를 주어 풍부한 식생활을 할 수 있도록 한다.

정기적인 모니터링에 따른 의사의 지시를 기초로 하여 발육시기에 따라 표 14–2를 참고하여 어린이가 섭취해야 할 에너지, 단백질, 페닐알라닌의 양을 결정하면 된다. 페닐케톤뇨증 영유아의 부모들에게는 세심한 영양교육을 실시하여 정확하게 식단을 계획하도록 해야 한다. 또한 특수 조제분유을 올바르게 조제하고 대체식품에 대해 알도록 해야 한다. 병원 방문 시 식사력을 조사하도록 하고, 급식상의 문제나 식사소설을 하는 데 어려운 점이나 식습관 등에 대하여 각별히 관심을 가지도록 해야 한다.

3. 단풍당뇨증

단풍당뇨증(Maple Syrup Urine Disease, MSUD)은 소변에서 단풍나무 시럽 같은 단 냄새가 나기 때문에 단풍당뇨증이라는 이름이 붙여졌다.

1 원인

단풍당뇨증은 선천적으로 류신(leucine), 이소류신(isoleucine), 발린(valine) 등의 세 가지 곁가지 아미노산에 산화적 탈산화를 촉진시키는 효소(탈탄산 분해효소)가 결핍되어 일어나는 질병이다. 이 질병은 열성유전으로 신생아 185,000명 중 1명의 빈도로 발생한다.

2 증상

혈액과 소변 중에 이 세 가지 아미노산과 이 아미노산에서 유래된 케톤산의 농도가 증가한다. 생후 1주일 이내에 혈중 류신을 정량한 혈액과 소변의 아미노산 분석으로 진단하여 치료를 시작하지 못하면 심한 신경장애가 오고 정신발달이 지연될수 있다. 발병은 매우 급격히 진전되며 포유곤란, 구토, 경련 등의 증세가 나타나고 심하면 사망할 수도 있다. 그러므로 소변에서 캐러멜 냄새가 나면 바로 전문의에게 연락하여 복막투석이나 교환수혈을 실시해야 한다. 치료를 받지 않으면 저혈당, 대사성 산혈증, 신경계손상, 혼수와 사망에 이를 수 있다.

3 식사요법

진단이 나오면 곧바로 교환수혈이나 복막투석을 시행하여 축적된 대사산물을 제거시켜 주고, 류신, 이소류신, 발린 등이 낮은 식사를 실시하여 치료하면 증세가 없어지고 정상 발육할 수 있다.

(1) 류신, 이소류신, 발린 등 제한

혈중 아미노산 농도를 정상으로 유지하는 것이 중요하다. 혈청 류신의 수준을 정

표 14-4 단풍당뇨증 환자의 식후 2~4시간의 정상 아미노산 농도

아미노산	μmol/L	mg/dL
알라닌	275~450	0.7~4.0
알로이소류신	0~0	0.0~0.0
이소류신	35~105	0.5~1.4
류신	85~190	1.1~2.5
발린	95~300	1.1~3.5

출처: 대한영양사협회. 임상영양관리지침서 제4판. 2022.

상범위로 유지할 수 있도록 곁가지 아미노산 섭취량을 계속 조절한다. 혈청 류신이 10 mg/dL 이상으로 상승하면 α-케톤산혈증과 신경증상이 발생한다. 이때는 곁가지 아미노산 섭취를 줄이고 단백질의 분해를 억제하기 위해서 탄수화물의 섭취를 증가시킨다.

(2) 혈장 아미노산 농도 점검

식후 2~4시간의 정상 아미노산 농도는 표 14-4와 같다.

(3) 이소류신, 류신과 발린 최소량 공급

연령·성장속도·에너지와 단백질 섭취의 적절성·건강상태에 따라 곁가지 아미노산의 필요량에 차이가 있다(표 14-5). 성장과 발달에 필요한 곁가지 아미노산의 요구량은 개인별로 차이가 커서 개별적인 평가가 필요하다. 혈장과 소변의 곁가지 아미노산 농도를 자주 관찰하여 필요량을 조절한다.

(4) 곁가지 아미노산 제거 특수분유 공급

자연단백질에는 이 세 종류의 아미노산이 3.5~8.5% 정도 함유되어 있다. 그러므로 곁가지 아미노산의 체내 요구량에 맞게 일반 분유나 모유, 식품을 배분하고 부족한 단백질 요구량을 맞출 수 있도록 특수분유 제공량을 결정한다(표 14-6).

(5) 영양관리

정기적인 모니터링에 따른 의사의 지시를 기초로 하여 발육시기에 따라 표 14-5를 참고하여 어린이가 섭취해야 할 에너지, 단백질, 곁가지 아미노산의 양을 결정하

표 14-5 단풍당뇨증의 영양소 요구량

연령	영양소					
	이소류신 (mg/kg)	류신 (mg/kg)	발린 (mg/kg)	단백질 (mg/kg)	에너지 (kcal/kg)	수분 (mL/kg)
영아						
0~3개월 미만	36~60	60~100	42~70	3.5~3.0	120(145~95)	150~125
3~6개월 미만	30~50	50~85	35~60	3.5~3.0	115(145~95)	160~130
6~9개월 미만	25~40	40~70	28~50	3.0~2.5	110(135~80)	145~125
9~12개월 미만	18~33	30~55	21~38	3.0~2.5	105(135~80)	135~120
소아						
1~4세 미만	165~325	275~535	190~400	≥30	1,300(900~1,800)	900~1,800
4~7세 미만	215~420	360~695	250~490	≥35	1,700(1,300~2,300)	1,300~2,300
7~11세 미만	245~470	410~785	285~550	≥40	2,400(1,650~3,300)	1,650~3,300
여아						
1~15세 미만	330~445	550~740	385~520	≥50	2,200(1,500~3,000)	1,500~3,000
15~19세 미만	330~445	550~740	385~520	≥55	2,100(1,200~3,000)	1,200~3,000
19세 이상	300~450	400~620	420~650	≥60	2,100(1,400~2,500)	1,400~2,500
남아						
11~15세 미만	325~435	540~720	375~505	≥55	2,700(2,000~3,700)	2,000~3,700
15~19세 미만	425~570	705~945	495~665	≥65	2,800(2,100~3,900)	2,100~3,900
19세 이상	575~700	800~1,100	560~800	≥70	2,900(2,000~3,300)	2,000~3,300

출처: 대한영양사협회. 임상영양관리지침서 제4판. 2022.

표 14-6 단풍당뇨증에 사용가능한 특수분유의 조성

조제식의 종류	기준량	이소류신(mg)	류신(mg)	발린(mg)	단백질(g)	에너지(kcal)
비씨에이 프리 포뮬러(매일유업)	100 g	0	0	0	15	458
Ketonex-1(Abott)	100 g	0	0	0	15	480
Ketonex-2(Abott)	100 g	0	0	0	30	410

출처: 대한영양사협회. 임상영양관리지침서 제4판. 2022.

면 된다. 단풍당뇨증 영유아의 부모는 식사를 계획할 때 고단백식품, 일반 빵이나 국수류, 곁가지 아미노산 포함 여부가 확실하지 않은 식품은 제외한다.

고단백식품은 계량이 조금만 부정확해도 곁가지 아미노산의 섭취량이 크게 늘어날 수 있기 때문에 주의가 필요하다. 또한 이들 식품을 먹게 되면 과일, 채소, 곡류의 섭취량이 줄어들게 된다.

4. 호모시스틴뇨증

호모시스틴뇨증(homocystinuria)은 메티오닌 대사이상으로 인한 선천성 대사질환으로 신생아 스크리닝에서 혈액검사와 소변검사로 진단이 가능하므로 주된 증상인 지능저하를 막기 위해 조기 진단과 치료가 필요하다. 발생빈도는 200,000~300,000명당 1명 정도이다.

1 원인

호모시스틴뇨증은 메티오닌으로부터 시스테인을 합성하는 대사과정 중에 호모시스틴이 시스타티오닌으로 전환하는 과정에 관여하는 시스타티오닌 합성효소(cystathionine synthetase)의 유전적 결핍에 의해 발생한다. 이로 인해 체내 메티오닌과 호모시스틴이 상승하게 되어 소변으로 호모시스틴이 배설된다.

2 증상

호모시스틴뇨증의 증상은 정신신경 증상인 지능 장애, 경련, 보행 장애 등과 안과적 증상인 백내장과 시력 장애 그리고 골다공증 등이 나타난다. 혈전 형성 경향이 강하므로 심한 동맥경화증으로 인한 사망에 이르기도 한다.

3 식사요법

식사요법의 기본은 연령, 활동량, 체중을 고려한 호모시스틴뇨증의 영양소 요구량을 충족하는 것이다(표 14-7). 환자는 메티오닌의 대사에 결함이 있기 때문에 메티오닌은 최소 필요량만 공급하고, 메티오닌으로부터 전환되는 시스테인을 보충하는 것이 필요하다. 주로 시스테인 2분자가 결합한 시스틴 형태로 환자에게 공급한다. 환자를 위한 특수분유를 사용하여 성장발육을 위해 충분한 시스틴을 섭취하도록 한다(표 14-8). 치료를 위해서 비타민 B_6를 대량 투여하여(200~1,000 mg/일) 시스타티온 합성효소의 활성을 증가시키고, 엽산과 비타민 C, 비타민 B_{12}를 함께 보충하도록 한다.

표 14-7 호모시스틴뇨증의 영양소 요구량

연령	영양소				
	메티오닌 (mg/kg)	시스틴 (mg/kg)	단백질 (g/kg)	에너지 (kcal/kg)	수분 (mL/kg)
영아					
0~3개월 미만	15~30	300	3.5~3.0	120(145~95)	150~125
3~6개월 미만	10~25	250	3.5~3.0	115(145~95)	160~130
6~9개월 미만	10~25	200	3.0~2.5	110(135~80)	145~125
9~12개월 미만	10~20	300	3.0~2.5	105(135~80)	135~120
소아					
1~4세 미만	10~20	100~200	≥30	1,300(900~1,800)	900~1,800
4~7세 미만	8~16	100~200	≥35	1,700(1,300~2,300)	1,300~2,300
7~11세 미만	6~12	100~200	≥40	2,400(1,650~3,300)	1,730~3,300
여아					
11~15세 미만	6~14	50~150	≥50	2,200(1,500~3,000)	1,500~3,000
15~19세 미만	6~12	25~125	≥55	2,100(1,200~3,000)	1,200~3,000
19세 이상	4~10	25~100	≥60	2,100(1,400~2,500)	1,400~2,500
남아					
11~15세 미만	6~14	50~150	≥55	2,700(2,000~3,700)	2,000~3,700
15~19세 미만	6~16	25~125	≥65	2,800(2,100~3,900)	2,100~3,900
19세 이상	6~15	25~100	≥70	2,900(2,000~3,300)	2,000~3,300

출처: 대한영양사협회. 임상영양관리지침서 제4판. 2022.

표 14-8 호모시스틴뇨증에 사용 가능한 특수분유의 조성

영양성분	단위	제품 100 g당
		메티오닌 프리 포뮬러(매일유업)
에너지	kcal	458
단백질	g	15.0
지방	g	18.0
탄수화물	g	59.0
메티오닌	mg	0
시스틴	mg	450

출처: 대한영양사협회. 임상영양관리지침서 제4판. 2022.

5. 갈락토오스혈증

영유아의 주 영양원인 모유나 조제분유 등에 함유된 유당(lactose)은 소장 내의 락테이스에 의해서 단당류인 갈락토오스와 포도당으로 분해된 후 흡수된다. 체조직 세포 내에서 갈락토오스는 포도당으로 전환되어 이용된다. 갈락토오스혈증 영유아의 경우 체조직세포 내에서 갈락토오스가 포도당으로 전환되지 못한다.

1 원인

갈락토오스혈증은 체내에서 갈락토오스가 포도당으로 전환되는 과정에서 사용하는 갈락토키네이스나 갈락토오스-1-인산 유리딜 트랜스퍼레이스(G-1-PUT)가 결핍되어 나타나는 선천성 질환이다(그림 14-2). 따라서 갈락토오스와 갈락토오스-1-인산이 혈액과 여러 신체조직에 급격히 축적된다. 이 질환은 분만 시 검사하여 치료하면 정상적으로 성장할 수 있다. 탯줄 혈액으로 효소활성도를 검사하여 알아낼 수 있으며, 계속 정기적으로 식사 효과를 모니터해야 한다.

2 증상

출생 후 수유를 하면 구토와 설사를 계속하며 체중감소와 함께 포유가 곤란해진

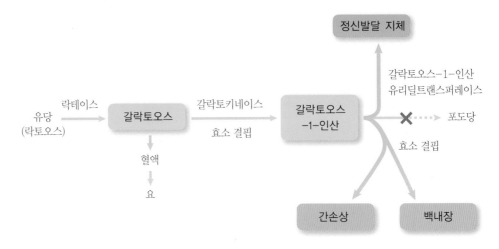

그림 14-2 **갈락토오스혈증의 대사장애**

다. 혈액과 소변 중에 갈락토오스가 증가하여 간장애를 일으켜 황달이 나타나며, 간과 췌장이 비대해지고 기능장애와 더불어 복수가 차게 된다. 제때 치료하지 않으면 패혈증으로 사망하게 되며, 생존하더라도 계속 조직이 손상되고 저혈당증상으로 인하여 성장장애와 정신지체 등이 나타난다. 갈락토키네이스 결핍 시에는 백내장이 유발되나, 현재는 신생아 스크리닝 프로그램으로 이러한 신생아를 선별하여 특별 식사조절을 할 수 있으며, 식사요법에 의해 정상적으로 성장하고 발달할 수 있다.

3 식사요법

(1) 갈락토오스 제한

모유와 우유, 유제품류 등을 엄격히 제한한다. 성장기 어린이에게는 우유가 필요하므로 이에 대한 대체 처방을 한다. 즉, 우유에 있는 카제인은 단백질이므로 분리해서 카제인 가수분해 분유를 갈락토오스혈증 아동 환자에게 공급할 수 있다.

식사에서 우유는 모두 제외하고, 치즈나 버터, 유청 분말, 카제인 칼슘염, 카제인 나트륨염과 커스터드 등 유당을 함유한 제품도 제한한다. 이유기 이후에는 유제품의 사용이 불가능하며, 엄중한 갈락토오스 제한식사를 지속해야 한다.

(2) 갈락토오스 제거한 특수분유 제공

갈락토오스는 체내 조직의 구성성분으로, 음식으로 섭취하지 않아도 체내에서 필요한 만큼 합성할 수 있다. 모유나 분유는 줄 수 없으므로 대용으로 대두분유를 사용한다. 생후 6개월경에는 고형식품을 유아식에 첨가하며, 계속 다른 급원식품에서 갈락토오스가 공급되는지 주의를 해야 한다. 분유는 갈락토오스를 제거한 특수분유를 제공한다. 국내 제품으로는 두유, 앱솔루트소이(매일유업), 임페리얼드림XO 알레기 1, 2(남양유업) 등이 있다.

(3) 갈락토오스 제한 시 허용식품과 제한식품

표 14-9에 제시되어 있는 갈락토오스혈증의 허용식품과 제한식품을 알고 이용한다.

표 14-9 갈락토오스혈증 제한식에서 허용식품과 제한식품

식품 종류	허용식품	제한식품
음료수	콩단백질 분유(soy-based formula) 또는 카제인 가수분해 조제식, 탄산음료, 과즙 음료, 토마토주스, 커피, 홍차	우유, 유제품
빵류	우유나 유제품을 넣지 않고 만든 빵, 바게트 빵, 대부분의 베이글, 가염크래커	우유, 유당 함유 빵, 머핀, 비스킷, 팬케이크 등
시리얼	우유 비함유 제품	우유함유제품
감자류	감자, 고구마, 마카로니, 국수, 쌀, 스파게티	우유나 버터 함유 으깬 감자, 프렌치프라이 등
치즈	없음	모든 치즈와 치즈제품
후식류	젤라틴, 과일 아이스바, 과일이 들어간 파이, 과일푸딩	우유, 크림, 버터, 요구르트가 들어간 아이스크림, 케이크, 쿠키, 커스터드, 푸딩, 파이
달걀	모든 달걀	우유나 유제품, 버터, 크림이 들어간 스크램블, 오믈렛
지방	땅콩버터, 견과류, 식물성 기름, 동물성 지방, 비유제품 드레싱	버터, 마가린, 시판 샐러드드레싱, 우유 함유 크림소스 제품
과일, 과일주스	모든 생과일, 냉동과일, 통조림 과일, 유당을 함유하지 않은 과일주스	유당 함유 과즙음료나 제품
육류	소고기, 돼지고기, 햄, 베이컨, 햄버거, 닭고기, 칠면조고기, 오리고기, 생선, 어패류 등	볼로냐소시지, 살라미소시지, 간·췌장·신장·심장 등의 조직
수프	맑은 수프, 채소수프, 닭고기 수프, 소고기 수프, 묽은 수프(broth), 콘소메, 허용된 재료로 만든 수프	크림 수프, 시판 수프, 가루 수프
당류	설탕, 꿀, 메이플시럽, 콘시럽, 젤리, 잼, 테이블시럽, 사탕, 껌	우유나 버터, 크림 함유 제품(예: 캐러멜, 밀크초콜릿)
채소류	채소	조리 중 유당 함유 제품
기타	소금, 후추, 양념, 식초, 케첩, 피클, 토마토소스, 코코넛 등	우유, 유장, 응고된 유장, 유당, 커드, 카제인·카제인염을 함유하고 있는 제품, 발효된 간장

출처: 대한영양사협회. 임상영양관리지침서 제4판. 2022.

표 14-10 갈락토오스혈증 영양소 요구량

연령	영양소		
	단백질(mg/kg)	에너지(kcal/kg)	수분(mL/kg)
영아			
0~3개월 미만	3.5~3.0	120(145~95)	150~125
3~6개월 미만	3.5~3.0	115(145~95)	160~130
6~9개월 미만	3.0~2.5	110(135~80)	145~125
9~12개월 미만	3.0~2.5	105(135~80)	135~120
소아			
1~4세 미만	≥30.0	1,300(900~1,800)	900~1,800
4~7세 미만	≥35.0	1,700(1,300~2,300)	1,300~2,300
7~11세 미만	≥40.0	2,400(1,650~3,300)	1,650~3,300
여아			
11~15세 미만	≥50.0	2,200(1,500~3,000)	1,500~3,000
15~19세 미만	≥50.0	2,100(1,200~3,000)	1,200~3,000
19세 이상	≥50.0	2,100(1,400~2,500)	1,400~2,500
남아			
11~15세 미만	≥55.0	2,700(2,000~3,700)	2,000~3,700
15~19세 미만	≥65.0	2,800(2,100~3,900)	2,100~3,900
19세 이상	≥65.0	2,900(2,000~3,300)	2,000~3,300

출처: 대한영양사협회. 임상영양관리지침서 제4판. 2022.

(4) 단백질

정상 아동 및 성인의 1일 영양섭취기준에 맞게 섭취한다. 조제두유나 고형식의 단백질 함량을 계산하여 섭취량을 조절하고, 3~4개월 이후의 영아에게는 다양한 이유식을 제공한다.

(5) 에너지

정상인의 1일 영양권장량에 맞게 섭취한다. 영양섭취기준에 미달하면 영유아는 정상적으로 체중이 증가하지 않고, 성인의 경우는 적절한 체중이 유지되지 못한다.

(6) 영양관리

우유와 유제품 대체음식을 제대로 섭취하지 못할 경우에 비타민 D와 칼슘의 보충이 필요하므로 환자와 보호자에게 영양교육을 실시하여 식품선택에 주의를 요하도록 한다.

15장

내분비계 질환

1 내분비계의 구성과 기능

2 갑상선 질환

3 부신피질호르몬 질환

4 뇌하수체 질환

1. 내분비계의 구성과 기능

1 내분비계의 구성

내분비란 관이 없는 선 또는 샘을 말하며, 이러한 샘에서 분비되는 호르몬은 내분비샘에서 합성되는 화학물질이다. 이 호르몬은 혈액을 통해 다른 장소로 운반되어 작용한다.

내분비샘은 뇌, 갑상선, 부갑상선, 췌장, 부신, 신장 등으로, 위치를 보면 그림 15-1과 같다. 내분비샘은 서로 다른 세포에서 호르몬을 생성하여 분비하기도 하고, 한 세포에서 여러 가지 호르몬을 분비하기도 한다. 각 호르몬은 그들 고유의 작용을 하며 특이한 조절 메커니즘을 가지고 있다.

2 기능

내분비계는 체내 제2의 대규모 전달계로 구성되어 있다. 혈액-조직의 전달자로서

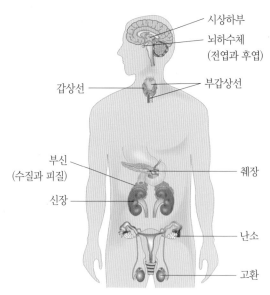

※ 부갑상선은 갑상선의 후엽에 놓여 있다.
　양성을 모두 표시하기 위해서 난소와 고환을 같이 표시하였다.

그림 15-1 **내분비샘의 위치**

작용하는 호르몬은 많은 체내작용을 조절하고 통합한다. 호르몬의 작용을 받는 체내작용은 생식·유기 대사, 에너지 대사와 무기질 대사 등이다. 중추신경계, 특히 시상하부는 호르몬 분비조절에 중요한 작용을 하며, 호르몬은 신경의 작용을 변화시키고 많은 행동양상에 큰 영향을 준다.

호르몬은 혈액을 통하여 이동되며 모든 조직에 전달된다. 특정 세포에서만 해당 호르몬에 대하여 반응할 수 있다. 갑상선 자극호르몬은 뇌하수체 전엽에서 생성되며 단지 갑상선에만 중요한 영향을 주고 다른 조직에는 영향을 미치지 못한다. 그것은 갑상선만이 갑상선 자극호르몬의 수용기를 가지고 있기 때문이다.

2. 갑상선 질환

① 갑상선의 구조

갑상선은 나비 모양으로 후두 아래에 있으며, 성인은 20~30g 정도이다. 갑상선 여포는 둥글고 작은 주머니를 가지고 있으며, 안은 점성 교질용액으로 채워져 있다. 이교질용액의 주성분은 티록신과 단백질의 결합체인 티로글로불린이다.

갑상선에서는 갑상선호르몬과 칼시토닌이라는 두 종류의 호르몬이 분비된다. 갑

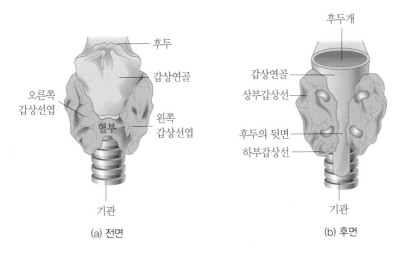

그림 15-2 **갑상선의 구조**

상선호르몬은 뇌하수체 전엽에서 분비되는 갑상선 자극호르몬의 조절을 받는다. 갑상선호르몬은 갑상선에서 티로신과 요오드가 결합되어 합성되며, 이는 전체 신진대사기능의 항진을 가져오고 아동에게서는 성장을 증진시킨다. 그러므로 탄수화물, 단백질, 지방 등의 대사에 영향을 미친다.

2 갑상선 기능저하증

갑상선 기능저하증은 갑상선호르몬의 생성과 분비가 저하되어 갑상선 기능이 저하되면 갑상선종이 발생하며, 이로써 갑상선이 비대해진다.

(1) 원인

갑상선 기능저하증은 갑상선종과 갑상선 위축에 의한 것으로 구분된다. 그 원인은 표 15-1과 같다.

갑상선 기능저하증의 원인은 요오드 부족이며, 산전·산후 등 요오드의 생리적 수요가 증가될 때 요오드가 상대적으로 부족하면 갑상선 비대를 일으키게 된다. 갑상

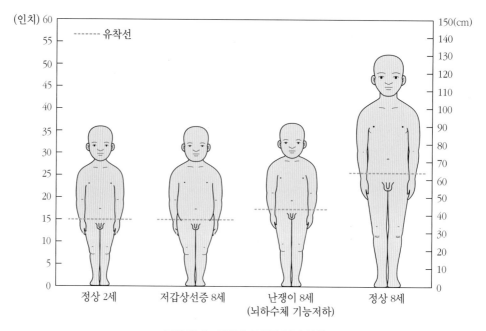

그림 15-3 **정상과 호르몬 분비 이상**

표 15-1 갑상선 질환의 원인

갑상선 기능저하증	갑상선 위축 갑상선 기능저하증
• 식사 중 요오드 섭취 부족	
• 갑상선염 또는 자가면역 반응	• 갑상선 지능항진증 치료결과 발생
• 유전적 원인으로 호르몬 생성 부족	• 방사선요법
• 약물복용	• TSH 수용체와 결합하는 항체 과다생성
• 과도한 갑상선종 유발물질(goitrogen) 섭취	• 자가면역 반응에 따른 수축성 갑상선염
• 연령증가 및 여성의 경우	

선의 위축으로 나타나는 저하증은 갑상선암 제거수술이나 기능항진 치료와 자가면역반응 치료 등으로 인해 발생할 수 있다.

(2) 증상

① 크레틴병 발생

갑상선의 기능저하가 태아기나 발육기에 일어나면 크레틴병이라고 하며, 성장과 지능에 장애가 온다. 나이가 어릴수록 장애의 정도가 심하고, 특히 손발의 발달이 늦어지며 작고 뚱뚱한 소인이 된다. 부은 피부는 건조하고 황청색을 나타내며 체온도 낮다.

② 성인은 기초대사량 감소, 체중 증가

성인의 경우 발생하는 증상을 보면 표 15-2와 같다. 기초대사가 20~40%나 저하되며, 맥박이 적어지고 쉽게 피로하고, 무기력, 권태 등을 느끼게 되며 체중이 증가한다.

③ 부종과 감각둔화

동작과 정신작용이 둔해지므로 행동장애, 눈주위부종, 하지부종과 점액부종, 모발손실, 피부건조, 복부팽만 등의 증상이 나타난다. 심장비대, 심박출량 감소, 불임, 총콜레스테롤 증가, 인슐린 저항성의 증가를 가져온다.

(3) 식사요법

갑상선 기능저하증은 갑상선 호르몬을 보충하여 증상을 완화하고 심혈관계의 합병증을 예방하는 것이 중요하다.

표 15-2 **갑상선 환자의 증상과 식사요법**

증상	식사요법
체중 증가	에너지 섭취 감소
무력감 및 피로감	생활 내 활동량 증가
사고력 감퇴	생활 내 활동량 증가
우울증	식품선택의 폭/활동량 증가
모발손실 및 피부건조	생활 내 활동량 증가
감각 및 반응성 둔화	간단한 식품조리법 교육
변비	고섬유소식 권장
고콜레스테롤혈증	저지방 · 고섬유식 권장
고카로티노이드혈증	카로티노이드 섭취 감소 권장
자궁 출혈	철분제 처방
위산분비 저하	보충제 처방
비점액수종, 서맥, 저혈압	나트륨 제한은 해로울 수 있음

① 에너지 섭취 감소

체중이 증가하고 고콜레스테롤혈증이 나타나는 경우 에너지 섭취를 감소시키고, 활동량을 증가시키고, 저지방·고섬유소 식사를 공급한다.

② 요오드 함유식품 섭취

요오드 함유량이 높은 식품을 많이 섭취하는 동시에 동물성 단백질, 특히 소간, 육류, 어패류를 많이 섭취해야 한다. 요오드가 많은 식품으로는 한천, 김, 미역, 다시마, 조개, 게, 새우, 굴, 바다생선, 달걀, 어란, 해초, 버섯 등이 있다.

③ 갑상선 기능항진증

갑상선 기능항진증(hyperthyroidism)은 혈중 갑상선호르몬이 높아져 근육량 감소와 지질 및 골격의 대사이상 등이 나타나는 질환이다. 독일의 의사 바세도우(Basedow)씨에 의해서 최초로 보고되었기 때문에 일명 바세도우씨병이라고 한다.

표 15-3 **갑상선 기능항진증의 원인**

분류	증상
면역학적 원인	임파구성 갑상선염, 급성의 과립성 갑상선염
TSH 과다분비	TSH로 인한 선종, TSH 생성 억제에 대한 뇌하수체 저항증
HCG	영양아층 종양, 입덧
갑상선호르몬 자가생성	독성의 다발성 갑상선종, 갑상선암, 갑상선조직 활성화로 인한 난소 기형종
TSH에 대한 높은 반응성	단일 갑상선종의 과기능 시
과도한 식사 중 요오드 섭취	요오드 유발 갑상선 중독증(oldine induced thyrotxicosis, Jodbasedow 증후군)

(1) 원인

갑상선 기능항진증의 주원인은 갑상선 자체의 기능이 항진하여 갑상선호르몬 분비가 과잉된 경우, 뇌하수체 갑상선자극호르몬 과잉분비에 의한 2차적인 경우, 면역적인 원인과 과도한 요오드 섭취 등을 들 수 있다. 이들 원인과 증상을 보면 표 15-3과 같다.

(2) 증상

증상은 기초대사의 상승, 갑상선종, 안구돌출, 빈맥, 불안, 발한, 불면, 신경과민, 피로, 체중감소, 설사, 탈모, 발열 등이다.

(3) 식사요법

갑상선 기능항진증인 바세도우씨병의 경우 신진대사가 항진하여 에너지 요구가 높은 점을 고려해서 식사를 충분히 공급한다.

① 에너지와 단백질 감량

과잉 에너지는 대사를 항진시키므로 에너지조절에 주의한다. 또 설사 경향이 있을 때에는 소화가 잘되고 섬유질이 적은 식품을 사용하고, 조리 시 소화가 잘되는 유화기름 등을 사용한다. 과잉 단백질은 대사를 항진시키므로 필요량을 70 g 전후로 한다. 동물성 단백질에는 갑상선 분비를 높이는 트립토판이 많으므로 육류, 난류, 치즈 등은 금한다.

표 15-4 갑상선 기능항진증 증상과 식사요법

증상	식사요법
공복감 증가와 체중감소	에너지 섭취 증가
피로	에너지 섭취 증가
손떨림	식품선택 수정
과도한 땀 분비	식사처방 시 수분 섭취 포함
장 운동성 증대 및 설사	고섬유소식 및 영양보충
영양소 흡수장애	지용성 비타민, 칼슘, 마그네슘, 비타민 B군 보충
심혈관계 질환 발생 증가	나트륨 제한식사
골격 약화	칼슘, 비타민 D 보충
모발손실 및 피부건조	-

② 요오드 제한식사

해초는 요오드가 많기 때문에 미역, 다시마, 김, 바다생선 등으로 만든 음식은 금한다. 비타민 A·B·C 등의 소모가 크므로 신선한 채소와 과실 등을 충분히 공급한다.

③ 칼슘, 인 섭취

칼슘과 인의 손실이 크므로 우유, 참깨, 뼈째 먹는 생선 등을 많이 섭취해야 한다. 알코올, 녹차, 콜라 등의 음료와 향신료는 자극과 흥분을 일으키므로 금한다.

3. 부신피질호르몬 질환

1 부신피질의 기능

부신은 신장의 윗부분에 자리하며 두 개가 존재하고 각각 수질(medulla)과 피질(cortex)로 구분된다.

부신피질은 코르티솔(cortisol)을 포함하여 30종 이상의 코르티코스테로이드(corticosteroids)를 분비한다. 뇌하수체 전엽에서 부신피질자극호르몬이 분비되면 부신피질을 자극하여 코프티솔을 분비시킨다. 부신수질은 에피네프린과 노르에피네프린을 분비한다.

② 부신피질호르몬 결핍증

(1) 원인

부신피질호르몬의 결핍증을 **애디슨씨병**(Addison's disease)이라고 한다. 뇌하수체 호르몬의 과잉분비로 생기는 증세인 **쿠싱증후군**(Cushing's syndrome)을 치료하기 위해서 부신을 제거했을 때 외과적으로 애디슨씨병을 일으킬 수 있다. 암을 치료하기 위해서 뇌하수체를 제거하면 부신피질에 대한 뇌하수체의 자극이 결핍되어 부신의 쇠퇴로 이 증세가 나타나기도 한다.

부신피질호르몬 결핍증은 만성적인 1차성 질환으로 유도되거나 종양, 감염, 뇌하수체 기능부전, 부신피질 제거 등에 따라 발생하기도 한다. 이러한 경우 글루코코르티코이드와 알도스테론이 결핍된다.

- 글루코코르티코이드 중 코르티솔은 단백질로부터 포도당을 생성하는 것을 돕고 인슐린에 길항작용이 있다.
- 일렉트로코르티코이드 중 알도스테론은 체액 내의 수분과 나트륨 평형을 유지시켜 주는 작용이 있다.
- 안드로겐은 호르몬의 형성을 촉진하고 조직의 유지를 위한 단백질의 합성에 영향을 준다.
- 코르티코이드는 스테로이드 대사효소의 작용으로 콜레스테롤에서 합성된다.

(2) 증상

알도스테론의 감소로 신장의 나트륨 재흡수율이 감소되고, 염분과 수분손실을 증가시켜 총혈액량과 심박출량이 감소된다. 글루코코르티코이드 호르몬이 결핍되면 당신생과정이 저해되어 혈당이 감소되므로 저혈당증이 나타날 수 있다.

부신피질호르몬 결핍증의 만성적인 증상으로는 불안증, 거식증, 체중감소, 기립성 저혈압, 경미한 복통, 피부 색소침착증, 근육통, 구토, 메스꺼움 등이 있다. 급성 증상은 저혈압성 쇼크, 혼수 등을 일으키며 치료하지 않으면 치명적인 상태에 이를 수 있다. 또한 신장기능 저하, 동맥 저혈압, 저혈당증, 발열, 홍분, 무력증 등이 나타난다.

부신이 완전히 파괴된 환자에게서 가장 흔히 나타나는 증세는 호르몬 부족으로 인한 저혈당증이다. 이 호르몬은 단백질로부터 포도당을 합성하는 것을 도우며 인

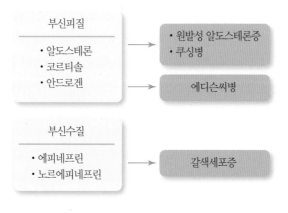

그림 15-4 부신의 기능이상증

슐린에 길항작용이 있다. 더욱이 부신을 제거하였을 때는 환자의 혈당량 저하에 대한 반응이 더욱 민감해진다.

(3) 식사요법

① 에디슨씨병 환자가 경증 시

체내 전해질 균형을 위해서 여분의 소금을 필요로 하지만 병이 좀 더 심해지면 여분의 소금과 코르티솔을 같이 투여해야 한다. 단백질과 탄수화물을 적절하게 구성하여 저혈당증에 대비하고, 자주 소량의 식사와 간식을 주도록 한다.

② 만성적인 부신피질호르몬 결핍 시

식사요법은 체중감소, 식욕부진, 소화기 이상 여부 등을 감안하여 실시되어야 한다. 급성인 경우 저혈당증 예방을 위해 식사관리를 한다.

③ 저탄수화물 식사

저혈당반응은 아침식사 전, 즉 인슐린이 아직 활력이 있으나 12시간 또는 그 이상 식품에 의한 공급이 없을 때, 또는 인슐린의 생산을 자극하는 탄수화물의 함량이 높은 식사를 한 지 3~5시간 후에 일어나기 쉽다. 따라서 단백질 함량이 높고 지방은 에너지 요구량을 충족시킬 수 있도록 충분한 양을 공급해야 한다.

④ 규칙적인 식사

식사는 일정한 간격을 두고 규칙적으로 한다. 식사와 식사 사이의 저혈당증을 막

표 15-5 부신피질호르몬 결핍증 증상과 식사

증상	식사
식욕부진, 체중감소 및 무기력증	소량의 빈번한 식사 및 적절한 섭취 에너지 제시
저혈당증	• 급성: 포도당 정맥주사 • 만성: 소량의 빈번한 식사, 인슐린 사용 시 용량 수정
저나트륨혈증, 고칼륨혈증 저혈압	• 급성: 플루드로코티손(Fludrocortisone) 처방 • 만성: 나트륨과 체액 보충

기 위해서 간식을 섭취하는 것이 필요하다. 이들 환자는 자연적인 저혈당증 환자와는 대조적으로 이른 아침에 일어나기 쉬운 저혈당증을 예방하기 위해서 상당히 많은 양의 음식을 먹어야 한다. 병원에서 진찰을 위한 여러 가지 시험 때문에 규칙적인 식사를 할 수 없을 때에도 5시간 이상 음식을 먹지 않는 일이 없도록 주의해야 한다.

⑤ 안드로겐호르몬의 결핍 시 고단백질 섭취

피로와 체중감소, 근육허약증상도 나타나며, 특히 암 환자에게는 이 호르몬을 보충하지 않기 때문에 근육허약증상이 나타난다. 이러한 경우에도 고단백질을 섭취하는 것이 좋다.

⑥ 칼륨이 배설되지 않을 시

신장에 의해서 충분한 양의 칼륨이 배설되지 않을 때는 칼륨의 섭취를 제한해야 한다. 칼륨은 식품에 널리 분포되어 있으며, 섭취를 제한해야 할 때는 칼륨 함량이 높은 식품은 금해야 한다.

⑦ 채소 조리 시

채소는 소금물에 요리해야 하며 그 물은 버려야 한다. 이렇게 함으로써 칼륨의 함량을 25~30% 감소시킬 수 있다.

❸ 부신피질호르몬 과잉증

(1) 원인

부신피질호르몬 과잉증은 쿠싱증후군이라고 하며 원인은 뇌하수체 종양, 부신 종

표 15-6 부신피질호르몬 과잉증의 원인

분류	증상
ACTH 과다 분비	뇌하수체 종양, 비내분비계 기관의 종양, 난소암
글루코코르티코이드 과다 분비	부신 종양, 소결절성 부신질환
ACTH 및 글루코코르티코이드 과다 복용	보충 식품 등을 통한 코르티코스테로이드 과용

양 등 뇌하수체 이상과 부신 자체의 이상에서 찾아볼 수 있으며 부신피질기능이 항진되어 초래된다. 부신피질의 조직이 과대해지거나 부신 스테로이드 약물을 과다하게 사용할 때 부신피질의 기능이 항진될 수 있다. 부신피질호르몬과 과잉증의 원인은 표 15-6과 같다.

(2) 증상

부신피질호르몬 과잉증의 증상으로는 문페이스, 근육소모, 골다공증, 당뇨병, 고혈압, 우울증 등이 나타난다. 글루코코르티코이드의 증가로 당신생반응을 촉진하여 고혈당증이 나타나고 단백질 결핍을 초래하며, 환자에게 당뇨병이 발생한다.

알도스테론 농도의 증가로 인하여 나트륨과 수분의 보유량이 증가하고 칼륨의 손실을 일으켜 저칼륨혈증이 나타나며 고혈압, 부종 등이 나타난다.

부신피질호르몬 과잉증의 경우 주로 뇌하수체나 부신 등 종양에 기인할 때는 종양세포를 수술함으로써 치료가 가능하다. 약물로는 케토코나졸을 사용하여 호르몬의 과다 생성을 방지할 수 있다.

(3) 식사요법

부신 절제 환자들의 복합적인 증상에 따라 개별적인 식사처방이 필수적이다. 고탄수화물 및 저염식사로 1일 1,000 mg 이하로 나트륨을 제한하고 풍부한 칼륨 섭취를 권장한다. 탈무기질 작용으로 충치와 같은 구강질환이 발생하는 비율이 높으므로 치아 건강에 주의가 필요하다.

스테로이드 합성 저해제인 케토코나졸은 위산에 의해서 용해되어 흡수되므로 제산제와 같이 복용하지 않는 것이 좋다.

표 15-7 부신피질호르몬 과잉증 증상과 식사요법

증상	식사요법
중심부 비만	소량의 빈번한 식사 및 1회 분량 조절, 운동 처방
식욕 증가	섭취 에너지 제한
인슐린 저항성	소량의 빈번한 식사 및 탄수화물 제한, 운동 처방
고혈압	적절한 칼륨 섭취 권장, 나트륨 제한식사 처방
저칼륨 알칼리증	적절한 칼륨 섭취 권장
골다공증	적절한 칼슘, 인, 비타민 D 처방, 근육량 손실, 적절한 단백질 섭취 및 운동 권장, 저에너지식사 권유
상처회복 지연	적절한 단백질 섭취 권장

4. 뇌하수체 질환

☑ 뇌하수체의 기능

뇌하수체는 대뇌 가운데 밑면에 매달려 있는 지름 1 cm, 무게 0.5~1 g의 작은 내분비기관이다. 뇌하수체에는 전엽과 후엽이 있고, 그 사이에 중엽이 있다. 내분비계인 뇌하수체 전엽과 후엽은 뇌의 시상하부 뉴런과 직접 연결된다.

(1) 뇌하수체 전엽의 기능

뇌하수체 전엽에서는 성장호르몬, 갑상선자극호르몬, 부신피질자극호르몬(ACTH), 프로락틴과 황체형성호르몬, 난포자극호르몬의 여섯 가지 중요한 호르몬이 분비되고, 이 호르몬들은 신체 대사기능을 조절하며, 다른 내분비선을 자극하고 분비를 조절하는 역할을 한다(그림 15-5).

① 성장호르몬은 근육과 뼈의 성장단백질 합성을 촉진한다.
② 갑상선자극호르몬(TSH)은 갑상선에서 티록신의 분비를 조절하며, 티록신은 체내 화학작용을 조절한다. 부신피질자극호르몬(ACTH)은 포도당·단백질·지방 대사에 영향을 주는 부신피질호르몬의 분비를 조절한다.
③ 프로락틴은 유선 발달과 젖 생성을 증진시킨다. 황체형성호르몬(LH)과 난포자극호르몬은 생식기의 성장과 생식능력을 조절한다.

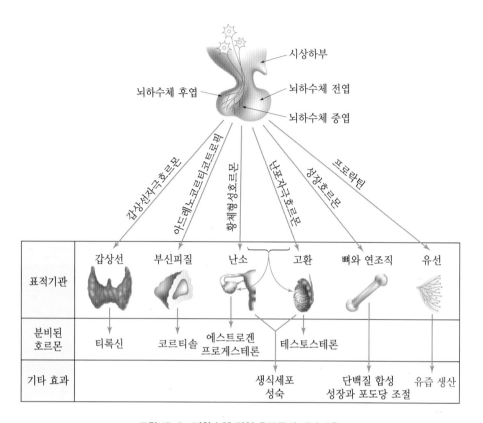

표적기관	갑상선	부신피질	난소	고환	뼈와 연조직	유선
분비된 호르몬	티록신	코르티솔	에스트로겐 프로게스테론	테스토스테론		
기타 효과			생식세포 성숙		단백질 합성 성장과 포도당 조절	유즙 생산

그림 15-5 **뇌하수체 전엽 호르몬의 대사작용**

(2) 뇌하수체 후엽의 기능

뇌하수체 후엽에서는 항이뇨호르몬(ADH)과 자궁수축호르몬(옥시토신, oxytocin)의 두 가지 중요한 호르몬이 분비된다. 항이뇨 호르몬은 체수분의 조절과 소변의 수분배설속도를 조절하고, 자궁수축호르몬은 유즙 분비를 돕는다. 이러한 호르몬의 분비는 시상하부의 조절을 받는다.

② 뇌하수체 전엽 기능항진증

(1) 원인과 증상

뇌하수체 종양에 의하여 성장호르몬이 과잉분비되면 발육 중인 어린이는 키가 계속 커지는 거인증이 된다.

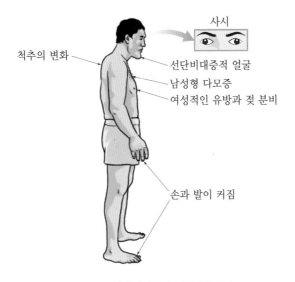

사시

척추의 변화

선단비대증적 얼굴

남성형 다모증

여성적인 유방과 젖 분비

손과 발이 커짐

그림 15-6　**선단비대증의 전형적인 모습**

성인일 경우에는 손과 발끝, 턱 등의 말단 부위가 비대해지는 선단비대증 거인증이 된다(그림 15-6). 이러한 경우에는 일반적으로 신진대사가 항진하고 맥박이 빠르며 땀이 나기 쉬운 상태가 된다. 당뇨병을 유발할 때도 있으며, 피로감과 위장장애가 온다.

(2) 식사요법

과잉발육 자체는 식사요법의 대상이 되기 어렵다. 단지 이 질병은 약 80%가 고혈압과 당뇨를 초래하므로 이 문제에 유의해야 한다. 환자의 고혈당은 초기에는 인슐린이 부족해서가 아니라 성장호르몬이 인슐린 작용을 억제하기 때문이며, 인슐린은 오히려 과잉분비 상태에 있다. 이 상태가 지속되면 췌장의 베타세포에 이상이 생겨 당뇨병이 된다.

만약 탄수화물을 많이 섭취하면 인슐린 분비가 자극을 받게 되므로 탄수화물을 제한하고 혈당상승이 더딘 단백질을 많이 섭취하도록 한다. 특히 흡수가 빠른 당분의 섭취를 제한해야 한다.

❸ 뇌하수체 전엽 기능저하증

(1) 원인과 증상

발육 도중의 어린이에게 뇌하수체 전엽 기능저하증이 일어나면 키가 작은 소인이 된다(그림 15-3). 또한 정상인에게 생기면 시몬즈병(Simmond's disease)이 되어 극도로 마르고 영양실조상태가 되어서 늙어 보인다. 이것은 뇌하수체로부터 분비되는 호르몬의 부족으로 인해서 성선, 갑상선, 부신피질의 기능이 저하되기 때문에 나타난다.

(2) 식사요법

환자는 신진대사가 저하되어 있으며 의욕도 없으므로 탄수화물과 단백질을 충분히 섭취할 수 있는 조리에 특별히 유의해야 한다. 무기질과 비타민류도 충분히 공급해야 한다.

❹ 뇌하수체 후엽 기능저하증

(1) 원인과 증상

뇌하수체 후엽 기능저하증은 요붕증이라고도 하며 항이뇨호르몬의 분비에 장애가 생겨서 요농축 능력이 상실되고 구갈(목마름), 다뇨, 빈뇨가 나타난다.

(2) 식사요법

소변으로 배출되는 수분량이 많으므로 체내의 수분량을 보충하기 위해서 다량의 물을 섭취해야 한다. 보통 뇌하수체 호르몬을 주사해 주면 이러한 증상이 없어지지만 효력이 없는 경우가 있다. 그럴 때에는 염분의 섭취량을 줄이고, 단백질은 필요량을 넘지 않게 하며, 탄수화물에 중점을 둔 고에너지·고비타민 식사를 제공한다.

16장

신경계 질환

1 신경계의 구조와 기능

2 치매

3 뇌전증

4 다발성 경화증

5 파킨슨병

6 중증 근무력증

7 다발성 신경염

1. 신경계의 구조와 기능

인체는 수많은 세포와 조직과 기관으로 이루어져 항상성을 유지한다. 신경계와 내분비계는 신체 각 부위의 조직과 기관을 연락하고 조절하여 생체기능을 유지하고 활동을 수행할 수 있게 한다. 이러한 인체의 조직과 기관의 성장과 기관의 작용에 영향을 미치는 기관이 뇌의 신경계이다.

■1 중추신경계의 구조

신경계는 신경계 기능의 중심이 되는 중추신경계와 신체부위를 연락하는 말초신경계로 이루어져 있다. 중추신경계는 대뇌, 소뇌, 간뇌와 뇌간으로 구분되는 뇌와 척수로 이루어진다. 뇌간은 중뇌, 뇌교, 연수로 나눌 수 있다(그림 16-1).

말초신경계는 체성신경계와 자율신경계로 나누어진다. 신경계는 신경세포인 뉴런을 기본으로 한 신경조직으로 이루어져 있다. 신경계는 전신에 그물같이 분포되어 있어서 신경세포(뉴런)의 충동에 의한 홍분의 발생과 다른 신경세포로의 홍분 전달에 의한 인체 각 부위의 조직과 기관들의 작용을 통제하고 상호 협조하도록 조절한다.

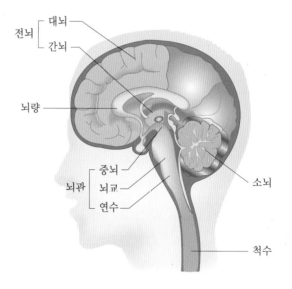

그림 16-1 **중추신경계의 구조**

2 신경계의 기능

중추신경계는 통합기능과 반사기능을 통해서 신체활동을 조절하는 역할을 한다. 통합은 학습과 기억을 통하여 이해, 언어활동, 상상, 이성적 판단 등의 고등한 정신기능을 수행하는 총괄적 기능이며, 반사는 감각기를 통한 자극이 중추신경에 도달하고, 적절한 반응이 신체 각 부분에서 나타나는 현상이다.

말초신경계는 각 부위의 감각기관에서 받은 자극을 뇌와 척수 같은 중추신경계로 보내고 중추신경계에서 처리된 결과의 반응을 골격근과 내장근 분비선에 전달하는 작용을 한다. 신경계의 구성과 각 부위별 기능은 표 16-1과 같다.

표 16-1 **신경계의 구조와 기능**

중추신경계	뇌		대뇌	기억·판단 등 정신활동중추, 감각과 수의운동 중추
			소뇌	신체와 대뇌운동영역 중계, 수의근운동, 평형감각 유지
			간뇌	자율신경계와 내분비계의 중추
		뇌간	중뇌	자세반사, 눈운동 반사중추
			뇌교	골격근 조절
			연수	호흡중추, 심장중추, 소화기중추, 반사중추
	척수			정보 전달, 뇌 명령 전달, 반사중추
말초신경계	체성신경계			운동·감각·전달, 수의적 반응 관여, 정보 전달
	자율신경계		교감신경	심장, 소화기, 생식기 외·내분비샘 분비
			부교감신경	

뇌사와 식물인간

뇌사는 뇌간을 비롯한 뇌 전체의 기능을 상실한 경우를 말한다. 인공호흡기 등을 통해 일시적으로 생명을 유지하더라도 2주 이상 지속하기는 어렵고 의식이 다시 회복되는 경우는 없다.
식물인간은 뇌간의 기능은 정상이나 대뇌의 기능을 상실한 상태이다. 대뇌피질의 기능이 상실됐기 때문에 정신활동을 비롯하여 의식이나 감각·운동 기능은 정지됐지만, 간뇌와 뇌간이 담당하는 호흡·순환·소화·자율신경조절 기능은 이루어지므로 신체의 항상성은 유지된다. 경관급식으로 영양을 공급하면 생명이 유지될 수 있고, 드물지만 의식이 다시 회복되는 경우도 있다.

2. 치매

치매(dementia)는 뇌의 병변으로 인하여 기억과 인지능력이 소실되는 증후군으로 일상생활에 지장을 주는 질병이다. 치매를 일으키는 알츠하이머병과 혈관성 치매, 노인성 치매로 나눌 수 있다. 그 외에도 알코올성 치매가 있다.

1 원인

(1) 알츠하이머병

알츠하이머병은 치매의 가장 흔한 원인으로 주로 50대 후반이나 60대에 발병하며 대뇌피질의 퇴화, 뉴런 소실, 신경원 섬유 농축체와 신경반이 형성되는 특징이 나타난다. 이러한 변화는 기억력과 인지능력을 관장하는 부위인 뇌하수체와 대뇌피질에서 나타난다.

질병의 진행은 자기공명영상(MRI)을 통해 판단할 수 있다. 치매는 간단한 치매 검사지를 이용하여 선별할 수 있다(그림 16-2).

(2) 혈관성 치매와 노인성 치매

혈관성 치매는 알츠하이머병 다음으로 흔하며 초기에 발견하여 치료하면 진전을 막을 수 있다. 뇌혈류장애나 뇌경색 이후 발생하며 고혈압, 동맥경화, 이상지질혈증, 당뇨병, 흡연 등의 원인으로 일어난다.

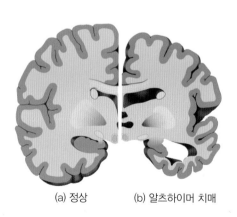

(a) 정상   (b) 알츠하이머 치매

그림 16-2 **알츠하이머 치매 환자의 뇌 특징**

치매 진행에 따른 경과 분류

1단계: 기억력 손실, 공간지각력 상실, 즉각적인 감정반응 상실

2단계: 익숙한 것에 대한 청각·시각·후각적 감각 상실, 음식을 무시하거나 먹지 않고 장난치며, 반복적으로 왔다갔다하거나 목적지 없이 계속 걸어다님

3단계: 경기가 나타나며 말을 하지 못하고, 강박적으로 먹거나 먹을 수 없는 것을 먹거나 먹기를 거부함

노인성 치매는 전두엽의 위축이 일어나며 뇌신경세포 감소 등으로 인해 노인에게서 발생한다.

② 증상

임상적 증상은 실어증, 집중력 감소, 판단력 상실, 감각 상실, 시각·청각·미각·후각·촉각 변화, 현저한 인지능력 상실, 운동기능 상실 등이다.

③ 식사요법

치매의 일반적인 영양관리 목적은 체중 감소 혹은 활동 감소로 인한 과도한 체중 증가를 방지하는 것이다. 또한 변비와 탈수를 예방하고, 혼자 식사할 수 있는 능력을 배양하는 것, 적절한 영양지원 방법을 선택하여 실시하는 것이다. 치매 환자의 식사요법 식사지침은 표 16-2와 같다.

표 16-2 **치매 환자의 식사지침**

- 충분한 단백질과 에너지 섭취
- 매끼 균형식을 섭취
- 환자의 기호를 충분히 반영하여 식품을 선택하고 다양한 방법 조리
- 적절한 수분섭취가 필수적이나 밤에는 과량의 수분 공급
- 변비에 걸리기 쉬우므로 채소나 과일을 충분히 섭취
- 알코올의 섭취는 가능한 한 제한
- 환자가 음식을 손으로 잡고 먹을 수 있는 형태로 만들어 주거나 자주 음식을 제공하여 체중 유지 도움
- 음식의 온도가 너무 뜨겁지 않도록 함
- 가능한 한 식사시간을 규칙적으로 하며, 식사에 대한 적절한 감독과 보호

(1) 에너지와 단백질 섭취

치매가 진행되면 체중이 감소되는 경우가 많다. 지속적인 움직임 때문에 활동량이 적은 환자보다 하루 에너지 소모량이 증가한다. 인지능력 상실, 방황, 변덕, 무의미한 움직임을 특징으로 하는 알츠하이머병 2단계에서는 체중 감소가 나타날 수 있고, 에너지 요구량이 증가된다. 단백질은 체중 kg당 1.0~1.25 g 정도가 권장된다.

(2) 적절한 수분섭취

치매환자는 탈수되지 않도록 2시간마다 물을 1컵씩 마시도록 한다. 자꾸 돌아다니는 환자에게는 손가락으로 집어먹을 수 있는 음식을 도시락 등의 용기에 담아서 들고 다니도록 한다.

(3) 영양보충

체중 감소가 계속되면 상업용 경구영양보충식을 추가하고, 거의 침대에 누워 있고 스스로 식사를 할 수 없으면 경장영양 지원을 하도록 한다.

표 16-3 **치매 진행단계에 따른 영양관리**

진행단계	증상	영양관점	식사
1단계 (초기)	• 기억손상 • 사회적 · 직업적 기능 감소 • 작업, 가사, 재정관리의 어려움 • 길을 잃어버림 • 성격이 변함	• 식품구매 및 요리하기 어려움 • 식사하는 것을 잊어버림 • 미각과 후각 변화 • 달고 짠 음식에 대한 기호 증가 • 식욕 조절기능 감퇴	• 영양소 농도가 높은 간식 공급 • 한 번에 한 가지씩 음식 제공 • 보조 식사도구 사용 • 적당한 온도의 음식 제공
2단계 (중기)	• 사물의 이름을 기억하지 못함 • 시간관념이 없어짐 • 망상, 우울 • 격양된 감정	• 에너지 요구량 증가 • 음식을 입에 물고 있거나 삼키는 것을 잊어버리거나, 식기를 사용할 수 없게 되어 숟가락 또는 손으로 먹기	• 충분한 단백질과 에너지 공급 • 손가락으로 쉽게 집어먹을 수 있는 음식들(finger food menus) 제공(주먹밥 등) • 일몰증후군이 있는 환자는 중식 메뉴에 가장 큰 비중을 둠
3단계 (말기)	• 지남력 감각 상실 (disorientation) • 자기 이름을 잊어버림 • 가족을 알아보지 못함 • 언어능력 손상 • 기본적인 자기관리도 불가능 • 대소변을 가리지 못함	• 음식을 인지하지 못함 • 먹는 것을 거부하거나 먹일 때 입을 열지 않음 • 클루버-부시증후군(식품이 아닌 것을 먹기) • 비위장관급식이 필요한 경우 발생	• 경관영양이나 퓌레상태로 된 음식 제공

(4) 식사섭취 유도

환자가 식품, 갈증, 포만감을 인식하지 못하므로 보호자는 TV나 라디오 등 소음이 없는 조용한 분위기에서 식사하도록 돕는다. 보호자가 식탁에 함께 앉아 환자가 모방할 수 있도록 해서 적합한 식사행동과 식사섭취를 유도하는 것이 좋다.

음식을 급하게 먹는 환자들에게는 큰 음식 조각을 주면 위험하다. 치매 진행단계에 따른 증상과 영양과 관련된 상황과 식사내용을 정리하면 표 16-3과 같다.

보건복지부 중앙치매센터에서 제시한 치매예방 3.3.3 수칙은 그림 16-3에 제시하였다.

그림 16-3 치매예방수칙 3.3.3
출처: 보건복지부·중앙치매센터

3. 뇌전증

뇌전증은 신경세포의 이상에 의해 일어나는 발작으로 신경계 증상이며 간질이라고도 한다. 뇌전증 발작은 의식장애나 소실, 신체 일부가 떨리거나 뻣뻣해지는 증상이다. 뇌전증의 원인은 다양하다.

1 원인과 증상

(1) 원인

뇌전증(epilepsy)은 대부분 명확한 외적 요인이 없이 유전적 소인에서 오며, 나머지는 뇌질환·뇌졸중·선천기형·두부외상·뇌종양, 미숙아, 분만 전후 손상, 중독 등에서 기인되는데, 가장 중요한 원인은 중추신경계통의 장애이다. 즉, 뇌전증은 소아의 신경계 질환 중 가장 흔한 질병으로 전체의 80~90%가 소아기에 발병한다.

뇌전증의 발생원인과 뇌전증 발작의 유발요인을 보면 표 16-4와 같다.

표 16-4 **뇌전증의 연령별 발생원인**

연령	발생원인
0~6개월	분만 전후의 손상, 뇌의 발달 이상, 선천성 기형, 중추신경계 급성 간염
6~24개월	급성 열성경련, 중추신경계의 급성 감염, 분만 전후의 손상, 뇌의 발달 이상
2~6세	중추신경계의 급성 감염, 분만 전후의 손상, 뇌의 발달 이상, 특발성(원인이 잘 밝혀지지 않은 경우), 뇌종양
6~16세	특발성, 뇌종양, 중추신경계의 급성 감염, 분만 전후의 손상, 뇌의 발달 이상
성인	뇌외상, 중추신경계의 감염, 뇌종양, 뇌혈관질환(뇌졸중)

(2) 증상

뇌전증의 주된 증상은 의식장애와 경련을 일으키는 것이다. 가장 전형적인 경련발작은 갑자기 의식을 잃는 동시에 전신의 근육이 강직된 후, 간격을 두고 경련을 일으키는 것이다. 보통 몇 분 동안 경련이 계속되며, 경련이 끝난 뒤에도 서서히 회복되어 그대로 잠들어 버릴 수 있다.

발작은 대화 중에 나타나기도 하고, 흔히 여러 가지 전조를 보이는 경우도 많다. 즉, 발작 시초에 크게 고성을 지르는 경우가 있고, 발작 중에 동공이 확대, 강직되면서 쓰러지는 경우가 있다. 이때 외상을 입거나 혀를 깨물거나 실뇨 등을 하는 경우

 뇌전증 발작의 유발요인

뇌전증 유발원인으로 뇌전증 발작이 더 자주 발생할 수 있다.

- 항뇌전증약을 제대로 먹지 않은 경우
- 술을 마시거나 잠을 적게 자거나 기타 과로하여 심신이 지친 경우
- 전자오락, 나이트클럽 등의 반짝거리는 불빛하에 있을 때
- 생리 전이나 생리 중에 발작이 발생하는 경우도 있음
- 한약 등은 항뇌전증약의 혈중 농도를 변화시켜 발작이나 약물의 부작용을 유발할 수 있음
- 극도로 흥분하거나 고열 시
- 드물게는 큰 소리나 특별한 멜로디의 음악도 발작을 유발할 수 있음(음악, 빛, 소리 등 특정한 자극에만 발작이 유발되는 경우 반사성 뇌전증이라고 하며, 환자는 이러한 특정 자극을 피하는 것이 좋음)

가 있다. 이와 같은 심한 경련을 일으키는 경우를 대발작이라고 하며, 이 외에 소발작 증상도 있다.

2 식사요법

뇌전증치료에는 주로 항경련 약물요법이 이용되는데, 너무 과량의 식품이나 음식을 섭취하지 말고, 영양적으로 균형된 식사를 약과 함께 섭취하는 것이 가장 좋은 치료방법이다. 대부분의 뇌전증은 기존의 항뇌전증약제로 잘 치료되고 있지만, 아직도 20~30%의 환자는 이들 약제에 잘 반응하지 않는 난치성 뇌전증으로 분류되고 있다. 이러한 난치성 뇌전증을 치료하기 위하여 새로운 약제의 개발, 수술적 치료, 미주신경자극법 등 여러 방법들이 시도되고 있다. 케톤식도 이러한 시도들 중의 하나이다.

(1) 탄수화물 제한과 고지방식사

케톤식에서는 탄수화물의 양을 엄격하게 제한하며, 그 대신 지방의 함량을 증가시킨다. 지질은 에너지 섭취량의 70~80%를 제공한다. 지방의 신진대사에는 일정량

뇌전증 치료식이

케톤성 식사(ketogenic diet)요법은 이미 70여 년 전부터 미국에서 개발되어 임상적으로 사용되어 온 뇌전증치료법이었다. 케토성 식사는 환자의 산·알칼리 균형에 변화를 초래하여 케토시스(ketosis) 상태가 되도록 구성한 식사요법이다.

표 16-5 **뇌전증 환자의 식사지침**

- 곡류, 과일 등 탄수화물 다량 함유식품은 엄격히 제한
- 튀김, 구이, 볶음 등 기름을 다량 사용한 조리법 이용
- 조리 시 허용 조미료와 제한 조미료 구분하여 사용
  - 허용 조미료: 고춧가루, 식초, 소금, 후추, 겨자, 깨소금
  - 제한 조미료: 꿀, 잼, 물엿, 껌, 설탕, 케첩, 쿠키, 탄산음료, 아이스크림
- 모든 식품은 저울에 달아 정확한 양 사용
- 물은 생수 사용

의 탄수화물이 필요한데, 탄수화물의 제한으로 인해 지방이 불완전연소를 일으켜 체내에 케토시스가 일어난다. 환자의 하루 지질 에너지와 단백질 에너지는 정상인에서 1 : 3 정도인데, 케톤식은 3~4 : 1 정도가 되어야 한다.

환자에게 급속한 케토시스를 발생시키는 방법은 다음과 같다.

일정 기간 절식이 필요하다. 3~5일의 절식기간에 점차 지방에너지 비를 증가시킨다. 이러한 식사를 통해 케토시스를 일으키는 데는 약 1주일이 소요된다.

- 만약 케톤식을 섭취한 후 약 3개월 동안 아무 발작도 일으키지 않으면 탄수화물의 양을 점차 5 g씩 증가시켜 1일 50~60 g의 탄수화물을 사용할 때까지 늘린다. 정상적인 수준의 에너지 공급을 위하여 탄수화물의 양을 증가시킴에 따라 지방 함량은 비례적으로 감소시켜야 한다.
- 케토시스 상태가 유발된 경우에는 소변을 통하여 아세토아세트산, β−하이드록시부티르산, 아세톤을 함유한 케톤체(ketone body)를 배설하게 된다.

(2) 단백질

어린이의 적절한 성장과 생체 작용을 위하여 체중 kg당 1~1.2 g을 공급한다.

(3) 수분

뇌전증 환자의 경련적 발작이 수분 대사장애와 관련되기도 한다고 알려지면서 가끔 액체 공급이 제한되기도 한다. 대부분의 환자들이 약간 탈수현상을 일으켰을 때 발병률이 적어진다는 견해도 있다. 보통 물의 양은 1일 500~600 mL로 제한하고 소금의 제한도 필요하다.

(4) 무기질과 비타민

환자에게 영양장애가 생기는 것을 방지하기 위해 많은 주의가 필요하다. 특히 신체의 필수영양소인 무기질과 비타민의 필요량은 음식으로 공급되어야 하고, 부족하면 주사나 정제로 보충한다.

케톤식은 곡류, 소금과 물을 제한하므로 한국인의 식습관으로는 실천하기에 어려운 점이 많다. 단것을 좋아하는 환자는 버터, 연유(크림 대신), 달걀을 인공 감미료로 달게 하여 과자처럼 해 주거나, 얼려서 아이스크림 형태 또는 연유와 채소 으깬

표 16-6 케톤식 식품교환표의 1교환단위량

곡류군		어육류군		지방군		과일군		채소 1군		채소 2군	
밥	50	고기	30	식용유	5	바나나	30	양배추	100	당근	50
빵	25	생선	30	아몬드	5	수박, 멜론	100	배추	100	근대	50
옥수수빵	35	달걀	1개	버터	5	오렌지	50	양송이	100	케일	50
크래커	20	치즈	30	마가린	5	딸기	75	시금치	100	양파	50
옥수수	50	조개	50	호두	5	복숭아	60	토마토	100	호박	50
고구마	50	햄, 소시지	40	참기름	5	대추	8	오이	100		
감자	100	굴	70			건포도	8	가지	100		
		대하	40			자몽	60	무	100		
		새우	30			포도, 배, 사과	40	상추	100		
		두부	50			주스 (오렌지, 사과)	60				

※ 휘핑크림: 60 g, 땅콩버터: 10 g

것을 합쳐 수프 형태로 횟수를 적당히 배분하여 공급한다.

(5) 자극성 물질

커피, 차, 알코올 등의 자극제는 섭취를 제한해야 한다. 케톤식의 식품교환표의 1교환단위량은 표 16-6과 같다.

케톤식을 할 때 식욕저하, 메스꺼움과 구토, 설사, 체중감소와 과민반응 등이 있을 수 있고 심하면 호중구 기능저하로 면역력 약화, 저혈당증 등도 발생할 수 있어 세심한 관찰이 필요하다.

4. 다발성 경화증

다발성 경화증(Multiple Sclerosis, MS)은 뇌신경섬유의 수초가 신경자극의 전달이 잘되지 않아 운동신경 등의 근육 약화와 경직, 과잉반사 등이 일어나는 진행성·퇴행성 신경질환으로, 중년기나 노년기에 발생한다. 사지마비, 실어증, 연하장애가 나타나고, 보통 호흡부전으로 사망하게 되며, 평균 생존기간은 발병 후 5년 정도이다. 이 질병에는 연수성 근위축성과 척수성 근위축성 축삭경화증의 두 가지가 있다.

◼ 원인과 증상

(1) 원인

다발성 경화증의 원인은 유전적 요인과 바이러스나 면역과 관련된 것으로 알려져 있다. 바이러스는 신경세포의 수초 탈락과 염증반응을 일으키고, 뇌, 척수, 시각계의 자가면역 반응으로 인한 것으로 추측하고 있다.

(2) 증상

다발성 경화증 환자는 사지마비, 실어증, 연하장애 등이 나타나며 정신적인 충격과 우울증, 여러 가지 약물처방 등의 원인으로 거식증이 발생한다. 복부와 골반근육이 약화되고, 신체활동이 제약되며 변비가 생기기 쉬우므로 식욕저하가 더욱 악화된다. 따라서 영양평가와 개별화된 영양치료를 계획해야 하며 영양사, 언어치료사, 물리치료사가 함께 식사섭취량의 부족, 연하장애 및 섭취장애 등을 개선하면서 치료해야 한다.

◼ 식사요법

다발성 경화증 환자 중 20~30%는 연하장애 증상으로 영양불량과 탈수가 되기 쉽고, 영양상태가 불량하면 사망률이 높아진다. 연하장애가 있는 환자들의 영양불량과 체중감소, 탈수 예방을 위해 식사형태 및 점도를 조정하고, 식사섭취량을 유지해야 한다.

① 다발성 경화증 환자의 체단백조직이 감소되므로 에너지와 단백질 요구량은 감소된다. 강직, 과운동성 반사 등의 증상이 있는 경우에는 추가 에너지 공급이 필요하다. 다발성 경화증 환자의 글루탐산 대사 변화를 교정하는 데는 분지형 아미노산이 간접적으로 도움을 준다.

② 식사섭취에서 칼슘, 리보플라빈, 비타민 A와 D의 섭취가 부족한 경우 종합비

질환별 식사요법

타민과 무기질보충제를 사용한다. 다발성 경화증이 진행됨에 따라 골격근의 위축과 영양불량으로 인해 근육조직이 손실되면서 크레아틴과 아미노산, 황, 인, 칼륨, 마그네슘, 아연 등의 소변 배설량이 증가된다.

③ 체중 감소가 있는 환자에게는 영양소가 농축된 영양식품과 성분영양보충제, 상업용 영양보충 음료를 소량씩 자주 공급한다. 체중 감소가 지속되면 경장영양이 필요할 수 있다.

④ 수분섭취량이 부족하지 않도록 수분함량이 높은 걸쭉한 음료와 부드러운 식품을 공급한다.

⑤ 식사를 할 때는 상체를 세우고 앉아서 턱을 약간 숙인 자세를 취하여 안전하게 음식을 삼킬 수 있게 한다. 가족들은 일반적인 식사시간처럼 분위기를 조성하고, 환자를 독려하는 것이 좋다.

⑥ 식사시간이 극도로 길어지고 식사량은 줄어든다. 씹지 않고 쉽게 삼킬 수 있도록 음식의 점도를 조절해서 먹는 데 드는 에너지 소모를 줄인다.

⑦ 먹는 즐거움을 가지도록 하고 소량씩 자주 식사하게 하는 것이 섭취량 증가에 도움이 된다.

5. 파킨슨병

파킨슨병은 중추신경계의 진행성 장애를 일으키는 신경계의 퇴행성 질환이다. 운동능력이 감소하고 일상생활에 큰 지장을 초래한다.

1 원인과 증상

(1) 원인

파킨슨병(Parkinson's disease)은 신경전달물질인 도파민을 생성하는 흑질(substantia nigra) 내 세포의 점진적인 퇴화가 원인으로 알려져 있다. 흔히 40대에서 유전적 영향으로 발병하고, 60대에 발병되는 경우가 가장 많으며 만성적으로 회복 불가능한 신경퇴행성 질환이다.

(2) 증상

파킨슨병의 증상은 발작, 운동장애, 강직, 자세 불안정, 체위반사의 손상, 일부 치매 등이다. 위배출 지연, 변비, 거식증에 의해서도 나타난다. 도파민 분비 감소로 인하여 근육의 움직임에 장애가 생긴다. 사지의 강직이 심해지면서 식사를 비롯해서 움직임에 장애가 생기게 된다. 강직으로 인해 식사할 때 머리나 몸을 바로 세우고 앉아 있기 어려워지며, 식사시간이 1시간까지 길어지기도 한다. 식기를 다루기 어려워지고, 팔과 손의 경련으로 음료를 흘리지 않고 마실 수 없게 된다. 또한 후기 합병증으로 연하장애가 발생하여 흡인의 위험이 높아진다. 파킨슨병 환자들은 10 kg 이상의 체중이 감소하고, BMI와 체지방량이 감소한다.

② 식사요법

고단백식은 L-도파의 효과를 감소시키는 것으로 알려져 있다. 전기적으로 중성을 띠는 아미노산은 위장관에서의 흡수단계와 혈관-뇌 장벽의 통과단계에서 L-도파와 경쟁하기 때문에 L-도파의 효과를 높이기 위해 적절한 단백질 섭취량과 하루 식사 중 단백질의 배분이 중요하다.

낮 동안의 단백질 섭취량을 체중 kg당 0.5 g 이하로 제한하면 밤에 강직증상이 심해지지만 낮에는 운동능력이 개선되기 때문에 1일 단백질 필요량을 석식에 섭취하도록 권장 한다.

약물치료로 인해 거식증, 오심, 후각저하, 변비, 구강 건조, 정신과적 증상 등의 부작용이 나타날 수 있다. L-도파를 식사와 함께 섭취하면 위장관의 합병증이 감소한다. 1일 5 mg 정도의 소량의 피리독신 보충으로도 L-도파의 효과가 줄어들지만 흔히 사용하는 병용요법으로 L-도파와 carbi-도파를 함께 먹으면 피리독신의 영향을 받지 않는다.

6. 중증 근무력증

1 원인과 증상

(1) 원인

중증 근무력증(myasthenia gravis)은 만성 신경근육 자가면역질환으로 수의근을 약화시켜서 근수축을 방해한다. 항체가 근육을 침범하거나 만성호흡부전을 일으켜 중증 근무력증이 서서히 진행되며 감염, 스트레스, 임신, 마취 등에 의해서 발병할 수 있다. 중증 근무력증으로 사망에 이를 수도 있다. 여자에게서 발병률이 3배 높다.

(2) 증상

증상은 불안정한 자세, 눈감기 기능 저하, 안구마비, 호흡곤란, 배뇨조절 장애, 근육통, 감각이상, 후각과 미각 감퇴 등이다.

2 치료와 식사요법

치료는 약제인 항콜린에스터레이즈와 면역억제제 복용, 흉선제거술이 있다. 식사는 하루에 소량으로 여러 번 공급하며 농축 영양원과 부드러운 식품을 준다. 아침에는 최악의 근육 상태이므로 농축된 영양원을 제공한다.

7. 다발성 신경염

1 원인과 증상

(1) 원인

다발성 신경염(polyneuritis)은 말초신경계의 장애가 좌우대칭으로 일어나는 신경의 염증 증상이다.
영양결핍, 독성물질, 염증, 대사성장애에 의해 발생한다.

표 16-7 비타민 결핍과 신경계 질환

비타민	신경계 질환	행동장애
티아민	베르니케−코르사코프증후군(Wernicke−Korsakoff syndrome), 말초신경염, 다발성신경염	우울, 냉담, 근심, 신경과민
리보플라빈	EEG* 비정상	
니아신	신경의 퇴화 진행	펠라그라 관련 증상: 냉담, 우울, 근심, 정신이상
비타민 B_6	경련, EEG 변화	우울, 신경과민
판토텐산	신경염	불안, 신경과민, 피로
비오틴	피부 민감도의 비정상적 증가	우울, 권태, 고독
비타민 B_{12}	신경병증, 신경장애	신경과민, 불면증, 건망증, 편집증
엽산	영아의 정신발달 지연	건망증, 불면, 우울
비타민 C	신경퇴행	권태, 피로, 우울, 신경과민

* EEG(뇌파기록, electroencephalogram)

(2) 증상

극심한 영양결핍, 알코올중독자, 간경변증, 위장 질환 환자에게 비타민 B 복합체 결핍이나 흡수불량으로 나타난다. 비타민 결핍으로 인한 신경계 질환의 행동장애는 다음과 같다.

우울, 근심, 신경과민이 심하면 정신이상이 나타나고, 피로감, 무력감 등이 나타난다.

2 식사요법

식사는 충분한 영양소를 공급하며 비타민 B 복합체를 보충한다.

환자는 노인들이 대부분으로 영양결핍을 해소하고 만성질환유병이 많아 약물을 복용하는 경우가 많다. 따라서 충분한 영양섭취와 환자의 심리적·재정적 문제를 해결하도록 한다.

17장

암

1 원인

2 암 환자에게 나타나는 영양문제

3 암 환자의 식사요법

암은 체조직에 악성의 새로운 조직이 형성되는 것으로서 악성종양(malignant tumor) 혹은 악성신생물(neoplasm)이라고도 한다. 유전자의 변이에 의해 생기는 암은 세포의 정상적인 조절·복구·제거의 기능이 손상된 상태로 성장 속도가 조절되지 않을 뿐 아니라, 주변의 정상 조직 및 장기에 침입한 후 덩어리를 형성하며 혈액이나 림프관을 따라 신체의 다른 부위로 옮겨간다. 이렇게 성장한 암은 숙주의 정상 조직에 대하여 기계적인 압력을 가하고 조직파괴, 용혈, 감염, 호르몬 이상 등을 일으켜 결국 생명을 잃게 만든다.

2021년 국가 암등록통계에 따르면, 2021년에 가장 많이 발생한 암은 갑상선암(35,303명, '20년 대비 19.1% 증가)이며, 이어서 대장암, 폐암, 위암, 유방암, 전립선암, 간암 등의 순이다.

국가암검진 사업 대상 암종인 위암, 대장암, 간암, 자궁경부암의 발생률은 최근 10여 년간 감소 추세이며, 유방암의 발생률은 최근 20년간 증가 추세이다.

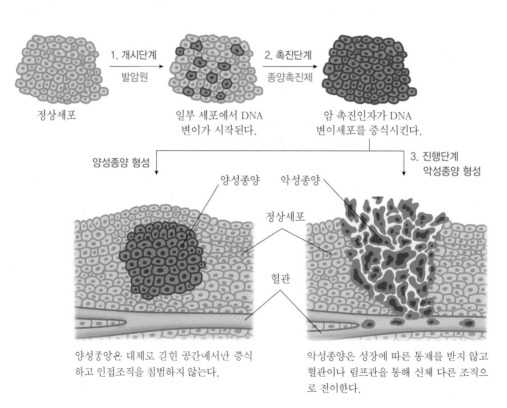

그림 17-1 **암의 생성과 전이**

출처: 이보경 외. 이해하기 쉬운 임상영양관리 및 실습. 파워북. 2018.

표 17-1 주요 암종별 발생률(남녀 전체) 추이 (단위: 명/10만 명)

구분	위	대장	간	자궁경부	폐	유방	전립선	갑상선
'10	84.4	74.6	44.3	9.5	62.9	33.2	24.3	79.8
'12	79.9	76.6	41.2	8.3	61.5	36.8	25.9	94.3
'15	67.9	63.3	36.7	7.7	59.1	40.2	25.0	51.4
'18	61.4	59.2	33.1	7.1	61.2	47.4	31.9	57.0
'19	60.0	59.6	31.8	6.5	61.6	49.4	34.6	60.8
'20	52.3	55.1	29.8	5.9	56.9	48.8	33.0	57.7
'21	55.3	61.9	28.5	6.1	59.3	55.7	35.0	68.6

최근 5년간('17~'21) 진단받은 암환자의 5년 상대생존율은 72.1%로, 암환자 10명 중 7명은 5년 이상 생존하였다. 암환자의 5년 상대생존율은 지속적으로 증가하여 약 10년 전('06~'10)에 진단받은 암환자의 상대생존율(65.5%)과 비교할 때 6.6%p 높아졌다.

1. 원인

암을 발생시키는 유전자 변이가 어떻게 생기는지 명확히 알 수는 없지만 크게 다음과 같은 요인이 작용한다고 알려져 있다.

1 유전

일부 암은 유전적인 소인을 지닌다. 예를 들어, 대장암의 가족력이 있는 경우 그렇지 않은 사람보다 대장암의 발생 위험이 더 커진다.

발암물질 분류

- **발암물질(carcinogen)**: 암을 일으키는 화학물질
- **조발암물질(cocarcinogen)**: 발암물질을 활성화시키는 물질
- **종양촉진인자(promoting factor)**: 발암물질의 작용을 용이하게 하는 물질

발암기전

건강한 몸에서의 유전자는 세포분열과 더불어 세포가 자라는 데 필요한 단백질 합성이 정확하게 일어나도록 하며 모세포와 같은 성질을 지닌 세포를 만들게 된다. 이러한 방법으로 우리는 성장하고 오래된 세포를 새로운 세포로 대치하며 손상된 세포를 수리하게 된다.

- **개시 단계**

  만약 위와 같은 세포분열을 조절하는 유전자에 바이러스나 발암물질로 인하여 변성이 일어나게 되면 암이 발생된다. 조절 유전자에 일어나는 변성으로 말미암아 세포는 세포분열을 조절하는 DNA 복제를 감시하는 기능을 잃어버리게 되어 세포분열을 저지할 브레이크가 없는 상태가 되므로 세포는 무제한 분열하기 쉬운 상태가 된다. 그러나 이 단계의 변화는 가역적인 반응으로 세포의 DNA 복구작용을 통해 정상화될 수 있다.

- **촉진 단계**

  유전자 손상이 점차 증가되면서 변성된 세포군의 복제, 증식이 일어나는 시기로서 이 과정은 느리게 일어나 수십 년이 걸릴 수 있다. 환자는 어느 날 갑자기 암을 진단받지만 유전자 변성과정, 촉진 과정이 수십 년에 걸쳐 이루어진 결과라고 볼 수 있다. 이 단계에서 발암과정을 촉진하고 유지하는 물질을 '촉진인자'라 하며 비만이나 낮은 활동도들도 종양촉진작용을 할 수 있다.

- **진전 단계**

  암세포에 영양분을 공급하기 위해 혈관이 발달되면서 암조직이 건강한 조직에 침입하거나 퍼지기 시작하는 단계이다. 전문의들은 암덩어리의 크기와 림프조직이나 주변조직으로 퍼져 나간 정도를 보고 단계를 판정하게 된다.

2 면역

건강한 체내의 면역 체계는 암세포와 같이 비정상적인 세포를 이물질로 인식하고 이를 제거하는 방어기전을 가지게 되지만 이러한 면역 기능이 제대로 작동하지 않으면 암세포는 제거되지 못하고 자라나게 된다. 따라서 면역을 억제하는 약제나 후천성면역결핍증과 같은 바이러스의 감염 시 암의 발생 위험이 증가하게 된다.

3 호르몬

에스트로겐에 장기간 노출(빠른 초경, 늦은 폐경, 늦은 연령의 초산이나 출산경험이 없는 것)되는 것은 유방암이나 난소암, 자궁 내막암의 위험을 증가시킬 수 있다.

4 감염

바이러스, 박테리아 및 기생충의 감염은 DNA의 손상을 가져올 뿐 아니라 발암과정을 촉진시킬 수 있다. 간암을 유발하는 간염 바이러스나, 위암을 유발하는 헬리코박터균, 자궁경부암을 유발하는 인유두종 바이러스가 그 대표적인 예이다.

5 방사선

방사선은 DNA의 손상을 유발하여 암의 원인이 된다. X-ray, 방사성 동위원소 물질, 햇빛, 원자폭탄 분진들이 이에 해당한다. 특히 선탠으로 인해 자외선에 과다 노출될 때 피부암이 생기기 쉬우며 이는 젊은 층에서 증가하고 있다.

6 유해 화학물질

PCB(polycarbonated biphenyls)와 같은 몇몇 화학물질이나 살충제들은 자연계 내에서 잘 분해되지 않고 토양이나 물, 혹은 사람들이 식용으로 사용하는 동·식물 내에 잔류해 있다가 식품 섭취와 함께 신체 내로 들어와 체내에 쌓이면서 암을 유발하는 발암물질이나 종양촉진인자로 작용할 수 있다. 또한 화학약품을 많이 사용하는 구두 제조업자나 구두 수선공, 가구업자, 고무산업 종사자, 화학자, 프린트공, 직물산업 종사자들은 호흡기와 관계된 암에 걸릴 위험이 높다(표 17-2).

표 17-2 발암물질의 예

화학물질	용도	암을 일으키는 곳
아크로니트릴	합성섬유, 고무, 염색약에 사용	폐
비소	유리, 합금	피부, 폐, 간
벤젠	의약품, 염색, 살충제, 페인트제거제	백혈병
카드뮴	합금, 전기기구, 태양전지, 방화제, 색소, 플라스틱	방광, 폐
카본테트라클로라이드	용매, 반전도체, 냉장고 냉각제	간
이소프로필알코올	부동제, 방부제, 향수, 화장품	코, 후두
겨자가스	의약품	폐, 후두
니켈	합금, 알칼리 배터리	코, 폐

⑦ 담배

담배 연기에는 80가지 이상의 발암물질이 들어 있으며, 이들은 가장 강력한 화학적인 발암물질로 서로 다른 기전을 통해 암을 유발할 수 있다. 흡연은 담배 연기 자체 내의 발암물질 이외에도 흡연을 하게 되면 체내에 산화스트레스가 증가되면서 암이 발생할 수 있다. 특히 음주를 병행하는 경우 상승작용을 일으켜 암에 걸릴 확률은 더욱 높아진다. 15세 이전에 흡연을 시작한 사람은 25세 이후부터 흡연한 사람보다 폐암에 걸릴 확률이 5배 증가하며, 금연하는 즉시 폐암에 걸릴 확률이 제로로 떨어지는 것은 아니나 10년 이상 금연해야 담배를 안 피운 사람과 비슷해진다.

⑧ 식품 내 발암물질

식품에는 자연적으로 혹은 조리, 가공과정 중에 생성되는 발암물질이 있다. 자연적인 발암물질로 대표적인 것은 곰팡이균에 의해 생성되는 아플라톡신 B(aflatoxin B)이다. 이 외에 고온에서 육류를 조리할 때 생기는 헤테로사이클릭 아민(heterocyclic amine)이나 육류나 생선을 직화에서 구울 때 생성되는 다환방향족 탄화수소(polycyclic aromatic hydrocarbons), 육류나 생선을 훈제하거나 햄으로 만들때 생기는 N-니트로소화합물들이 식품의 조리, 가공 중에 생성되는 발암물질이다.

질산염은 채소에 자연적으로 존재하며 음료수, 저장식품, 염장식품, 피클, 훈연식품에 방부제 혹은 착색제로 사용된다. 질산염은 아질산염(nitrite)으로 쉽게 환원되는데, 아질산염은 육류 중에 존재하는 아민류와 결합하여 발암물질인 니트로사민을 형성한다. 이러한 반응은 우리 몸의 타액, 위, 대장, 방광 등에서도 일어나며 비타민 C에 의해 억제된다. 특히 위암의 발생이 높은 지역은 질산염이나 아질산염이 많은 훈제식품, 피클, 염장식품을 많이 먹는 지역이다.

⑨ 식생활과 생활습관 요인

지난 30년간 암 발생과 식사요인에 대한 많은 연구가 이루어져 왔지만 식사가 암의 원인으로서 얼마나 기여하는지에 대해서 명확한 결론을 내리기에는 아직 논쟁의 여지가 있다. 그러나 일부 암종에서는 식사요인들이 암의 발생과 관련이 있음이 알려지고 있다.

(1) 비만

동물실험에서 에너지 섭취를 제한하면 종양의 성장과 발생이 억제된다. 이러한 효과가 사람에게도 똑같이 나타날지는 확실하지 않지만, 비만이 구강·인후두암, 식도암, 위암, 췌장암, 담낭암, 간암, 폐경 후 유방암, 난소암, 자궁내막암, 신장암, 전립선암, 대장·직장암, 신장암 등의 다양한 암종의 위험요인으로 작용하고 있다.

(2) 적색육 및 가공육 섭취 증가

고온에서 조리된 육류는 발암 물질의 일종인 헤테로사이클릭 아민(heterocyclic amine)이나 다환방향족 탄화수소(polycyclic aromatic hydrocarbons)가 생성될 수 있어 암의 원인이 될 수 있다. 또한 적색육에 많이 포함되어 있는 철은 대장암의 위험 증가와 연관이 있다. 가공육에는 염분 함량이 높아 위점막을 손상시켜 위암의 위험을 증가시킬 수 있고, 또한 가공육에 포함되어 있는 N-니트로소화합물들은 암의 원인이 될 수 있다.

(3) 채소와 과일의 부족한 섭취

채소와 과일은 비타민, 무기질뿐 아니라 다양하고 복잡한 생리활성 물질을 포함하고 있어 인체에 다양한 암 예방 성분을 제공하는 식품군이다. 이러한 채소와 과일의 섭취 부족은 암 발생 위험 증가와 연관이 있다.

녹황색 채소에 많이 들어 있는 베타카로틴은 여러 연구에서 암을 예방하는 효과가 있다고 보고되었으나 대단위 코호트 연구에서 베타 카로틴 정제를 먹은 군에서 암의 발생률이 더 높게 나온 이후로 베타 카로틴의 암 예방효과에 대한 의문이 제시되었다. 따라서 베타 카로틴이 함유된 식품, 즉 녹황색 채소를 많이 먹는 것은 분명히 암 예방효과가 있으나 베타 카로틴 정제를 과량 섭취하는 것은 위험한 일이라고 알려졌다. 붉은색이나 황색을 띤 과일, 채소 중에 베타 카로틴 대신에 라이코펜 등의 카로티노이드류가 암 예방 역할을 하는지에 대한 연구가 시행되고 있다. 비타민 C는 항산화제로서 발암성분인 니트로사민과 N-니트로소 화합물의 생성을 방지함으로써 암을 예방한다고 알려졌다. 특히 비타민 C가 풍부한 과일의 충분한 섭취는 식도, 위암의 발생 요인을 낮춘다. 그러나 비타민 C를 약제로 과량(하루에 2 g 이상) 섭취하는 메가도스 치료법이 암의 예방에 효과가 있는지에 대해서는 아직 더 연구가 이루어져야 한다.

짙은 녹색 채소에 많이 들어 있는 엽산은 DNA 메틸화(methylation), 합성과 보수에 영향을 주는 작용을 통해 암을 예방할 수 있으며, 비타민 E는 항산화제로 작용하는 대표적인 비타민으로서 과산화지질 생성을 억제함으로써 암 발생을 낮춘다. 특히 셀레늄과 같이 섭취했을 때 그 작용이 더욱 상승된다.

식이섬유 중에 특히 불용성 식이섬유인 셀룰로오스와 헤미셀룰로오스는 장내에서 수분을 흡착하여 부풀어 올라 묽고 부드러우며 부피가 큰 변을 만들게 된다. 따라서 장내 통과시간이 짧아져 장의 상피세포가 발암물질과 접촉하는 시간을 단축시키게 된다. 변이 묽어짐에 따라 발암물질도 묽어지며 장의 연동운동을 촉진함으로써 담즙산의 배설 및 재흡수를 촉진하게 되어 담즙산의 발암작용을 낮춘다.

채소나 과일을 적게 섭취하면 이들 식품군에 풍부하게 들어 있는 카로티노이드, 비타민 A, C, E와 식이섬유 및 엽산 섭취가 부족해진다. 엽채류를 적게 섭취하는 것

표 17-3 생활습관 관련 암 발생 위험 및 예방인자

암 종류	위험인자	예방인자
식도암	알코올, 마테차, 가공육	채소, 과일, 신체활동
위암	알코올, 염장식품, 가공육, 굽거나 직화로 익힌 어육류, 신선한 과일 섭취 부족	시트러스 과일류
대장암	비만, 적색육, 가공육, 알코올, 헴철 함유 식품, 채소 과일 섭취 부족	신체활동, 전곡류, 식이섬유 함유식품, 유제품, 칼슘, 비타민 C 함유식품, 생선(염장생선 제외), 비타민 D 함유식품
간암	아플라톡신, 알코올, 비만	커피, 생선, 신체활동
췌장암	비만, 적색육, 가공육, 과음, 과당 함유 음료 및 식품, 포화지방산	
폐암	흡연, 과량의 베타 카로틴, 비타민 A 보충제(흡연자), 비소 함유 음용수, 알코올, 적색육, 가공육	신체활동, 채소, 과일, 카로틴, 레티놀, 비타민 C 함유식품(흡연자) 이소플라빈 함유식품(비흡연자)
유방암	알코올, 비만(성인기), 성인기 체중 증가	모유수유, 비만(18~30세), 신체활동
난소암	비만(폐경 후)	모유수유
전립선암	비만, 유제품, 칼슘	

출처: World Cancer Research Fund International and American Institute for Cancer Research, A summary of the Third Ecpert Report. Retrieved July 20.2020 from: https://www.wcrf.org/dietandcancer/a-summary-of-the-third-expert-report.

은 대장·직장암의 발생 가능성을 높일 수 있다. 과일류를 적게 섭취하는 것 역시 대장·직장암은 물론 위암의 발생 가능성을 높일 수 있다.

(4) 우유 및 유제품, 칼슘

칼슘은 보충제 혹은 유제품의 형태로 섭취하는 경우 대장암, 직장암의 위험을 낮출 수 있는 것으로 알려져 있으나 전립선암의 경우에는 발생 위험을 증가시키는 것으로 알려져 있다.

(5) 알코올

알코올 섭취는 구강암, 인두암, 후두암, 식도암, 대장암, 직장암, 간암 및 유방암의 발생을 증가시킬 수 있다. 또한 폐암, 췌장암, 피부암 위험과 관련이 있다. 맥주와 위스키는 알코올뿐 아니라 니트로사민도 함께 가지고 있어 과량의 알코올 섭취 시에는 발암에 영향을 미친다. 또한 알코올은 그 자체가 발암물질의 용매로 작용하며, 한편으로는 영양소 결핍을 초래하여 면역 기능을 저하시킴으로써 발암을 촉진시키게 된다.

(6) 기타

곡물의 곰팡이가 내는 아플라톡신은 간암의 발생 위험을 증가시킨다. 염장식품은 비인두암이나 위암의 발생 위험을 증가시킬 수 있다.

🔟 스트레스 인자

감정상태가 암의 발생과 관련 있다고 알려져 있기는 하나 그 관계를 정확하게 측정하기는 힘들다. 그러나 정신적인 상처와 암의 발생과는 강한 상관관계를 나타낸다. 이것은 정신적인 상처가 면역체계에 손상을 주거나 시상하부, 뇌하수체, 부신피질을 통해 중계되는 호르몬에 영향을 미쳐서 오게 되는 결과로 보인다.

2. 암 환자에게 나타나는 영양문제

암 환자에게서의 영양불량 빈도는 암종류마다 차이가 있어 유방암 등에서는 그 빈도가 낮은 반면, 식도암에서는 비교적 높게 나타나는 것으로 보고되고 있다. 암으로 인한 전체 사망의 20% 정도는 종양치료의 실패보다 영양악화 또는 영양실조로 사망한다는 보고를 고려할 때, 일반적으로 암 환자의 경우 다른 질환의 환자보다 질병과 치료과정 등에 의해 영양불량이 생길 가능성이 높다. 암 환자에게 영양불량의 발생원인은 다면적인(multi-dimensional) 요인이 관여하지만, 주로 식욕부진, 소화 및 흡수불량, 저작 및 연하장애 등에 의해 발생하기 쉽다.

▌1 ▌ 암악액질(cancer cachexia)

암악액질(cancer cachexia)은 암으로 인한 만성적인 소모로 인하여 몸이 극도로 쇠약해지고 체중이 빠진 상태를 말한다. 암악액질은 외형적으로는 기아(starvation) 상태와 유사하나 기아상태와는 달리 생명에 치명적인 영향을 미치게 된다.

(1) 원인

암악액질의 원인이 완전하게 밝혀지지는 않았으나, 종양대사의 부산물이 영양대사과정에 영향을 미치는 것은 물론이고 종양이 직접적으로 식욕부진이나 조기 포만감을 일으키면서 경구섭취량을 떨어뜨려 발생하는 것으로 생각된다.

암 환자들은 종양의 발생으로 인해 대사율이 항진된다. 또한 영양소가 종양의 성장에 쓰이면서 정상세포는 에너지·영양소 공급량이 부족해지고 체중과 함께 체단백, 체지방이 감소하여 몸의 모든 기관의 기능이 저하된다. 또한 종양으로 생기는 영양문제나 혹은 암 치료과정 중 발생하는 소화불량, 흡수불량, 구토, 설사 등은 영양소 손실을 야기하면서 환자의 영양상태를 더 악화시키는 원인이 된다. 암악액질은 종양 그 자체에 의해 발생하게 되므로 종양을 제거하면 악액질을 완화시킬 수 있다.

(2) 암악액질의 결과

암악액질은 암 환자의 약 2/3에서 발생된다. 허약, 식욕부진, 체중 감소가 심해지면서 제지방량의 고갈, 혈청 단백질의 저하, 빈혈 등이 일어나며 식욕부진으로 인해

암악액질의 식욕부진 원인

- **조기 만복감과 메스꺼움** : 복수로 인해 만복감이 일찍 오고 메스꺼워 식욕이 떨어진다.
- **피곤** : 암 환자들은 쉽게 피로하여 음식을 준비하거나 먹는 행위에도 에너지가 고갈된다.
- **통증** : 통증이 있으면 식욕이 떨어지며 음식을 먹고 난 후에 통증이 생기면 음식을 더욱 기피하게 된다.
- **심적인 스트레스** : 암의 진단과 치료가 많은 불안을 야기하여 식욕을 떨어뜨린다.
- **폐색** : 종양이 소화기의 일부를 막아버리거나 씹거나 삼키는 것을 방해하게 된다.
- **종양** : 종양은 사이토카인(cytokine)이라는 종양대사 부산물질을 분비하여 식욕부진을 일으킨다.

표 17-4　암 종류에 따라 발생하는 영양문제

암 종류	증상	영양문제	결과
췌장암	담도가 막히면서 담즙분비 저하	지방의 흡수불량, 지용성 비타민 흡수불량(특히 비타민 D 흡수불량)	골연화증
위암	식욕부진, 소화불량, 흡수불량, 구토, 흑변	영양소섭취 감소, 단백질 음의 평형	영양실조로 인한 체중감소, 빈혈
소장암	식욕부진, 흡수불량, 설사, 지방변, 혈변	지방의 흡수불량, 지용성 비타민 흡수불량	체중 감소, 수분과 전해질 불균형, 빈혈
대장암	식욕부진, 설사, 혈변	물, 전해질의 흡수 감소	수분, 전해질 불균형 심화, 빈혈
간암	식욕부진, 간의 팽대	영양소섭취 감소	체중 감소, 부종, 복수
갑상선암	목의 종양, 칼시토닌 과다분비, 갑상선 호르몬 과다분비	대사율의 증가, 뼈에서의 칼슘흡수 증가	체중 감소, 골다공증

영양소 섭취량이 감소하나 몸은 오히려 대사율이 상승된다. 결국 체단백 고갈로 인해 합병증이 오며 환자는 조기사망할 수도 있다.

2 암 치료 시의 영양문제

암 환자는 치료단계에서 나타나는 이미각증으로 인해 좋아하던 음식을 싫어하게 되며 단맛에는 둔해지고 쓴맛에는 더 예민해진다. 또한 식욕부진, 메스꺼움 때문에 음식섭취가 부족하게 되며 복수로 인해 만복감이 일찍 오게 되므로 이것도 음식섭취 부족의 원인이 된다. 또한 방사선이나 항암화학요법으로 인해 영양소의 소화와 흡수가 감소되며 대사과정이 항진되고 종양과 숙주가 경쟁함으로써 환자는 체중이 감소된다.

(1) 수술

수술은 암을 제거하기 위해 필요하고 암의 조기 발견 시에는 수술로 치료하는 예가 많다. 수술은 암으로 인한 증상을 신속하게 완화시켜 주고 방사선치료와 항암화학요법치료의 효과를 향상시킬 수 있다. 그러나 수술은 수술 자체로 일시적인 에너지 및 단백질 요구량의 증가를 가져올 수 있고, 수술 부위에 따라 식품섭취 및 영양소 흡수를 감소시킬 수 있다. 전체적인 혹은 부분적인 혀의 절제, 입, 식도, 침샘의 근육 절제, 턱의 제거 등은 씹고 삼키는 데 심각한 문제를 가져오게 된다. 수술 후 겪게 되는 통증, 식사섭취 감소, 설사, 흡수불량은 영양문제를 더욱 악화시킬 수 있다.

(2) 방사선요법

방사선요법은 고에너지의 방사선을 이용하여 암을 치료하는 것을 말한다. 방사선

표 17-5 **수술 부위에 따른 영양문제**

수술 부위	발생 가능한 영양문제
두경부	연하장애 및 흡인(aspiration) 위험 구강건조, 입맛 변화
식도	연하장애, 위식도역류, 위마비, 소화불량
위	조기만복감, 탈수, 위마비, 지방 흡수불량, 덤핑증후군, 비타민, 무기질 흡수불량(Vit B_{12}, D, Ca, Fe)
췌장	위마비, 고혈당, 지방 흡수불량, 비타민, 무기질 흡수불량(Vit B_{12}, A, D, E, K, Ca, Zn, Fe)
간	고혈당, 고중성지방혈증, 수분, 전해질 이상 비타민, 무기질 흡수불량(Vit B_{12}, A, D, E, K, folic acid, Mg, Zn)
담낭, 담도	위마비, 지방 흡수불량, 수분, 전해질 이상 비타민, 무기질 흡수불량(Vit B_{12}, A, D, E, K, Mg, Fe, Ca, Zn)
소장	유당불내증, 지방 흡수불량, 설사, 수분, 전해질 이상 비타민, 무기질 흡수불량(Vit B_{12}, A, D, E, K, Ca, Zn, Fe)
대장, 직장	잦은 변의, 설사, 탈수, 수분, 전해질 이상 비타민, 무기질 흡수불량(Vit B_{12}, Na, K, Mg, Ca)

표 17-6 방사선 치료 부위별 영양 관련 증상

치료부위	급성 증상	후기 증상(치료 90일 이후)
중추신경계	오심, 구토, 피로, 식욕부진, 스테로이드 관련 고혈당 등	두통 등
두경부	구강건조증, 점막염, 타액점도 증가, 구강 및 식도염증, 연하장애, 미각 및 후각 변화, 피로, 식욕부진 등	점막위축 및 건조증, 구강건조증, 미각 및 후각 변화 등
흉부	식도염, 연하장애, 가슴쓰림, 피로, 식욕부진 등	식도섬유화, 식도 협착, 식도궤양, 협심증, 심비대증, 마른 기침, 폐렴 등
복부	오심, 구토, 설사, 경련, 복부 팽만, 빈뇨, 배뇨 시 작열감, 급성 대장염 및 장염, 피로, 식욕부진 등	설사, 소화흡수불량, 만성 대장염 및 장염, 장협착, 장궤양, 장폐색, 장천공, 장누공, 혈뇨, 방광염 등

출처: Janice L. Raymond, Kelly Morrow. Krause's food the Nutrition Care Process. 15th.ed. p.778. 2021.

에서 나오는 고에너지가 암세포의 유전물질에 손상을 주어 암세포의 성장을 막게 된다. 방사선은 종양세포뿐 아니라 정상적인 세포도 파괴시키지만 종양세포가 더 빨리 자라 종양세포에 대한 파괴력이 더 크므로 종양에는 반응하면서 정상세포는 견딜 수 있는 방사선 양을 조사하여 치료하게 된다. 방사선 치료는 피곤, 식욕부진, 메스꺼움, 구토, 설사 등의 부작용을 유발할 수 있으며, 각 부위에 따라서 표 17-6과 같은 결과를 가져온다.

(3) 항암화학요법

항암화학요법은 화학물질이나 약을 써서 DNA 구조와 RNA 전사에 관여하여 세포분열을 방해함으로써 종양세포를 죽이게 된다. 또한 호르몬 불균형을 초래하여 종양세포들의 성장을 억제한다. 그러나 이러한 약물은 암세포뿐 아니라 빠른 속도로 자라는 정상세포에도 영향을 주므로 위장관의 점막이나 골수, 생식계 세포 등에 크게 영향을 줄 수 있으며, 탈모 및 심장, 신장, 방광, 폐, 신경계에도 손상을 줄 수 있다. 항암화학요법 약제에 의해 가장 흔하게 생기는 부작용은 면역억제이다. 이 외에도 항암제 종류에 따라 식욕부진, 오심, 구토, 설사 등이 생길 수 있으나 최근에는 항암제 투여 시 이들을 조절하는 약물을 병행함으로써 부작용을 많이 경감시킬 수 있게 되었다(표 17-7).

표 17-7 항암화학요법에 의한 영양문제

부위	부작용	결과
골수	• 적혈구의 감소 • 백혈구의 감소 • 혈소판의 합성 저하	• 빈혈 • 면역력 저하 • 혈액응고 기능 저하
소화기관	• 입의 궤양 • 메스꺼움, 구토, 위염 • 식욕부진, 궤양, 설사	• 음식섭취량 감소 • 물과 전해질 불균형 • 비타민 대사 방해 • 질소와 칼륨 평형이 깨짐
모낭	• 모발 손실	• 탈모

3. 암 환자의 식사요법

암 환자는 일반적으로 식욕이 없고 메스꺼움을 잘 느끼므로 식사요법에 있어 특별한 전략이 필요하다. 항암치료 시의 식사관리 목표는 개별적인 영양요구량에 맞추어 환자가 식사에 잘 적응할 수 있도록 함으로써 영양결핍과 체중 감소를 막고 병의 증상과 치료로 인한 부작용을 완화시키는 데 있다. 항암치료 시의 적절한 영양상태의 유지는 치료로 인한 부작용 및 수술 후 재원기간을 줄이고 환자의 전반적인 삶의 질을 높이는 것으로 알려져 있다. 따라서 환자의 개별적인 증상에 맞는 식사 관리가 필요하다.

■ 증상에 따른 영양공급지침

(1) 메스꺼움, 구토, 조기 만복감

암 환자는 적은 양을 먹어도 만복감이 오므로 자신도 모르게 섭취량을 줄이는 경우가 많다. 일반적으로 환자들은 탄수화물식품을 지방이 많은 식품에 비해 잘 받아들인다. 메스꺼움을 많이 느낄 때는 평소에 좋아하는 음식은 주지 않는 것이 좋다. 그 음식에 대한 나쁜 인상이 생기게 되어 나중에 그 음식을 기피하기 때문이다. 환자는 냄새에 대한 예민도가 증가할 수 있으며 특정 냄새를 싫어하게 된다. 그러므로 환자들은 음식을 직접 조리하지 않는 것이 좋으며 다른 사람이 음식을 준비하는 동안 냄새를 맡지 않는 것이 좋다.

(2) 설사, 복통, 소화기장애

설사가 심할 때는 식품공급을 중단하고 삼투압이 낮은 음료를 처음에 공급하며 저잔사 식사를 시행한다. 만약에 회장을 절제하였을 경우에는 MCT oil 사용을 고

암 환자의 일반적인 식사지침

- **환자의 교육**

  환자에게 음식이 필요한 이유와 치료를 위해 영양이 얼마나 중요한 것인지를 인식시킨다.

- **적절한 에너지 섭취를 유지한다**

  암 환자는 섭취량 저하로 인해 에너지 섭취가 부족한 경우가 많으므로 적정량의 에너지 섭취를 유지할 수 있도록 한다.

- **음식은 수분이 많아야 한다**

  입안이 마르고 입맛이 없으므로 음식 자체에 수분이 많아야 하고 부드러워야 한다. 또한 음식의 색깔, 향에 신경을 써야 한다. 특히 식도, 위가 헐었을 때는 무자극식, 반유동식 혹은 유동식을 쓴다.

- **음식은 차갑게 한다**

  특히 입안이 헐었을 때는 뜨거운 음식보다 차가운 음식이 입안을 얼얼하게 만들어 통증을 약하게 해준다. 아이스크림, 셔벗 등으로 에너지를 공급한다.

- **MCT oil 사용**

  간, 췌장의 암으로 인해서 지방의 소화가 나쁠 때는 MCT oil을 쓴다.

- **적은 양을 자주 공급**

  암 환자는 만복감이 빨리 와서 음식섭취를 많이 하지 못하므로 적은 양을 자주 준다.

- **TPN, 경장영양**

  입으로 섭취하는 음식섭취를 잘 못할 때는 TPN이나 경장영양을 통해 필요한 영양소를 공급한다.

- **하루 중에 가장 컨디션이 좋을 때 가장 많이 먹는다**

  암 환자들은 아침에 비교적 메스꺼움을 덜 느끼므로 이때 영양이 풍부한 음식을 섭취시킨다.

- **식사와 같이 다량의 음료를 마시지 않는다**

  음료는 같이 마실 경우 만복감이 너무 일찍 와서 다른 음식의 섭취를 잘 못하게 된다.

- **환자가 가장 좋아하는 음식을 제공**

  암 환자에게는 영양공급이 우선이므로 기호를 조사하여 가장 좋아하는 음식으로 제공한다.

- **될 수 있는 대로 가족이나 친구들과 같이 식사하도록 한다**

  암 환자들은 마음이 우울할 때가 많으므로 식사분위기는 밝게 하고 가족이나 친구들과 같이 식사하도록 한다.

메스꺼움이나 구토에 대응하는 방법

- **식후에는 1시간 정도 휴식:** 식후에 갑자기 움직이면 메스꺼움이 발생할 수 있다.
- **심호흡:** 메스꺼움이 심할 때 심호흡을 하면 견디기 쉽다.
- **메스꺼움을 느낄 때는 앉는다:** 메스꺼움을 느낄 때는 앉아 있는 것이 좋으며 누워 있을 때도 머리는 높이는 것이 좋다.
- **토할 때는 음료나 음식 공급 제한:** 토하는 것을 그칠 때까지 음료나 음식 공급을 제한하고 다시 맑은 유동식부터 시작한다.
- 식사 중에는 음료를 제한하고 식사 전이나 후에 음료를 제공한다.
- 자극성이 강한 음식은 환자들이 잘 섭취하기가 힘들다. 또한 뜨거운 음식 향은 메스꺼움을 잘 유발한다.
- 튀긴 음식, 기름기가 많은 음식, 지방이 많은 음식 등은 피한다.
- 주변에는 항상 간식거리를 두어 먹고 싶을 때 먹게 한다.
- **환자가 조금씩 먹고 잘 씹게 한다:** 소화되기 쉬운 음식을 소량으로 자주 제공한다.
- **제공되는 음식의 예:** 사과주스, 아이스티, 크래커, 마른 토스트, 젤라틴, 찬 음료나 찬 주스 등을 적은 양으로 주면 환자가 잘 섭취한다.

려해 본다. 또한 설사나 더부룩한 것이 유당불내증에 의해 야기된 것이라면 우유나 유제품은 제한해야 한다. 설사 시에는 수분, 염분, 칼륨이 손실되기 쉬우므로 이들 영양소의 보충이 필요하다.

암 환자는 진통제와 같은 약제 때문에 변비가 생기는 경우가 많으므로 변의 횟수와 양을 체크한다.

(3) 이미각증

암 환자의 공통적인 불만은 입맛이 바뀐 것이다. 이미각증은 암 환자들이 더욱 식욕부진, 체중 감소 등을 겪게 만든다. 이미각증에는 다음의 세 가지가 있다.

- 정상인들에게는 맛있게 느껴지는 식사나 음료가 역겹게 느껴지는 것
- 모든 식사나 음료에 대해 비정상적인 맛을 느끼는 것
- 특별히 자극적인 맛이 없는 것에서 좋지 않은 맛을 느끼는 것

암환자가 항암화학요법 후에는 치료 전에 좋아하던 음식에 대한 기호를 잃어버리

는 경우가 있다. 항암화학요법 전에는 1~2가지 식품을 소량 섭취하는 것이 좋다.

또한 특정 맛에 대해 예민성이 떨어지는 것도 암 환자의 정상적인 식사 패턴에 영향을 미치게 된다. 즉, 단맛이나 짠맛은 느끼기가 힘들어지고 쓴맛에 대한 예민도가 증가하여 더 강하게 느끼게 된다. 입안에 금속성의 맛이 남아 있어 음식 맛을 감지하는 데 영향을 주게 된다.

암 환자들은 소고기, 돼지고기보다는 가금류나 생선류(강한 냄새가 나는 것 제외)를 더 잘 받아들인다. 이 외에도 달걀이나 커스터드를 단백질 공급원으로 쓸 수 있다. 과일주스나 우유, 슬러시는 일반적으로 암 환자들이 잘 받아들인다. 간혹 혈액의 아연 수준이 떨어지면서 맛과 냄새에 대한 감각이 변하는 수도 있으므로 이때는 아연을 경구로 투여한다.

(4) 씹고 삼키기가 곤란할 때(저작, 연하장애)

암 환자는 항암화학요법이나 방사선 치료에 의해 입이나 식도가 헐어 있는 경우

미각 변화에 대처하는 방법

- 뜨겁고 냄새가 나는 음식보다는 시원하게 식힌 것을 먹어본다.
- 금속성 맛이나 쓴 맛을 민감하게 느끼는 경우에는 금속수저보다는 세라믹이나 나무식기·수저를 사용하는 것이 도움이 될 수 있다.
- 음식섭취 시 환자가 느끼는 맛을 기준으로 환자의 입맛에 맞추어 양념사용에 변화를 준다.

짠맛이 너무 강하게 느껴진다면 간장이나 소금 등의 사용을 줄이고, 쓴맛이 강하게 느껴진다면 올리고당이나 물엿 등의 단맛을 첨가해 본다. 단맛이 강하게 느껴질 때는 신맛과 짠맛을 이용해 볼 수 있다.

- 입안의 청결을 유지하는 것이 중요하다. 식후에는 반드시 양치를 한다.
- 미각저하가 있을 경우에는 입이 마르면 미각이 더욱 둔해지므로 수분유지를 위해 물을 조금씩 자주 마시거나, 침분비를 돕는 무설탕껌이나 사탕을 이용해 본다.
- 경구영양보충식의 맛이 거북할 때에는 빨대를 사용하여 혀와의 접촉을 최소화한다.

출처: 서울대학교병원 영양교육자료.

가 많으므로 삼킬 때 통증을 느낄 수 있으며 그 밖에도 씹고 삼키는 기능장애가 있을 때가 많다. 이때는 음식이 기도로 들어가지 않도록 먹고 마시는 것에 주의를 요한다. 연하장애를 나타내는 증상 및 연하장애가 있을 때 대처하는 방법에 대해서는 알아두기에서 제시하였다.

(5) 영양보충식 투여

영양사는 암 환자가 섭취하는 식사에 대한 섭취량을 평가하여 환자가 충분한 영양을 섭취하고 있는지를 살펴야 한다. 암 환자의 에너지 요구량은 개인차가 크며 환

연하장애를 나타내는 증상

- 입안에 음식을 물고 있을 때
- 음식을 내뱉거나 혀를 내밀 때
- 혀의 조절이 잘 안 되거나 지나치게 많이 움직일 때
- 음식물이 목에 걸렸을 때
- 입안에 분비물이 지나치게 많을 때(과잉 침분비)
- 입 한쪽으로 음식물이나 침을 흘릴 때
- 목젖이 잘 움직이지 않을 때
- 음식을 먹거나 음료수를 마신 후 가글링할 때와 비슷한 소리가 날 때
- 코나 입으로 음식을 토할 때

씹고 삼키기가 곤란할 때의 대처방법

- 환자는 앉아서 식사하는 것이 좋다. 이때 턱은 약간 아래로 향하며 식사 전후 15~30분은 앉아 있도록 한다.
- 식사하는 데 충분한 시간을 준다. 특히 노인에게는 식사에 많은 시간이 필요하다.
- 음식이나 음료는 조금씩 씹거나 마시는 것이 삼키는 것에 도움을 준다. 음식과 음료는 같이 먹지 않는 것이 기도로 음식이 들어가는 것을 방지할 수 있다.
- 삼킬 때는 머리를 약간 앞으로 숙이고 숨을 잠시 멈추는 것이 좋다.
- 목젖이 움직이는 것을 보면서 삼키는 것을 확인한 다음 환자에게 다음 음식을 준다.

표 17-8 암 환자의 에너지 요구량 산정

기준	에너지 요구량(kcal/kg)
일반적인 암 환자	25~30
체중 증가와 같이 영양개선이 필요한 암 환자	30~35
과대사나 스트레스 상태의 암 환자	35
패혈증	25~30
골수 이식	30~35

자의 상황에 맞추어 개별적인 접근을 하는 것이 필요하다. 일반적으로 암 환자의 현재 활동도나 스트레스 상황, 질병의 중증도 등을 고려한 체중당 에너지 요구량으로 산정한다.

암 환자의 현재 섭취량이 필요량에 비해 부족한 경우 부족한 양을 간식 등으로 섭취할 수 있도록 식사계획을 세워야 한다. 일상적인 간식섭취로 충분한 에너지 섭취가 어렵다고 판단이 되는 경우 부족한 에너지만큼 경구보충식을 계획한다. 액체, 가루, 푸딩 등 여러 종류의 상업용 경구영양보충식(Oral Nutritional Supplement, ONS)이 있으므로 환자들의 기호에 맞는 것을 선택한다. 환자가 섭취할 수 있는 양이 소량인 경우 농축된 제품 혹은 가루 제품을 이용하여 경구보충식을 농축하여 제공하는 것을 고려하도록 한다.

2 암 예방을 위한 식사지침

암 예방을 위한 식사지침은 정상체중을 유지하고 지방 섭취를 줄이며 충분한 채소, 과일의 섭취를 통하여 식이섬유와 항산화비타민 섭취를 돕는 것, 저염식을 하는 것과 관련되어 있다. 이 밖에도 식품의 오염, 첨가제, 음주, 흡연 습관에 관련 항목이 포함된다. 세계암연구재단(World Cancer Research Fund, WCRF)에서는 암 발생 및 관리에 관련된 연구결과들에 대한 근거중심적 분석을 종합하여 보고서를 내고 이 보고서를 토대로 하여 암 예방을 위한 10개 지침을 제시하였다.

(1) 건강체중을 유지하자

성인기 생애 전반에 걸쳐 체중을 건강한 체중 범위 이내에서 가능한 한 적게 유지한다. 유년기와 어린 시절의 과체중과 비만은 성인기에도 지속되기 쉬우므로 주의가 필요하다. 성인기의 체중 증가는 유방암, 대장암 등의 위험률을 높일 수 있다. 건강 체중 유지를 위해서는 신체활동을 유지하고, 식사는 통곡류, 채소, 과일 및 콩류를 풍부하게 구성하며 패스트푸드를 비롯하여 지방, 정제곡류, 당 함량이 높은 가공식품의 섭취를 제한한다. 특히 당 함유 음료 섭취에 주의한다.

(2) 활동적인 생활을 유지하자

매주 중등도 수준의 신체활동(걷기, 자전거 타기, 집안일, 정원 가꾸기, 수영, 댄스 등)을 150분 이상 혹은 75분 이상의 격렬한 유산소 신체활동(달리기, 빠르게 수영하기, 빠르게 자전거 타기, 에어로빅, 팀 스포츠 등)을 포함하여 매일 활동적인 생활을 유지하고 앉아 있는 습관을 최소화한다. 신체활동량이 많을수록 암 예방에 더 도움이 될 수 있다. 성인과 어린이 모두 텔레비전, 컴퓨터, 스마트폰, 비디오 게임을 하는 동안 지방, 정제 전분이나 당이 다량 함유된 가공식품의 마케팅에 노출되기도 하므로 주의가 필요하다.

(3) 전곡류, 채소, 과일 및 콩류를 이용하여 식사를 구성한다

잡곡, 채소류(감자, 고구마, 마 등 제외), 과일 및 콩류를 이용하여 식사를 구성한다. 매일 다양한 색상의 채소류와(감자, 고구마, 마 등 제외) 과일을 최소 400 g 이상 섭취한다. 잡곡, 채소, 과일에는 섬유질과 다양한 비타민, 무기질 및 생리활성 물질이 포함되어 있으며 에너지 밀도도 상대적으로 낮다.

(4) 지방, 탄수화물, 당 함량이 높은 '패스트푸드'와 같은 가공식품의 섭취를 제한한다

지방, 탄수화물, 당 함량이 높은 패스트푸드, 반조리식품, 스낵류, 제과류 및 디저트 사탕류 등의 섭취를 제한한다. 그렇다고 지방 함량이 높은 모든 식품을 제한하는 것은 아니다. 견과류, 종실류는 지방 이외에 무기질 등의 영양소를 포함하고 있으므로 적정량 섭취 시 문제가 되지 않는다. 당부하 지수가 높은 음식은 자궁내막암의 원인이 되므로 주의가 필요하다.

(5) 적색육 및 가공육의 섭취를 제한한다

적색육 및 가공육의 섭취는 대장암·직장암의 원인이다. 적색육은 철, 아연 및 비타민 B$_{12}$의 주요 급원 식품이지만 적색육 섭취는 일주일에 3인분 이하로 제한한다. 가공육은 에너지 밀도가 높고 염분 함량이 상대적으로 높을 뿐 아니라 가공과정에 발암물질이 생성될 수도 있으므로 가능한 한 적게 섭취한다.

(6) 가당 음료 섭취를 제한한다

수분섭취 급원으로는 물이나 차, 설탕을 첨가하지 않은 커피와 무가당 음료를 이용한다. 가당 음료가 직접적으로 암을 유발하는 것은 아니지만 신체활동 부족과 동반되는 경우 과체중 및 비만의 원인이 된다. 가당 음료뿐 아니라 과일주스 역시 다량 섭취 시 체중이 증가할 수 있으므로 주의가 필요하다. 커피나 차는 체중 증가와는 관계없더라도 카페인을 함유하고 있으므로 섭취 시 카페인 1일 최대 섭취량을 넘지 않도록 한다.

(7) 알코올 섭취를 제한한다

암 예방을 위해서는 알코올이 함유된 음료를 마시지 않는 것이 최고의 방법이다. 알코올 음료 섭취는 다양한 암의 원인이 된다. 소량의 알코올 섭취도 일부 암의 위험을 증가시킬 수 있다. 또한 알코올 음료 종류와 상관없이 모든 알코올 음료는 암 발생 위험에 유사한 영향을 미친다.

(8) 암 예방을 위해 건강보조식품을 섭취하지 않는다

암 예방을 위해 고용량의 건강보조식품을 섭취하는 것은 권고되지 않는다. 비록 칼슘 보조제가 대장암·직장암 발생을 예방하는 데 도움이 되지만 고용량의 베타카로틴 보조제 섭취가 흡연자들에게 폐암의 원인이 되었다는 보고도 있다. 질환이나 특별한 영양문제가 있지 않은 대부분의 사람들은 건강한 식사를 통해 충분한 영양을 얻을 수 있으므로 건강보조식품이 필요하지 않다.

(9) 가능한 한 모유수유를 권장한다

모유수유는 유방암을 예방할 뿐 아니라 아동기의 과체중 및 비만을 예방할 수 있으므로 산모와 아기 모두에게 유익하다.

그림 17-2 **암 예방을 위한 권고사항**

(10) 암 진단 후 가능한 한 암 예방 권고사항을 준수한다

암 생존자(암치료가 끝난 모든 사람을 포함)에게는 식사, 영양 및 신체활동이 무엇보다 중요하다. 암생존자는 가능한 한 급성 치료가 끝난 후에 암 예방 권고사항을 따르며 훈련된 전문가로부터 관련 지침 및 영양상담을 받아야 한다.

18장

수술과 화상

1 수술이나 상처가 대사에 끼치는 영향

2 수술 전의 영양

3 수술 후의 영양

4 수술 부위에 따른 영양관리

5 화상 후의 식사요법

수술 환자는 수술 전의 검사로 인한 금식, 정신적 스트레스, 식욕부진 또는 수술 그 자체가 가져오는 병리적 원인에 의해서 영양불량이 나타나기 쉽다. 영양상태가 좋은 환자들은 영양불량인 환자에 비해 수술을 잘 견디며 수술 후의 합병증이나 사망률이 낮다. 따라서 수술 전 환자의 영양상태를 평가하고 영양상태가 불량한 환자를 대상으로 적절한 영양지원 계획을 세워 영양상태를 호전시킨 후 수술을 하는 것이 필요하다.

1. 수술이나 상처가 대사에 끼치는 영향

수술은 신경내분비계를 자극함으로써 부신에서 카테콜라민류(글루코코르티코이드, 에피테프린, 노르에피네프린)들을 분비하게 한다. 카테콜라민은 인슐린 분비를 방해하며, 동시에 인슐린에 대한 저항성을 증가시키게 된다. 카테콜라민은 간에 저장된 글리코겐의 분해와 더불어 간으로부터 당의 유출을 자극시키며 글루코코르티

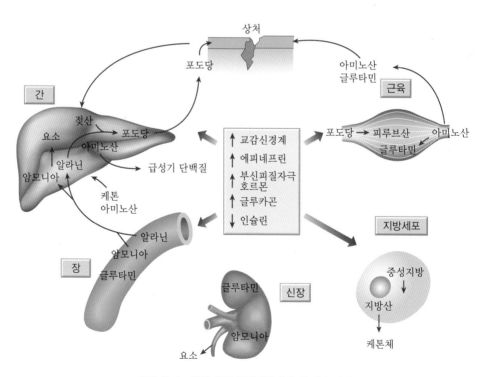

그림 18-1 외상 시의 신경내분비계 및 대사 변화

코이드는 간에서 당의 신생합성을 촉진하게 되어 수술 직후의 환자들에게 당뇨와 비슷한 고혈당 증상이 나타난다.

수술 후의 호르몬 변화는 체단백 분해를 가져오고 동시에 단백질 합성은 억제한다. 이러한 체단백의 분해는 수술로 인해 항진된 에너지 대사에 필요한 에너지를 조달하기 위해 필요하며, 또한 상처 부위의 새로운 체조직 형성을 위한 아미노산을 공급하기 위해서도 필요하다. 이때 체단백 분해가 주로 일어나는 곳은 근육층이며, 내장 단백질의 경우 최대한 보유되는 것으로 알려졌다.

수술 후의 호르몬 변화는 지방조직으로부터 지방산을 유리시켜 간이나 조직에서의 에너지원으로 쓰이게 되므로 저장지방 및 체지방이 급속히 감소된다. 또한 항이뇨호르몬의 분비로 인해서 소변의 양이 감소되어 나트륨의 배설은 감소되고, 체단백 분해로 인한 칼륨, 황, 인의 배설이 증가된다.

2. 수술 전의 영양

수술 전 환자의 영양관리는 환자의 영양상태와 수술의 종류에 따라 다르다. 영양상태가 양호한 환자는 영양불량 환자보다 큰 수술을 더 잘 견뎌낼 수 있다. 영양이 불량한 경우는 수술 후 상처 치유가 지연되고 수술 부위의 봉합 부전, 상처 감염 등으로 인한 합병증이 일어날 수 있어 수술 후의 이환율과 사망률이 증가한다.

▮ 식사요법

수술 전에 정맥영양을 실시하는 것은 심한 영양결핍증 환자들로 제한해야 하며, 큰 수술을 할 예정인 영양결핍증 환자에게는 영양지원을 통해 7~10일간 적절한 영양공급을 하는 것이 필요하다. 수술 직전에 위 속에 음식물이 남아 있는 경우에는 수술 도중이나 수술 후 마취에서 깨어날 때 구토를 일으켜서 흡인될 수 있으므로 주의해야 한다. 한편, 수술 전 2시간까지는 2.5% 탄수화물 음료를 섭취하도록 하는 것이 수술 후 인슐린 저항성을 높이고 체단백질 분해를 완화시켜준다는 보고도 있으므로 적절한 수액관리를 하며 금식시간을 최대한 줄이는 것이 바람직하다.

(1) 에너지

충분한 에너지 공급이 필수적이다. 탄수화물은 체조직 합성에 필요한 단백질이 에너지원으로 사용되는 것을 방지하고 대사 항진으로 인해 증가한 에너지 요구량을 충족하기 위해 적절하게 공급한다. 특히 포도당은 수술 후 케톤증 예방과 구토 방지에 도움을 주고, 간 글리코겐 저장량을 증가시켜 간 기능을 보호해준다. 영양부족인 환자는 수술하기 전에 에너지 공급을 평상시보다 30~50% 더 증가시키는 것이 좋다.

(2) 단백질

수술 도중의 혈액 손실이나 수술 후 대사 항진으로 인한 체조직 이화에 대비하여 체내에 단백질을 충분히 보유해야 한다. 또한 감염 예방과 조속한 상처 회복을 위해 충분한 단백질이 공급되어야 한다.

(3) 비타민과 무기질

비타민은 상처 회복에 중요한 역할을 한다. 특히 비타민 C는 콜라겐 합성에서 프롤린과 리신의 수산화 반응에 필수적이다. 비타민 K는 프로트롬빈의 합성에 필수적이므로 비타민 K 결핍은 수술 시 과다한 출혈을 초래하고 감염을 유발할 수 있다. 에너지 및 단백질 섭취 증가에 따라 비타민 B 복합체의 섭취를 증가시켜야 하며, 이 밖에도 수분 및 전해질의 균형을 유지해야 한다.

(4) 수분

환자가 적절한 수분균형 상태에 있도록 수술 전 수액관리에 중점을 두어야 하고, 환자가 탈수상태일 때는 수술하지 않는 것이 환자의 안전을 위해 중요하다.

응급환자가 구강으로 수분을 공급받을 시간이 없거나 환자가 구강 섭취가 불가능할 때는 정맥주사를 통하여 충분한 양의 전해질과 수분을 공급해야 한다.

3. 수술 후의 영양

수술 직후에는 수술로 손실된 수분 및 전해질로 인한 탈수와 쇼크를 방지하기 위해 수분과 전해질을 보충하고, 회복하는 동안에는 수술 후 항진되는 체내 대사에 대처하고 빠른 치유를 위하여 에너지 및 영양소를 충분히 공급해 주도록 한다.

1 식사요법

수술 후에는 가능하면 일찍 경구로 수액을 섭취하는 것이 바람직하지만, 수술 직후 수분 및 전해질 공급을 목적으로 정맥 수액을 공급할 수도 있다. 심한 영양결핍 상태에서는 수술 후 1~2일 이내에 영양지원을 하여, 수술 합병증을 감소시키고 수술 후 기계적 압박이나 장관의 경련 및 마비에 의해 일어나는 장폐색증을 예방하도록 한다. 수술 후 일주일 이상 경구섭취가 불가능한 경우에도 영양지원을 하는 것이 바람직하다. 수술 후 위장관의 상태에 따라 음식물 섭취 여부가 결정되는데 장운동 소리(bowel sound)가 다시 들리거나 가스가 나오기까지 기다려야 한다. 일반적으로 맑은 유동식, 유동식, 연식, 일반식으로 진행시키며, 수술의 종류에 따라 일반식부터 섭취할 수도 있다.

(1) 에너지

수술 후 에너지 대사가 항진되므로 합병증이 없는 수술 환자의 경우 에너지 필요량은 정상 필요량의 10% 정도가 증가한다. 복합 골절이나 외상 수술의 경우에는 10~25%가 증가하며, 발열이 동반될 때는 체온이 1℃ 증가할 때마다 기초대사 에너지는 12%가 증가한다. 증가한 에너지 필요량을 탄수화물과 지질로 충분히 공급하지 않으면 단백질이 대신 이용되어 상처 회복이 지연되므로 충분한 에너지를 공급해야 한다.

(2) 단백질

상해나 수술로 인한 조직 손상은 질소 배설량을 증가시켜 체단백질 손실을 초래한다. 수술 후 이화작용이 항진되면 혈청단백질 농도가 저하되고, 소변으로 질소 배설이 증가하므로 음의 질소평형이 수술 후 일주일 동안 나타난다. 회복시기인 수술 후 2~5주 동안은 동화기로 양의 질소평형을 나타낸다. 이 기간에는 체조직이 보수되어 상처가 치유되며, 점차 피하지방이 증가하며 수술 전의 체중으로 회복된다. 그러나 수술 후 저단백혈증이 있으면 상처 회복이 지연되고, 감염에 의한 합병증 위험이 커지며, 수술 봉합이 완전하게 이루어지기 어렵다. 따라서 상처의 빠른 회복과 출혈로 인해 손실된 적혈구의 회복, 빈혈 예방, 항체와 효소의 생성을 위해서 단백질 공급을 충분히 한다. 일반적으로 수술 후 공급되는 단백질량은 체중 kg당 1.5~2 g이다.

(3) 비타민과 무기질

영양상태가 양호한 간단한 수술 환자에게는 비타민 보충이 필요하지 않으나, 큰 수술을 한 경우나 수술 전후 장기간 단식을 한 경우에는 비타민을 권장섭취량의 2~3배 정도 공급한다. 비타민 C는 상처 치유에 필요하므로 수술 후 1일 100~300 mg의 섭취를 권한다. 비타민 A는 상피 조직의 구성에 필요한 것으로 결핍 시 상처 회복이 지연되며, 비타민 K가 결핍될 경우 프로트롬빈 농도를 감소시켜 혈액 응고를 지연시키므로 이들 비타민을 충분히 공급한다. 비타민 B 복합체는 탄수화물과 단백질 대사에 필요한 조효소로 수술 후 부족해지기 쉬우므로 주의한다. 아연은 아미노산 대사와 콜라겐 전구체의 합성에 필요하므로 충분히 공급하여 상처 치유를 돕도록 한다.

(4) 수분

수술하는 동안에는 혈액, 수분, 전해질이 손실된다. 수술 직후 탈수와 쇼크 상태를 방지하기 위하여 수분과 전해질의 모니터링이 필요하다. 수술 후 합병증이 없는 경우에는 2,000~3,000 mL를 공급하고, 체온 상승이나 패혈증의 합병증이 있는 경우에는 3,000~4,000 mL의 수분 공급이 필요하다. 환자의 상태에 따라 수분 공급 방법이 달라지는데, 수술 후 구강으로 물을 섭취하지 못한 경우에는 정맥주사로 수분을 공급하기도 한다.

4. 수술 부위에 따른 영양관리

1 편도선 수술

편도선 수술 후에는 목이 매우 예민하므로 음식은 자극성이 없어야 하며 온도는 체온에 가깝게 해야 한다. 이때 제공되는 음식은 전유동식이며, 자극성이 있는 감귤류 주스나 수프, 커피 같은 뜨거운 음식은 피해야 한다. 처음 24시간 동안에는 미음, 우유, 과일넥타, 펀치, 젤라틴 등의 식사를 주고, 환자가 잘 견디면 미지근한 식품이나 반숙란, 으깬 감자 등의 부드러운 음식을 더한다.

2 위 절제수술

(1) 수술 직후의 식사처방

위 수술은 위의 어느 부위를 절제하느냐에 따라 수술 후 발생하는 문제가 다르다. 위 수술 직후에는 수술 전의 식사량을 유지하기 어려우므로 식사는 소량으로 자주 해야 하며, 이때의 음식은 쉽게 소화되고 자극성이 적고 식이섬유 성분이 적어야 한다. 수술 후 장의 정상적인 운동이 되돌아올 때까지 24~48시간 동안 입으로 아무것도 주지 않고 정맥주사로 영양을 공급하게 된다.

환자가 맑은 물을 마실 수 있으면 소량의 액체를 매시간 주면서 차츰 연식으로 옮아가게 된다. 처음에는 1회 섭취할 수 있는 식사량이 적으므로 하루에 5~6끼의 식사를 하게 된다. 일반식으로 이행하기까지 보통 2주가 걸리며 회복에 걸리는 기간은 개인별로 다르다. 1회 식사량이 점차 증가하게 되면 환자는 하루 세끼 식사를 할 수 있게 된다.

최근에는 공장조루술(jejunostomy)을 시행하여 관을 통해 경장영양액을 보다 빨리 환자에게 공급하는 경우가 늘어나고 있다.

(2) 수술 후 여러 가지 증상

① 덤핑증후군(dumping syndrome)

위 절제수술 후 환자가 비교적 한꺼번에 많은 양의 음식을 먹게 됨에 따라 덤핑증

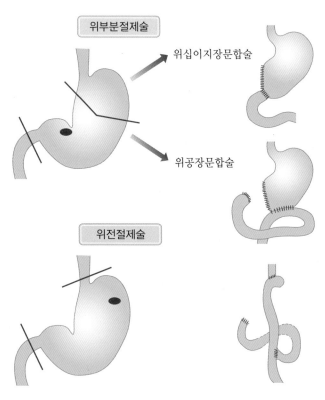

위부분절제술

위십이지장문합술

위공장문합술

위전절제술

그림 18-2 **위절제술의 종류**

후군이 발생하게 된다. 덤핑증후군은 소장 상부 공장으로 음식이 한꺼번에 들어오면서 환자에게 불쾌감을 주는 증상이다. 위 절제수술을 시행하면 위에서 소장으로 내려가는 음식의 양과 속도를 조절하는 유문부의 기능이 소실되어 한꺼번에 많은 양의 음식을 빨리 섭취하는 경우 소장으로 음식이 빨리 넘어가면서 덤핑증후군이 발생하게 된다.

● 초기 덤핑증후군

초기 덤핑증후군이란 식사 후 10~20분 후에 상복부통증과 복부팽만감, 메스꺼움, 설사 등의 증상이 생기는 경우를 말한다. 이는 가수분해된 단수화물을 많이 포함한 음식이 공장으로 빨리 들어가면서 주위의 세포외액에 비해 높은 삼투 농도를 나타내어 혈액으로부터 물을 장으로 끌어들이게 되면서 발생한다. 따라서 혈액량이 줄어들게 되어 혈압이 떨어지면 심장박동은 빨라지고 맥박 수는 높아지며 발한과 허약감, 경련, 현기증 등이 일어난다.

위 절제수술 후의 식사요법

- 쉽게 소화되는 음식 위주로 적은 양을 자주 주어서 환자가 불편하지 않게 해야 한다.
- 덤핑증후군 예방을 위해 식사의 단순당 함량은 낮고 천천히 흡수되는 복합 탄수화물과 펙틴은 많아야 한다. 따라서 설탕, 캔디와 당이 농축된 음료나 디저트 등은 금하고 복합 탄수화물이 충분한 빵, 쌀, 채소류 등을 적당량 공급한다.
- 지방은 음식을 천천히 장으로 내려보내고 체중을 유지하는 데 필요하므로 지방변이 심하지 않으면 제한할 필요는 없다.
- 단백질은 체중을 유지하고 상처의 회복을 위해서 필요하며, 특히 고기 종류를 많이 공급하는 것은 철의 공급을 가져온다.
- 식사 때 음료를 과량 공급하면 음식물이 장으로 내려 가는 속도를 더욱 빠르게 하여 덤핑증후군을 악화시킬 수 있으므로, 식사 중의 수분섭취는 소량만 하도록 하며, 전체적으로 수분섭취가 부족해지지 않도록 식사 사이사이 물이나 엷은 차 등을 수시로 마신다.
- 식후에 비스듬히 기대어 있는 것은 소화물이 공장으로 내려가는 속도를 늦추므로 덤핑증후군 증상을 완화하는 데 도움이 된다. 그러나 위식도역류증상을 예방하기 위해 식후에 바로 눕지 않도록 한다.

● 후기 덤핑증후군

후기 덤핑증후군이란 식후 약 2시간 후에 저혈당 증세가 나타나는 것을 말하는데, 환자는 공복감, 손떨림, 허약감 등을 느끼게 된다. 이는 식후 과량의 당이 빨리 흡수됨에 따라 식후 고혈당증을 일으키고, 이것이 너무 많은 인슐린 분비를 자극하여 결국에는 저혈당 증세가 발생하기 때문에 생긴다.

② 흡수불량과 체중감소

위 절제로 인해 위산이 감소하는데, 위산의 감소 자체가 흡수불량을 일으키는 원인이 될 수는 없다. 왜냐하면 췌장에서 분비되는 효소들이 음식의 가수분해를 충분히 일으킬 수 있기 때문이다. 반면 위산의 부족은 미량원소인 철의 흡수 부족을 가져와 생리를 하는 여성에게 철 결핍이 흔히 발견된다. 철 결핍은 고기류의 섭취나 경구로 복용되는 철분제에 의해서 예방될 수 있다. 위 수술 후에는 칼슘 대사의 불균형 때문에 환자의 30%에게서 골다공증이 발견되며 사소한 충격에도 뼈가 부러지기도 한다. 따라서 칼슘 섭취가 부족해지지 않도록 해야 한다.

위 절제수술로 인해 내적인자(intrinsic factor)의 부족으로 비타민 B_{12} 흡수 부족이 일어나기 쉽다. 위 부분 절제 환자들의 혈청 비타민 B_{12} 수준은 낮으나 실제로 악성빈혈이 발병하는 것은 드물다고 알려져 있다. 그러나 위 전부를 절제한 경우 주사로 비타민 B_{12}의 공급이 이루어져야 한다.

위 절제수술 후에는 체중 감소가 흔하게 일어난다. 이것은 흡수불량에만 기인하는 것은 아니며 식사 시에 만복감을 너무 일찍 느끼고 덤핑증후군과 설사 때문에 먹기를 두려워하는 데서 기인한다. 그러므로 덤핌증후군과 설사를 조절하고 환자가 두려움 없이 식사에 임할 수 있도록 적절한 영양상담을 통해 음식섭취량을 늘려 주면 어느 정도 체중 감소를 줄일 수 있다.

음식의 온도가 너무 차거나 뜨거우면 장의 운동이 촉진되므로 체온과 비슷한 온도가 좋으며 지나친 염분 제한은 수술 후 회복 초기에 환자의 식욕저하를 가져올 수 있으므로 주의한다.

❸ 담낭 수술

담낭염이나 담석증이 심할 경우 담낭을 제거하는 수술을 받게 된다.

담낭제거로 인해 담즙산이 충분히 공급되지 못하므로 식사에서 지방을 조절하는 것이 상처 치유와 환자를 편안하게 해주는 데 도움이 된다. 지방이 십이지장에 장시간 머물게 되면 장에서 콜레시스토키닌(Cholecystokinin, CCK)을 계속 분비하게 되어 이것이 수술부위를 수축시켜 통증을 유발한다. 그리고 지방의 소화를 위해 간으로부터 담즙산이 장으로 충분히 나올 때까지의 적응기간도 필요하므로 처음에는 저지방식으로 출발하고 환자의 적응도에 따라 차츰 지방의 양을 늘려 간다.

❹ 장 절제술

(1) 장의 절제가 연동운동에 끼치는 영향

소장에 영양소가 존재하면 이것이 위의 운동성을 저하시키는데, 소장이 절제되었을 경우 위의 운동성이 증가하게 된다. 또한 공장의 운동성은 빠르고 회장의 운동성은 느리므로 회장을 절제하였을 경우 남아 있는 장은 소화 내용물에 대해 매우 빠른 통과율(transit rate)을 가지게 된다. 대장은 운동성이 제일 느리므로 대장을 제거하였을 경우 남아 있는 장의 통과율은 증가한다.

(2) 장의 절제가 영양소의 흡수에 끼치는 영향

소장의 절제가 영양소의 흡수에 끼치는 영향은 소장의 절제한 부위와 길이에 따라 다르다. 십이지장을 절제했을 때는 흡수에 별 지장은 없으나 100 cm 이상의 회장을 절제했을 때는 지방변을 유발한다. 소장의 50% 이하를 절제했을 때는 특별한 도움 없이도 환자가 견딜 수 있으나 75% 이상의 소장을 절제했을 경우에는 특별한 도움 없이 영양상태가 유지될 수 없다.

소장을 절제한 경우에 단백질과 당의 흡수는 비교적 잘 일어나지만 지방의 흡수불량이 심하고 지방에 녹아 흡수되는 지용성 비타민의 흡수가 나빠진다. 칼슘이나 마그네슘 등은 지방과 결합하여 배설되므로 칼슘이나 마그네슘의 흡수불량이 일어나게 된다. 이 밖에도 아연과 인의 흡수도 줄어들고, 특히 회장을 절제하였을 경우 비타민 B_{12}의 흡수가 거의 일어나지 않으므로 따로 주사로 공급해야 한다.

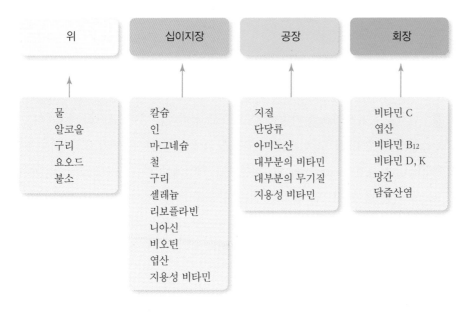

그림 18-3 영양소 흡수 부위

출처: Marian, M., Russell, M., Shikoro, S. R. *clinical nutrition for surgical patients*.
Jones and Bartlett Publishers, p.133. 2008.

(3) 장의 절제가 물과 전해질의 흡수에 끼치는 영향

수술 후 장의 어느 부위가 남아 있느냐에 따라 물과 전해질의 흡수에 끼치는 영향이 다르다. 대장이 남아 있으면 설사는 최소한으로 일어나지만 회장이 절제되었을 경우 회장에서 담즙산염이나 지방산 등을 흡수하지 못하여 장 내용물에 섞이게 됨에 따라 대장에서 설사가 일어나게 된다. 이러한 현상은 회장과 함께 대장의 일부가 절제되었을 경우 더욱 심해져서 설사로 인해 물과 여러 가지 무기염들의 유실이 심각하게 되어 탈수, 저칼륨혈증(hypokalemia), 저마그네슘혈증(hypomagnesemia) 등이 나타난다.

(4) 장 수술 후의 식사요법

장 수술 후에는 보완작용으로 위에서 위액 분비가 증가하며 장의 운동성이 증가하고 흡수불량으로 인해 삼투 농도가 높아지면서 물을 끌어들이게 되어 설사가 잘 일어나게 된다.

위산의 과다분비는 췌장에서 분비되는 리파아제를 불활성화시킬 우려가 있으므로 위산의 과다분비 및 항진된 장운동을 조절하는 약물치료가 병행되기도 한다. 처음 한 달간은 물과 전해질 평형을 조절하고 상처와 감염이 일어나지 않도록 모니터링하면서 영양공급을 한다.

소장이 약 20~30% 정도 남아 있으면 입으로 등장액의 물을 공급할 수 있다. 입으로 음식을 섭취한다는 것은 위장에서의 호르몬 분비를 자극시켜 남아 있는 소장의 흡수면적을 증가시키므로 가능한 한 입으로 섭취하는 것은 대단히 중요하다. 입으로 소량의 물을 마실 수 있으면 이제 정상식사로 진행할 것인가 또는 가수분해 영양액(hydrolyzed formula)을 쓸 것인가를 결정해야 한다. 이때 소장의 길이가 60~80cm 이상 남아 있으면 입으로 먹는 정상식사로 차츰 이행한다. 환자는 식사 때 물기 없는 고체 음식을 먹는 것이 좋고 등장액의 물을 식후 1시간 이후에 공급한다. 수분의 섭취는 고형음식의 섭취와 분리하는 것이 장 수술 후 위가 비는 속도가 증가하는 것을 둔화시킬 수 있다.

일주일에 1~2가지 새로운 음식을 환자가 소화시킬 수 있는 범위에 더해 가면서 입으로 영양소의 섭취를 늘린다. 이때 음식섭취에 관한 일기를 쓰게 되면 도움이 된다. 지방은 일반적으로 잘 소화하지 못하므로 처음에는 저지방식을 한다. 장 수술 후 에너지 섭취량은 일반적으로 표준체중 kg당 32kcal를 권장하는데, 이때 실제 제공하는 양은 절제된 장의 길이 및 환자의 흡수율을 고려하여 필요량의 1.5~2배를 목표로 삼는다. 알코올과 카페인은 장의 운동을 자극하므로 금하는 것이 좋으며 환자가 소화시킬 수 있으면 고단백, 고에너지식사를 제공하여 정상체중을 유지시켜야 한다. 이 밖에도 특히 수용성 비타민과 칼슘, 마그네슘 같은 무기질의 공급도 충분히 이루어져야 하며 필요시 보충제를 사용한다.

5. 화상 후의 식사요법

심한 화상을 입은 환자를 치료할 때 가장 우선시되어야 할 것은 적극적인 영양공급이다. 화상 시의 영양처방은 환자의 나이와 현재의 건강상태, 화상의 심한 정도에 따라 달라지는데, 피부면적의 20% 이상에 화상을 입었거나 또는 화상 전에 영양불량이었거나 상처가 곪은 경우, 화상 후에 화상 전 체중의 10% 이상이 줄었을 경우는 보다 적극적인 영양치료가 필요하다.

화상은 심한 정도에 따라 아래와 같이 4단계로 구분한다.

① 1도 화상: 홍반과 표피층의 세포괴사, 동통, 부종 등이 일어난다.
② 2도 화상: 홍반, 물집과 더불어 진피층 일부의 괴사가 일어난다.
③ 3도 화상: 지방층을 포함한 피부 전층의 괴사, 손실이 일어난다. 피부가 건조해지며 흰색 혹은 검은색으로 변하고 감각이 없어진다.
④ 4도 화상: 피부의 전 층과 함께 피하의 근육, 힘줄, 신경조직까지 손상된다.

1도 화상에서는 감염 방어능력이 손상되지 않고 상피세포로부터 새로운 조직을 만들어 낼 수 있으며, 2도 화상의 경우 진피의 일부만 손상되었다면 약 2주 정도면 상피가 재생된다. 3도와 4도 화상에서는 회복에 필요한 충분한 피부를 가지고 있지 않으므로 화상이 심한 경우에는 피부이식이 필요하다. 일반 성인의 경우 피부의 15~20%, 노인이나 어린이들의 경우 피부의 10%에 화상을 입었을 때는 체액의 손실이 심하므로 정맥주사 치료를 해야 하며, 피부면적의 50% 이상의 화상을 입었을 때

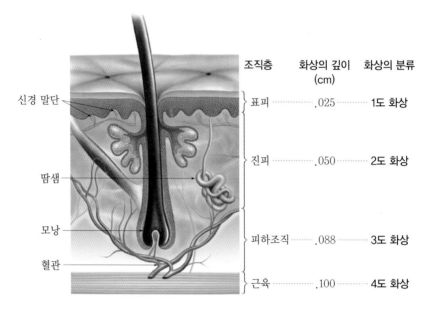

그림 18-4 **화상의 분류**

는 특히 어린이와 노인들에게는 치명적이다. 왜냐하면 화상으로 인해 증가된 대사율과 단백질 분해가 체조직의 막대한 손실을 가져오기 때문이다. 몸무게의 40%가 감소되면 치명적이고, 몸무게의 10~40%가 감소되면 환자의 질병 감염률과 사망률이 증가되고, 상처의 치유속도가 떨어지게 된다. 화상 후 적절한 영양공급은 이식된 피부를 잘 받아들이기 위해서도 필요하다.

■ 화상 후의 생리적 변화와 식사요법

(1) 쇼크 기간

이 기간은 환자에게 물과 전해질을 공급하는 것이 가장 중요하다. 이는 상처를 통해 많은 양의 체액과 전해질의 손실이 있기 때문이며, 이 손실을 보상하기 위해 혈관벽의 투과성이 키지면서 혈장과 알부민이 세포외액으로 빠져 나와 혈액량의 감소로 인해 오는 쇼크를 방지하기 위해서이다.

이때 필요한 물의 양은 환자의 나이, 몸무게, 화상 정도에 따라 다르다. 화상의 초기 단계에는 대사가 매우 항진되어 있으므로 단백질과 에너지의 공급을 너무 많이

표 18-1 **쿠레리 공식을 통한 연령별 에너지 요구량 결정 공식(남녀 공통)**

연령(세)	에너지 요구량
< 1	기초에너지량 + (15 kcal × 화상 부위의 체표면적 백분율)
1~3	기초에너지량 + (25 kcal × 화상 부위의 체표면적 백분율)
4~15	기초에너지량 + (40 kcal × 화상 부위의 체표면적 백분율)
16~59	25 kcal × 화상 전 평소 체중(kg) + (40 kcal × 화상 부위의 체표면적 백분율)
> 60	기초에너지량 + (15 kcal × 화상 부위의 체표면적 백분율)

* 기초에너지량 = 연령별 체중 kg당 에너지 권장량 × 화상 전의 체중

하지 않으며 고혈당을 예방하기 위해 포도당을 포함하지 않은 전해질 용액을 쓰게 되는데, 이때 링거 용액과 같은 생리적 식염수가 많이 쓰인다.

(2) 회복기

화상 후 48~72시간 후에는 조직액과 전해질이 일반 순환기로 재흡수되고 여분의 액은 배설되면서 회복기에 접어들게 된다. 5일이나 1주일쯤 후에는 환자의 몸무게와 장의 기능이 정상으로 돌아오게 되며, 이때는 본격적인 영양공급이 시작될 때이다. 화상 환자에게 있어서 식사요법의 목표는 체중 감소율을 화상 전 몸무게의 10% 이하로 유지하는 것이다. 이를 위해서는 증가된 환자의 영양요구량에 맞는 충분한 영양소를 공급하면서 대사성 합병증은 최소화하도록 해야 한다.

① 에너지

화상 시에는 여러 가지 분해 호르몬이 늘어나면서 중요한 조직에서의 산소 소비량이 늘어나고, 심장 박출량이 늘어나면서 에너지 대사의 항진(hypermetabolism)이 일어나며, 상처가 심한 경우에는 기초에너지대사량이 2배까지 증가하게 된다. 3,500~5,000 kcal의 에너지를 고탄수화물 식사와 함께 공급해야 조직 재생에 필요한 단백질을 절약할 수 있으며, 동시에 높아진 에너지 요구량도 충족시킬 수 있다.

각 환자에게 필요한 에너지는 쿠레리가 보고한 다음과 같은 식으로 구할 수 있다.

만약에 환자가 열이나 패혈증, 수술 등이 있을 때에는 여분의 에너지를 추가해야 한다. 그러나 환자에게 제공되는 총에너지는 기초에너지대사량의 2배를 넘지 않도록 한다.

쿠레리의 식

- 어른: (25 kcal × 화상 전 몸무게(kg)) + (40 kcal × 전체 피부면적에 대한 화상 피부면적의 %)
- 어린이: (30~100 kcal(나이에 따른 기준치) × 화상 전 몸무게(kg)) + (40 kcal×전체 피부면적에 대한 화상 피부면적의 %)

② 단백질

화상 환자는 스트레스 반응으로 인해 일어나는 체조직의 분해와 상처로부터 흘러나오는 분비물, 혈액으로 인해 많은 양의 단백질을 잃게 되므로 고단백질 식사를 해야 한다. 실제로 소변으로 배설되는 질소의 양은 화상 초기에 최고치에 도달했다가 점차로 감소하게 된다. 어른의 경우 섭취하는 에너지의 20~25%를 양질의 단백질로 섭취하거나 다음과 같은 식에 의해 단백질 필요량을 구할 수 있다.

(1 g 단백질 × 화상 전 몸무게(kg)) +
(3 g 단백질 × 전체 피부면적에 대한 화상 피부면적의 %)

일반적으로 어른은 체중 kg당 2~3 g의 단백질이 질소평형을 위해 필요하며, 어린이는 나이에 준한 권장섭취량의 약 2~4배 정도의 단백질이 필요하다.

상처 회복이나 이식한 피부 등을 관찰하면 에너지 및 단백질 공급량의 적정성을 간접적으로 평가할 수 있다. 또한 질소평형을 조사하는 것도 단백질 영양상태를 판정하는 데 도움이 된다. 이때 상처로부터 흘러나오는 단백질도 반드시 계산하여야 하는데, 피부 전층이 화상을 입은 면적 1%에 대해 0.2 g의 단백질을 상처를 통해 잃는다고 계산하면 된다.

소변과 상처를 통해 이루어지는 질소 배설량은 상처가 회복됨에 따라 점차 감소하게 되며, 이 밖에도 프리알부민(prealbumin), 트랜스페린(transferrin), 레티놀 결합 단백질(retinol-binding protein) 등을 재는 것도 환자의 단백질 영양상태를 평가하는 데 도움이 된다.

③ 탄수화물과 지방

탄수화물과 지방은 비단백질 에너지 급원이며, 탄수화물은 지방보다 단백질 절약 효과가 더 좋으므로 탄수화물의 공급 시에는 질소의 배설량이 줄게 된다.

일반적으로 환자가 산화시킬 수 있는 최대 포도당량은 1분당 6~7 mg 정도로 알려져 있으며, 이것은 전체 에너지 필요량의 약 60%가 된다. 만약에 탄수화물을 그 이상 공급하면 고혈당과 더불어 간 기능 저하가 오므로 일반적으로 탄수화물은 전체 에너지 필요량의 50~60% 선에서 공급하고 60% 선을 넘지 않도록 한다.

화상 환자에게 지방의 공급은 농축된 에너지 급원이 될 수도 있으나 많은 양의 지방은 면역작용을 방해하여 감염기회를 높이게 된다. 따라서 지방은 비단백질 에너지의 15% 선에서 제한시키고 ω−3 지방산이 높은 지방을 투여함으로써 면역 기능을 높일 수 있다.

④ 비타민과 무기질

항진된 에너지 대사와 새로운 조직의 합성을 위해 비타민의 섭취량을 증가시켜야 한다. 특히 새로운 조직의 콜라겐(collagen) 합성을 위한 비타민 C는 하루에 1~2 g 투여를 권하며 그 밖에도 에너지 대사에 특히 관련된 비타민 B 복합체 섭취를 증가시켜야 한다. 정맥영양이나 관급식을 하는 환자들은 섭취기준량보다 높은 비타민을 공급받고 있으므로 따로 경구로 비타민을 투여하지 않아도 된다. 무기질의 경우 아연은 상처의 회복에 중요한 역할을 하는데, 아연의 경우 체내 저장량 중 20%가 피부에 있으므로 화상에 의해 피부를 잃는다는 것은 체내 아연의 중요한 손실을 의미한다. 또한 화상 후 소변으로의 아연 배설량도 증가하게 되고 세포의 성장이 증가할 때 아연의 필요량도 늘어나므로 충분한 아연의 투여가 중요하다.

화상 환자에게 있어서 상처와 소변으로 마그네슘 배설이 늘어남에 따라 마그네슘 결핍증이 보고되었으므로, 특히 정맥영양을 공급받고 있는 환자에게는 따로 마그네슘의 추가 공급이 필요하다.

정맥영양만을 공급받고 있는 환자는 마그네슘 외에도 아연, 구리, 크롬, 셀레늄 등의 결핍이 보고되었으므로 이러한 무기질의 추가 공급이 필요하다.

② 화상 환자의 영양공급방법

화상 환자는 식욕부진과 얼굴의 화상이 있을 경우 저작이 어려워 입으로 적절한 영양을 섭취하기가 어려우므로 환자의 소화기관이 작동을 하면 경장영양(enteral feeding)을 통해 전체 필요한 영양소의 대부분을 공급하는 것이 좋다. 화상 직후에 소화기관의 연동운동은 감소되었다가 2~4일 후에는 정상으로 돌아오므로 경장영양을 하는 것이 정맥영양보다는 가격이 저렴하고 안전하며 합병증이 적다. 화상 환자의 경우 장을 통한 영양소의 공급이 불충분하거나 불가능할 때는 대정맥이나 말초정맥을 통해서 정맥영양을 공급하게 된다.

대정맥을 통해 정맥영양을 공급하면 기존의 방식으로는 공급하기 어려운 높은 에너지까지도 공급할 수 있으므로 환자가 영양실조가 되거나 또는 상처가 곪거나 조직이 분해되는 것을 막을 수 있다.

부록

식품교환표

곡류군 – 탄수화물: 23 g, 단백질: 2 g, 에너지: 100 kcal

식품명	중량(g)	목측량
밥류		
쌀밥	70	1/3공기
보리밥, 현미밥	70	1/3공기
누룽지(건조)	30	지름 11.5 cm
죽류		
쌀죽	140	2/3공기
알곡류 및 가루제품		
백미	30	3큰술(1/5쌀컵)
녹두✝, 보리✝, 팥✝, 현미, 찹쌀, 율무, 차조✝, 찰기장, 찰수수✝	30	3큰술
귀리, 렌틸콩✝, 병아리콩, 오트밀✝, 퀴노아	30	–
미숫가루✝	30	1/4컵
밀가루, 전분가루	30	5큰술
완두콩✝	70	1/2컵
면류		
국수(건조)*	30	–
당면(건조), 중국당면(건조)	30	–
마카로니(건조), 라이스페이퍼(건조)*	30	–
메밀국수(건조)*, 메밀냉면(건조)*, 쫄면(건조)*, 쌀국수(건조), 스파게티면(건조)	30	–
메밀냉면(생것)*, 칼국수면(생것)*, 수제비(생것)	40	–
우동면(생것)	70	–
국수(삶은 것)	90	1/2공기
마카로니(삶은 것), 스파게티면(삶은 것)	90	–
감자류		
고구마	70	중 1/2개
옥수수✝	70	1/2개
감자✝	140	중 1개
돼지감자✝, 마✝, 토란✝	140	–

계속

SUPPLEMENT

부록

식품명	중량(g)	목측량
떡류		
가래떡*	50	썬 것 11~12개
떡볶이떡	50	5개
인절미*	50	3개
절편*	50	1개(5.5×5×1.5 cm)
송편(깨)	50	2개
백설기*, 시루떡*, 증편*	50	–
빵류		
식빵*	35	1개(11×10×1 cm)
모닝빵, 바게트*, 베이글*, 호밀빵*	35	–
카스텔라, 팥빵	35	–
토르티야*, 치아바타, 크루아상*	35	–
묵류		
도토리묵*	200	1/2모(6×7×4.5 cm)
녹두묵*, 메밀묵†*	200	–
기타		
시리얼*	25	2/3컵
크래커	25	7개
강냉이(옥수수)	25	1.5공기
뻥튀기	25	3개
건빵	25	13개
밤†	60	대 3개
은행	60	–

† 1교환단위당 식이섬유 함량 2.5 g 이상

* 1교환단위당 나트륨 함량 100 mg 이상

저지방 어육류군 – 단백질: 8 g, 지방: 2 g, 에너지: 50 kcal

식품명	중량(g)	목측량
고기류		
소고기(사태, 홍두깨), 돼지고기(안심), 소간 ◑, 돼지염통 ◑	40	–
닭고기(가슴살)	40	소 1토막(탁구공 크기)
닭부산물 ◑, 오리고기, 칠면조	40	–
육포	15	1장(9×6 cm)
생선류		
가자미, 광어, 대구, 동태, 병어, 삼치, 아귀, 옥돔(반건조), 연어, 적어, 조기, 민어, 방어, 복어, 전갱어, 준치, 홍어, 참도미	50	소 1토막
도루묵, 미꾸라지	50	–
코다리(건조)	15	–
건어물 및 가공품		
멸치 ◑	15	잔 것 1/4컵
건새우	15	1/2컵
건오징어채 ◑, 오징어(건조) ◑, 북어채 ◑, 굴비	15	–
뱅어포	15	1장
쥐치포	15	1/2개(1.2×7 cm)
게맛살, 어묵(찐 것)	50	–
젓갈류		
명란젓 ◑, 오징어젓 ◑, 창난젓 ◑, 어리굴젓	40	–
기타 해산물		
물오징어 ◑	50	몸통 1/3등분
골뱅이(통조림) ◑, 한치, 소라, 날치알	50	–
새우(깐새우) ◑	50	소 6마리
새우(대하) ◑	50	–
새우(중하) ◑	50	3마리
굴, 홍합, 멍게	70	1/3컵
꽃게	70	소 1마리
전복 ◑	70	중 1개

계속

식품명	중량(g)	목측량
가리비, 관자, 꼬막조개, 문어 ◖, 개불, 바닷가재 ◖	70	–
낙지	100	중 1마리
미더덕	100	3/4컵
주꾸미	100	소 3마리
해삼	200	1⅓컵

◖ 1교환단위당 콜레스테롤 함량 50 mg 이상

중지방 어육류군 – 단백질: 8 g, 지방: 5 g, 에너지: 75 kcal

식품명	중량(g)	목측량
고기류		
돼지고기, 소고기(등심) ◈, 소고기(양지)	40	–
닭고기(껍질 포함)	40	닭다리 1개
훈제오리(껍질 제거), 닭발(삶은 것)	40	–
소곱창 ◖◈, 돼지곱창 ◖◈	40	–
생선류		
갈치, 꽁치, 임연수, 참치, 장어 ◖, 고등어, 고등어통조림	50	소 1토막
메로, 훈제연어	50	
가공품		
리코타치즈, 모차렐라치즈 ◈, 피자치즈 ◈	30	–
햄(로스)	40	2장(8×6×0.8 cm)
런천미트	40	1장(9×4.5×0.7 cm)
슬라이스햄	40	–
어묵(튀긴 것)	50	1장(18×10.5 cm)
번데기통조림	80	
알류		
달걀 ◈	55	중 1개
메추리알 ◈	55	6개
콩류 및 콩가공품		
검정콩	20	2큰술

식품명	중량(g)	목측량
대두(노란콩), 쥐눈이콩	20	–
낫토	40	소포장 1개
콩고기(패티)	40	–
두부면	50	–
두부	80	1/4모(300 g 포장두부)
콩비지	100	–
연두부	150	–
순두부	200	1/2봉(지름 5×10 cm)
기타 해산물		
성게알	50	–

◑ 1교환단위당 콜레스테롤 함량 50 mg 이상

◈ 1교환단위당 포화지방산 함량 2 g 이상

고지방 어육류군 − 단백질: 8 g, 지방: 8 g, 에너지: 100 kcal

식품명	중량(g)	목측량
고기류		
소갈비 ◈	40	소 1토막
삼겹살 ◈, 양고기 ◈	40	−
돼지갈비, 등갈비 ◈, 양고기갈비 ◈	40	−
소꼬리 ◈	40	−
돼지대창 ◐◈, 돼지막창 ◐◈, 돼지머리 ◈, 돼지족발(조미)	40	−
생선류		
과메기(꽁치)	25	−
꽁치통조림, 참치통조림	50	−
청어	50	소 1토막
가공품		
베이컨 ◈	40	1½장
비엔나소시지 ◈	40	5개
프랑크소시지 ◈	40	1½개
체다치즈 ◈	30	1.5장
파마산치즈 ◈	30	1½컵

◐ 1교환단위당 콜레스테롤 함량 50 mg 이상

◈ 1교환단위당 포화지방산 함량 2 g 이상

채소군 – 탄수화물: 3 g, 단백질: 2 g, 에너지: 20 kcal

식품명	중량(g)	목측량
채소류		
가지	70	지름 3×10 cm
배추	70	중 3잎[알배기배추(15×6 cm)]
상추	70	소 12장
근대, 숙주, 시금치, 쑥갓, 아욱 ✝▣	70	익혀서 1/3컵
무청(삶은 것)✝, 열무, 머위, 돌미나리, 미나리✝, 부추, 돌나물, 참나물, 콩나물	70	–
겨잣잎, 청경채, 치커리, 양상추, 루콜라, 로메인상추✝, 어린잎채소, 아스파라거스	70	–
케일	70	잎넓이 30 cm(1.5장)
알로에, 냉이✝▣, 달래, 두릅✝	70	–
고구마줄기, 고사리(삶은 것), 고비✝	70	익혀서 1/3컵
오이	70	중 1/3개
오이고추, 죽순, 죽순(통조림), 여주✝	70	
고수(향채), 무순, 양파, 풋마늘✝▣	70	
샐러리	70	6개(길이 6 cm)
브로콜리, 콜리플라워✝, 콜라비, 양배추 ▣	70	
붉은양배추✝▣	70	1/5개(9×4×6 cm)
파프리카	70	중 1/2개
풋고추	70	중 7~8개
피망	70	대 1개
늙은호박 ▣	70	–
애호박	70	지름 6.5×2.5 cm
고춧잎, 대파, 모둠새싹, 쑥, 취나물(참취)✝	40	–
깻잎	40	20장
단호박 ▣	40	1/10개(지름 10 cm)
마늘종 ▣, 양배추(방울다다기)	40	–
뿌리채소		
당근	70	지름 4×5 cm
무	70	지름 8×1.5 cm
더덕✝▣, 도라지 ▣, 비트, 우엉 ▣	40	–

계속

식품명	중량(g)	목측량
연근 ▣	40	썬 것 5쪽
마늘	15	4쪽
건채소류		
곤드레(건조) ▣, 늙은호박(건조) ▣, 취나물(참취, 건조) ╫	7	–
무말랭이	7	불려서 1/3컵
채소주스		
당근주스 ▣	50	1/4컵
해조류		
김	2	1장
조미김	4	8절 포장김 1개
매생이	20	–
미역(생것) ╫*, 미역줄기(삶은 것) ╫*, 우뭇가사리, 우무, 톳, 파래	70	–
버섯류		
느타리버섯	50	7개(8 cm)
양송이버섯	50	3개(지름 4.5 cm)
표고버섯 ╫ ▣	50	대 3개
송이버섯	50	소 2개
새송이버섯, 팽이버섯, 만가닥버섯	50	–
표고버섯(건조), 목이버섯(건조) ╫	7	–
김치류		
배추김치*	50	6~7개(4.5 cm)
깍두기*	50	10개(사방 1.5 cm 크기)
총각김치*	50	2개
열무김치*, 오이소박이*, 갓김치*	50	–
나박김치*, 동치미*	50	–
피클·장아찌류		
단무지*, 오이피클*▣, 할라피뇨 통조림*, 명이나물장아찌*	20	–

▣ 1교환단위당 탄수화물 함량 5 g 이상

╫ 1교환단위당 식이섬유 함량 2.5 g 이상

* 1교환단위당 나트륨 함량 100 mg 이상

지방군 - 지방: 5g, 에너지: 45kcal

식품명	중량(g)	목측량
견과 · 종실류		
검정깨(건조), 검정깨(볶은 것), 들깨(건조), 들깨(볶은 것), 참깨(건조), 참깨(볶은 것)	8	1큰술
땅콩(볶은 것)	8	1큰술(8개)
마카다미아(조미 볶은 것)	8	3개
브라질너트(건조), 브라질너트(조미 볶은 것)	8	2개
아몬드(볶은 것)	8	8개
잣	8	1큰술(50개)
호두(건조)	8	중 1.5개
캐슈넛(조미 볶은 것)	8	5개
피스타치오(볶은 것)	8	12개
코코넛(건조) ◈, 코코넛(볶은 것) ◈	8	–
해바라기씨(건조)	8	1큰술
피칸(건조), 피칸(조미 볶은 것), 아마씨(볶은 것), 치아씨(건조), 호박씨(건조), 호박씨(조미 볶은 것)	8	–
고체성 기름		
땅콩버터	8	–
마가린 ◈, 버터 ◈, 쇼트닝 ◈	5	1작은술
드레싱		
마요네즈	8	–
라이트마요네즈	15	1큰술
사우전드드레싱, 프렌치드레싱	15	–
식물성 기름		
들기름, 참기름, 콩기름, 올리브유, 아마씨유, 유채씨유, 홍화씨유, 포도씨유, 해바라기유, 미강유, 아보카도유	5	1작은술
땅콩기름, 코코넛유 ◈, 팜유 ◈	5	1작은술
기타		
아보카도	30	–
올리브(절임)	30	7개
코코넛밀크 ◈	20	–
크림치즈 ◈	15	–

◈ 1교환단위당 포화지방산 함량 2g 이상

저지방우유군 – 탄수화물: 10g, 단백질: 6g, 지방: 2g 에너지: 80 kcal

식품명	중량(g)	목측량
떠먹는 요구르트(플레인) ◈, 떠먹는 요구르트 (농후, 플레인) ◈	100	1/2컵
저지방우유	200	1컵(1팩)
탈지분유	25	–

◈ 1교환단위당 포화지방산 함량 2g 이상

일반우유군 – 탄수화물: 10g, 단백질: 6g, 지방: 2g 에너지: 80 kcal

식품명	중량(g)	목측량
그릭요구르트 ◈	100	1/2컵
우유 ◈, 두유(무가당)	200	1컵(1팩)
산양유 ◈, 유당분해우유 ◈	200	–
전지분유 ◈	25	1/4컵
조제분유 ◈	25	–

◈ 1교환단위당 포화지방산 함량 2g 이상

과일군 - 탄수화물: 12 g, 에너지: 50 kcal

식품명	중량(g)	목측량
생과일		
금귤	50	6개
대추, 두리안, 패션프루트 ✦	50	–
단감 ✦	80	대 1/3개
연시 ✦	80	소 1개
바나나	80	중 2/3개
키위(골드), 키위(그린)	80	중 1개
포도	80	소 19알
포도(거봉)	80	9알
포도(샤인머스캣)	80	5알
포도(캠벨)	80	–
체리	80	8알
망고	80	1/2개
무화과	80	1개
리치	80	5알
망고스틴, 석류 ✦, 애플망고, 앵두	80	–
귤	100	대 1개
배	100	대 1/5개
복숭아(백도) ✦	100	대 1/2개
복숭아(황도) ✦	100	–
블루베리 ✦, 블루베리(냉동) ✦	100	–
사과(부사) ✦	100	중 1/2개
사과(아오리)	100	–
오렌지	100	대 1/2개
자두	100	대 1개
참외 ✦	100	대 1/2개
매실	100	중 6개
산딸기 ✦, 용과, 유자(과육) ✦, 한라봉, 피인애플 ✦	100	–
딸기	150	중 7개

계속

식품명	중량(g)	목측량
수박	150	중 1쪽
멜론(머스크) †	150	1/10개
천도복숭아 †	150	소 2개
자몽	150	중 1/2개
살구 †, 파파야 †	150	–
방울토마토 †	200	중 15개
토마토 †	250	대 1개
건과일		
곶감	15	소 1/2개
건대추, 바나나(건조)	15	5개
무화과(건조) †	15	3개
블루베리(건조) †, 크랜베리(건조), 건자두	15	–
건포도	15	1큰술
통조림		
블루베리(통조림)	50	–
귤(통조림), 파인애플(통조림), 프루트칵테일(통조림), 백도(통조림), 황도(통조림) †	70	–
주스류		
사과주스, 오렌지주스, 토마토주스, 배주스, 포도주스, 파인애플주스	150	1/2컵

† 1교환단위당 식이섬유 함량 2.5 g 이상

신장 질환자를 위한 식품교환표

곡류군 – 단백질: 2 g, 나트륨: 2 mg, 칼륨: 30 mg, 인: 30 mg, 에너지: 100 kcal

식 품	무게(g)	목측량	식 품	무게(g)	목측량
쌀밥	70	1/3공기	가래떡	50	썬 것 11개
*국수(삶)	90	1/2공기	백설기	40	6×2×3 cm
*식빵	35	1쪽	인절미	50	3개
백미	30	3큰스푼	절편(흰떡)	50	2개
찹쌀	30	3큰스푼	카스텔라	30	65×5×4.5 cm
밀가루	30	5큰스푼	크래커	20	5개
마카로니(건)	30	–	콘플레이크	30	3/4컵

* 단백질과 나트륨 함량이 높으므로 1일 1회 이내로 사용 제한

※ 주의식품 – 칼륨 및 함량이 높음(† : 칼륨 함량 > 60 mg, ‡ : 인 함량 > 60 mg)

식 품	무게(g)	목측량	식 품	무게(g)	목측량
감자†‡	140	대 1개	토란†‡	250	2컵
고구마†	70	중 1/2개	검은쌀†‡	30	3큰스푼
보리쌀†	30	3큰스푼	은행†‡	60	–
현미쌀†‡	30	3큰스푼	메밀국수(건)†	30	–
보리밥†	70	1/3공기	메밀국수(삶)†	90	–
현미밥†‡	70	1/3공기	시루떡†	50	–
녹두†‡	30	3큰스푼	보리미숫가루†	30	5큰스푼
율무†‡	30	3큰스푼	빵가루†	30	–
차수수†‡	30	3큰스푼	오트밀†‡	30	1/3컵
차조†‡	30	3큰스푼	핫케이크가루†	25	–
팥(붉은것)†‡	30	3큰스푼	옥수수†‡	50	1/2개
호밀†	30	3큰스푼	팝콘†	20	–
밤(생것)†	60	중 6개			

어육류군 – 단백질: 8 g, 나트륨: 50 mg, 칼륨: 120 mg, 인: 90 mg, 에너지: 50~100 kcal

식 품	무게(g)	목측량	식 품	무게(g)	목측량
소고기	40	로스용 1장 (12×10.3 cm, 탁구공 크기)	새우	50	중하 3마리 또는 보리새우 10마리
돼지고기	40	〃	문어 ♣	50	1/3컵
닭고기	40	소 1토막 (탁구공 크기)	물오징어 ♣	50	중 1/4마리 (몸통)
소간	40	1/4컵	꽃게 ♣	70	중 1/2마리
소갈비	40	소 1토막	굴 ♣	70	1/2컵
우설	40	1/4컵	낙지 ♣	100	1/2컵
돼지족, 돼지머리	40	썰어서 4쪽	전복	70	중 1개
삼겹살	40	(3×3 cm)	달걀	55	대 1개
각종 생선류	40	소 1토막	두부	80	1/6모
뱅어포	15	1장	순두부	40	1컵
북어	10	중 1/4토막	연두부	150	1/2개

♣ 염분이 많으므로 물에 충분히 담가 염분 제거 후 사용

※ 주의식품 – 칼륨 및 함량이 높음(† : 칼륨함량 > 60 mg, ‡ : 인함량 > 60 mg)

식 품	무게(g)	목측량	식 품	무게(g)	목측량
검은콩 †	20	2큰스푼	치즈 ‡	30	2장
노란콩 †	20	〃	잔멸치(건) ‡	15	1/4컵
햄(로스) ‡	40	1쪽(8×6×1 cm)	건오징어 ‡	15	중 1/4마리(몸통)
런천미트 ‡	40	1쪽(5.5×4×2 cm)	조갯살 ‡	70	1/3컵
프랑크소시지 ‡	40	1.5개	깐홍합 ‡	70	〃
생선통조림 ‡	50	1/3컵	어묵 ‡	50	–

채소군 1 - 칼륨 저함량(단백질: 1g, 나트륨: 미량, 칼륨: 100mg, 인: 20mg, 에너지: 20kcal)

식 품	무게(g)	목측량	식 품	무게(g)	목측량
달래	30	생 1/2컵	냉이	50	〃
당근	30	〃	무청	50	〃
김	2	1장	양파	70	익혀서 1/2컵
깻잎	40	20장	양배추	70	〃
풋고추	70	중 2~3개	가지	70	〃
생표고	50	중 5개	고비(삶)	70	〃
더덕	40	중 2개	고사리(삶)	70	〃
치커리	70	중 12잎	무	70	〃
배추	70	소 3~4장	숙주	70	〃
양상추	70	중 3~4장	오이	70	〃
마늘종	40	익혀서 1/2컵	죽순(통)	70	〃
파	40	〃	콩나물	70	〃
팽이버섯	50		피망	70	〃

채소군 2 - 칼륨 중등함량(단백질: 1g, 나트륨: 미량, 칼륨: 200mg, 인: 20mg, 에너지: 20kcal)

식 품	무게(g)	목측량	식 품	무게(g)	목측량
두릅	50	3개	풋마늘	40	〃
상추	70	중 10장	고구마순	70	〃
셀러리	70	6cm길이 6개	느타리 ●	50	〃
케일	70	10cm길이 10장	열무	70	〃
도라지	40	익혀서 1/2컵	애호박	70	〃
연근	40	〃	중국부추	70	〃
우엉	40	익혀서 1/2컵			

● 인 함량이 높음

채소군 3 − 칼륨 고함량(단백질: 1g, 나트륨: 미량, 칼륨: 400mg, 인: 20mg, 에너지: 20kcal)

식 품	무게(g)	목측량	식 품	무게(g)	목측량
양송이 ●	50	중 5개	쑥 ●	70	익혀서 1/2컵
고춧잎	70	익혀서 1/2컵	쑥갓	70	〃
아욱	70	〃	시금치	70	〃
근대	70	〃	죽순	70	〃
머위	70	〃	취	70	〃
물미역	70	〃	단호박	40	〃
미나리	70	〃	늙은 호박 ●	70	〃
부추	70				

● 인 함량이 높음

지방군 − 단백질: 0g, 나트륨: 0mg, 칼륨: 0mg, 인: 0mg, 에너지: 45kcal

식 품	무게(g)	목측량	식 품	무게(g)	목측량
들기름	5	1작은스푼	카놀라유	5	1작은스푼
미강유	5	〃	쇼트닝	5	1.5작은스푼
옥수수기름	5	〃	마가린	5	〃
유채기름	5	〃	버터	5	〃
콩기름	5	〃	마요네즈	5	〃
참기름	5	〃			

※ 주의식품 − 단백질, 인, 칼륨 함량이 높음

식 품	무게(g)	목측량	식 품	무게(g)	목측량
땅콩	8	10개(1큰스푼)	피스타치오	8	10개
아몬드	8	7개	해바라기씨	8	1큰스푼
잣	8	1큰스푼	호두	8	대 1개 또는 중 1.5개
참깨	8	1큰스푼			

우유군 – 단백질: 6 g, 나트륨: 100 mg, 칼륨: 300 mg, 인: 180 mg, 에너지: 125 kcal

식 품	무게(g)	목측량	식 품	무게(g)	목측량
⊙ 요구르트(액상)	100	1.5컵(100 g 포장단위 3개)	저지방우유(25)	200	1컵
⊙ 요구르트(호상)	100	1컵(100 g 포장단위 2개)	두유	200	1컵
우유	200	1컵	조제분유	25	5큰스푼
락토우유	200	1컵	▣ 아이스크림	100	1컵

1컵=200cc

과일군 1 – 칼륨 저함량(단백질: 미량, 나트륨: 미량, 칼륨: 100 mg, 인: 20 mg, 에너지: 50 kcal)

식 품	무게(g)	목측량	식 품	무게(g)	목측량
귤(통) ◈	70	18알	자두	150	대 1개
금귤	60	7개	파인애플	200	중 1쪽
단감	50	중 1/2개	파인애플(통) ◈	70	대 1쪽
연시	50	소 1개	포도	80	19개
레몬	80	중 1개	깐포도(통) ◈	70	–
사과	80	중 1/2개	후르츠칵테일(통) ◈	70	–
사과주스	100	1/2컵			

◈ 시럽은 제외

과일군 2 – 칼륨중등함량(단백질: 미량, 나트륨: 미량, 칼륨: 200 mg, 인: 20 mg, 에너지: 50 kcal)

식 품	무게(g)	목측량	식 품	무게(g)	목측량
귤	120	중 1개	살구	150	3개
대추(건)	20	8개	수박	150	1쪽
대추(생)	60	8개	오렌지	100	중 1개
배	110	대 1/4개	오렌지주스	100	1/2컵
딸기	150	10개	자몽	150	중 1/2개
백도	150	중 1/2개	파파야	100	–
황도	150	중 1/2개	포도(거봉)	80	11개

과일군 3 – 칼륨 고함량(단백질: 미량, 나트륨: 미량, 칼륨: 400 mg, 인: 20 mg, 에너지: 50 kcal)

식 품	무게(g)	목측량	식 품	무게(g)	목측량
곶감	50	중 1개	천도복숭아	150	소 2개
멜론(머스크)	120	1/8개	키위	80	대 1개
바나나	50	중 1개	토마토	350	대 1개
앵두	120	–	체리토마토	250	중 20개
참외	150	소 1/2개			

열량보충 – 단백질: 0 g, 나트륨: 3 mg, 칼륨: 20 mg, 인: 5 mg, 에너지: 100 kcal

식 품	무게(g)	목측량	식 품	무게(g)	목측량
과당	25	2.5큰스푼	물엿	30	3큰스푼
꿀	30	3큰스푼	젤리	30	3큰스푼
설탕	25	2.5큰스푼	잼	35	3.5큰스푼

※ 주의식품 – 인, 칼륨 함량이 높음

식 품	무게(g)	목측량	식 품	무게(g)	목측량
초콜릿	20	2큰스푼	황설탕	25	2.5큰스푼
흑설탕	25	2.5큰스푼	로열젤리	80	8큰스푼

국내 문헌

강북삼성병원. 식사처방 지침서. 2000.

구재옥 · 이연숙 · 손숙미 · 서정숙 · 권종숙 · 김원경. 식사요법 제4개정판. 교문사. 2021.

권인숙 · 김은정 · 김혜영(A) · 박용순 · 박은주 · 백진경 · 이미경 · 진유리 · 차연수 · 최미자 · 허영란 · 황지윤. 식사요법을 포함한 임상영양학. 교문사. 2020.

권종숙 · 김경민 · 김혜경 · 장유경 · 조여원 · 한성림. 임상영양학. 신광출판사. 2010.

김동우 · 김지혜 · 송윤주 · 심재은 · 주달래. 식사요법. 한국방송통신대학교출판부. 2019.

농촌진흥청 국립농업과학원 국가표준식품성분 DB 9.2. 2020.

농촌진흥청 국립농업과학원 국가표준식품성분표 제10개정판. 2021.

농촌진흥청 국립농업과학원 국가표준식품성분표 제9개정판. 2017.

대한고혈압학회. 고혈압 진료지침. 2022.

대한당뇨병학회. 당뇨병 식사계획을 위한 식품교환표 활용 지침. 제4판. 2023.

대한당뇨병학회. 당뇨병 진료지침. 2023.

대한비만학회. 비만 치료지침. 2022.

대한영양사협회. 임상영양관리지침서 제3판. 2010.

대한영양사협회. 임상영양관리지침서 제4판. 2022.

보건복지부 · 한국영양학회. 2015 한국인 영양소 섭취기준. 2015.

보건복지부 · 한국영양학회. 2020 한국인 영양소 섭취기준. 2020.

보건복지부. 2021 국가암 등록 통계 주요결과. 2023.

손숙미 · 임현숙 · 김정희 · 이종호 · 서정숙 · 손정민. 임상영양학. 교문사. 2011.

손원록. 현대인의 질병 아토피. 생각나눔. 2010.

송경희 · 손정민 · 김희선 · 한성림 · 이애랑 · 김순미 · 김현두 · 홍경희 · 라미용. 식사요법. 파워북. 2010.

식품의약품안전처. 삼키기 어려운 어르신을 위한 식품섭취 안내서. 2016.

식품의약품안전처. 알레르기 유발 식품 표시에 대해 알아보아요. 2022.

식품의약품안전처. 저작 및 여하곤란자를 위한 조리법 안내. 2019.

이명숙 외 편역. 임상영양사를 위한 영양치료 임상영양학. 양서원. 2012.

이미숙 · 김정희 · 이보숙 · 이윤나 · 김원경. 영양판정 5판. 교문사. 2021.

이미숙 · 이선영 · 김연하 · 정상진 · 김원경 · 김현주. 임상영양학. 파워북. 2018.

이보경 · 변기원 · 이종현 · 이홍미 · 이유나. 이해하기 쉬운 임상영양관리 및 실습 3개정판. 파워북. 2021.

이승림 · 김미정 · 김미옥 · 이순희 · 정유미. 쉽게 배우는 식사요법. 교문사. 2023.

이연숙 · 구재옥 · 임현숙 · 강영희 · 권종숙. 이해하기 쉬운 인체생리학. 파워북. 2017.

중앙암등록본부, 국립암센터, 보건복지부. 2018 국가암 등록 통계. 2020.

질병관리청. 골다공증 예방과 관리를 위한 10대 생활수칙. 2023.

최미숙 · 서관희 · 권순형 · 김갑순 · 변기원 · 권종숙. 식사요법실습. 파워북. 2012.

한국영양학회. 2020 한국인 영양소 섭취기준. 2020.

한국지질동맥경화학회 진료지침위원회. 이상지질혈증 진료지침 5판. 2022.

한성림 · 주달래 · 장유경 · 김혜경 · 김경민 · 권종숙. 사례로 이해를 돕는 임상영양학. 교문사. 2021.

국외 문헌

ASPEN. *The ASPEN Adult Nutrition Support Core Curriculum*. 2nd Ed. 2012.

ASPEN. *The ASPEN Adult nutrition support core curriculum*. 3rd Ed. 2017.

Dympna Gallagher, Steven, B. Heymsfield, Moonseong Heo, & Susan A. Jebb. Peter R Murgatroyd and Yoichi Sakamoto Healthy percentage body fat ranges: an approach for developing guidelines based on body mass index. *American Journal of Clinical Nutrition*, *72*(3), 694-701. 2000.

Mahan LK, Escott-Stump S. *Krause's food and nutrition therapy* (14th ed). Saunders. 2017.

Nelms, M, Sucher, K. P. *Nutrition therapy and pathophysiology* (3rd ed). 2015.

Netsle Nutrition Institute. http://www.mna-elderly.com/mna_forms.html

Weimann A, Braga M et al. ESPEN guideline: Clinical nutrition in surgery. *Clin Nutr*, *36*(3): 623-650. 2017.

White JV, Guenter P, Jensen G, Malone A, Schofield M; Academy of Nutrition and Dietetics Malnutrition Work Group; A.S.P.E.N. Malnutrition Task Force; A.S.P.E.N. Board of Directors. Consensus statement of the Academy of Nutrition and Dietetics/American Society for Parenteral and Enteral Nutrition: characteristics recommended for the identification and documentation of adult malnutrition(undernutrition). *J Acad Nutr Diet. 2012*; 112(5):730-8.

World Cancer Research Fund International and American Institute for Cancer Research, A summary of the Third Ecpert Report. Retrieved July 20,2020 from: https://www.wcrf.org/dietandcancer/a-summary-of-the-third-expert-report.

ㄱ

가수분해영양액 55, 468

가스트린 79, 96

간 116

간경변증 126

간성뇌증 130

간질 425

간 질환 120

간헐적 주입 55

갈락토오스혈증 398

감기 315

감미료 244

갑상선 기능저하증 406

갑상선 기능항진증 408

갑상선 질환 405

거대적아구성 빈혈 338

건체중 128

게실염 110

게실증 110

경구영양보충식(ONS) 47, 453

경구 포도당 부하검사 235

경련성 변비 102

경장영양 50

경피적내시경공장조루술 51

경피적내시경위조루술 51

고영양수액 59

고중성지방혈증 166, 214

고칼슘뇨증 352

고칼슘혈증 352

고콜레스테롤혈증 166, 217

고혈당 230, 465, 471

골격 342

골격대사 357

골관절염 362

골다공증 345

골세포 342

공장조루술 51

과민성장증후군 107

과산성 위염 88

관상동맥 151

관세척 56

관절염 361

구강 76

국제연하장애식표준화체계(IDDSI) 81

궤양성 대장염 108

근육층 89, 94, 95, 459

글루코코르티코이드 414

글루텐 제한식 113

금식 458

급성 간염 121

급성 사구체신염 198

급성 설사 105

급성 신손상 204

급성 위염 86

급성 췌장염 138

기관지 천식 322

기능성 변비 97

기아통 91

기질성 변비 97

기질적 연식 45

ㄴ

나트륨 159

내분비 404

내분비 요인 270

내분비 조직 136

내장단백 25

내장형 비만 268

내적인자 466

네프론 194

노인성 골다공증 347

농축 유동식 47

뇌사 421

뇌졸중 178

뇌하수체 415

뇌하수체 전엽 415

뇌하수체 전엽 기능저하증 418

뇌하수체 질환 415

뇌하수체 후엽 416

뇌하수체 후엽 기능저하증 418

뉴로펩타이드 Y 269

ㄷ

다갈 232

다뇨 232

다발성 경화증 429

다식 232

다환방향족 탄화수소 440, 441

단풍당뇨증 393

담낭 132

담낭관 134

담낭 수술 466

담낭염 132, 134

담낭질환 268

담도계 131, 132

담석 133

담석증 133, 138

담즙산 132
담즙 생성 119
당뇨병 230
당부하지수 243, 282
당지수 282
당화혈색소검사 236
대사증후군 271
대시 다이어트 163
대장 96
덤핑증후군 104, 463
동맥 150
동맥경화증 172

ㄹ
레티놀 결합 단백질 472
루와이위우회술 297
류마티스 관절염 364
류신 393
림프관 436

ㅁ
만성 간염 122
만성 기관지염 320
만성 설사 106
만성 위염 87
만성 췌장염 141
만성 콩팥병 207
만성폐쇄성폐질환 319
말초신경계 420
말초정맥영양 59
맑은 유동식 46

메티오닌 396
모세혈관 150
무산성 위염 88
문맥고혈압 128
미량원소 357

ㅂ
바세도우씨병 408
박테리아 439
발린 393
발암기전 438
방사선요법 446
백혈구 327
변비 97
병원식 44
보상단계 291
보통 연식 45
복막투석 214
복부 비만 270, 274, 277
복수 128, 129, 130
볼루스 주입 55
부갑상선호르몬 343
부신 410
부신피질 410
부신피질자극호르몬 90
부신피질호르몬 90
부신피질호르몬 결핍증 411
부신피질호르몬 과잉증 413
부신피질호르몬 질환 410
분비성 설사 105
분절운동 94
브라디키닌 323

브로카법 274
블렌더식 47
비뇨기계 194
비만 268
비만도 판정 274
비알코올 지방간질환 124, 125
비위관 52, 53
비타민 D 359
빈혈 326
빌리루빈 327
뼈 생성세포 342
뼈조직 347

ㅅ
사구체신염 198
삼출성 설사 105
삼투성 설사 104
상식 44
상업용 영양액 47
상해계수 34
생체 전기저항 측정법 276
생활습관병 269
서양자두(prune) 101
설사 58, 108, 466, 468
설하선 76
세계암연구재단 453
세로토닌 377
셀리악병 112
소금 159
소아당뇨 246
소장 94
소화기계 76

소화성 궤양 89
쇼크 470
수술 458
수용성 식이섬유 101
시누소이드 119
시몬즈병 418
시스타티오닌 합성효소 396
식도 76
식도 질환 80
식도정맥류 128, 129
식물인간 421
식사기록법 26
식사력조사법 26
식사장애 300
식사행동 271
식이섬유 98, 100
식품 과민증 372
식품교환표 61, 223
식품 알레르기 372
식품첨가물 375
식행동 292
신경계 질환 419
신경성 식욕부진증 301
신경성 폭식증 301
신장 194
신장이식 217
신장 질환 223
심근수축 150
심장 질환 181
심혈관계 150
십이지장궤양 89

ㅇ
아밀레이스 95
아세틸콜린 377
아질산염 440
아토피성 피부염 384
악성신생물 436
악성종양 436
악하선 76
알라닌 394
알레르겐 373
알레르기 377
알로이소류신 394
알부민 470
알코올 지방간질환 124, 125
알파-항트립신 결핍증 120
암 435
암악액질 444
애디슨씨병 411
에너지 밀도 53, 81
에스트로겐 438
에스트로겐 요법 351
엔테로가스트론 79
여성호르몬 348
역류성 식도염 84
연동운동 76, 94
연식 44
연하운동 76
연하장애 80, 452
염증성 장질환 108
영양 모니터링 및 평가 17
영양검색 15, 19, 21
영양관리과정 14
영양보충 급원(modula) 55

영양불량 25, 459, 469
영양불량관리 19
영양불량위험환자관리 21
영양불량 진단 27
영양선별 19
영양섭취기준 401
영양성 빈혈 332
영양소섭취기준 36
영양소 필요량 산정 33
영양중재 16
영양지원 49
영양진단 16
영양초기평가 19, 21
영양판정 16, 25, 26
외분비 조직 136
요당검사 236
용혈 436
용혈성 빈혈 331
운동성 설사 105
운동요법 251
울혈성 심부전 183
위 77
위궤양 89
위액 78
위염 86
위 절제수술 463
위조루술 51
위하수 92
윌슨씨병 120
유당불내증 104
유동식 46
유미즙 78
유전적 요인 268

이노린 377
이미각증 450
이상지질혈증 164
이소류신 393
이소플라본 359
이완성 변비 98
이차성 골다공증 347
이하선 76
인슐린 230
인슐린 저혈당증 253
일반 유동식 46
임신당뇨병 231

ㅈ

자가면역질환 364
자기관찰단계 290
자기조절단계 291
자율신경계 420
장 절제술 466
재급식증후군 58
재생불량성 빈혈 332
저마그네슘혈증 468
저섬유소식 104, 106
저에너지식 285
저염식 161
저작운동 76
저잔사식 104, 106
저지방식 49, 129, 141, 142
저체중 297
저칼륨혈증 468
저포드맵(FODMAPs) 107
저혈당 128, 233, 253, 465

적혈구 327
적혈구생성호르몬 327
전유동식 46, 47, 88, 134, 139, 463
전해질 55, 448
점막 79
정맥 150
정맥영양 50, 59, 473
조골세포 342
조절형위밴드술 297
종양촉진인자 439
주관적 종합평가 27
죽상동맥경화 173
줄기세포 327
중심정맥영양 59
중추신경계 420
증후성 변비 98
지단백 164
지방간 124, 127
지방조직 268
지속적 주입 55
질소평형 36
질환별 영양액 55

ㅊ

철 결핍성 빈혈 326, 333
체성신경계 420
체순환 150
체조직의 성분 272
체질량지수 274
초기 덤핑증후군 464
초저에너지식 284
총담관 116, 136

출혈성 빈혈 331
췌액 137
췌장 136, 465
치료식 48
치매 422

ㅋ

카테콜라민류 458
칼륨 162
칼슘보충제 352
칼시토닌 352
캡사이신 377
케톤식 427
케톤증 36
코르티솔 410
코르티코스테로이드 410
콜라겐 342
콜레시스토키닌 466
쿠레리의 식 472
쿠싱증후군 411
쿠퍼세포 119
크론병 108
키모트립신 95, 96

ㅌ

타액 76
타액선 76
탈탄산 분해효소 393
통풍 367
트랜스페린 472
트리메틸아민 377

499

트립신 95, 96
특이체질 373
티라민 377

ㅍ

파골세포 342
페닐알라닌 388
페닐케톤뇨증 388, 390
페닐티라민 377
펩티데이스 95
편도선 수술 463
폐결핵 317
폐경 후 골다공증 346
폐기종 320, 322
폐렴 316
폐질환 319
폐포벽 322
폭식장애 300
표준영양액 55
표준체중 184, 241, 274
프티알린 76
피부두겹두께 276

ㅎ

항상성 194
항암화학요법 447
항이뇨호르몬 416
행동수정요법 290
허혈성 심장 질환 180
헤테로사이클릭 아민 440, 441
헬리코박터파일로리균 89
혈구 327
혈당검사 235
혈당지수 243
혈색소증 120
혈소판 327
혈액세포 327
혈장 327
형태학적 판정 273
호모시스틴뇨증 396
호흡기 312
화상 469
후기 덤핑증후군 465
흡수불량 465
흡연 319
흡인 53, 55, 80
히스타민 323, 377

기타

1형당뇨병 230
2형당뇨병 231
A형 간염 121
BMI 432
B형 간염 121
C형 간염 121
D형 간염 121
E형 간염 121
GLIM 31
Harris Benedict 공식 34
IgA 374
MNA 32, 33
TNA 61